普通高等教育"十二五"规划教材

流 体 力 学

主 编　刘竹青　程银才
副主编　刘方亮　杨忠国　朱永梅　朱士江

U0336771

中国水利水电出版社
www.waterpub.com.cn

内 容 提 要

  本书是根据高等学校环境类和水利类专业流体力学课程教学基本要求，基于注重加强理论基础和能力的培养，适应流体力学技术的发展趋势而编写的，系统阐述了流体力学的基本概念、基本原理和基本方法。全书共分 12 章，主要内容包括：绪论，流体静力学基础，流体动力学基础，流动阻力和水头损失，孔口、管嘴出流和有压管流，明渠恒定流，堰流，渗流，泄水建筑物下游的水流衔接与消能，量纲分析和相似原理，流体测量，计算流体力学基础。

  本书可作为高等学校环境类和水利类相关专业的流体力学或水力学课程的教材，也可供其他专业及有关科技人员参考。

图书在版编目（C I P）数据

流体力学 / 刘竹青，程银才主编. -- 北京 ：中国
水利水电出版社，2012.11
  普通高等教育"十二五"规划教材
  ISBN 978-7-5170-0345-8

  Ⅰ. ①流… Ⅱ. ①刘… ②程… Ⅲ. ①流体力学－高
等学校－教材 Ⅳ. ①O35

中国版本图书馆CIP数据核字(2012)第273519号

书　　　名	普通高等教育"十二五"规划教材 **流体力学**
作　　　者	主编　刘竹青　程银才　　副主编　刘方亮　杨忠国　朱永梅　朱士江
出版发行	中国水利水电出版社 （北京市海淀区玉渊潭南路 1 号 D 座　　100038） 网址：www. waterpub. com. cn E - mail：sales@waterpub. com. cn 电话：(010) 68367658（发行部）
经　　　售	北京科水图书销售中心（零售） 电话：(010) 88383994、63202643、68545874 全国各地新华书店和相关出版物销售网点
排　　　版	中国水利水电出版社微机排版中心
印　　　刷	北京瑞斯通印务发展有限公司
规　　　格	184mm×260mm　16 开本　17.75 印张　421 千字
版　　　次	2012 年 11 月第 1 版　2012 年 11 月第 1 次印刷
印　　　数	0001—3000 册
定　　　价	**35.00 元**

前　言

　　流体力学是高等学校环境类和水利类专业的一门重要工程基础类课程，既具有本学科的系统性和完整性，又具有鲜明的工程技术特性。本书注重加强理论基础和能力的培养，适应流体力学技术的发展趋势，阐述了流体力学的基本概念、基本原理和基本方法。主要以满足土木工程、建筑环境和设备工程、桥梁与渡河工程、水利水电工程等专业的需求为主，兼顾其他相近的需要。主要内容包括：绪论，流体静力学基础，流体动力学基础，流动阻力和水头损失，孔口、管嘴出流和有压管流，明渠恒定流，堰流，渗流，泄水建筑物下游的水流衔接与消能，量纲分析和相似原理，流体测量，计算流体力学基础。

　　本书由中国农业大学刘竹青教授和山东农业大学程银才副教授担任主编并统稿。参加编写工作的有哈尔滨理工大学刘方亮（第1、第2章）、黑龙江八一农垦大学杨忠国（第3、第4章）、山东农业大学朱永梅（第5、第6章）、东北农业大学朱士江（第7、第8章）、山东农业大学程银才（第9、第10章）、中国农业大学刘竹青（第11、第12章）。杨魏博士和研究生黄先北、刘继昂、丁向华、郭朝瑜、祈麟、宁立新等参与了部分资料整理工作。

　　由于编者水平所限，书中的疏漏和不足之处，恳请批评指正。

编　者

2012 年 4 月

目　录

前言

第1章　绪论 ··· 1

1.1　流体力学的应用及其分支 ·· 1

1.2　流体力学的发展史 ··· 2

1.3　流体力学的研究方法 ··· 4

习题 ··· 6

第2章　流体静力学基础 ······································· 7

2.1　作用在流体上的力 ··· 7

2.2　流体的主要物理性质 ··· 10

2.3　流体的力学模型 ··· 20

2.4　流体静压强特性及分布规律 ··· 21

2.5　作用在平面上的液体静压力 ··· 35

2.6　作用在曲面上的液体静压力 ··· 41

习题 ··· 44

第3章　流体动力学基础 ······································· 50

3.1　描述流体运动的两种方法 ··· 50

3.2　欧拉法中的一些基本概念 ··· 52

3.3　连续性方程 ··· 55

3.4　恒定元流能量方程 ··· 58

3.5　过流断面的压强分布 ··· 61

3.6　恒定总流能量方程式 ··· 64

3.7　能量方程的应用 ··· 67

3.8　总水头线和测压管水头线 ··· 70

3.9　恒定气流能量方程 ··· 71

3.10　总压线和全压线 ··· 74

3.11　恒定总流动量方程 ··· 76

习题 ··· 79

第4章　流动阻力和水头损失 ······························· 83

4.1　沿程水头损失和局部水头损失 ······································ 83

4.2　流动形态 ··· 85

4.3　圆管中的层流运动 ··· 88

4.4 紊流运动 ……………………………………………………………………… 91

4.5 尼古拉兹实验 …………………………………………………………………… 96

4.6 工业管道阻力系数的计算 ……………………………………………………… 98

4.7 局部损失的计算 ………………………………………………………………… 107

习题 …………………………………………………………………………………… 109

第 5 章 孔口、管嘴出流和有压管流 …………………………………………… 113

5.1 孔口、管嘴恒定出流和有压管流的基本概念 ………………………………… 113

5.2 孔口、管嘴恒定出流的基本公式 ……………………………………………… 114

5.3 短管出流 ………………………………………………………………………… 118

5.4 长管的水力计算 ………………………………………………………………… 124

习题 …………………………………………………………………………………… 129

第 6 章 明渠恒定流 ……………………………………………………………… 132

6.1 明渠的几何特性 ………………………………………………………………… 132

6.2 明渠均匀流 ……………………………………………………………………… 134

6.3 明渠非均匀流 …………………………………………………………………… 144

习题 …………………………………………………………………………………… 165

第 7 章 堰流 ……………………………………………………………………… 168

7.1 堰的类型及流量公式 …………………………………………………………… 168

7.2 薄壁堰 …………………………………………………………………………… 170

7.3 实用堰 …………………………………………………………………………… 171

习题 …………………………………………………………………………………… 179

第 8 章 渗流 ……………………………………………………………………… 180

8.1 渗流的基本概念 ………………………………………………………………… 180

8.2 渗流的基本规律——达西定律 ………………………………………………… 182

8.3 恒定均匀渗流和非均匀渐变渗流 ……………………………………………… 184

8.4 普通井及井群的计算 …………………………………………………………… 187

8.5 用流网法求解平面渗流 ………………………………………………………… 194

习题 …………………………………………………………………………………… 197

第 9 章 泄水建筑物下游的水流衔接与消能 …………………………………… 198

9.1 概述 ……………………………………………………………………………… 198

9.2 下泄水流的衔接形式 …………………………………………………………… 200

9.3 底流式消能与衔接 ……………………………………………………………… 204

9.4 挑流式衔接与消能 ……………………………………………………………… 212

习题 …………………………………………………………………………………… 218

第 10 章 量纲分析和相似原理 ………………………………………………… 221

10.1 量纲和量纲和谐原理 ………………………………………………………… 221

10.2 量纲分析法 …………………………………………………………………… 223

10.3 相似理论基础 ………………………………………………………………… 227

10.4 模型实验 ……………………………………………………………………… 232

习题 ·· 235

第 11 章　流体测量 ··· 237

11.1　黏度测量 ··· 237

11.2　压强测量 ··· 240

11.3　流速测量 ··· 243

11.4　流量测量 ··· 248

11.5　流动显示技术 ·· 253

习题 ·· 257

第 12 章　计算流体力学基础 ·· 258

12.1　CFD 概述 ·· 258

12.2　CFD 的分析过程 ··· 260

12.3　CFD 软件结构 ·· 261

12.4　CFD 应用实例 ·· 264

习题 ·· 270

习题答案 ··· 271

参考文献 ··· 276

第 1 章　绪　　论

流体力学是一门既有较长历史又年轻活跃的学科。流体力学作为力学的一个重要、独立的分支，主要研究流体的平衡和机械运动状态下的规律及其在工程中的应用。

1738 年雅各布·伯努利出版专著时，首次使用了水动力学这个名词并作为书名；1880年前后出现了空气动力学这个名词；1935 年以后，人们综合这两方面的知识，建立了统一的体系，称为流体力学。

流体力学的研究对象是流体，气体和液体统称为流体。除常见的水和空气以外，流体还指水蒸气、油类、含泥沙的江水、血液、高温条件下的等离子体等。

通过考察力学体系的构成，可以深入理解流体力学的重要性。按研究对象不同，力学体系可划分为三部分：

(1) 研究受力以后不发生任何形变的绝对刚体作为研究对象的理论力学。

(2) 研究受力以后仅发生微小形变的固体作为研究对象的固体力学。

(3) 研究受力以后发生较大形变的流体作为研究对象的流体力学。

流体力学在力学体系中三分天下的地位使其在工程中有着广泛的应用。

1.1　流体力学的应用及其分支

水利工程的研究，航空、航天活动的发展，军事工程中炸弹威力的控制，地下石油的开采，以及天体物理的若干问题等，都大量地用到流体力学知识。造船工程学、航空工程学、传热学、大气科学、河川工程学、应用力学，都大量使用了流体力学的知识。图 1-1 反映了流体力学的应用及其分支。

流体力学主要研究的是气体和液体，首先考察流体力学在以气体作为研究对象时的主要应用。1903 年威尔伯·莱特和奥维尔·莱特兄弟在北卡罗来纳州基蒂霍克使第一架动力飞行器"飞行者一号"成功升空 12s，标志着人类第一架飞行器的实现。人类的航空航天飞行始于 20 世纪 50 年代。1961 年 4 月 12 日，尤里·阿列克谢耶维奇·加加林乘坐东方 1 号宇宙飞船从拜克努尔发射场起航，实现世界上首次载人宇宙飞行，实现了人类进入太空的愿望。航空航天的发展与流体力学的发展史是密切相关的。流体力学在航空工程中应用学科的分支为空气动力学、气体动力学。

流体力学除了在航空航天事业中的巨大贡献外，在开采、勘探活动中也有着重要的应用。如石油和天然气的开采，以及地下水的开发和利用，流体力学在该方向的分支主要为渗流力学。渗流力学主要研究的是流体在多孔或缝隙介质中的运动。

军事工程中也离不开流体力学的知识，如炸弹爆炸。爆炸是一种瞬间能量变化和传递过程，其威力在于爆炸形成的空气冲击波的作用。流体力学在此方向的分支为爆炸力学。该学

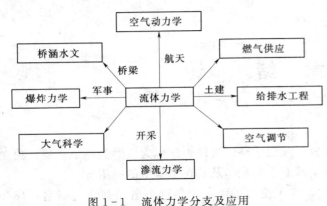

图 1-1 流体力学分支及应用

科是研究爆炸的发生和发展规律以及爆炸的力学效应的利用和防护的学科。它从力学角度研究化学爆炸、核爆炸、电爆炸、粒子束爆炸（也称辐射爆炸）、高速碰撞等能量突然释放或急剧转化的过程和由此产生的强冲击波（又称激波）、高速流动、大变形和破坏、抛掷等效应。自然界的雷电、地震、火山爆发、陨石碰撞、星体爆发等现象也可用爆炸力学方法来研究。

在土木工程中，流体力学的应用则更加广泛。桥梁的风振、建筑外立面所受风力的计算、室内给排水系统中的水力计算、中央集中空调系统中空气的流动、燃气供应系统等相关问题，都需要使用流体力学作为工具来解决。

1.2 流体力学的发展史

1.2.1 流体力学的起源

在人类同自然界斗争和生产实践中，流体力学得到逐步发展。我国自古就有大禹治水疏通江河的传说；秦时代（公元前 256～前 210 年），李冰父子带领劳动人民修建的都江堰，至今还在发挥着作用；大约与此同时，古罗马人建成了大规模的供水管道系统等等。这些都说明古人对水流动的规律有了一定的认识，但这些实践工程多使用经验，并未使流体力学成为一个知识体系。

一般认为，对流体力学学科的形成作出第一个贡献的人，是古希腊的阿基米德（Archimedes），他建立了浮力定律（公元前 250 年左右）：浸在液体里的物体受到向上的浮力，浮力大小等于物体排开液体所受重力。浮力定律奠定了流体静力学的基础。浮力定律在航海等领域有重要意义，密度等重要的物理概念也通过浮力定律得到发展。

流体力学真正成为一门严密的科学，是从 17 世纪开始形成的，首先要归功于牛顿发明了微积分，之后牛顿的著作《自然哲学中的数学原理》给出了黏性流体剪应力计算公式、声速和潮汐理论，但是，牛顿还没有建立起流体动力学的理论基础，他提出的许多力学模型和结论同实际情形还有较大的差别。

牛顿之后，丹尼尔·伯努利在 1726 年提出了"伯努利原理"。这是在流体力学的连续介质理论方程建立之前，水力学所采用的基本原理，其实质是流体的机械能守恒。伯努利从经典力学的能量守恒出发，研究供水管道中水的流动，精心地安排了实验并加以分析，得到了流体恒定流动下的流速、压力、管道高程之间的关系——伯努利方程。

1752 年，达朗贝尔对运河中船只的阻力进行了许多实验工作，证实了阻力同物体运动速度之间的平方关系，并提出了连续性方程。

1755 年，瑞士的欧拉采用了连续介质的概念，把静力学中压力的概念推广到运动流体中，建立了欧拉方程，正确地用微分方程组描述了无黏流体的运动。

1822 年，纳维建立了黏性流体的基本运动方程；1845 年，斯托克斯又以更合理的基础导出了这个方程，并将其所涉及的宏观力学基本概念论证得令人信服。这组方程就是沿用至今的纳维－斯托克斯方程（简称 N-S 方程），它是流体动力学的理论基础。

欧拉方程和伯努利方程的建立，是流体动力学作为一个分支学科建立的标志。此后开始了用微分方程和实验测量进行流体运动定量研究的阶段。

1.2.2　近代流体力学的发展

近代流体力学发展始于 19 世纪末。该时期工程师们主要解决许多工程问题，尤其是要解决带有黏性影响的问题以及流体高速运动的特征。于是他们部分地运用流体力学，部分地采用归纳实验结果的半经验公式进行研究，这就形成了水力学，至今它仍与流体力学并行地发展。

1883 年，雷诺通过自己设计的实验发现了流体运动的两种流态：层流和紊流。这一发现推动了整整一个世纪的紊流研究。虽然到现在，紊流问题并未完全解决，但紊流现象的提出解决了许多实际工程问题，具有划时代意义。

1904 年，路德维希·普朗特将 N-S 方程作了简化，从推理、数学论证和实验测量等各个角度，建立了边界层理论。可实际计算简单情形下，边界层内流动状态和流体同固体间的黏性力。同时普朗特又提出了许多新概念，并广泛地应用到飞机和汽轮机的设计中去。边界层理论的提出使得人们在还不能求解 N-S 方程之前解决了阻力问题，使人类实现飞行的时间至少提前了半个世纪，所以普朗特被称为近代流体力学的奠基人。

1910 年，泰勒提出湍流统计理论。他在 1921 年发表的论文中，首先应用统计学的方法来研究湍流扩散问题，提出了著名的泰勒公式。湍流理论的提出，加深了人们对湍流的认识。泰勒善于把深刻的物理洞察力和高深的数学方法结合，并擅长设计简单且完善的实验。

1911 年，卡门提出了"卡门涡列"理论，该理论解释了桥梁的风振、机翼的震颤。卡门后来在美国加州理工学院建立了当时顶尖的空气动力学实验室，被称为航空航天大师。

以上的人和事件构成了近代流体力学的框架。

1.2.3　现代流体力学阶段

20 世纪 40 年代，炸药或天然气等介质中发生的爆轰波形成了新的理论。为研究原子弹、炸药等起爆后，激波在空气或水中的传播，发展了爆炸波理论。流体力学此后又衍生出许多分支，如超音速空气动力学、稀薄空气动力学、电磁流体力学、计算流体力学、两相流等。这些巨大进展是和采用各种数学分析方法和建立大型、精密的实验设备和仪器等研究手段分不开的。

从 20 世纪 50 年代起，电子计算机不断完善，原来用分析方法难以进行研究的课题，逐步可以用数值计算方法来进行，出现了新的分支学科——计算流体力学。

20 世纪 60 年代，根据结构力学和固体力学的需要，出现了有限元法，该方法主要解决弹性力学问题。经过发展，有限元分析这项新的计算方法开始在流体力学中应用，尤其是在低速流和流体边界形状等甚为复杂问题中，效果显著。近年来又开始了用有限元方法研究高速流的问题，也出现了有限元方法和差分方法的互相渗透和融合。

从 20 世纪 60 年代起，流体力学开始了流体力学和其他学科的互相交叉渗透，形成新的交叉学科或边缘学科，如物理—化学流体动力学、磁流体力学等。

1.3 流体力学的研究方法

流体力学的研究主要包括现场观测、实验模拟、理论分析、数值计算四个方面。解决流体力学问题时，现场观测、实验室模拟、理论分析和数值计算几方面是相辅相成的。实验需要理论指导，才能从分散的、表面上无关联的现象和实验数据中得出普遍规律性的结论。反之，理论分析和数值计算也要依靠现场观测和实验室模拟给出物理图案或数据，由此建立流动的力学模型和数学模式。最后，还须依靠实验来检验这些模型和模式的完善程度。实际工程中，流动往往异常复杂（例如紊流），此时理论分析和数值计算会面临数学和计算方面的困难，无法得到具体结果，只能通过现场观测和实验室模拟进行研究。

1.3.1 现场观测

现场观测是指对自然界的流动现象或工程的流动现象，进行系统观测和仪器分析，而总结出流体运动的规律、预测流动现象的演变。早期天气的观测和预报，基本使用此方法进行。但现场观测流动现象的发生一般不能控制，发生条件很难完全重复出现，因此影响了对流动现象和规律的研究。因此，人们通过实验室，使这些现象能在可控的条件下出现，以便于观察和研究。

流体力学离不开实验，尤其是对新的流体运动现象的研究。实验能显示运动特点及其主要趋势，有助于形成概念，检验理论的正确性。几百年来流体力学发展进程中任何一项重大进展都离不开实验。

模型实验在流体力学中占有重要地位。模型是指根据理论指导，把研究对象的尺度成比例改变（放大或缩小）以便进行实验。有些流动现象很难仅靠理论计算解决，有的则因再现流动现象成本高而无法做原型实验。这时，模型实验所得的数据可以用例如换算单位制的简单算法求出原型数据。

1.3.2 实验模拟

现场观测是对已有现象的观测，而实验室模拟却可以对还未出现的现象进行观察，如待设计的工程、机械等。通过此方法使之得到改进。因此，实验模拟是研究流体力学的重要方法。

实验模拟主要用实验方法研究自然界或各类工程领域中的流体流动现象和规律以及流体与固体之间的相互作用的流体力学分支。实验室模拟可控制实验条件，现象可以重演，产生的流动具有典型性，有利于揭示复杂流动的本质和规律，成为主要的实验手段。实验研究的内容可分为基础性和应用性两种。基础性研究的对象是流动的基本现象和规律，如边界层、湍流结构、旋涡、分离流动、尾迹等。应用性研究主要为工程设计提供有关布局技术和流体动力数据。实验流体力学的基本理论是流动相似理论，它指明应如何在实验室条件下模拟或预演某种实际流动。实验室模拟的主要设备是风洞、水洞、水槽等。

1.3.3 理论分析

理论分析是根据流体运动的普遍规律（如质量守恒、动量守恒、能量守恒等），利用数学分析的手段，研究流体的运动，解释已知的现象，预测未知的结果。理论分析的步骤大致如下：

（1）建立力学模型。即针对实际流体的力学问题，分析其中的各种矛盾并抓住主要方面，对问题进行简化而建立反映问题本质的"力学模型"。流体力学中最常用的基本模型有：连续介质、牛顿流体、不可压缩流体、理想流体、平面流动等。

（2）建立流体力学基本方程组并求解。针对流体运动的特点，用数学语言将质量守恒、动量守恒、能量守恒等定律表达出来，从而得到连续性方程、动量方程和能量方程。此外，还要加上某些联系流动参量的关系式（例如状态方程），或者其他方程。这些方程合在一起称为流体力学基本方程组。

（3）结果比对，确定结论条件。求出方程组的解后，结合具体流动，解释这些解的物理含义和流动机理。通常还要将这些理论结果同实验结果进行比较，以确定所得解的准确程度和力学模型的适用范围。

在流体力学理论中，用简化流体物理性质的方法建立特定的流体的理论模型，用减少自变量和减少未知函数等方法来简化数学问题，在一定的范围是成功的，并解决了许多实际问题。

对于一个特定领域，考虑具体的物理性质和运动的具体环境后，抓住主要因素忽略次要因素进行抽象化，建立特定的力学理论模型，便可以克服数学上的困难，进一步深入地研究流体的平衡和运动性质。

20 世纪 50 年代开始，在设计携带人造卫星上天的火箭发动机时，配合实验所做的理论研究，正是依靠一维定常流的引入和简化，才能及时得到指导设计的流体力学结论。

此外，流体力学中还经常用各种小扰动的简化，使微分方程和边界条件从非线性的变成线性的。声学是流体力学中采用小扰动方法而取得重大成就的最早学科。声学中的所谓小扰动，就是指声音在流体中传播时，流体的状态（压力、密度、流体质点速度）同声音未传到时的差别很小。线性化水波理论、薄机翼理论等虽然由于简化而有些粗略，但都是比较好地采用了小扰动方法的例子。

每种合理的简化都有其力学成果，但也总有其局限性。例如，忽略了密度的变化就不能讨论声音的传播；忽略了黏性就不能讨论与它有关的阻力和某些其他效应。掌握合理的简化方法，正确解释简化后得出的规律或结论，全面并充分认识简化模型的适用范围，正确估计它带来的同实际的偏离，正是流体力学理论工作和实验工作的精华。

1.3.4　数值计算

从基本概念到基本方程的一系列定量研究，都涉及到高深的数学方法，所以流体力学的发展是以数学的发展为前提。那些经过实验和工程实践考验过的流体力学理论，又检验和丰富了数学理论，它所提出的一些未解决的难题，也是进行数学研究、发展数学理论的途径。

流体力学的基本方程组非常复杂，在考虑黏性作用时更是如此，如果不靠计算机，就只能对比较简单的情形或简化后的欧拉方程或 N-S 方程进行计算。20 世纪 30～40 年代，对于复杂而又特别重要的流体力学问题，曾组织过人力用几个月甚至几年的时间做数值计算，比如圆锥做超声速飞行时周围的无黏流场就从 1943 年一直算到 1947 年。

数学的发展，计算机的不断进步，以及流体力学各种计算方法的发明，使许多原来无法用理论分析求解的复杂流体力学问题有了求得数值解的可能性，这又促进了流体力学计算方法的发展，并形成了"计算流体力学"。

计算流体力学（Computational Fluid Dynamics，以下简称为 CFD）是基于计算机技术的一种数值计算工具，用于求解流体的流动和传热问题。它是流体力学的一个分支，用于求解固定几何形状空间内的流体的动量、热量和质量方程以及相关的其他方程，并通过计算机模拟获得某种流体在特定条件下的有关数据。CFD 最早运用于汽车制造业、航天业及核工业，用离散方程解决空气动力学中的流体力学问题。

CFD 有多种计算方法，而主要有三种：差分法、有限元法、有限体积法。计算流体力学是多领域交叉的学科，涉及计算机科学、流体力学、偏微分方程的数学理论、计算几何学、数值分析等学科。这些学科的交叉融合，相互促进和支持，也推动着这些学科的深入发展。

CFD 的研究过程为：

（1）建立模型，并根据相关专业知识将问题用数学方法表达出来。

（2）利用 CFD 软件，对问题进行求解、分析。

从 20 世纪 60 年代起，在飞行器和其他涉及流体运动的课题中，经常采用电子计算机做数值模拟，这可以和物理实验相辅相成。数值模拟和实验模拟相互配合，使科学技术的研究和工程设计的速度加快。

习　　题

1.1　经典流体力学发展的过程中，重要的理论都有哪些？

1.2　现代流体力学的研究方法都包括什么？

1.3　流体的两种流态及判定的准则是什么？

第2章 流体静力学基础

流体静力学是研究流体处于静止或相对静止状态下的力学规律及其在工程上应用的科学。

静止分为绝对静止和相对静止两类。若选择地球为参照坐标系，流体质点相对地球而言没有运动，这种静止称为绝对静止，此时流体所受质量力只有重力。若流体质点相对于地球有运动，但流体质点间并无相对运动，则称为相对静止。例如，以盛有流体的容器作为参照系，容器和其中的流体一起做匀加速运动，虽然此时系统相对于地球是运动的，但流体相对容器壁以及各流体之间均无相对运动。此时，相对静止的流体同时受到的质量力有两种，重力和惯性力。

绝对静止和相对静止说明流体质点间没有相对运动，黏滞力不起作用，所以研究流体静力学必然采用无黏性流体的力学模型。

2.1 作用在流体上的力

力是使固体和流体运动状态发生变化的外因。若研究一个固体的运动规律，则先要分析其受力情况。但流体具有流动性，受力后即发生形变，如何进行流体的受力分析？首先，要对作用在流体上的力进行新的定义。

人们通过对流体运动规律的观察，得到这样的认识：作用在流体上的力按作用方式分为两类，一种是作用在流体内每一个质点（或微团）上的力，称为质量力；另一种是作用在流体表面上的力，称为表面力。

2.1.1 质量力

首先给出质点的概念：宏观看非常小，可视为空间的一个点；微观看又很大，每个质点包含足够多的分子并保持着宏观运动的一切特性。

质量力是作用在流体每一个质点或微团上的力，其大小与液体的质量成正比。质量力，又称体积力。在均匀流体中，质量力与受作用流体的体积成正比。

按照这一定义，流体力学中常遇到的质量力有两种：重力和惯性力。重力是地球对流体的吸引力，它作用在流体内部每一个质点上；惯性力则是流体做加速运动时，由于惯性而使流体质点受到的作用力。力包括三个要素：大小、方向和作用点，下面主要讨论质量力的大小。

如图 2-1 所示，在流体中选取任意流体质点 M，在 M 点周围取一质量为 Δm 的微团，其体积为 ΔV，设作用在该微团上的质量力为 $\Delta \vec{F}_B$。

则流体质点 M 所受到的质量力的大小可以用极限来表示

$$\lim_{\Delta v \to M} \frac{\Delta \vec{F}_B}{\Delta m} = \vec{f} \qquad (2-1)$$

$\vec{f}$ 称为作用在 M 点，单位质量的质量力，简称为单位质量力。

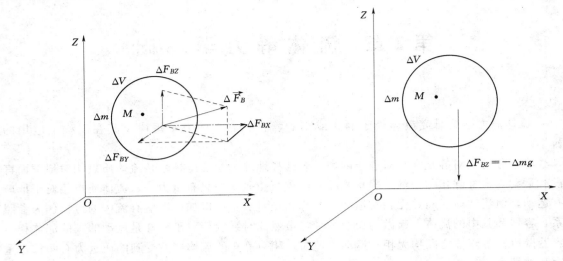

图 2-1　质量力的图示　　　　图 2-2　质量力仅为重力的图示

质量力的单位是牛顿（N），单位质量力的单位按照上式为 N/kg，其因次与加速度的因次相同，为 L/T^2。L 为基本量纲长度，T 为时间。

M 点的单位质量力 $\vec{f}$ 为一个向量值，可以写为 $\vec{f}=(X,Y,Z)$。X、Y、Z 是 $\vec{f}$ 在各轴向上的分力。为了给出单位质量力在各轴向上分力的数学表达式，继续假设流体中微团 Δm 所受到的质量力 $\Delta \vec{F}_B$ 在各轴向上的分力分别为 ΔF_{BX}、ΔF_{BY}、ΔF_{BZ}，则单位质量力 $\vec{f}$ 在各轴向上的分力表示为

$$\begin{cases} X=\lim\limits_{\Delta v \to M}\dfrac{\Delta F_{BX}}{\Delta m} \\[2mm] Y=\lim\limits_{\Delta v \to M}\dfrac{\Delta F_{BY}}{\Delta m} \\[2mm] Z=\lim\limits_{\Delta v \to M}\dfrac{\Delta F_{BZ}}{\Delta m} \end{cases} \tag{2-2}$$

流体力学中碰到的一般情况是流体所受到的质量力只有重力，如图 2-2 所示。

此时，作用在微团 Δm 上的质量力 $\Delta \vec{F}_B$ 仅为该微团所受到的重力 $\vec{G}$，即 $\Delta \vec{F}_B=\vec{G}$。$\vec{G}$ 的大小 $G=\Delta mg$，方向为竖直向下。此时如图 2-2 所示，采用惯性直角坐标系，Z 轴竖直向上为正，重力在各轴向上的分力即为质量力在各轴向上的分力。$\Delta F_{BX}=G_x=0$、$\Delta F_{BY}=G_y=0$、$\Delta F_{BZ}=G_Z=-\Delta mg$，带入单位质量力在各轴向分力的表达式中，可以得到

$$\begin{cases} X=\lim\limits_{\Delta v \to M}\dfrac{\Delta F_{BX}}{\Delta m}=\dfrac{G_X}{\Delta m}=0 \\[2mm] Y=\lim\limits_{\Delta v \to M}\dfrac{\Delta F_{BY}}{\Delta m}=\dfrac{G_Y}{\Delta m}=0 \\[2mm] Z=\lim\limits_{\Delta v \to M}\dfrac{\Delta F_{BZ}}{\Delta m}=\dfrac{G_Z}{\Delta m}=-g \end{cases} \tag{2-3}$$

即

$$\vec{f} = (X, Y, Z) = (0, 0, -g) \qquad (2-4)$$

2.1.2 表面力

作用在流体或分离体表面上的力称为表面力。表面力又称面积力或接触力。

表面力是指作用在流体中所取某部分流体体积表面上的力，也就是该部分体积周围的流体或固体通过接触面作用在其上的力。表面力是就所研究的流体系统而言的。它可能是周围同种流体对分离体的作用，也可能是另种相邻流体对其作用，或是相邻面的作用。考察对象的不同，表面力也会相应的发生变化。

如图 2-3（a）所示，以容器中的所有溶液作为研究对象时，表面力为自由面处的大气压力及容器壁对流体的作用力。若从容器中的流体中取出分离体 A，如图 2-3（b）所示，作为研究对象，则分离体 A 所受到的表面力为其各表面所受到的压力。表面力是作用在所考虑的流体（或分离体）表面上的力。尽管流体内部任意一对相互接触的表面上，这部分和那部分流体之间的表面力是大小相等，方向相反，相互抵消的，但在流体力学里分析问题时，常常从流体内部取出一个分离体，研究其受力状态，这时与分离体相接触的周围流体对分离体作用的内力又变成了作用在分离体表面上的外力。

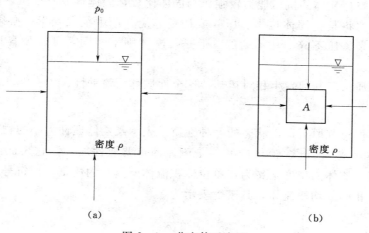

(a)   (b)

图 2-3 分离体示意图

为了表示表面力的大小，假设在流体分离体表面上，选取任意流体质点 A，如图 2-4 所示。

围绕 A 点任意取一微小面积 ΔA，作用在 ΔA 上的表面力为 $\Delta \vec{F}_S$。$\Delta \vec{F}_S$ 可以分解为法线方向的分力 ΔP 和切线方向的分力 ΔT。因为流体内部不能承受拉力，表面法线方向的力 ΔP 只有沿内法线方向的压力。作用在微小面积 ΔA 上的平均压强 $\overline{P}$ 和平均切应力 $\overline{\tau}$ 分别表示为

$$\begin{cases} \overline{P} = \dfrac{\Delta P}{\Delta A} \\ \overline{\tau} = \dfrac{\Delta T}{\Delta A} \end{cases} \qquad (2-5)$$

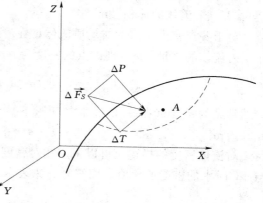

图 2-4 表面力示意图

9

A 点处表面力的分力，即点压强和点切应力分别为

$$\begin{cases} P = \lim_{\Delta A \to 0} \dfrac{\Delta P}{\Delta A} \\ \tau = \lim_{\Delta A \to 0} \dfrac{\Delta T}{\Delta A} \end{cases} \tag{2-6}$$

国际单位制中，压强和切应力的单位均为 N/m²，因次为 M/LT²，M 为质量因次。

2.2　流体的主要物理性质

流体的机械运动规律既取决于液体的外部因素，也受到流体自身物理性质的影响。

2.2.1　流动性

通常情况，有许多流体流动的实例，如空气的流动形成风，河流的流动等。这些现象表明了流体不同于固体的基本特征，就是它的流动性。

流动性是流体与固体的最显著的区别。流体没有一定的形状，不能承受拉力，静止时也不能承受剪切力，但流体的抗压能力较强。与固体比较，固体存在着抗拉、抗压和抗切三方面的能力。如果要将某一固体拉裂、压碎或切断，使其产生很大变形，必须加以足够的外力，否则是拉不裂、压不碎、切不断的。但是，流体则不相同，可以很容易地分裂、切断水体。

流体内部各质点不断地发生相对运动，这个性质称为流动性。

2.2.2　惯性

惯性是物体保持其原有运动状态的一种性质。表示某物体惯性大小的物理量是密度，密度的单位为 g/cm³ 或 kg/m³。流体的密度是流体的重要属性之一，它表征流体在空间某点质量的密集程度。流体的密度定义为：单位体积流体所具有的质量，用符号 ρ 来表示。对于流体中各点密度相同的均质流体，其密度表示为

$$\bar{\rho} = \frac{m}{V} \tag{2-7}$$

式中　$\bar{\rho}$——均质流体的密度，kg/m³；

　　　m——流体的质量，kg；

　　　V——流体的体积，m³。

对于各点密度不同的非均质流体，在流体的空间中某点取包含该点的微小体积 ΔV，该体积内流体的质量 Δm，则该点的密度为

$$\rho = \lim_{\Delta V \to 0} \frac{\Delta m}{\Delta V} = \frac{dm}{dV} \tag{2-8}$$

常见的密度（在一个标准大气压下）：4℃ 时的水 $\rho = 1000\text{kg/m}^3$，20℃ 时的空气 $\rho = 1.2\text{kg/m}^3$。

对流体密度的描述也可以采用相对密度进行表示。流体的相对密度是指某种流体的密度与 4℃ 时水的密度的比值，用符号 d 表示。即

$$d = \frac{\rho_f}{\rho_w} \tag{2-9}$$

式中　ρ_f——流体的密度，kg/m^3；

　　　ρ_w——4℃时水的密度，kg/m^3。

2.2.3　黏性

在外力作用下，流体内部质点间或流层间因相对运动，随之产生阻抗相对运动的内摩擦力，流体这种产生内摩擦力（内力）以反抗相对运动的性质，称为黏性。这种内摩擦力称为黏滞力。

黏性是流体抵抗剪切变形的一种属性。由流体的力学特点可知，静止流体不能承受剪切力，即在任何微小剪切力的持续作用下，流体要发生连续不断地变形。但不同的流体在相同的剪切力作用下其变形速度是不同的，它反映了抵抗剪切变形能力的差别，这种能力反映的就是流体的黏性。

1. 牛顿内摩擦定律

以流体在圆管中流动为例，讨论如何定量的表征流体的黏性。如图 2-5 所示，将圆管剖面至于一个平面直角坐标系中，流速设为水平轴 u，与流速垂直方向设为纵轴 y，分析 y 轴上各流体质点的流速分布情况。当流体在管中缓缓流动时，紧贴管壁的流体质点，粘附在管壁上，流速为零。位于管轴上的流体质点，离管壁的距离最远，受管壁的影响最小，因而流速最大。介于管壁和管轴之间的流体质点，将以不同的速度向右移动，它们的速度将从管壁至管轴线，由零增加至最大的轴心速度。由此得到流速 u 在垂直于流速方向 y 上的函数分布曲线，$u = f(y)$，该曲线为流速分布图。流速分布图反映了流体在流动过程中，各流层流速不同，进而在各流层间形成内摩擦力。作用在两个流体层接触面上的内摩擦力总是成对出现的，即大小相等而方向相反，分别作用在相对运动的流层上。速

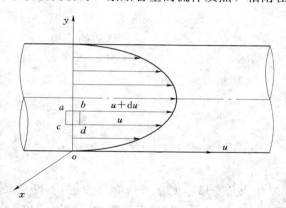

图 2-5　流体的黏性

度较大的流体层作用在速度较小的流体层上的内摩擦力 F，其方向与流体流动方向相同，带动下层流体向前运动，而速度较小的流体层作用在速度较大的流体层上的内摩擦力 F'，其方向与流体流动方向相反，阻碍上层流体运动。

图 2-5 中假设某一流层流速大小为 u。其上一流层由于靠近管轴，流速大小为 $u+du$。根据牛顿（Newton）实验研究的结果得知，黏滞力和下面几个因素相关：

（1）运动的流体所产生的内摩擦力（切向力）F 的大小与两个流层间的速度差 du 成正比，与流层间距离 dy 成反比；

（2）与两个流层之间的接触面积 A 成正比；

（3）与流体的种类有关；

（4）与接触面上压强 P 无关。

通过以上规律可知内摩擦力的数学表达式可写为

$$F \propto A \frac{du}{dy} \tag{2-10}$$

$$F = \mu A \frac{\mathrm{d}u}{\mathrm{d}y} \qquad\qquad (2-11)$$

式中　　F——流层接触面上的内摩擦力，N；

$\qquad$ A——流层间的接触面积，m^2；

$\qquad$ $\mathrm{d}u/\mathrm{d}y$——垂直于流动方向上的速度梯度，L/s；

$\qquad$ μ——动力黏度，Pa·s。

式（2-11）为牛顿内摩擦定律。流层间单位面积上的内摩擦力称为切向应力，则

$$\tau = \frac{F}{A} = \mu \frac{\mathrm{d}u}{\mathrm{d}y} \qquad\qquad (2-12)$$

式中　　τ——切向应力，Pa。

式（2-12）为单位面积上的内摩擦力，即切应力的计算公式。下面讨论式（2-12）中各项参数的意义：

（1）速度梯度 $\mathrm{d}u/\mathrm{d}y$ 的物理意义。$\mathrm{d}u/\mathrm{d}y$ 项表示速度梯度，指速度沿垂直于速度方向的变化率，单位为 1/s。为了给出速度梯度的物理意义，在图 2-6 中垂直于速度方向的 y 轴上，任意取一个边长为 $\mathrm{d}y$ 的正方体分离体，该分离体剖面为一正方形 $abcd$。将分离体 $abcd$ 取出，其下表面 cd 的速度为 u，小于其上表面 ab 速度（$u+\mathrm{d}u$），经过 $\mathrm{d}t$ 时间后，cd 面移动的距离为 $u\mathrm{d}t$，小于 ab 面移动的距离 $(u+\mathrm{d}u)\mathrm{d}t$，小方块在 $\mathrm{d}t$ 时间内由 $abcd$ 变形为 $a'b'c'd'$。如图 2-6 所示，相当于分离体在 $\mathrm{d}t$ 时间，两流层间的垂直连线 ac 及 bd，变化了角度 $\mathrm{d}\theta$。若 $\mathrm{d}t$ 是很短的时间，则角度 $\mathrm{d}\theta$ 也很小，则

$$\mathrm{d}\theta \approx \tan \mathrm{d}\theta = \frac{\mathrm{d}u\mathrm{d}t}{\mathrm{d}y} \qquad\qquad (2-13)$$

故

$$\frac{\mathrm{d}u}{\mathrm{d}y} = \frac{\mathrm{d}\theta}{\mathrm{d}t} \qquad\qquad (2-14)$$

$\mathrm{d}\theta/\mathrm{d}t$ 为角变形速度（剪切变形速度）。可见，速度梯度就是直角变形速度。这个直角变形速度是在切应力的作用下发生的，所以，也称剪切变形速度。因为流体的基本特征是具有流动性，在切应力的作用下，只要有充分的时间让它变形，它就有无限变形的可能性。因而只能用直角变形速度来描述它的剪切变形的快慢。所以，牛顿的内摩擦定律也可以理解为切应力与剪切变形速度成正比。

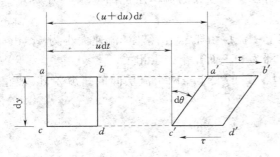

图 2-6　流体质点的直角变形速度

（2）τ 切应力的大小和方向。τ 称切应力，为力与面积之比。常用的单位为 $\mathrm{N/m}^2$，简称 Pa。切应力 τ 不仅有大小，还有方向。图 2-6 小方块的变形可以说明黏滞力方向的确定：表面 $a'b'$ 上面的流层运动较快，有带动较慢的 $a'b'$ 流层前进的趋势，故作用于 $a'b'$ 流层上的切应力 τ 的方向与运动方向相同。表面 $c'd'$ 之下的流层运动较慢，有阻碍较快的 $c'd'$ 流层前进的趋势，故作用于 $c'd'$ 面上的切应力 τ 的方向与运动方向相反。作用在相邻两个流层上的切应力，必然是大小相等，方向相反的。这种内摩擦力虽是流体抵抗相对运动的性质，但它不能从根本上制止流动的发生。

因此，流体的流动性，不会因为内摩擦力的存在而消失。当然，在流体质点间没有相对运动（在静止或相对静止状态）时，也表现不出内摩擦力。

（3）动力黏度（系数）μ。动力黏度μ又称为黏性系数或动力黏滞系数，与流体性质有关，单位为 N·S/m² 或 Pa·S。从其单位可知其既有力的因次，又有运动的因次，故动力黏度反映的是流体黏性的动力性质。由牛顿内摩擦定律可知

$$\mu = \tau \left(\frac{\mathrm{d}u}{\mathrm{d}y} \right)^{-1} \tag{2-15}$$

当$\frac{\mathrm{d}u}{\mathrm{d}y}=1$时，则有$\mu=\tau$。可知动力黏度的物理意义为：单位速度梯度作用下的切应力，或表述为单位角变形速度所引起的内摩擦切应力。动力黏度表征了流体的黏性，动力黏度μ越大，说明流体的黏性越强。

需要注意的是，从式（2-15）可知，当速度梯度等于零时，内摩擦力也等于零。所以，当流体处于静止状态或以相同速度运动（流层间没有相对运动）时，内摩擦力等于零，此时即使流体有黏性，流体的黏性作用也表现不出来。当流体没有黏性（$\mu=0$）时，内摩擦力也等于零。

在流体力学中还常使用动力黏度与密度的比值，称为运动黏度或运动黏滞系数。用符号v表示，即

$$\nu = \frac{\mu}{\rho} \tag{2-16}$$

式中　ν——运动黏度，m²/s，因次为 L²/T。

因为ν不包含力的量纲，仅具有运动的量纲，故称为运动黏性系数。其物理意义为：单位速度梯度下作用的切应力，对单位体积质量（即密度）作用产生的阻力加速度。流体流动性的衡量应用ν而不用μ。

流体黏性随压强和温度的变化而变化。在通常的压强下，压强对流体的黏性影响很小，可忽略不计。在高压下，流体（包括气体和液体）的黏性随压强升高而增大。为了讨论影响流体黏性的因素，表 2-1 给出了水和空气不同温度时的黏度。其中列举的数据指压强为 98kPa（一个标准大气压）时的状况。

表 2-1　　　　　　　　　　　水和空气的黏度趋势对比

温度 $T(℃)$	水的动力黏度 $\mu(10^{-3}\text{N·s/m}^2)$	水的运动黏度 $\nu(10^{-6}\text{m}^2/\text{s})$	空气的动力黏度 $\mu(10^{-3}\text{N·s/m}^2)$	空气的运动黏度 $\nu(10^{-6}\text{m}^2/\text{s})$
0	1.792	1.792	0.0172	13.7
5	1.519	1.519		
10	1.308	1.308	0.0178	14.7
15	1.100	1.141		
20	1.005	1.007	0.0183	15.7
25	0.894	0.897		
30	0.801	0.804	0.0187	16.6
35	0.723	0.727		
40	0.656	0.661	0.0192	17.6

续表

温度 $T(℃)$	水的动力黏度 $\mu(10^{-3}N \cdot s/m^2)$	水的运动黏度 $\nu(10^{-6}m^2/s)$	空气的动力黏度 $\mu(10^{-3}N \cdot s/m^2)$	空气的运动黏度 $\nu(10^{-6}m^2/s)$
45	0.599	0.605		
50	0.549	0.556	0.0196	18.6
60	0.496	0.477	0.0201	19.6
70	0.406	0.415	0.0204	20.5
80	0.357	0.367	0.0210	21.7
90	0.317	0.328	0.0216	22.9
100	0.284	0.296	0.0218	23.6

从表 2-1 中可看出：流体的黏性受温度的影响很大，而且液体和气体的黏性随温度的变化是不同的。水的黏性随温度升高而减小，空气的黏性随温度升高而增大。造成液体和气体的黏性随温度不同变化的原因是由于构成它们黏性的主要因素不同。

影响流体的黏滞性大小的主要因素是分子间的吸引力和分子不规则的热运动产生动量交换的结果。对于液体，分子间的吸引力是构成液体黏性的主要因素，温度升高，分子间的吸引力减小，液体的黏性降低；构成气体黏性的主要因素是气体分子作不规则热运动时，在不同速度分子层间所进行的动量交换。温度越高，气体分子热运动越强烈动量交换就越频繁，气体的黏性也就越大。

表 2-1 中的数据是如何测得的？流体的黏度是不能够直接测量的，人们往往是通过测量与黏度有关的其他物理量，导入相关方程进行计算而得到的。计算黏度所依据的方程不同，测量方法也不同，所要测量的物理量也不尽相同。常用的黏度测量方法有：管流法、落球法、旋转法、泄流法。

工业上测定各种液体（例如润滑油等）黏度最常用的测定方法是泄流法，采用的仪器是工业黏度计。泄流法是使已知温度和体积的待测液体通过仪器下部已知管径的短管自由泄流而出，测定规定体积的液体全部流出的时间，与同样体积已知黏度的液体的泄流时间相比较，从而计算待测液体的黏度。

2. 牛顿流体与非牛顿流体

前面得到的牛顿内摩擦定律，其使用是有条件的，即仅适用于一般性的流体（如：水、空气等）。流体的内摩擦力符合牛顿内摩擦定律，称之为牛顿流体。不遵循牛顿内摩擦定律的流体称为非牛顿流体。

牛顿流体符合牛顿内摩擦定律，即牛顿流体的内部切应力与速度梯度成直线关系，如图 2-7 所示。图 2-7 中牛顿流体表示为一条通过原点的直线，且该直线的斜率不变。说明在温度、压强一定的情况下牛顿流体的黏度是不发生变化的。当剪切变形速度为零时（无相对运动），牛顿流体的内摩擦力也为零。

图 2-7 中其他的曲线表示非牛顿流体。如图所示，有以下几种。

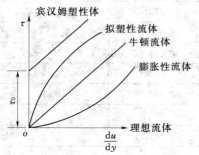

图 2-7 牛顿流体与非牛顿流体

(1) 理想宾汉塑性流体。宾汉（E. C. Bingham）1919 年提出的一种理想流体，即在承受较小外力时物体产生的是塑性流动，当外力超过屈服应力时，就按牛顿液体的规律产生黏性流动。宾汉对于硅藻土、瓷土和石墨等的悬胶的研究，以及以后对油漆的研究，都认为具有这种流变特征。一般认为水泥砂浆也具有宾汉体的流变特性。其流变方程为

$$\tau = \tau_0 + \mu \frac{\mathrm{d}u}{\mathrm{d}y} \tag{2-17}$$

式中　τ——剪应力，N/m^2；

　　　τ_0——屈服应力，N/m^2；

　　　μ——黏性系数，$N/(m^2/s)$；

　　　$\frac{\mathrm{d}u}{\mathrm{d}y}$——速度梯度，$1/s$。

上式表明，此流体只有在达到一个最小剪应力 τ_0 的临界值才开始流动。低于此临界值 τ_0 时宾汉流体表现为普通的弹性体。

(2) 塑性流体。在受到外力作用时并不立即流动而要待外力增大到某一程度时才开始流动的流体，具有屈服值及触变性的特性。塑性流体并不随外力的增加或减小而变化，即是说不像假塑性流体一样随外力的增加或减小而变稠或变稀。

塑性流体的最明显特性是，可随作用力（如剪切力）的施加而产生变形，当外力撤除后并不回复原型。塑性流体的切应力随剪切变形率变化的关系为

$$\tau = A + B \left(\frac{\mathrm{d}u}{\mathrm{d}y} \right)^n \tag{2-18}$$

式（2-18）中，A、B 均为常数。当 $n=1$ 时，即为宾汉塑性体。

(3) 伪塑性流体。假塑性流体是指无屈服应力，并具有黏度随剪切速率增加而减小的流动特性的流体（如胶状溶液、黏土乳状物）。伪塑性流体随外力的增加或减小而变稠或变稀。

(4) 膨胀性流体。在外力作用下，其黏度会因剪切速率的增大而上升的流体，但在静置时，能逐渐恢复原来流动较好的状态。

(5) 理想流体。图 2-7 中横坐标轴反映的流体状态为：无论速度梯度如何变化，该流体的内摩擦力 τ 均为零。这样的流体称为理想流体，在本节还会对这种流体进行进一步的论述。

【例 2-1】 一平板距另一固定平板 $\delta = 0.5\text{mm}$，二板水平放置（见图 2-8），其间充满流体，上板在单位面积上为 $\tau = 2N/m^2$ 的力作用下，以 $u = 0.25\text{m/s}$ 的速度移动，求该流体的动力黏度。

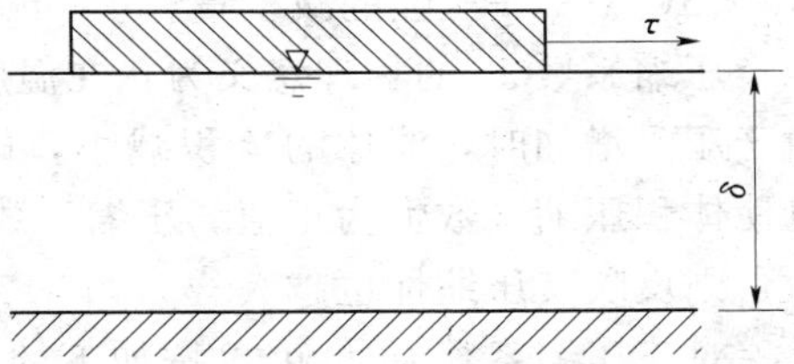

【解】 由牛顿内摩擦定律，式（2-11），即

$$\tau = \mu \frac{\mathrm{d}u}{\mathrm{d}y}$$

由于两平板间隙很小，速度分布可认为是线性

图 2-8　两平板之间的黏性流体

分布，可用增量来表示微分

$$\mu = \tau \frac{\mathrm{d}y}{\mathrm{d}u} = \tau \frac{\delta}{u-0} = 2 \times \frac{0.5 \times 10^{-3}}{0.25} = 0.004 \ (\text{Pa} \cdot \text{s})$$

【例 2-2】 长度 $L=1\text{m}$，直径 $d=200\text{mm}$ 水平放置的圆柱体（见图 2-9），置于内径 D

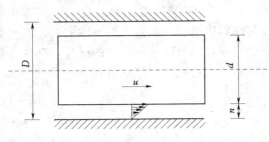

$=206mm$ 的圆管中以 $u=1m/s$ 的速度移动，已知间隙中油液的相对密度为 $d=0.92$，运动黏度 $\nu=5.6\times10^{-4}m^2/s$，求所需拉力 F 为多少？

【解】　间隙中油的密度为

$$\rho=\rho_{H_2O}d=1000\times0.92=920\ (kg/m^3)$$

动力黏度为

$$\mu=\rho\nu=920\times5.6\times10^{-4}=0.5152\ (Pa\cdot s)$$

由牛顿内摩擦定律

图 2-9　圆柱体运动的黏性阻力

$$F=\mu A\frac{du}{dy}$$

由于间隙很小，速度可认为是线性分布

$$F=\mu A\frac{u-0}{\dfrac{D-d}{2}}=0.5152\times3.14\times0.2\times1\times\frac{1}{\dfrac{206-200}{2}}\times10^3=107.8\ (N)$$

2.2.4　压缩性和热胀性

在温度不变的条件下，随着压强的增加，流体体积缩小；在压强不变的条件下，随着温度的增高，流体体积膨胀。这是所有流体的共同属性，即流体的压缩性和膨胀性。生活中经常接触到的流体主要分为液体和气体。一般情况下，液体的压缩性和热胀性与气体相比要小，故对两者的压缩性和热胀性分别进行讨论。

1. 液体的压缩性和热胀性

为了衡量一种液体的压缩性和热胀性，分别引入压缩系数 α_p 和热胀系数 α_V。

（1）压缩系数 α_p。液体的压缩性用压缩系数 α_p 来表示。假设变化过程中温度不发生变化，液体的初始体积为 V，初始密度为 ρ，当压强增加了 dp 以后，体积减小，密度增大，体积减小量为 dV，密度增加量为 $d\rho$。由此可知压缩系数 α_p 表示为

$$\alpha_p=\frac{d\rho/\rho}{dp}=-\frac{dV/V}{dp} \tag{2-19}$$

式中　$d\rho/\rho$——密度的增加率；

　　　$-dV/V$——压强的减少量。

压缩系数 α_p 的物理意义为：在温度不变的情况下，密度的增加率与压强增加量的比值。由于压强增加时，流体的体积减小，即 dp 与 dV 的变化方向相反，故在上式中加个负号，以使体积压缩系数恒为正值。压缩系数 α_p 的单位为 m^2/N，或 Pa^{-1}。流体的压缩系数 α_p 越大，则反映其压缩性也越大。

对于压缩系数 α_p 也可以按如下的方法来理解。对于液体来说，无论如何压缩，密度 ρ 和体积 V 如何变化，其质量 m 都不变，即质量守恒，则有如下公式成立

$$m=\rho V$$
$$dm=d(\rho V)$$
$$dm=Vd\rho+\rho dV=0$$
$$d\rho/\rho=-dV/V$$

故式（2-19）成立。

流体的压缩性在工程上常用弹性模量来表示。弹性模量是压缩系数 α_p 的倒数，用 E 来表示，其单位为 Pa。即

$$E = \frac{1}{\alpha_p} \qquad (2-20)$$

实验指出，液体的体积压缩系数很小，例如水，当压强在 $(1\sim490)\times10^7$ Pa、温度在 $0\sim20℃$ 的范围内时，水的体积压缩系数仅约为 1/2 万，即每增加 105Pa，水的体积相对缩小约为 1/2 万。表 2-2 列出了 0℃水在不同压强下的 α_p 值。

表 2-2 　　　　　　　　　　0℃水在不同压强下的 α_p 值

压强 $p(10^5$ Pa$)$	4.9	9.8	19.6	39.2	78.4
$\alpha_p(\times10^{-9}$ m^2/N$)$	0.539	0.537	0.531	0.523	0.515

(2) 热胀系数 α_V。液体的热胀性用热胀系数 α_V 来表示。假设变化过程中压强不发生变化，液体的初始体积为 V，初始密度为 ρ，当温度增加了 dT 以后，体积增大，密度减小，体积增加量为 dV，密度减小量为 $d\rho$。由此，可知热胀系数 α_V 表示为

$$\alpha_V = -\frac{d\rho/\rho}{dT} = \frac{dV/V}{dT} \qquad (2-21)$$

液体的热胀系数 α_V，单位为 1/℃，1/K。它表示当压强不变时，升高一个单位温度所引起流体体积的相对增加量。流体的热胀系数越大，其热胀性就越强。

实验指出，液体的体积膨胀系数很小，例如在 9.8×10^4 Pa 下，温度在 $1\sim10℃$ 范围内，水的体积膨胀系数 $=14\times10^{-6}$ (1/℃)；温度在 $10\sim20℃$ 范围内，水的体积膨胀系数 $\alpha_V=150\times10^{-6}$ (1/℃)。在常温下，温度每升高 1℃，水的体积相对增量仅为 1.5/万；温度较高时，如 $90\sim100℃$，也只增加 7/万。其他液体的热膨胀系数也是很小的。

流体的热膨胀系数还取决于压强。对于大多数液体，随压强的增加稍为减小。水的热胀系数在高于 50℃ 时随压强的增加而增大。

在一定压强作用下，水的热胀系数与温度的关系如表 2-3 所示。

表 2-3 　　　　　　　　　　水 的 热 胀 系 数 　　　　　　　　单位：L/℃

压强	温　　度（℃）				
$(10^5$ Pa$)$	$1\sim10$	$10\sim20$	$40\sim50$	$60\sim70$	$90\sim100$
0.98	14×10^{-6}	150×10^{-6}	422×10^{-6}	556×10^{-6}	719×10^{-6}
98	43×10^{-6}	165×10^{-6}	422×10^{-6}	548×10^{-6}	704×10^{-6}
196	72×10^{-6}	83×10^{-6}	426×10^{-6}	539×10^{-6}	
490	149×10^{-6}	236×10^{-6}	429×10^{-6}	523×10^{-6}	661×10^{-6}
882	229×10^{-6}	289×10^{-6}	437×10^{-6}	514×10^{-6}	621×10^{-6}

2. 气体的压缩性和热胀性

气体和液体相比，具有显著的压缩性和热胀性。这是由于气体的密度随着温度和压强的改变将发生显著的变化。在温度不过低（>253K），压强不很高（<20MPa）的情况下，其密度与温度和压强的关系可用热力学中的状态方程表示。即

$$\frac{p}{\rho}=RT \tag{2-22}$$

式中　p——气体的绝对压强，Pa；

　　　ρ——气体的密度，kg/m³；

　　　T——热力学温度，K；

　　　R——气体常数，J/(kg·K)；对于空气，$R=8.31/0.029=287$J/(kg·K)。

　　根据流体压缩性的定义，温度不变的条件下，随着压强的增加，流体体积缩小。对于气体来说，温度不变的过程为等温过程，即 $T=C$（常数）。则根据理想气体状态方程可知，$RT=C$（常数）。因此，$\frac{p}{\rho}=C$（常数）理想气体状态方程变为

$$\frac{p_1}{\rho_1}=\frac{p_2}{\rho_2} \tag{2-23}$$

　　式（2-23）中下角标 1 表示初始状态，2 表示终止状态。在等温过程中，初始和终止状态的压强均可求解，从而得出气体压缩后的参数。

　　同样，气体热胀性是在压强不变的等压过程中发生的。即压强 $p=C$（常数），则 $\frac{p}{R}=C$（常数），理想气体状态方程变为

$$\rho V=C（常数） \tag{2-24}$$
$$\rho_1 V_1=\rho_2 V_2 \tag{2-25}$$

　　式（2-25）中下角标 1 表示初始状态，2 表示终止状态。在压过程中，初始和终止状态的密度均可求解，从而得出气体热胀后的参数。

2.2.5　表面张力特性

1. 表面张力

　　多相体系中，相之间存在着界面。习惯上人们仅将气-液，气-固界面称为表面。通常，由于环境不同，处于界面的分子与处于相本体内的分子所受力是不同的。在水内部的一个水分子受到周围水分子的作用力的合力为零，但在表面的一个水分子却不如此。因上层空间气相分子对它的吸引力小于内部液相分子对它的吸引力，所以该分子所受合力不等于零，其合力方向垂直指向液体内部，结果导致液体表面具有自动缩小的趋势，这种收缩力称为表面张力。通过表面张力的定义，可以明确以下几点：

　　（1）表面张力的起因是界面造成的不对称。

　　（2）表面张力是一个位于表面内的力，而非一个施加于表面上的力，且未必垂直于表面。

　　（3）表面张力是一个内力，即使在平衡的状态下表面张力也存在。

　　（4）由于气体分子的扩散作用，不存在自由表面，故气体不存在表面张力。

　　当液体与其他流体或固体接触时，在分界面上都产生表面张力，出现一些特殊现象，例如空气中的雨滴呈球状，液体的自由表面好像一个被拉紧了的弹性薄膜等。

　　液体表面张力的大小可用表面张力系数 σ 表示，σ 的单位为 N/m。不同的液体在不同的温度下具有不同的表面张力值。所以液体的表面张力都随着温度的上升而下降。几种常用液体在 20℃时与空气接触的表面张力列于表 2-4 中，在 0～100℃内水与空气接触时的表面张力列于表 2-5 中，在 20℃时两种介质分界面上的表面张力列于表 2-6 中。

表 2 - 4   **常用液体在 20℃ 时与空气接触的表面张力**

液 体	表面张力 σ(N/m)	液 体	表面张力 σ(N/m)	液 体	表面张力 σ(N/m)
纯 水	0.0728	四氯化碳	0.0266	润滑油	0.0350~0.0379
乙醇(酒精)	0.0223	煤 油	0.0234~0.0321	水 银	0.485＊＊~0.513＊
苯	0.0289	原 油	0.0234~0.0379		

＊ 和空气接触；

＊＊ 和水银蒸气接触。

表 2 - 5   **水与空气接触的表面张力**

温 度 T(℃)	表面张力 σ(N/m)	温 度 T(℃)	表面张力 σ(N/m)	温 度 T(℃)	表面张力 σ(N/m)
0	0.0756	25	0.0720	60	0.0662
5	0.0749	30	0.0712	70	0.0644
10	0.0742	35	0.0704	80	0.0626
15	0.0735	40	0.0696	90	0.0608
20	0.0728	50	0.0679	100	0.0589

表 2 - 6   **20℃ 时两种介质分界面上的表面张力**

场 合	温度 T(℃)	表面张力 σ(N/m)	场 合	温度 T(℃)	表面张力 σ(N/m)
苯—水银	20	0.375	水—四氯化碳	20	0.045
水—苯	20	0.375	水—水银	20	0.0375

2. 毛细现象

当垂直的细玻璃管底部至于液体中（例如水）时，管壁对水的附着力（流体分子与固体壁面分子之间的吸引力称为附着力）变会使液面四周稍比中央高出一些，液体表面呈凹面；直到液体内聚力（液体分子间的吸引力）已经无法克服其重量时，才会停止上升，如图 2-10 所示。在某些液体与固体的组合中（例如细玻璃管与水银），水银柱本身的原子内聚力大于汞柱与管壁之间的附着力，液体将在管内下降到一定高度，管内的液体表面呈凸面，如图 2-11 所示。这种液体在细管中能上升或下降的现象称为毛细现象。

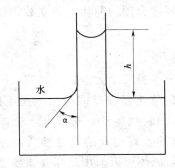

图 2-10 水的毛细管现象

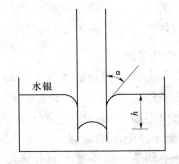

图 2-11 水银的毛细管现象

液体为什么能在毛细管内上升或下降呢？因为液体表面类似张紧的橡皮膜，如果液面是弯曲的，它就有变平的趋势。因此凹液面对下面的液体施以拉力，凸液面对下面的液体施以压力。液体在毛细管中的液面是凹形的，它对下面的液体施加拉力，使液体沿着管壁上升，当向上的拉力跟管内液柱所受的重力相等时，管内的液体停止上升，达到平衡。同样的分析也可以解释毛细管中凸液面液体在毛细管内下降的现象。

在自然界和日常生活中有许多毛细现象的例子。植物茎内的导管就是植物体内的极细的毛细管，它能把土壤里的水分吸上来。砖块吸水、毛巾吸汗、粉笔吸墨水都是常见的毛细现象。在这些物体中有许多细小的孔道，起着毛细管的作用。有些情况下毛细现象是有害的。例如，建筑房屋的时候，在砸实的地基中毛细管又多又细，它们会把土壤中的水分引上来，使得室内潮湿。建房时在地基上面铺油毡，就是为了防止毛细现象造成的潮湿。

液体在细管中上升或下降的高度与表面张力有关。毛细管内液面上升或下降的高度 h，可用下式进行计算

$$h = \frac{2\sigma\cos\theta}{r\rho g} \tag{2-26}$$

式中　σ——表面张力，N/m；

　　　θ——接触角，(°)；

　　　ρ——液体密度，kg/m^3；

　　　g——重力加速度，m/s^2；

　　　r——毛细管内径，mm。

当温度为 20℃时，水在玻璃管中升高值的计算公式

$$h = \frac{30.2}{d} \tag{2-27}$$

水银在玻璃管中的降低值的计算公式

$$h = \frac{10.8}{d} \tag{2-28}$$

计算公式中的单位以 mm 计。

2.3　流体的力学模型

实际流体自身的物质结构和物理性质十分复杂，若考虑所有影响因素，则很难给出流体的力学关系式。所以在考察流体问题时，对流体进行科学合理的简化，建立数学模型。下面给出流体力学中常用的三种流体力学模型。

2.3.1　连续介质

流体是由大量的分子所组成，而分子间都存在比分子本身尺度大得多的间隙，同时，每个分子都不停地在运动，因此，从微观的角度看，流体的物理量在空间分布上是不连续的，且随时间而不断变化。但在流体力学中仅限于研究流体的宏观运动，宏观上，流体的尺度（如米、厘米、毫米的量级）比分子自由程度大得多。描述宏观运动的物理参数，是大量分子的统计平均值，而不是个别分子的值。在这种情形下，流体可近似用连续介质模型处理。

连续介质模型是将流体看作由无数没有微观运动的质点组成的没有空隙的连续体，表征流体运动的各物理量在时间和空间上都是连续分布和连续变化的。

连续介质模型是对流体自身物质结构的简化，它忽略了微观上流体的分子运动，只考虑外力作用下宏观的机械运动。连续介质模型的出现使得微积分等数学工具可以用于解决流体问题。

2.3.2 无黏流体（理想流体）

如前所述，实际流体都是具有黏性的，都是黏性流体。不具有黏性的流体称为理想流体，这是客观世界上并不存在的一种假想的流体，对流体黏性的忽略是对流体自身物理性质的简化。在流体力学中引入理想流体的假设是因为在实际流体的黏性作用表现不出来的场合（像在静止流体中或匀速直线流动的流体中），完全可以把实际流体当理想流体来处理。在许多场合，想求得黏性流体流动的精确解是很困难的。对某些黏性不起主要作用的问题，先不计黏性的影响，使问题的分析大为简化，从而有利于掌握流体流动的基本规律。至于黏性的影响，则可根据试验引进必要的修正系数，对由理想流体得出的流动规律加以修正。此外，即使是对于黏性为主要影响因素的实际流动问题，先研究不计黏性影响的理想流体的流动，而后引入黏性影响，再研究黏性流体流动的更为复杂的情况，也是符合认识事物由简到繁的规律的。基于以上诸点，在流体力学中，总是先研究理想流体的流动，而后再研究黏性流体的流动。

2.3.3 不可压缩流体

不可压缩流体模型，是指在某些情况下，流体自身的压缩性和热胀性不表现或不起主要作用时，忽略流体的压缩性和热胀性，对流体进行简化。这是对流体自身物理性质的简化。对于液体，其压缩性和热胀性很小，密度可视为常数，一般可将水作为不可压缩液体处理。对于气体，具有比较显著的压缩性和膨胀性，当气体运动速度小于一定的速度，如 $50m/s$，可不考虑其压缩性。当气体对物体流动的相对速度比声速要小得多时，气体的密度变化也很小，可以近似地看成是常数，也可当作不可压缩流体处理。

把液体看作是不可压缩流体，气体看作是可压缩流体，都不是绝对的。在实际工程中，要不要考虑流体的压缩性，要视具体情况而定。例如，研究管道中水击现象时，水的压强变化较大，而且变化过程非常迅速，这时水的密度变化就不可忽略，要考虑水的压缩性，把水当作可压缩流体来处理。又如，在中央空调管道中的气体流动，压强和温度的变化都很小，其密度变化很小，可作为不可压缩流体处理。

2.4 流体静压强特性及分布规律

2.4.1 流体静压强及其特性

1. 流体静压强的定义和表达式

流体静压强指流体处于平衡或相对平衡状态时，作用在流体上的应力只有法向应力，而没有切向应力，此时，流体作用面上的负的法向应力即为流体静压强，用符号 p 表示，单位为 Pa。这里所指的静止包括绝对静止和相对静止两种。以地球作为惯性参考坐标系，当流体相对于惯性坐标系静止时，称流体处于绝对静止状态；当流体相对于非惯性参考坐标系静止时，称流体处于相对静止状态。

为了便于理解，选用如下的模型对流体静压强的大小进行定量表达。

在静止或相对静止的均质流体中任意取出一个体积为 V 的分离体，用一个平面 *ABCD* 截取该分离体为 I 和 II 两部分，如图 2-12 所示。

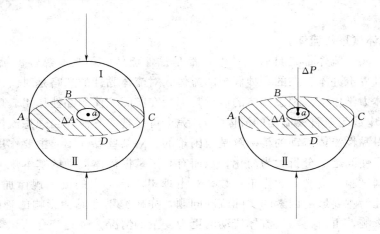

图 2-12　流体静压强

截口为一个平面上的封闭曲线，设该截口即为 *ABCD*。在 *ABCD* 上任意选取一个封闭的平面 ΔA，平面 ΔA 的中心为 a 点。把 I 部分去掉，为了保持原有的平衡，需用一个等效的力代替 I 部分对 II 部分的作用。设 ΔP 为移去的部分作用在面积 ΔA 上的总作用力。则力 ΔP 称为作用在面积 ΔA 上的流体静压力，面积 ΔA 称为流体静压力 ΔP 的作用面积，则该模型中面积 ΔA 上的平均流体静压强表示为

$$\overline{p} = \frac{\Delta P}{\Delta A} \qquad (2-29)$$

作用在 a 点上的流体静压强表示为

$$p = \lim_{\Delta A \to a} \frac{\Delta P}{\Delta A} \qquad (2-30)$$

2. 流体静压强的特性

（1）静压强的垂向性。流体静压强的方向与作用面相垂直，并指向作用面的内法线方向。这一特性可由反证法给予证明：

假设在静止流体中，流体静压强方向不与作用面相垂直，而与作用面的切线方向成 θ 角，如图 2-13 所示。那么静压强 p 可以分解成两个分力即切向压强 p_τ 和法向压强 p_n。由于切向压强是一个剪切力，由第一章可知，流体具有流动性，受任何微小剪切力作用都将连续变形，也就是说流体要流动，这与我们假设是静止流体相矛盾。流体要保持静止状态，不能有剪切力存在，唯一的作用力便是沿作用面内法线方向的压力。

（2）静压强的各向等值性。静止流体中任意一点流体压强的大小与作用面的方向无关，即任一点上各方向的流体静压强都相同。

为了证明这一特性，在静止流体中围绕任意一点 O 取一微元四面体的流体微团 $OABC$，设直角坐标原点与 O 重合。微元四面体正交的三个边长分别为 $\mathrm{d}x$，$\mathrm{d}y$ 和 $\mathrm{d}z$，并与 x，y，z 轴重合，如图 2-14 所示。

假设垂直于 x，y，z 轴的面（即 OAC、OAB、OCB）和平面 ABC 上的平均压强分别为 p_x、p_y、p_z 和 p_n，p_n 与 x、y、z 轴的夹角分别为 $(\vec{n} \cdot x)$，$(\vec{n} \cdot y)$，$(\vec{n} \cdot z)$。$\vec{n}$ 表示平

面 ABC 的外法线方向，$(\vec{n} \cdot x)$，$(\vec{n} \cdot y)$，$(\vec{n} \cdot z)$ 为平面 ABC 的外法线方向 $\vec{n}$ 与 x，y，z 轴的夹角。平面 ABC 上的平均压强 p_n 的方向，根据流体静压强的第一个特性，指向平面 ABC 的内法向。同一个平面内外法线共线，故可以用这种方式来表示 p_n 的角度。

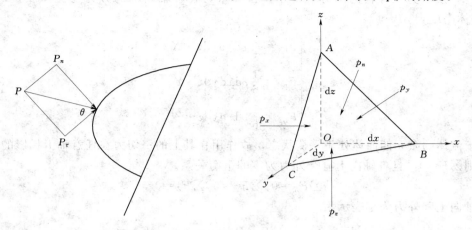

图 2-13　流体静压强方向　　　　图 2-14　微小四面体的平衡

　　因为微元四面体处于静止状态，所以作用在其上的力是平衡的。故微团 $OABC$ 在各轴向上均存在力的平衡关系。要想列出力的平衡方程，首先需要对微团进行受力分析。前面已经讨论过，作用在流体上的力为质量力和表面力，下面分别列出微团 $OABC$ 在各轴向上的质量力和表面力的大小。

　　首先给出微团 $OABC$ 的表面力。由于静止流体中没有切应力，所以作用在微元四面体四个表面上的表面力只有垂直于各个表面的压力。因为所取微元四面体的各三角形面积都是无限小的，所以可以认为在无限小表面上的压强是均匀分布的。表面力的大小等于作用面积和流体静压强的乘积。作用在 x 轴向上的表面力，为垂直于 x 轴的平面 OAC 受到的压力，设该力为 P_x。即

$$P_x = p_x S_{OAC} = p_x \frac{1}{2} \mathrm{d}y\mathrm{d}z$$

作用在 y 轴向上的表面力，为垂直于 y 轴的平面 OAB 受到的压力，设该力为 P_y。即

$$P_y = p_y S_{OAB} = p_y \frac{1}{2} \mathrm{d}x\mathrm{d}z$$

同理，作用在 z 轴向上的表面力可表示为：

$$P_z = p_z \frac{1}{2} \mathrm{d}x\mathrm{d}y$$

平面 ABC 受到的表面力表示为：

$$P_n = p_n \mathrm{d}A_n（\mathrm{d}A_n \text{ 为 } ABC \text{ 的面积}）$$

则作用在 $OABC$ 上的表面力为

$$\begin{cases} P_x = p_x \dfrac{1}{2} \mathrm{d}y\mathrm{d}z \\[2mm] P_y = p_y \dfrac{1}{2} \mathrm{d}x\mathrm{d}z \\[2mm] P_z = p_z \dfrac{1}{2} \mathrm{d}x\mathrm{d}y \\[2mm] P_n = p_n \mathrm{d}A_n \end{cases} \qquad (2-31)$$

根据质量力的定义，设微团 $OABC$ 受到的质量力在各轴向的分力表示为 F_{BX}，F_{BY}，F_{BZ}，假设该微团受到的单位质量力为 $\vec{f}=(X，Y，Z)$，即单位质量力在各轴向上的分力为 X、Y、Z。质量力在各轴向的分力等于单位质量力在各轴向上的分力与流体质量的乘积。（假设流体密度为 ρ）

$$\begin{cases} F_{BX}=\dfrac{1}{6}\rho \mathrm{d}x\mathrm{d}y\mathrm{d}z \cdot X \\ F_{BY}=\dfrac{1}{6}\rho \mathrm{d}x\mathrm{d}y\mathrm{d}z \cdot Y \\ F_{BZ}=\dfrac{1}{6}\rho \mathrm{d}x\mathrm{d}y\mathrm{d}z \cdot Z \end{cases} \quad (2-32)$$

由于流体的微元四面体处于平衡状态，故作用在其上的一切力在任意轴上投影的总和等于零，则 $\sum F=0$，且各轴向上有合外力为零的平衡关系。

$$\sum F_X=0，\sum F_Y=0，\sum F_Z=0$$

X 轴向上和外力为零表示为

$$\sum F_X=0 \qquad P_x-P_n\cos(\vec{n}\cdot x)+F_{BX}=0$$

$(\vec{n}\cdot x)$ 为 ABC 平面外法向与 x 轴夹角，而 P_n 为指向内法向的力，方向相反，故加负号。

同理可得

$$\sum F_Y=0 \qquad P_y-P_n\cos(\vec{n}\cdot y)+F_{BY}=0$$
$$\sum F_Z=0 \qquad P_z-P_n\cos(\vec{n}\cdot z)+F_{BZ}=0$$

把式（2-31）中的 p_x，p_n 和式（2-32）中的 F_{BX} 的各式代入 $\sum F_X=0$ 的方程中，得

$$p_x\frac{1}{2}\mathrm{d}y\mathrm{d}z-p_n\mathrm{d}A_n\cos(\vec{n}\cdot x)+X\rho\frac{1}{6}\mathrm{d}x\mathrm{d}y\mathrm{d}z=0$$

其中 $\mathrm{d}A_n\cos(\vec{n}\cdot x)$ 其意义为倾斜平面 ABC 在垂直于 X 轴平面上的投影面的面积，该投影面恰为 OAC，故 $\mathrm{d}A_n\cos(\vec{n}\cdot x)=\dfrac{1}{2}\mathrm{d}y\mathrm{d}z$，式子变为

$$p_x-p_n+\frac{1}{3}\rho X\mathrm{d}x=0$$

因微团 $OABC$ 非常小，故 $\mathrm{d}x\to 0$，则式子变为

$$p_x=p_n$$

同理可得 $p_y=p_n$，$p_z=p_n$。

即，通过分析 $OABC$ 分离体的受力平衡关系得到

$$p_x=p_y=p_z=p_n \qquad (2-33)$$

因为 n 的方向完全可以任意选择，从而证明了在静止流体中任一点上来自各个方向的流体静压强都相等。但是，静止流体中深度不同的点处流体的静压强是不一样的，而流体又是连续介质，所以流体静压强仅是空间点坐标的连续函数，即

$$p=p(x,y,z)$$

3. 流体静压强分布规律（流体静力学基本方程）

在自然界和实际工程中，经常遇到并要研究的流体是不可压缩的重力液体，也就是作用

在液体上的质量力只有重力的液体。下面根据静止流体质量力只有重力的特点，讨论静止流体压强分布规律。为了便于理解，由浅入深，把流体静压强分为四个部分逐一进行论述：均质一种液体静压强分布规律、均质两种以上液体内部静压强分布规律、气体内部静压强分布规律和非均质流体内部静压强分布规律。

液体静压强基本方程。流体静力学基本方程的一种表达形式为

$$p = p_0 + \rho g h$$

这个公式我们在高中就接触过，那么如何通过流体力学的思维来得到这个方程，则是考察的重点。下面对流体静力学方程的这种形式进行推导。

在密度为 ρ 的一种均质静止液体中，任取一个微小圆柱体，圆柱体体长 ΔL，两端面面积均为 dA，端面和轴线垂直。这个分离体取自静止流体，故该分离体在质量力和表面力的共同作用下达到平衡。故微小圆柱体在质量力表面力作用下应该存在轴向上的力的平衡，即圆柱体轴线方向上合外力为零，可列出轴向上的力的平衡方程。

首先分析表面力。如图 2-15 所示，周围流体对该分离体作用的表面力包括侧面压力和端面的压力。侧面压力与圆柱体轴向正交，沿轴向上无分力。两个端面上的压力均沿轴向作用，设大小分别为 P_1 和 P_2。

其次分析质量力。静止液体所受到的质量力只有重力 G，方向为铅直向下作用，与轴线夹角设为 α，重力可以分解为垂直于轴向的力 $G\sin\alpha$ 和平行于轴向的力 $G\cos\alpha$。垂直于轴向的力我们在轴向平衡时不考虑。由此可写出分离体在质量力和表面力作用下的轴向平衡方程

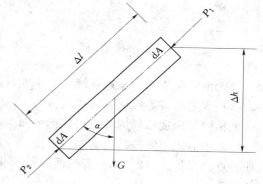

图 2-15　液体内微小液柱的平衡

$$P_2 - P_1 - G\cos\alpha = 0 \tag{2-34}$$

由于微小圆柱体端面面积 dA 极小，端面上压强的变化可以忽略不计，近似认为端面上各点压强相等。设上端面压强为 p_1，下端面压强 p_2，则

$$P_1 = p_1 dA$$
$$P_2 = p_2 dA$$
$$G = mg = V\rho g = \Delta L dA \rho g$$

将 p_1，p_2 和 G 带入式 (2-34) 得

$$p_2 dA - p_1 dA - dA \rho g \Delta L \cos\alpha = 0$$

其中 $\Delta L \cos\alpha = \Delta h$，则

$$p_2 - p_1 = \rho g \Delta h \quad 即 \quad \Delta p = \rho g \Delta h$$

微小圆柱体的端面是任意选取的，因此可以得出普遍关系：均质静止液体中任意两点的压强等于两点间的深度差乘以密度和重力加速度。把上式写为压强关系式

$$p_2 = p_1 + \rho g \Delta h \tag{2-35}$$

式 (2-35) 说明，压强随着深度不断增加，而深度增加的方向是静止液体的质量力作用的方向，对于静止液体，质量力只有重力。所以压强增加的方向是质量力（重力）作用的

方向。

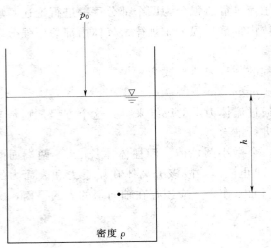

图 2-16　静止容器内某点压强

把上面得到的结论应用于求静止液体内某一点的压强。如图 2-16 所示，假设液面处压强为 p_0，液体密度为 ρ，液面下某点深度为 h，则根据上面的结论可知，该点处液体静压强大小为：

$$p = p_0 + \rho g h \qquad (2-36)$$

式中　p_0——液面气体压强，Pa；

ρ——液体密度，kg/m^3；

h——某点在液面下的深度，m。

式（2-36）为液体静力学的基本方程式。表示静止液体中，压强随深度按直线变化的规律。通过这个规律可以得到三个重要的结论：

（1）静止液体内部，压强大小与容器形状无关，由液面压强、该点在液面下深度与液体密度和重力加速度决定其大小。

（2）水平面是等压面。通过式（2-36）可知，对于同一静止液体而言，深度相同各点，压强也相同。深度相同的各点组成的平面为水平面，故水平面是等压面。

（3）水静压强等值传递的帕斯卡定律。即静止液体任一边界上压强的变化将等值传递到其他各点。根据式（2-36）若液面压强变化了 $\pm \Delta p_0$，则液体内部压强变化了 $\pm \Delta p$，有下面的关系：

$$p = p_0 + \rho g h$$
$$p \pm \Delta p = p_0 \pm \Delta p_0 + \rho g h$$

两式子相减可得 $\Delta p = \Delta p_0$，得证。

上面得到了液体静力学基本方程的一种表达形式，下面推导另一种液体静力学基本方程的形式。

如图 2-17 所示，设有一个盛水水箱，液面处压强为 p_0，在水中任取 1、2 两点，选定任一基准面。1、2 两点到基准面的距离为 Z_1 和 Z_2，液面到基准面的位置为 Z_0，则 1、2 两点处的压强表示为

$$p_1 = p_0 + \rho g (Z_0 - Z_1) \qquad (2-37)$$
$$p_2 = p_0 + \rho g (Z_0 - Z_2) \qquad (2-38)$$

式（2-37）和式（2-38）两侧同处以 ρg，得到

$$\frac{p_1}{\rho g} + z_1 = \frac{p_2}{\rho g} + z_2 = c$$

因 1、2 两点为任意选取，故可将上述关系推广，即

$$z + \frac{p}{\rho g} = c \qquad (2-39)$$

式（2-39）为液体静力学基本方程的另一种形式。在同一种静止液体中，不论哪一点的 $z + \frac{p}{\rho g}$ 均为一常数。式（2-39）中各参数物理意义介绍如下：

(1) z 表示静止液体内某点位置到基准面的高度，称为位置水头，具有长度单位，是流体质点距离基准面的高度。z 的几何意义表示为单位重量流体的位置高度或位置水头，即图 2-17 中 1、2 两点相对于基准面的位置。从物理学可知，把质量为 m 的物体从基准面提升 z 高度后，该物体就具有位能 mgz，则单位重量物体所具有的位能为 $z\left(\dfrac{mgz}{mg}=z\right)$。所以式（2-39）中 z 的物理意义表示为单位重量流体对某一基准面的位势能。

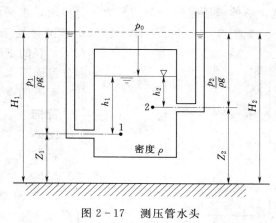

图 2-17 测压管水头

(2) $\dfrac{p}{\rho g}$ 称为压强水头，表示液体内该点在压强作用下沿测压管所能上升的高度。$\dfrac{p}{\rho g}$ 的物理意义为单位重量流体的压强势能。假想在容器离基准面 z 处开一个小孔，接一个顶端封闭的玻璃管（称为半开测压管），并把其内空气抽出，形成完全真空（$p=0$），在开孔处流体静压强 p 的作用下，流体进入测压管，上升的高度 $h=\dfrac{p}{\rho g}$ 称为单位重量流体的压强势能。$\dfrac{p}{\rho g}$ 也是长度单位，它的几何意义表示为单位重量流体的压强水头。

(3) $z+\dfrac{p}{\rho g}$ 称为测压管水头或静水头，表示测压管液面至相对基准面的高度。其物理意义为位势能和压强势能之和，即单位重量流体的总势能。所以式（2-39）表示在重力作用下静止流体中各点的单位重量流体的总势能是相等的，也表示在重力作用下静止液体中各点的静水头都相等。这就是静止液体中的能量守恒定律。

各参数物理意义总结如表 2-7 所示。通过上面的分析，流体静力学基本方程的第二种表示方法说明：同一容器的静止液体中，所有各点测压管水头均相等，即使位置水头和压强水头互不相同，但各点测压管水头必然相等。因此在同一容器中的静止液体，所有各点的测压管水面必然在同一水平面上。需要注意的是，测压管水头中的压强必须采用相对压强表示。

表 2-7   流体静力学基本方程中各参数意义

参 数	能 量 意 义	几 何 意 义
z	单位重量液体的位置势能	位置水头
$\dfrac{p}{\rho g}$	单位重量液体的压强势能	压强水头
$z+\dfrac{p}{\rho g}$	单位重量液体的总势能	测压管水头

上面讨论了一种均质静止液体内部的压强分布规律，得出静止液体静力学基本方程式的两种表达形式，下面讨论两种互不相容的液体混合静止后，其分界面和自由面上压强的分布规律。

4. 两种液体静压分布规律——分界面和自由面是水平面

分界面是指两种密度不同，互不相容的液体静止时接触的表面。在分界面这一特殊区域，液体静压强的分布情况为：分界面是水平面，是等压面。通过反证法来证明这一结论。

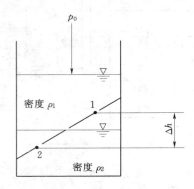

如图 2-18 所示，设一容器中有两种处于静止的液体，液体互不相容，重的密度为 ρ_2 在下，轻的密度为 ρ_1 在上。在分界面上任意取两点 1、2，因分界面不水平，1 和 2 两点存在高差 Δh。既然 1、2 均为分界面上的点，故此两点既属于 ρ_1 液体，又属于 ρ_2 液体。

若把 1、2 两点看做 ρ_1 液体内部的点，则有 $\Delta p = \rho_1 g \Delta h$；

若把 1、2 两点看做 ρ_2 液体内部的点，则有 $\Delta p = \rho_2 g \Delta h$。

1、2 两点之间的压强差只有一个值，故相减两式，可得

图 2-18　分界面是水平面的证明

$$(\rho_1 - \rho_2)g\Delta h = 0$$

因两种液体密度不同，当地重力加速度也不为零，故 $\Delta h = 0$ 且 $\Delta p = 0$。1、2 两点是任意选取的，说明分界面上任意两点间的高差为零，分界面为水平面。分界面上任意两点间的压强差为零，分界面是等压面。故分界面是水平面，是等压面。

自由面是指静止液体与气体接触的表面。自由面是分界面的一种特殊形式，故自由面上压强的分布规律与分界面相同，不再复述。

需要注意的是，上面得到的结论是有条件的。若想要应用前面得到的分界面、自由面上压强的分布规律，一定要保证分析的对象是同种、静止和连续的。如不能同时满足，那么水平面就不一定是等压面。同种，指同一种类的流体，静止指流体的状态是静止的，连续是指流体分布是连续的，没有隔断。以图 2-19（a）为例，一封闭容器中盛水，左右两侧接上测压管，左侧测压管中装有水，右侧测压管中装有水银，左侧测压管与容器中空气部分相接，右侧测压管与水相接。a、b、c 三点为同一个水平面上的点，但 a、b、c 三点的压强并不相等。a、b 两点处的流体静止、同种，但不连续。b、c 两点的流体静止、连续但不同种。a、c 两点的流体静止，但不连续，也不同种。故 a、b、c 三点虽然是水平面上的点，但是压强并不相等。

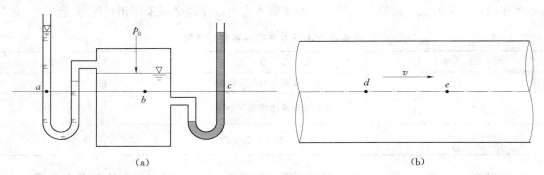

（a）　　　　　　　　　　　　　　　　　　　（b）

图 2-19　等压面的条件

如图 2-19（b），一个水平放置的圆管中有向右流动的液体。在圆管轴线上取任意两点 d、e。可知，虽然 d、e 在同一个水平面上，且同种、连续，但不静止，故 d、e 两点压强不相等。

在求解两种静止液体中某点压强大小时，一定要先求分界面处的压强，把分界面作为计算的联系面。若分界面上的压强已知，则任意一点压强的求解就会变得容易。

5. 气体静压强的分布规律

气体的密度比液体小得多，更容易压缩。前面得到的液体内部静压强的规律，当忽略气体的压缩性时，是适用的。即对于不可压缩气体，其内部静压强的分布规律同液体，满足 $p = p_0 + \rho g h$。

实际上，由于气体密度很小，在高差不大的情况下，气体柱产生的压强值很小，因而可以忽略 $\rho g h$ 这一项，则此时 $p = p_0$，说明空间各点气体静压强相等。

6. 非均质流体内压强分布规律

静止的非均质流体内部压强分布的规律是：等密面是水平面，也是等压面。通过下面的方法来证明。

如图 2-20 所示，在静止非均质流体中，任取轴线水平的微小圆柱体，分析该分离体轴向受力平衡关系。

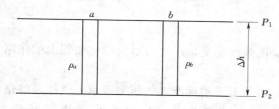

图 2-20　静止非均质流体中水平面是等压面

质量力：该微小圆柱体取自静止状态，故作用在其上的质量力只有重力，方向竖直向下。若考察该分离体轴向上的受力平衡关系，重力在轴向上无分力，故不考虑。

表面力：作用在该分离体上的表面力包括柱体端面的压力和侧面的压力。柱体侧面压力与轴向垂直不考虑，故表面力仅为两端面压力。设两端面压力分别为 P_1 和 P_2，因柱体很微小，两端面面积相等，大小为 dA。可知两端面压强相等，$p_2 = p_1$。

当该分离体无限小时，圆柱体的两端面变为两点，也就是说静止非均质流体内部任一水平面上的任意两点压强相等。故静止非均质流体内水平面是等压面。

下面进一步证明，静止非均质流体内水平面是等密面。

在静止非均质流体中，选取间距为 Δh 的两个水平面，并在他们之间任选 a，b 两个铅直的微小柱体，如图 2-21 所示。假设 a，b 柱体的平均密度分别为 ρ_a 和 ρ_b，可以计算 a，b 柱体上下两个端面的压差如下

图 2-21　静止非均质流体中水平面是等密面

$$\Delta p_a = \rho_a g \Delta h$$

$$\Delta p_b = \rho_b g \Delta h$$

根据前面得出的结论，静止非均质流体内部的平面是等压面，可知 $\Delta p_a = \Delta p_b$，则

$$\rho_a g \Delta h = \rho_b g \Delta h$$

$$\rho_a = \rho_b$$

当 $\Delta h \rightarrow 0$ 时，a，b 柱体变为同一水平面上的两个点。静止非均质流体内部的水平面上任意两点的密度相等，水平面是等密面。

2.4.2 流体压强的测量

1. 压强的计量基准

流体压强按计量基准的不同可分为绝对压强和相对压强。以完全真空态的绝对零压强为基准来计量的压强称为绝对压强，用 p_{abs} 表示；以当地同高程的大气压强为零点起算的压强称为相对压强，用 p 表示。

绝对压强与相对压强之间的关系为：当自由液面上的压强是当地大气压强 p_a 时，可写成

$$p = p_{abs} - p_a \tag{2-40}$$

大气压强 p_a 本身反映的是绝对压强，大气压强的相对压强为零。绝对压强不可为负值，而相对压强可正、可负。相对压强可以由压强表直接测得，所以又称计示压强或表压强（因为绝大多数的测量压强的仪表，均是与大气相同的或者处于大气环境中）。当 $p_{abs} < p_a$ 时，可知此时对应的相对压强 $p < 0$

$$p = p_{abs} - p_a < 0 \tag{2-41}$$

当流体的绝对压强低于当地大气压强时，就说该流体处于真空状态。例如水泵和风机的吸入管中，凝汽器、锅炉炉膛以及烟囱的底部等处的绝对压强都低于当地大气压强，这些地方的相对压强都是负值，称为负压强，负压强的绝对值称为真空度用符号 p_v 表示，则

$$p_v = p_a - p_{abs} \tag{2-42}$$

为了正确区别和理解绝对压强、相对压强和真空度之间的关系，以点 A 和点 B 为例，将压强关系表示于图 2-22。

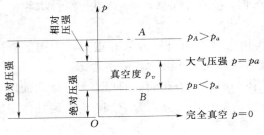

图 2-22　压强关系图示

当地大气压强是某地气压表上测得的压强值，它随着气象条件的变化而变化，所以当地大气压强线是变动的。

由于绝大多数气体的性质是气体绝对压强的函数，如正压性气体 $\rho = \rho(p)$，所以气体的压强都用绝对压强表示。而液体的性质几乎不受压强的影响，所以液体的压强常用计示压强表示，只有在汽化点时，才用液体的绝对压强。需要注意的是，引起固体和流体力学效应的只是相对压强，而不是绝对压强。

2. 压强的量度

压强的量度单位常用的有三种。

(1) 从定义角度出发表示压强的大小。根据压强的定义，压强表示为单位面积上的作用力，国际单位：Pa $[N/m^2]$，工程单位：kgf/m^2。

(2) 用大气压强的倍数来表示压强的大小。国际上采用标准大气压来表示大气压强的倍数，标准大气压用符号 p_{atm} 或 atm 表示，1atm 是指温度为 0℃时海平面上的压强。1atm = 101.325kPa。

工程单位中规定，大气压用符号 p_{at} 或 at 表示，1at 相当于海拔 200m 处正常大气压。一个工程大气压为 98kPa，相当于 10m（H_2O）或 736mm（Hg）液柱高。1at = 98kPa。

(3) 用液柱高度表示压强的大小。一般压强大小的也可以采用水柱或汞柱高度来表示，其单位为水柱高度 mH_2O，汞柱高度 mmHg。压强与液柱高度之间的换算关系可从液体静力学基本方程得到

$$p = \rho g h$$

$$h = \frac{p}{\rho g}$$

例如一个标准大气压，即 $1p_{atm}$ 或 1atm（下同），相应的水柱高度为

$$h = \frac{p}{\rho_水 g} = \frac{101325N/m^2}{1000kg/m^3 \times 9.8m/s^2} = 10.33m$$

1atm 相应的汞柱高度为

$$h=\frac{p}{\rho_汞 g}=\frac{101325\text{N/m}^2}{13595\text{kg/m}^3\times9.8\text{m/s}^2}=0.76\text{m}=760\text{mm}$$

一个工程大气压，$1p_{at}$ 或 1at，对应的水柱高度为

$$h=\frac{p}{\rho_水 g}=\frac{98000\text{N/m}^2}{1000\text{kg/m}^3\times9.8\text{m/s}^2}=10\text{m}$$

1at 对应的汞柱高度为

$$h=\frac{p}{\rho_汞 g}=\frac{98000\text{N/m}^2}{13595\text{kg/m}^3\times9.8\text{m/s}^2}=0.736\text{m}=736\text{mm}$$

常用的换算关系如下

$$1\text{atm}=1.03323\text{at}=101325\text{Pa}=1.01325\text{bar}=760\text{mmHg}=10332.3\text{mmH}_2\text{O}$$
$$1\text{at}=98070\text{Pa}=10000\text{mmH}_2\text{O}=735.6\text{mmHg}$$

流体静压强的计量单位有许多种，为了便于换算，现将常遇到的几种压强单位及其换算系数列于表 2-8 中。

表 2-8　　　　　　　　　　　常用压强单位及其换算系数

帕 （Pa）	工程大气压 （kgf/cm²）	标准大气压 （atm）	巴 （bar）	米水柱 （mH₂O）	毫米汞柱 （mmHg）	磅/英寸² （bf/in²）
1	0.102×10^{-4}	0.0987×10^{-4}	0.100×10^{-4}	1.02×10^{-4}	75.03×10^{-4}	1.45×10^{-4}
9.8×10^4	1	0.968	0.981	10	735.6	14.22
10.13×10^4	1.033	1	1.013	10.33	760	14.69
10.00×10^4	1.02	0.987	1	10.2	750.2	14.50
0.686×10^4	0.07	0.068	0.0686	0.703	51.71	1

3. 流体静力学基本方程的应用

流体静力学基本方程式在工程实际中有广泛的应用。液柱式测压计的测量原理就是以流体静力学基本方程为依据的，它用液柱高度或液柱高度差来测量流体的静压强或压强差。下面介绍几种常见的液柱式测压计。

（1）测压管。测压管是一种最简单的液柱式测压计。为了减少毛细现象所造成的误差，采用一根内径为 10mm 左右的直玻璃管。测量时，将测压管的下端与装有液体的容器连接，上端开口与大气相通，如图 2-23 所示。

在压强作用下，液体在玻璃管中上升 h 高度，设被测液体的密度为 ρ，大气压强为 p_a，由式（2-36）可得 M 点的绝对压强为

$$p'=p_a+\rho gh$$

M 点的相对压强根据式（2-40）为

$$p=p'-p_a=\rho gh$$

于是，用测得的液柱高度 h，可得到容器中液体的相对压强及绝对压强。

测压管只适用于测量较小的压强，一般不超过 9800Pa，相当于 $1\text{mH}_2\text{O}$。如果被测压强较高，则需加

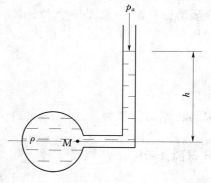

图 2-23　测压管图示

长测压管的长度，使用就很不方便。此外，测压管中的工作介质就是被测容器中的流体，所以测压管只能用于测量液体的压强。

在管道中流动的流体的静压强也可用测压管和其他液柱式测压计测量。但是，为了减小测量误差，在测压管与管道连接处需要采取下列措施：

1) 测压管必须与管道内壁垂直。

2) 测压管管端与管道内壁平齐，不能伸出而影响流体的流动。

3) 测压管管端的边缘一定要很光滑，不能有尖缘和毛刺等。

【例 2－3】 图 2－24 示为测量容器中 A 点压强的真空计。已知 $h_1=1m$，$h_2=2m$，试求 A 点的真空压强 p_v。

【解】 在空气管段两端应用流体静力学基本方程得

$$p_A - \rho g h_1 = p_a - \rho g h_2$$

故 A 点的真空压强为

$$
\begin{aligned}
p_v &= p_a - p_A = \rho g (h_2 - h_1) \\
&= 1000 \times 9.8 \times (2-1) \\
&= 9800 \ (Pa)
\end{aligned}
$$

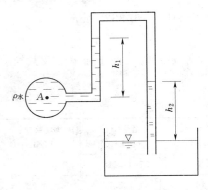

图 2－24　例题 2－3 图

（2）U 形测压计。这种测压计是一个装在刻度板上两端开口 U 形玻璃管。测量时，管的一端与被测容器相接；另一端与大气相通，如图 2－25 所示。U 形管内装有密度 ρ_2 大于被测流体密度 ρ_1 的液体工作介质，如酒精、水、四氯化碳和水银等。它是根据被测流体的性质、被测压强的大小和测量精度等来选择的。如果被测压强较大时，可用水银，被测压强较小时，可用水或酒精。但一定要注意，工作介质不能与被测流体相互掺混。U 形管测压计的测量范围比测压管大，但一般亦不超过 $2.94 \times 10^5 Pa$。U 形管测压计可以用来测量液体或气体的压强，可以测量容器中高于大气压强的流体压强，也可以测量容器低于大气压强的流体压强，即可以作为真空计来测量容器中的真空。

下面分别介绍用 U 形管测压计测量 $p > p_a$ 和 $p < p_a$ 两种情况的测压原理。

1) 被测容器中的流体压强高于大气压强（即 $p > p_a$）：如图 2－25（a）所示。U 形管在没有接到测 M 点以前，左右两管内的液面高度相等。U 形管接到测点上后，在测 M 点的压强作用下，左管的液面下降，右管的液面上升，直到平衡为止。这时，被测流体与管内工作介质的分界面 1—2 是一个水平面，故为等压面。所以 U 形管左、右两管中的点 1 和点 2 的静压强相等，即 $p_1 = p_2$，由式（2－36）可得

$$p_1 = p + \rho_1 g h_1$$

$$p_2 = p_a + \rho_2 g h_2$$

所以　　　　　　　　　　$p + \rho_1 g h_1 = p_a + \rho_2 g h_2$

M 点的绝对压强为

$$p = p_a + \rho_2 g h_2 - \rho_1 g h_1 \qquad (2-43)$$

M 点的计示压强为

$$p_e = p - p_a = \rho_2 g h_2 - \rho_1 g h_1 \qquad (2-44)$$

于是，可以根据测得的 h_1 和 h_2 以及已知的 ρ_1 和 ρ_2 计算出被测点的绝对压强和计示压强值。

2) 被测容器中的流体压强小于大气压强（即 $p<p_a$）：

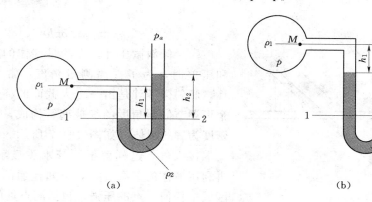

图 2-25

（a）U形管测压计 $p>p_a$；（b）U形管测压计 $p<p_a$

如图 2-25（b）所示。在大气压强作用下，U形管右管内的液面下降，左管内的液面上升，直到平衡为止。这时两管工作介质的液面高度差为 h_2。右管工作介质的分界面作水平面 1—2，它是等压面。由式（2-36）列等压面方程

$$p+\rho_1gh_1+\rho_2gh_2=p_a$$

M 点的绝对压强为

$$p=p_a-(\rho_1gh_1+\rho_2gh_2) \qquad (2-45)$$

M 点的真空或负压强为

$$p_v=p_a-p=\rho_1gh_1+\rho_2gh_2 \qquad (2-46)$$

如果 U 形管测压计用来测量气体压强时，因为气体的密度很小，式（2-43）到式（2-46）中的 ρ_1gh_1 项可以忽略不计。

（3）U 形管差压计。U 形管差压计用来测量两个容器或同一容器（如管道流体）中不同位置两点的压强差。测量时，把 U 形管两端分别与两个容器的测点 A 和 B 连接，如图 2-26 所示。U 形管中应注入较两个容器中的流体密度大且不相混淆的流体作为工作介质（即 $\rho>\rho_a$，$\rho>\rho_b$）。U 形管差压计测量原理如下。

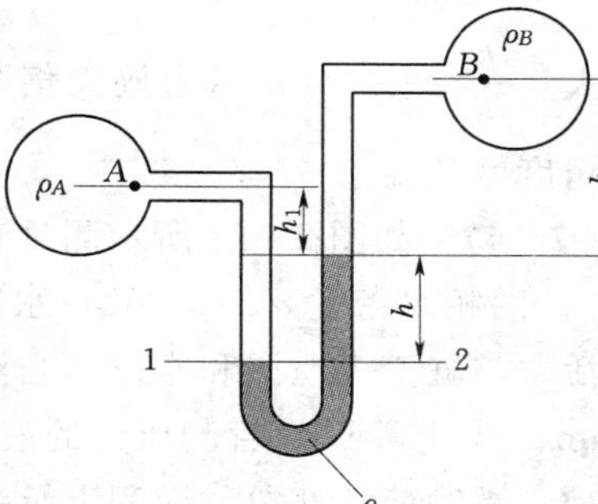

若 $\rho_a>\rho_b$，U 形管内液体向右管上升，平衡后，1—2 是等压面，即 $p_1=p_2$。由式（2-36）得：

$$p_1=p_A+\rho_Ag(h_1+h)$$

$$p_2=p_B+\rho_Bgh_2+\rho gh$$

因 $p_1=p_2$，故

$$p_A+\rho_Ag(h_1+h)=p_B+\rho_Bgh_2+\rho gh$$

$$p_A-p_B=\rho_Bgh_2+\rho gh-\rho_Ag(h_1+h)=(\rho g-\rho_Ag)h+\rho_Bgh_2-\rho_Agh_1$$

若两个容器内是同一流体，即 $\rho_a=\rho_b=\rho_1$，则上式可写成

$$p_A-p_B=(\rho-\rho_1)gh+\rho_1g(h_2-h_1)$$

图 2-26　U 形管压差计

33

若两个容器内是同一气体，由于气体的密度很小，U 形管内的气柱重量可忽略不计，上式可简化为

$$p_A - p_B = \rho g h$$

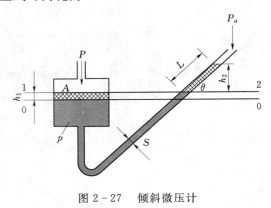

图 2-27　倾斜微压计

（4）倾斜微压计。在测量气体的微小压强和压差时，为了提高测量精度，常采用微压计。倾斜微压计是由一个大截面的杯子连接一个可调节倾斜角度的细玻璃管构成，其中盛有密度为 ρ 的液体，如图 2-27 所示。测压管的一端接大气，这样就把测管水头显示出来了。再利用液体的平衡规律，可知连通的静止液体区域中任何一点的压强，包括测点处的压强。

在未测压时，倾斜微压计的两端通大气，杯中液面和倾斜管中的液面在同一平面 1—2 上。当测量容器或管道中某处的压强时，杯端上部测压口与被测气体容器或管道的测点相连接，在被测压强 p 的作用下，杯中液面下降 h_1 的高度，至 0—0 位置，而倾斜玻璃管中液面上升了 L 长度，其上升高度 $h_2 = L \sin\theta$。

根据流体平衡方程式（2-36），被测气体的绝对压强为

$$p = p_a + \rho g(h_1 + h_2)$$

其相对压强为

$$p_e = p - p_a = \rho g(h_1 + h_2)$$

故对于微压计来说，压差 $p = \rho g l \sin\alpha$，在测量时，只需测得倾斜长度 L，就可以得出压差。由于 $l = \dfrac{h}{\sin\alpha}$，当 $\sin\alpha = 0.5$ 时，$l = 2h$；当 $\sin\alpha = 0.2$ 时，$l = 5h$。故倾斜角越小，h 放大的越大，$\dfrac{l}{h} = \dfrac{1}{\sin\alpha} = n$ 称为放大倍数。放大倍数越大，测量的精度就越高。

【例 2-4】　如图 2-28 所示测量装置，活塞直径 $d = 35\text{mm}$，油的相对密度 $d_{油} = 0.92$，水银的相对密度 $d_{Hg} = 13.6$，活塞与缸壁无泄漏和摩擦。当活塞重为 15N 时，$h = 700\text{mm}$，试计算 U 形管测压计的液面高差 Δh 值。

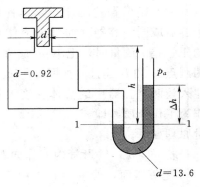

图 2-28　例 2-4 图

【解】　重物使活塞单位面积上承受的压强为

$$p = \frac{15}{\frac{\pi}{4}d^2} = \frac{15}{\frac{\pi}{4} \times 0.035^2} = 15590 \;(\text{Pa})$$

列等压面 1—1 的平衡方程

$$p + \rho_{油} g h = \rho_{Hg} g \Delta h$$

解得 Δh 为

$$\Delta h = \frac{p}{\rho_{Hg} g} + \frac{\rho_{油}}{\rho_{Hg}} h = \frac{15590}{13600 \times 9.806} + \frac{0.92}{13.6} \times 0.70 = 16.4 \;(\text{cm})$$

【例 2-5】　用双 U 形管测压计测量两点的压强差，如图 2-29 所示，已知 $h_1 = 600\text{mm}$，

$h_2=250\text{mm}$，$h_3=200\text{mm}$，$h_4=300\text{mm}$，$h_5=500\text{mm}$，$\rho_1=1000\text{kg/m}^3$，$\rho_2=800\text{kg/m}^3$，$\rho_3=13598\text{kg/m}^3$，试确定 A 和 B 两点的压强差。

【解】 根据等压面条件，图中1—1，2—2，3—3均为等压面。可应用流体静力学基本方程式（2-36）逐步推算

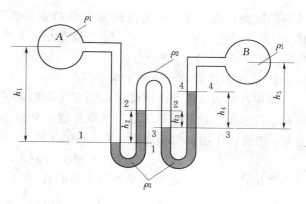

$$p_1=p_2+\rho_1 g h_1 \quad p_2=p_1-\rho_3 g h_2$$
$$p_3=p_2+\rho_2 g h_3 \quad p_4=p_3-\rho_3 g h_4$$
$$p_B=p_4-\rho_1 g(h_5-h_4)$$

逐个将式子代入下一个式子，则

图 2-29 双 U 形管测压计

$$p_B=p_A+\rho_1 g h_1-\rho_3 g h_2+\rho_2 g h_3-\rho_3 g h_4-\rho_1 g(h_5-h_4)$$

所以
$$p_A-p_B=\rho_1 g(h_5-h_4)+\rho_3 g h_4+\rho_3 g h_2-\rho_2 g h_3-\rho_1 g$$
$$h_1=9.806\times1000\times(0.5-0.3)+133400\times0.3-7850\times0.2+133400\times0.25$$
$$-9.806\times1000\times0.6=67876\,(\text{Pa})$$

2.5 作用在平面上的液体静压力

分析流体力学现象时，除了要考察静止流体内部压强的分布情况外，也要考虑流体对固体壁面作用力的大小。例如，闸门、插板、水箱、油罐、压力容器等设备，计算作用于设备结构表面上的流体静压力。盛水空间的结构表面可为平面或曲面，本节讨论平面上作用的流体静压力问题。作用在平面上的流体静压力方向，由于静止液体中不存在切向应力，所以全部力都垂直于淹没物体的表面。故下面主要求解其大小和作用点。讨论的方法主要有解析法和图解法两种，这里我们主要讨论解析法。

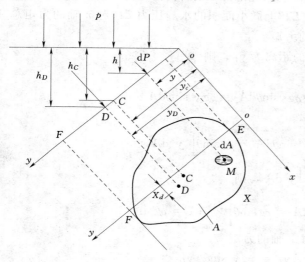

图 2-30 平面液体静压力

2.5.1 解析法求解

首先建立一个模型。如图 2-30，假设有一个任意形状面积为 A 的倾斜平板 EF，放置在液面下，C 点为受压平面的形心。平板 EF 与水平面夹角为 θ。EF 平板现垂直于纸面放置，故 EF 平板在纸面上的投影为一条线，即 EF 线段。该平板仅左侧受到液体静压力的作用，液面大气压强为 p_a。为了求出 EF 平板受到的液体静压力大小，需建立一个坐标系。以 EF 平板在纸面上的投影线 EF 线段所在的直线为 y 轴，以 EF 平板所在平面与液面的交线为 x 轴。x 轴由于

垂直于纸面，故其在纸面的投影为一点 O 点。为了便于分析，把 x 轴绕 y 轴向下（右）旋转 $90°$，此时受压平面 EF 及 x 轴平铺在纸上，坐标系建立完毕。下面以 xoy 坐标系中的 EF 平板为对象，进行受力分析。

1. 液体静压力的大小和方向

作用在平板 EF 上的液体静压强方向均垂直于平板指向内法向，其合力可按照平行力系求和原理求解。故在平板 EF 上选取任意一个微小的面积 dA，其中心点 M 在液面下的深度为 h，则液体作用在微小面积 dA 上的微元压力

$$dP = pdA = \rho ghdA = \rho gy\sin\theta dA$$

作用在平面上的总压力是平行力系的合力

$$P = \int dP = \rho g\sin\theta \int_A ydA \tag{2-47}$$

积分 $\int_A ydA$ 的物理意义是受压面 EF 对 ox 轴的静面矩（面积一次矩、面积矩），故 $\int_A ydA = y_cA$。将其带入式（2-47）中得

$$P = \int dP = \rho g\sin\theta \int_A ydA = \rho g\sin\theta y_cA$$

根据几何关系可知 $\sin\theta y_c = h$，故有

$$P = \int dP = \rho g\sin\theta \int_A ydA = \rho g\sin\theta y_cA = \rho gh_cA = p_cA \tag{2-48}$$

式中　P——平面上静水总压力，N；

h_c——受压面型心点的淹没深度，m；

p_c——受压面形心点的压强，Pa。

式（2-48）表明，任意形状平面上静水总压力的大小等于受压面面积与其形心点压强的乘积。静水总压力的方向沿受压面的内法线方向。

2. 液体静压力的作用点

液体静压力的作用点也称为压力中心。利用理论力学的合力矩定理，合力对某轴的矩等于各分力对同一轴的矩的代数和。故平板 EF 上微小面积的水静压力 dP 对 x 轴的力矩总和等于整个 EF 受压面的水静压力对 ox 轴的力矩。

设总压力作用点为 D 点，D 到 ox 轴的距离为 y_D，则

微小压力 dP 对 x 轴的力矩

$$dPy = \rho ghdAy = \rho gy\sin\theta dAy = \rho gy^2\sin\theta dA$$

各微小力矩的总和为

$$\int_A ydP = \int_A \rho gy^2\sin\theta dA = \rho g\sin\theta \int_A y^2dA$$

受压面积 A 对 x 轴的惯性矩为 $I_x = \int y^2dA$，则

$$\int_A ydP = \int_A \rho gy^2\sin\theta dA = \rho g\sin\theta \int_A y^2dA = \rho g\sin\theta I_x$$

整个受压平面所受到的水静压力 P 对 x 轴的力矩

$$Py_D = \rho gh_cAy_D = \rho gy_c\sin\theta Ay_D$$

根据力矩守恒

$$\rho g y_c \sin\theta A y_D = \rho g \sin\theta I_x$$

$$y_D = \frac{I_x}{y_c A}$$

由惯性矩的平行移轴定理，可知 $I_x = I_c + y_c^2 A$，其中 I_c 指受压面对平行于 ox 轴的形心轴的惯性矩。则

$$y_D = \frac{I_x}{y_c A} = \frac{I_c + y_c^2 A}{y_c A} = y_c + \frac{I_c}{y_c A} \tag{2-49}$$

或表示为

$$y_e = y_D - y_c = \frac{I_c}{y_c A} \tag{2-50}$$

式中　y_e——压力中心沿 y 轴方向至受压面形心的距离，m；

y_D——压力中心沿 y 轴方向至液面交线的距离，m；

y_c——受压面形心沿 y 轴方向至液面交线的距离，m；

I_c——受压面通过形心且平行于液面交线轴的惯性矩，半径为 r 的圆的惯性矩为 $I_c = \dfrac{\pi r^4}{4}$，宽为 b 高为 h 的底边平行于 ox 轴的惯性矩 $I_c = \dfrac{bh^3}{12}$，单位 m^4，表 2-9 给出了常见图形的几何特征量；

A——受压面受压部分的面积，m^2。

表 2-9　　　　　　　　　　　　　　　　常见图形的几何特征量

图形名称	y_c	I_c
矩形	$\dfrac{h}{2}$	$\dfrac{b}{12}h^3$
三角形	$\dfrac{2}{3}h$	$\dfrac{b}{36}h^3$
梯形	$\dfrac{h}{3}\dfrac{(a+2b)}{(a+b)}$	$\dfrac{h^3}{36}\left(\dfrac{a^2+4ab+b^2}{a+b}\right)$
圆	$\dfrac{d}{2}$	$\dfrac{\pi}{64}d^4$
半圆	$\dfrac{2}{3}\dfrac{d}{\pi}$	$\dfrac{9\pi^2-64}{1152\pi}d^4$

一般受压平面对称于 y 轴，故 D 点在 x 轴上的位置在其平面对称轴上。式（2-50）中 $\dfrac{I_c}{y_c A} > 0$，所以 $y_D > y_c$，静压力作用点 D 一般在受压面形心 C 之下，这是由于压强沿水深增加的结果。随着受压面淹没深度的增加，压力中心与形心会越来越靠近。

需要注意的是，上述公式的使用条件为：液面压强为大气压强。若容器封闭，液面压强 p 大于大气压强 p_a，或小于大气压强 p_a 应按如下方式处理：

第一步，建立一个虚拟液面，虚拟液面上的压强为大气压强，即虚拟液面上相对压强为零。

第二步，确定虚拟液面与真实液面的位置关系。虚拟液面与实际液面的距离为 $\dfrac{|p-p_a|}{\rho g}$。当 $p > p_a$ 时，虚拟液面在实际液面上方。当 $p < p_a$ 时，虚拟液面在实际液面下方。

第三步，以虚拟液面为基准计算平面所受液体静压力的大小。在求解液体静压力的大小

时，$P = \rho g h_c A$ 中 h_c 应选用平面形心至虚拟液面的距离。在求解压力中心 $y_e = \dfrac{I_c}{y_c A}$ 时，y_c 为平面形心沿 y 轴方向至虚拟液面的液面交线的距离。

静止液体作用在水平面上的总压力。由于水平面是水平放置的，压强分布是均匀分布的，那么液体作用在底面为 A、液深为 h 的水平面的总压力：$F = \rho g h \cdot A = \gamma h A$。

总压力的作用点是水平面面积的形心。可见，由液体产生作用在水平平面上的总压力同样只与液体的密度、平面面积和液深有关。如图 2-31 所示，四个容器装有同一种液体，液体对容器底部的作用力是相同的，而与容器的形状无关，这一现象称为静水奇象。换句话说，液体作用在容器上的总压力不要和容器所盛液体的重量相混淆。工程上可以利用这一现象对容器底部进行严密性检查。

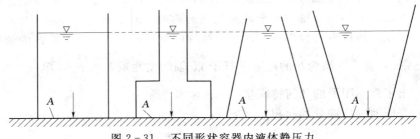

图 2-31　不同形状容器内液体静压力

【例 2-6】　封闭容器水面的绝对压强 p_0，容器左侧开 2m×2m 的方形孔，覆以盖板 AB，当大气压 $p_a = 98.07\text{kPa}$ 时：

（1）若 $p_0 = p_a$，求作用于此盖板的水静压力及作用点，并在图中表示水静压力的作用方向。

（2）若 $p_0 = 137.37\text{kPa}$，求作用于此盖板的水静压力及作用点。

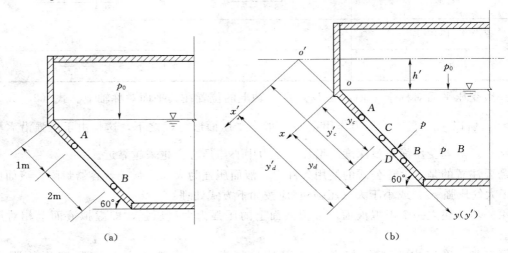

图 2-32　例题 2-6 图

【解】　（1）作用在盖板上的水静压力 P，盖板 AB 的形心为 C 点，压力中心为 D 点，建立如图中的坐标系 xoy

$$P = pA = \rho_{\text{水}}\, g h_c A$$

$$h_c = y_c \sin 60°$$

$$P = 1000 \times 9.8 \times 2 \times \frac{\sqrt{3}}{2} \times 2 \times 2 = 67.9 \ (\text{kN})$$

$$y_d = y_c + \frac{I_c}{y_c A} \ \text{或} \ y_e = y_d - y_c = \frac{I_c}{y_c A}$$

$$I_c = \frac{1}{12} bh^3 = \frac{1}{12} \times 2 \times 2^3 = \frac{4}{3}$$

$$y_d = 2 + \frac{\frac{4}{3}}{2 \times 2 \times 2} = 2.17 \ (\text{m}) \ \text{或} \ y_e = 2.16 - 2 = 0.17 \ (\text{m})$$

（2）作用在盖板上的水静压力 p'，盖板 AB 的形心为 C 点，压力中心为 D 点。因为 $p_0 > p_a$，则首先需计算虚拟液面高度 h'，虚拟液面高度如图中所示。

$$h' = \frac{p_0 - p_a}{\rho_{\text{水}} g} = \frac{(137.37 - 98.07) \times 10^3}{1000 \times 9.8} = 4.01 \ (\text{m})$$

建立如图中的坐标系 $x'o'y'$

$$P' = p'A = \rho g h_c' A$$

$$h_c' = y_c' \sin 60° \ \text{或} \ h_c' = h' + y_c \sin 60$$

$$y_c' = y_c + \frac{h'}{\sin 60°} = 2 + 4.62 = 6.62 \ (\text{m})$$

$$h_c' = 4.01 + 2 \times \frac{\sqrt{3}}{2} = 5.742 \ (\text{m})$$

$$P' = p'A = \rho g h_c' A = 1000 \times 9.8 \times 5.742 \times 4 = 225 \ (\text{kN})$$

$$y_d' = y_c' + \frac{I_c}{y_c' A} \ \text{或} \ y_e' = y_d' - y_c' = \frac{I_c}{y_c' A}$$

$$I_c = \frac{1}{12} bh^3 = \frac{1}{12} \times 2 \times 2^3 = \frac{4}{3}$$

$$y_d' = 6.62 + \frac{\frac{4}{3}}{6.62 \times 2 \times 2} = 6.67 \ (\text{m}) \ \text{或} \ y_e' = 0.05 \ (\text{m})$$

2.5.2 图解法求解

图解法一般适用于上、下边与水面平行的矩形平面上的静水总压力及其作用点位置的求解。图解法的优点是既可以直观显示力的分布，又可以便于对受压结构进行结构计算。图解法的步骤是先绘制压力分布图，然后根据压力分布图进行计算。

1. 压力分布图

压力分布图是在受压面承压一侧，根据压强的特性，以一定比例线段表示压强大小和方向的图形，是液体静压强分布规律的几何图示。压强的特性（$p = p_0 + \rho g h$ 或 $p = \rho g h$）反映了压强随水深沿直线分布的规律。按照这一规律，如图 2-33 所示，介绍受压平面 AB 的压力分布图绘

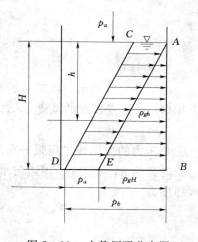

图 2-33 水静压强分布图

制过程。首先确定 A、B 两点的压强，然后用线段表示在相应点上，用直线连接两线段端点，即得水静压强分布图。

A 点处 $h_a = 0$，故 $p_A = p_a$。B 点处 $h_b = H$，$p_B = p_a + \rho g H$。在图 2-33 中，AC 长度为 p_a，BD 长度为 $p_a + \rho g H$。梯形 $ABCD$ 为受压面 AB 部分的水静压强分布图形。这个图形反映的绝对压强的分布情况，若考虑相对压强的分布情况，则应去掉大气压强 p_a 的部分。过 A 点做 $AE // CD$，平行四边形 $AEDC$ 为大气压强的作用，三角形 ABE 是液体静压强 $\rho g H$ 的作用。也可以这样理解，AB 平面除左侧受到液体静压强的作用外，其右侧也受到大气压强的作用，两侧的大气压强恰好可以相互抵消。

下面给出几种不同平面上的水静压强分布图 2-34 所示。

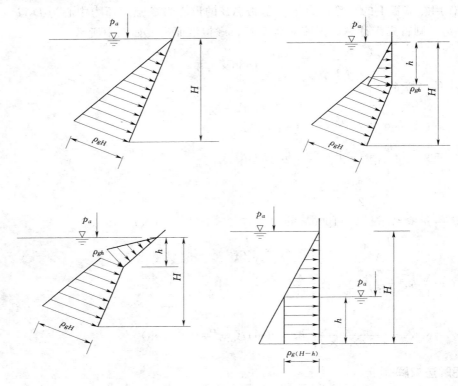

图 2-34 常见平面的水静压强分布图

2. 图解法

如图 2-35 所示，图解法的步骤是先绘出压强分布图，总压力的大小等于压强分布图的面积 S，乘以受压面的宽度 b，即

$$P = Sb$$

总压力的作用线过压强分布图的形心，作用线与受压面的交点就是总压力的作用点。

对高为 h，宽为 b，顶边与水面齐平的铅直矩形平面 $AA'B'B$，由水静压强分布图计算水静压力

$$P = p_c A = \rho g h_c bh = \rho g \frac{h}{2} bh = \frac{1}{2} \rho g h^2 b$$

$$\frac{1}{2}\rho g h^2 = S_{\triangle ABE} = \Omega$$

$$P = \Omega b = V$$

即，作用于平面的水静压力等于压强分布图形的体积。

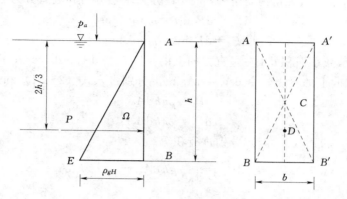

图 2-35 作用于铅直平面的水静压力

2.6 作用在曲面上的液体静压力

前面讨论了作用在平面上液体静压力的求解。在实际工程中，存在着大量的曲面壁面，如锅炉汽包、除氧器水箱、油罐和弧形阀门等。由于静止液体作用在曲面上各点的压强方向都垂直于曲面各点的切线方向，各点压强大小的连线不是直线，所以计算作用在曲面上静止液体的总压力的方法与平面不同。下面从二向曲面入手，求出作用在其上的静水压力，推广到空间曲面上。

2.6.1 曲面上的静水总压力

建立一个模型，如图 2-36 所示，为一个垂直于纸面的柱体，长度为 l，受压曲面为 AB，左侧承压。若将受压曲面 AB 看为无数微小倾斜平面的组合，则每个微元平面压力大小和方向的共性是垂直于作用面指向内法向的，曲面 AB 上的压力在方向上是不平行的，且法线也未必交于一点。故将曲面上的压力分为水平分力和竖直分力进行讨论。

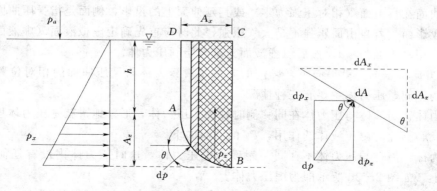

图 2-36 作用于柱体曲面的水静压力

在曲面 AB 上取一个微小面积 dA，该微小面积位于液面下 h 处，将该微小面积 dA 放大。作用在该微小面积上的水静压力为

$$dP = p\,dA = \rho g h\,dA$$

假设该力与水平方向夹角为 θ 角度，将 dP 分为水平分力和竖直分力

水平分力 $\qquad\qquad dP_x = dP\cos\theta = \rho g h\,dA\cos\theta \qquad\qquad (2-51)$

竖直分力 $\qquad\qquad dP_z = dP\sin\theta = \rho g h\,dA\sin\theta \qquad\qquad (2-52)$

$dA\cdot\cos\theta$ 表示微小面积 dA 在竖直方向上的投影，令 $dA_z = dA\cos\theta$；$dA\cdot\sin\theta$ 表示微小面积 dA 在水平方向上的投影，令 $dA_x = dA\sin\theta$。分别带入式（2-51）和式（2-52），则

$$dP_x = \rho g h\,dA_z \qquad\qquad (2-53)$$

$$dP_z = \rho g h\,dA_x \qquad\qquad (2-54)$$

对式（2-53）和式（2-54）分别进行积分

$$P_x = \int dP_x = \int_{A_z} \rho g h\,dA_z = \rho g \int_{A_z} h\,dA_z \qquad\qquad (2-55)$$

$$P_z = \int dP_z = \int_{A_x} \rho g h\,dA_x = \rho g \int_{A_x} h\,dA_x \qquad\qquad (2-56)$$

式（2-55）中的积分项 $\int_{A_z} h\,dA_z$ 表示曲面 AB 在竖直平面上的投影面积 A_z 对水面的水平轴 y 的静面矩。假设 h_c 为 A_z 的形心在液面下的深度，则 $\int_{A_z} h\,dA_z = h_c A_z$

$$P_x = \rho g h_c A_z \qquad\qquad (2-57)$$

式（2-57）说明作用在曲面上的水静压力 P 的水平分力 P_x 等于作用在该曲面的铅垂投影面上的压力。

式（2-56）中积分号内的 $h\,dA_x$ 表示以 dA_x 为底，以 h 为高的柱体体积。$\int_{A_x} h\,dA_x$ 表示受压曲面 AB 为底，以 AB 在自由面上的投影面积 CD 为顶，这两个面之间的柱体 $ABCD$ 的体积。这个体积称为压力体，用 V 表示，即 $\int_{A_x} h\,dA_x = V$，则

$$P_z = \rho g V \qquad\qquad (2-58)$$

式（2-58）表明，液体作用在曲面上的静压力的竖直分力，等于压力体内液体的重量。

压力体是由三种面组成的一个封闭体，由底面、顶面、侧面组成。底面为受压曲面，顶面为受压曲面在自由面（相对压强为零）或其延伸面上的投影，侧面是指受压曲面边界线所做的铅直投影面。若自由面压强不是大气压强，此时应首先确定虚拟液面（虚液面处压强为大气压强，相对压强为零），然后以虚液面为基准绘制压力体。

P_z 的方向不是向上就是向下，确定的方法是看压力体与受压曲面的相对位置。按曲面承压位置的不同，压力体主要有三种情况。

实压力体：当液体与压力体在同一侧时称为实压力体，形象地讲就是压力体里装有液体（不一定装满）。此时由于液体的作用，P_z 的方向向下。

虚压力体：液体与压力体不在同一侧称为虚压力体，这时压力体内没有任何液体，P_z 的方向向上，如图 2-36 所示即为虚压力体。

叠加压力体：对于水平投影重叠的曲面，分开界定压力体，然后相互叠加。

需要注意的是，P_z 的作用线一定要通过压力体的形心。有了 P_x、P_z，就可以求出合力

的大小和方向

$$P = \sqrt{P_x^2 + P_z^2} \qquad (2-59)$$

总压力作用线与水平方向的夹角

$$\theta = \tan^{-1} \frac{P_z}{P_x} \qquad (2-60)$$

过 P_x 作用线（通过 A_z 压强分布图形心）和 P_z 作用线（通过压力体形心）的交点，做与水平面成 θ 角的直线就是总压力线。总压力作用线与曲面的交点就是总压力在曲面上的作用点，即压力中心。

需要注意的是无论是水平分力还是竖直分力，关键在找到正确的投影面。无论是水平方向的投影面或是竖直方向的投影面均应先找到受压曲面的边界线，然后以边界线围成的封闭面积为准进行投影。这样可以正确绘制投影面和压力体。

静止液体作用在曲面上的总压力的计算程序：

（1）将总压力分解为水平分力 P_x 和垂直分力 P_z。

（2）水平分力的计算，$P_x = \rho g h_c A_z$。

（3）确定压力体的体积。

（4）垂直分力的计算，$P_z = \rho g V$ 方向由虚、实压力体确定。

（5）总压力的计算，$P = \sqrt{P_x^2 + P_z^2}$。

（6）总压力方向的确定，$\tan\theta = P_x/P_z$。

（7）作用点的确定，即总压力的作用线与曲面的交点即是。

【例 2-7】 如图 2-37 所示，蓄水容器上有三个半球形的盖已知：$H = 2.5\text{m}$，$h = 1.5\text{m}$，$R = 0.5\text{m}$。

求：作用于三个半球形盖的水静压力大小。

【解】

1. 水平分力

水平分力的求解主要是找到受压曲面在铅直方向上的投影。半球 A、B 的边界线均为水平的圆周，水平圆周的封闭面积在铅直方向上的投影为一条线。故 A、B 受压半球在铅直方向上的投影面面积为零，故

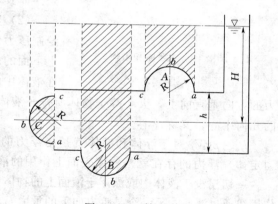

图 2-37 储水容器

$$P_{AX} = 0 、 P_{BX} = 0$$

半球 C 的边界线为一竖直圆周，圆周的封闭面积在铅直方向上的投影为一个圆，故

$$P_{cx} = P_c A_{cx} = \rho g H \frac{1}{4} \pi d^2 = 9.807 \times 2.5 \times \frac{\pi}{4} \times 12 = 19.26 \text{ (kN)} \leftarrow 方向向左$$

2. 铅直分力

铅直分力的求解主要是绘制受压曲面对应的压力体。A、B 半球的压力体是以受压曲面为底（受压半球面），顶面为受压曲面的边界线（水平圆周）所围成的封闭面积（一个水平圆）在相对压强为零的水平面（自由面）上的投影面（仍为一个圆）为顶，侧面为边界线投影过程中扫过的面积（为一柱面）。这样围成的图形为 A、B 受压半球对应的压力体。

$$P_{AZ} = \rho g V_A = \rho g \left[\left(H - \frac{h}{2} \right) \times \frac{1}{4} \pi d^2 - \frac{\pi}{12} d^3 \right] = 10.89 \text{（kN）} \uparrow \text{方向向上}$$

$$P_{BZ} = \rho g V_B = \rho g \left[\left(H + \frac{h}{2} \right) \times \frac{1}{4} \pi d^2 + \frac{\pi}{12} d^3 \right] = 27.56 \text{（kN）} \downarrow \text{方向向下}$$

C 半球的压力体是以受压曲面为底（受压半球面），顶面为受压曲面的边界线（竖直圆周）所围成的封闭面积（一个竖向圆）在相对压强为零的水平面（自由面）上的投影面（为一条线，面积为零）为顶，侧面为边界线投影过程中扫过的面积（为一竖直平面）。这样围成的图形为 C 受压半球对应的压力体。实际上 C 半球压力体为 C 半球自身的体积。

$$P_{CZ} = \rho g V_C = \rho g \frac{\pi}{12} d^3 = 2.564 \text{（kN）} \downarrow \text{方向向下}$$

2.6.2　浮体和潜体

潜体是指全部浸入液体中的物体，潜体的受压表面是封闭的曲面，如图 2-38 所示。浮

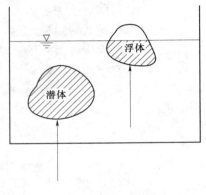

图 2-38　浮体和潜体

体是指部分浸入水中的物体，受压曲面为物体进入液体部分的曲面，如图 2-38 所示。浮体、潜体受到的静水总压力 P 可以分解成水平分力 P_x 和垂直分力 P_z。

（1）水平分力 $P_x = \rho g h_c A_z$。潜体的受压表面为封闭曲面，无边界线，故其在竖直方向上的投影面积为零。浮体的受压面的边界线为水平的封闭曲线，其在竖直方向上的投影面为一条线，面积为零。所以不论是潜体还是浮体其水平分力 $P_x = 0$。

（2）竖直分力 $P_z = \rho g V_p$。竖向分力的求解主要是绘制压力体。潜体的压力体就是物体的自身体积，因为上下面的压力体抵消掉一部分。浮体的压力体就是浸没在液体中的体积。液体作用在沉没或漂浮物体上的总压力的方向垂直向上，大小等于物体所排开液体的重量，该力又称为浮力，作用线通过压力体的几何中心，又称浮心。

$P_z = \rho g V_p$ 对于浮体和潜体就是指浮力的大小等于物体排开液体的重量。（阿基米德浮力定律）浮力的存在就是物体表面上作用的液体压强不平衡的结果。

一切浸没于液体中或漂浮于液面上的物体都受到两个力作用：一个是垂直向上的浮力，其作用线通过浮心；另一个是垂直向下的重力 G，其作用线通过物体的重心。对浸没于液体中的均质物体，浮心与重心重合，但对于浸没于液体中的非均质物体或漂浮于液面上的物体重心与浮心是不重合的。根据重力 G 与浮力 P_z 的大小，物体在液体中将有三种不同的存在方式：

（1）重力 G 大于浮力 P_z，物体将下沉到底，称为沉体；

（2）重力 G 等于浮力 P_z，物体可以潜没于液体中，称为潜体；

（3）重力 G 小于浮力 P_z，物体会上浮，直到部分物体露出液面，使留在液面以下部分物体所排开的液体重量恰好等于物体的重力为止。

习　　　题

2.1　液体和气体的黏度随温度变化的趋向是否相同？为什么？

2.2　怎样表示液体的压缩性和膨胀性?

2.3　理想流体、不可压缩流体的特点是什么?

2.4　何谓连续介质模型?说明引用连续介质模型的必要性和可行性。

2.5　试述静止流体中的应力特性。

2.6　怎么认识流体静力学基本方程 $z+\dfrac{p}{\rho g}=C$ 的几何意义和物理意义?

2.7　绝对压强、相对压强、真空度是怎样定义的?相互之间如何换算?

2.8　怎样绘制液体静压强分布图?

2.9　何谓压力体?怎样界定压力体?判断虚、实压力体有向实际意义?

2.10　怎样计算作用在潜体和浮体上的静水总压力?

2.11　液体的表面压强(以相对压强计) $p_0 \neq 0$ 时,怎样计算作用在平面或曲面上的静水总压力?

2.12　水的密度为 $1000 kg/m^3$,2L 水的质量和重量是多少?

2.13　某液体的动力黏为 $0.005 Pa \cdot s$,其密度为 $850 kg/m^3$,试求其运动黏度。

2.14　一底面积为 $45 cm \times 50 cm$,高为 1cm 的木块,质量为 5kg,沿涂有润滑油的斜面向下作等速运动,木块运动速度 $u = 1 m/s$,油层厚度 1cm,斜坡角 $22.62°$,求油的黏度。

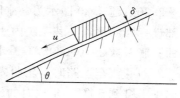

题 2.14 图

2.15　为导线表面红绝缘,将导线从充满绝缘涂料的模具中拉过。已知导线直径 0.9mm,长度 20mm,涂料的黏度 $\mu = 0.02 Pa \cdot s$。若导线以速率 50m/s 拉过模具,试求所需牵拉力。

2.16　旋转圆筒黏度计,外筒固定,内筒转速 $n = 10 r/min$。内外筒间充入实验液体。内筒 $r_1 = 1.93 cm$,外筒 $r_2 = 2 cm$,内筒高 $h = 7 cm$,转轴上扭矩 $M = 0.0045 N \cdot m$。求该实验液体的黏度。

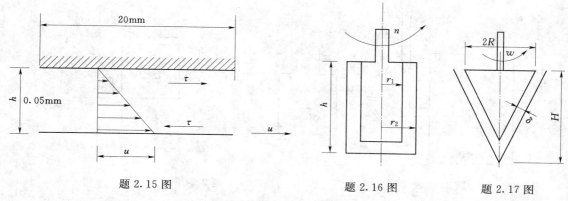

题 2.15 图　　　　题 2.16 图　　　题 2.17 图

2.17　一圆锥体绕其中心轴作等角速度 $\omega = 16 rad/s$ 旋转。锥体与固定壁面间的距离 $\delta = 1mm$,用 $\mu = 0.1 Pa \cdot s$ 的润滑油充满间隙。锥体半径 $R = 0.3 m$,高 $H = 0.5 m$。求作用于圆锥体的阻力矩。

2.18　活塞加压,缸体内液体的压强为 0.1MPa 时,体积为 $1000 cm^3$,压强为 10MPa

时，体积为 995cm³。试求液体的体积模量。

2.19　题 2.19 图示为压力表校正器。器内充满压缩系数为 $k=4.75\times10^{-10}\,\text{m}^2/\text{N}$ 的油液，器内压强为 10^5Pa 时，油液的体积为 20mL。现用手轮丝杆和活塞加压，活塞直径为 1cm，丝杆螺距为 2mm，当压强升高至 20MPa 时，问需将手轮摇多少转？

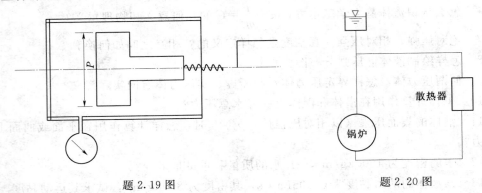

题 2.19 图　　　　　　　　　　　　　题 2.20 图

2.20　题 2.20 图示为一水暖系统，为了防止水温升高进体积膨胀将水管胀裂，在系统顶部设一膨胀水箱。若系统内水的总体积为 8m³，加温前后温差为 50℃，在其温度范围内水的膨胀系数 $\alpha=0.0005/℃$。求膨胀水箱的最小容积。

2.21　汽车上路时，轮胎内空气温度为 20℃，绝对压强为 395kPa。行驶后，轮胎内空气温度上升到 50℃，求这时的压强。

2.22　正常人的血压是收缩压 100～120mm 汞柱，舒张压 60～90mm 汞柱，用国际单位制表示是多少 Pa（帕）？

2.23　密闭容器，测压管液面高于容器内液面 $h=1.8$m，液体的密度为 850kg/m^3。求液面压强。

2.24　水箱形状如题 2.24 图所示。底部有 4 个支座。试求底面上总压力和 4 个支座的支座反力。并讨论总压力与支座反力不相等的原因。

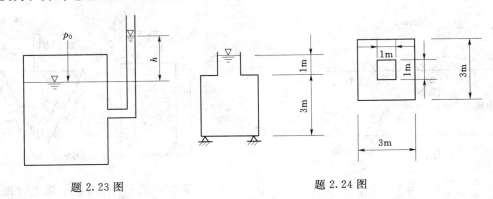

题 2.23 图　　　　　　　　　　　　　题 2.24 图

2.25　盛满水的容器，顶口装有活塞 A，直径 $d=0.4$m。容器底的直径 $D=1.0$m。高 $h=1.8$m。如活塞上加力 2520N（包括活塞自重），求容器底的压强和总压力。

2.26　多管水银测压计用来测水箱中的表面压强。图中高程的单位为 m。试求水面的绝对压强 p_0。

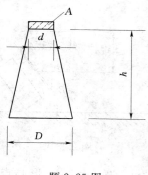

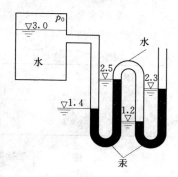

题 2.25 图 　　　　　　　　　　　　题 2.26 图

2.27　水管 A、B 两点高差 $h_1=0.2\text{m}$，U 形压差计中水银液面高差 $h_2=0.2\text{m}$。试求 A、B 两点的压强差。

2.28　绘制题 2.28 图中 abc 曲面上的压力体。

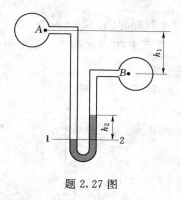

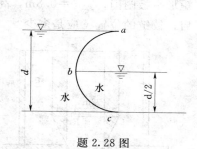

题 2.27 图 　　　　　　　　　　题 2.28 图

2.29　绘制题题 2.29 图中 AB 面上的压强分布图。

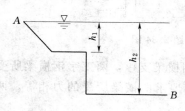 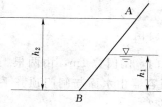 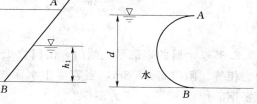

题 2.29 图

2.30　河水深 $H=12\text{m}$，沉箱高 $h=1.8\text{m}$。试求：

（1）使河床处不漏水，向工作室 A 送压缩空气的压强是多少？

（2）画出垂直壁 BC 上的压强分布图。

2.31　输水管道试压时，压力表的读值为 8.5atm，管道直径 $d=1\text{m}$。试求作用在管端法兰堵头上的静水总压力。

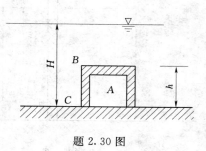

题 2.30 图

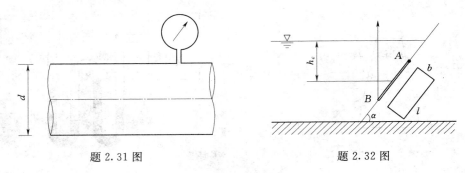

题 2.31 图　　　　　　　　　　题 2.32 图

2.32　矩形平板闸门 AB 一侧挡水。已知长 $l＝2m$，宽 $b＝1m$，形心点水深 $h_v＝2m$，倾角 $\alpha＝45°$，闸门上缘 A 处设有转轴，忽略闸门自重及门轴摩擦力。试求开启闸门所需拉力。

2.33　图 2.33 图示用一圆锥形体堵塞直径 $d＝1m$ 的底部孔洞。

（1）求作用于此锥形体的水静压力。

（2）若锥体的质量 $m＝2000kg$，则需要多大的力才能提起锥形塞。

2.34　矩形平板闸门，宽 $b＝0.8m$，高 $h＝1m$，若要求在当水深 h_1 超过 2m 时，闸门即可自动开启，铰链的位置 y 应是多少？

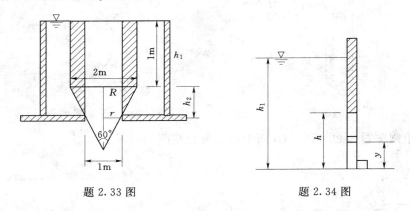

题 2.33 图　　　　　　　　　　题 2.34 图

2.35　金属的矩形平板闸门，闸门宽 1m，由两根工字钢横梁支撑，两工字钢横梁所受的力相等。闸门高 $h＝3m$，当容器中水面与闸门顶齐平，如要求两横梁所受的力相等，两工字钢的位置 y_1、y_2 应为多少？

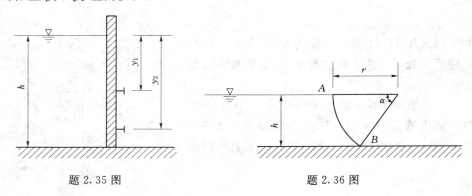

题 2.35 图　　　　　　　　　　题 2.36 图

2.36　一弧形闸门，宽 2m，圆心角 $\alpha=30°$，半径 $r=3$m，闸门转轴与水平面齐平。求作用在闸门上的静水总压力的大小与方向（即合力与水平面的夹角）。

2.37　两个半球壳拼成的球形容器，半径 $R=0.31$m，内部绝对压强 $p=0.1$atm。试求至少要多大的力 F 才能将两半球拉开？

2.38　密闭盛水容器，已知 $h_1=60$cm，$h_2=100$cm，水银测压计读值 $\Delta h=25$cm。试求半径 $R=0.5$m 的半球盖 AB 所受总压力的水平分力和铅垂分力。

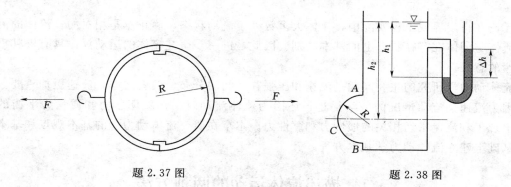

题 2.37 图　　　　　　　　题 2.38 图

第3章 流体动力学基础

无论在自然界或工程实际中，流体大多数处于流动状态，静止总是相对的。流体的流动性是流体与固体在存在状态上的基本区别。因此，进一步研究流体的运动规律具有极其重要和普遍的意义。

流体动力学研究的主要问题是流速和压强在空间的分布。两者之中，流速更加重要。这不仅因为流速是流动情况的数学描述，还因为流体流动时，在破坏压力和质量力平衡的同时，出现了和流速密切相关的惯性力和黏性力。本章在研究流体动力学的基本观点和基本方法的基础上建立流体动力学基本方程。

3.1 描述流体运动的两种方法

流体运动一般是在固体壁面所限制的空间内、外进行。例如，空气在室内流动，水在管内流动，风绕建筑物流动。这些流动，都是在房间墙壁，水管管壁，建筑物外墙等固体壁面所限定的空间内、外进行。与固体不同，流体是一种具有流动性的连续介质，其中各质点间存在着与时间和空间都相关的相对运动。因此，在描述流体运动时就和固体有着本质的区别。描述流体运动的方法有两种，即拉格朗日法和欧拉法。

3.1.1 拉格朗日方法

拉格朗日方法着眼于运动着的流体质点，跟踪观察每个流体质点的运动全过程及描述运动过程中各质点、各物理量随时间变化的规律，综合足够多的流体质点即得到整个流场的运动规律。这种方法又称轨迹法或质点系法。通常以流体质点的初始坐标点作为区别不同的流体质点的标志。设 $t = t_0$ 时，把流体质点的坐标值 (a, b, c) 作为各质点的标志，这样，流场中的全部质点，都可以表示为 (a, b, c) 的函数。随着时间的迁移，质点将改变位置，设 (x, y, z) 表示时间 t 时质点 (a, b, c) 的坐标，则下列函数形式

$$\left.\begin{array}{l} x = x(a,b,c,t) \\ y = y(a,b,c,t) \\ z = z(a,b,c,t) \end{array}\right\} \tag{3-1}$$

式（3-1）表示全部质点随时间 t 的位置变动。如果表达式（3-1）能够写出，那么，流体流动就完全被确定。这种通过描述每一质点的运动达到了解流体运动的方法，称为拉格朗日法。表达式中的自变量 (a, b, c) 称为拉格朗日常量，时间 t 称拉格朗日变量。

质点的速度表达式可以写为 x，y，z 对时间的偏导数，即分别表示为

$$\left.\begin{array}{l} u_x = \dfrac{\partial x(a,b,c,t)}{\partial t} \\[2mm] u_y = \dfrac{\partial y(a,b,c,t)}{\partial t} \\[2mm] u_z = \dfrac{\partial z(a,b,c,t)}{\partial t} \end{array}\right\} \tag{3-2}$$

式中 u_x、u_y、u_z——质点流速在 x，y，z 方向的分量。

质点的加速度表达式可以写为 x，y，z 对时间的二阶偏导数，在此不再详述。拉格朗日法的基本特点是追踪流体质点的运动，其优点就是这种方法在物理概念上清晰易懂，可以直接运用理论力学中早已建立的质点或质点系动力学来进行分析。但缺点是由于流体是由无数个流体质点所组成，所以这样的描述方法过于复杂，难于实现，所以拉格朗日法应用较少，一般只用于简单的射流运动和海洋波浪运动等。因此，在流体力学中一般多采用另一种描述流体运动的方法，即欧拉法。

3.1.2 欧拉法

绝大多数的工程问题并不要求追踪质点的来龙去脉，只是着眼于流场的各固定点，固定断面或固定空间的流动。例如，扭开龙头，水从管中流出；打开窗门，风从窗户流入；开动风机，风从工作区间抽出。人们并不追踪水的各个质点的前前后后，也不探求空气的各个质点的来龙去脉，而是要知道：水从管中以怎样的速度流出；风经过窗户，以什么流速流入；风机抽风，工作区间风速如何分布。也就是只要知道一定地点（水龙头处），一定断面（门、窗口断面），或一定区间（工作区间）的流动状况，而不需要了解某一质点、某一流体集团的全部流动过程。

按照这个观点，可以用欧拉法这个概念来描述流体的运动。欧拉法着眼于流体经过空间各固定点时的运动情况，它不过问这些流体运动情况是由哪些流体质点表现出来的，也不管这些流体质点的运动历程，综合足够多的空间点上所观测到的运动要素值及其变化规律，可以获得整个流场的运动特性，这种方法又称为流场法或空间点法。

欧拉法是以充满流体的流动空间——流场为观察对象，观察不同时刻流场中各个空间点上质点的运动参数，如速度、密度、压强等参数。以速度为例，把流速 $\vec{u}$ 在各个坐标轴上的投影 u_x、u_y、u_z 表为 x、y、z、t 四个变量的函数。即

$$\left.\begin{array}{l} u_x = u_x(x,y,z,t) \\ u_y = u_y(x,y,z,t) \\ u_z = u_z(x,y,z,t) \end{array}\right\} \tag{3-3}$$

这样通过描述物理量在空间的分布来研究流体运动的方法称为欧拉法。式中变量 x、y、z、t 称为欧拉变量。欧拉法中，加速度的表达式为

$$\left.\begin{array}{l} a_x = \dfrac{du_x}{dt} = \dfrac{\partial u_x}{\partial t} + u_x\dfrac{\partial u_x}{\partial x} + u_y\dfrac{\partial u_x}{\partial y} + u_z\dfrac{\partial u_x}{\partial z} \\[2mm] a_y = \dfrac{du_y}{dt} = \dfrac{\partial u_y}{\partial t} + u_x\dfrac{\partial u_y}{\partial x} + u_y\dfrac{\partial u_y}{\partial y} + u_z\dfrac{\partial u_y}{\partial z} \\[2mm] a_z = \dfrac{du_z}{dt} = \dfrac{\partial u_z}{\partial t} + u_x\dfrac{\partial u_z}{\partial x} + u_y\dfrac{\partial u_z}{\partial y} + u_z\dfrac{\partial u_z}{\partial z} \end{array}\right\} \tag{3-4}$$

上式中，$\dfrac{\partial u_x}{\partial t}$、$\dfrac{\partial u_y}{\partial t}$、$\dfrac{\partial u_z}{\partial t}$ 称为时变加速度，也成为当地加速度。$u_x\dfrac{\partial u_x}{\partial x} + u_y\dfrac{\partial u_x}{\partial y} + u_z\dfrac{\partial u_x}{\partial z}$、$u_x\dfrac{\partial u_y}{\partial x} + u_y\dfrac{\partial u_y}{\partial y} + u_z\dfrac{\partial u_y}{\partial z}$、$u_x\dfrac{\partial u_z}{\partial x} + u_y\dfrac{\partial u_z}{\partial y} + u_z\dfrac{\partial u_z}{\partial z}$ 称为位变加速度，也成为迁移加速度。

由于欧拉法比拉格朗日法常用，所以本书将重点介绍欧拉法中的一些基本概念。

3.2 欧拉法中的一些基本概念

3.2.1 恒定流动和非恒定流动

当用欧拉法来描述流体运动时，流场中的各空间点上的任何流动要素（速度、压强、密度等）都不随时间的变化而变化的流动就是恒定流动，反之，称为非恒定流动。前节提出的函数式（3-3），即

$$u_x = u_x(x,y,z,t) \atop u_y = u_y(x,y,z,t) \atop u_z = u_z(x,y,z,t)$$

即是对非恒定流的全面描述。这里，不仅反映了流速在空间的分布，也反映了流速随时间的变化。

运动平衡的流动，流场中各点流速不随时间变化，由流速决定的压强，黏性力和惯性力也不随时间变化。在恒定流动中，欧拉变量不出现时间 t，式（3-3）简化为

$$u_x = u_x(x,y,z) \atop u_y = u_y(x,y,z) \atop u_z = u_z(x,y,z)$$

这样，要确定一个流动是恒定流动还是非恒定流动，只要让其各个量对时间 t 求偏导数即可，若所有求导结果为零，则说明该流动为恒定流动，否则为非恒定流动。

以后的研究，主要针对恒定流动。这并不是说非恒定流没有实用意义，某些专业中常见的流体现象，例如水击现象，必须用非恒定流进行计算。但工程中大多数流动，流速等参数不随时间而变，或变化甚缓，只需用恒定流计算，就能满足实用要求。

3.2.2 流线和迹线

在采用欧拉法描述流体运动时，为了反映流场中的流速，分析流场中的流动，常用形象化的方法直接在流场中绘出反映流动方向的一系列线条，这就是流线，如图 3-1 所示。

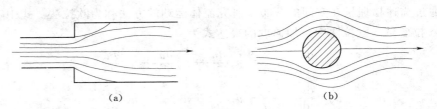

(a)   (b)

图 3-1 流线

在学习流线时，要注意和迹线相区别。在某一时刻，各点的切线方向与通过该点的流体质点的流速方向重合的空间曲线称为流线。而在某一段时间间隔内，某一质点在流场中所走过的轨迹称为迹线。可见，流线是欧拉法对流动的描绘，迹线是拉格朗日法对流动的描绘。

几何直观的方法可以说明流线的概念。流线总是针对某一瞬间时的流场绘制的。想象地从流场中某一点 a 开始，在指定的时间 t，通过 a 点绘出该点的流速方向线，沿此方向线距 a 点为无限小距离取 b 点，又绘出 t 时刻 b 点的流速方向线……依此类推，便得到一条折线

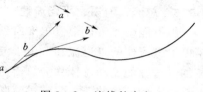

ab……当折线上各点距离趋于零时，便得到一条光滑曲线，这也是流线，如图 3-2 所示。由于通过流场中的每一点都可以绘一条流线，所以流线将布满整个流场。在流场中绘出流线簇后，流体的运动状况一目了然。某点流速的方向便是流线在该点的切线方向。流速的大小可以由流线的疏密程度反映出来，流线越密处流速越大，流线越稀疏处流速越小。

图 3-2　流线的定义

根据流线的定义，流线上任一点的速度方向和曲线在该点的切线方向重合，可以写出它的微分方程式。沿流线的流动方向取微元距离 ds，由于流速向量 $\vec{u}$ 的方向和距离向量 $\vec{ds}$ 的方向重合，根据矢量代数，前者的三个轴向分量 u_x、u_y、u_z 必然和后者的三个轴向分量 dx、dy、dz 成比例，即

$$\frac{dx}{u_x} = \frac{dy}{u_y} = \frac{dz}{u_z} \tag{3-5}$$

这就是流线的微分方程式。

迹线的微分方程式可以表示为

$$\frac{dx}{u_x} = \frac{dy}{u_y} = \frac{dz}{u_z} = dt \tag{3-6}$$

流线不能相交（驻点处除外），也不能是折线，因为流场内任一固定点在同一瞬时只能有一个速度向量。流线只能是一条光滑的曲线或直线。

在恒定流中，流线和迹线完全重合。在非恒定流中，流线和迹线不重合，因此，只有在恒定流中才能用迹线来代替流线。

3.2.3　一元流动、二元流动、三元流动

所谓元是指影响运动参数的空间坐标分量。一元流动指空间点上运动参数是 x、y、z 三个坐标分量中的一个分量和时间变量的函数，二元流动指空间点上运动参数是 x、y、z 三个坐标分量中的两个分量和时间变量的函数，三元流动指空间点上运动参数是 x、y、z 三个坐标分量和时间变量的函数。用欧拉法描写流动，虽然经过恒定流假设的简化，减少了欧拉变量中的时间变量，但还存在着 x、y、z 三个变量，是三元流动。问题仍然非常复杂。因此，需要把某些复杂的流动简化为一元流动。

3.2.4　流管、流束、过流断面、元流

在流场内，取任意非流线的封闭曲线 l，经过此曲线上的全部点作流线，这些流线组成的管状流面，称为流管。流管以内的流体，称为流束（图 3-3）。垂直于流束的断面，称为流束的过流断面。当流束的过流断面无限小时，这根流束就称为元流。元流的边界由流线组成，因此外部流体不能流入，内部流体也不能流出。元流断面为无限小，断面上流速和压强就可认为是均匀分布，任一点的流速和压强代表了全部断面的相应值。如果从元流某起始断面沿流动方向取坐标 s，则全部元流问题简化为断面流速 u 随坐标 s 而变的函数，即关于 $u=f(s)$ 的问题。欧拉三个变量简化为一个变量，三元问题简化为一元问题。

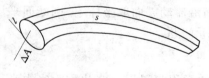

图 3-3　流束

3.2.5　总流、流量、平均流速

能不能将元流这个概念推广到实际流场中去，要看流场本身的性质。在本专业实际中，用以输送流体的管道流动，由于流场具有长形流动的几何形态，整个流动可以看作无数元流相加，这样的流动总体称为总流（图 3-4）。断面上的流速一般是不相等的，中点的流速大，边沿的流速较低。假定过流断面流速分布如图 3-5 所示，在断面上取微元面积 dA，u 为 dA 上的流速，因为断面 A 为过水断面，u 方向必为 dA 的法线，则 dA 断面上全部质点单位时间的位移为 u。流入体积为 udA，以 dQ_V 表示，即 $dQ_V = udA$。

而单位时间流过全部断面 A 的流体体积 Q_V 是 dQ_V 在全部断面上的积分，即

$$Q_V = \int_A u \, dA \tag{3-7}$$

Q_V 称为该断面的体积流量，简称流量。以后如不加说明，所说断面均指过流断面。

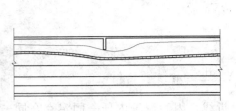

图 3-4　元流是总流的一个微分流动

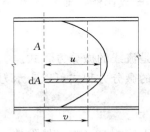

图 3-5　断面平均流速

单位时间内流过断面的流体质量，称为该断面的质量流量，用符号 Q_m 表示。其定义式为

$$Q_m = \int_A \rho u \, dA$$

对于不可压缩液体，有

$$Q_m = \rho Q_V$$

流量是一个重要的物理量。它具有普遍的实际意义。通风就是输送一定流量的空气到被通风的地区。供热就是输送一定流量的带热流体到需要热量的地方去。管道设计问题既是流体输送问题，也是流量问题。

现从计算流量的要求出发，来定义断面平均流速

$$v = \frac{Q_V}{A} = \frac{\int_A u \, dA}{A} \tag{3-8}$$

这就使流量公式可简化为

$$Q_V = Av \tag{3-9}$$

图 3-5 绘出了实际断面流速和平均流速的对比。可以看出，用平均流速代替实际流速，就是把图中虚线的均匀流速分布代替实线的实际流速分布。这样，流动问题就简化为断面平均流速如何沿流向变化的问题。如果仍以总流某起始断面沿流动方向取坐标 s，则断面平均流速是 s 的函数，即 $v = f(s)$，此时流速问题就简化为一元问题。

3.2.6　湿周、水力半径

过流断面的周长称为湿周，常用 χ 表示。过流断面的面积与湿周 χ 之比称为水力半径

R，即

$$R = \frac{A}{\chi} \qquad\qquad (3-10)$$

3.2.7 均匀流和非均匀流

流体运动过程中，流线为平行直线的流动称为均匀流动，反之为非均匀流动。判断一个流动是均匀流还是非均匀流的方法可以用迁移加速度来判断，如果三个坐标上的迁移加速度

$$\begin{cases} u_x \dfrac{\partial u_x}{\partial x} + u_y \dfrac{\partial u_x}{\partial y} + u_z \dfrac{\partial u_x}{\partial z} = 0 \\[2mm] u_x \dfrac{\partial u_y}{\partial x} + u_y \dfrac{\partial u_y}{\partial y} + u_z \dfrac{\partial u_y}{\partial z} = 0 \\[2mm] u_x \dfrac{\partial u_z}{\partial x} + u_y \dfrac{\partial u_z}{\partial y} + u_z \dfrac{\partial u_z}{\partial z} = 0 \end{cases}$$

均为零，则可断定该流动为均匀流，否则断定该流动为非均匀流。当然，也可以用流线是否是平行直线的方法来判断，但这种方法有些时候判断起来比较麻烦。

3.2.8 急变流和渐变流

按照流线不平行和弯曲的程度，又可把非均匀流分为渐变流、急变流两种类型。当水流的流线虽然不是相互平行直线，但几乎近于平行直线时称为渐变流（缓变流）。若水流的流线之间夹角很大或者流线的曲率半径很小，这种水流称为急变流。需要注意的是，渐变流动过流断面上的压强分布服从静水压强分布规律，而急变流动水压强分布特性复杂。

3.3 连 续 性 方 程

3.3.1 连续性微分方程

在流场中任取微元直角六面体 $ABCDEFGH$ 作为控制体，设流体在该六面体形心 o'（x、y、z）处的密度为 ρ，速度为 u。根据泰勒级数展开，可得 x 轴方向的速度和密度变化，如图 3-6 所示。

在 x 轴方向，单位时间流进与流出控制体的流体质量差

$$\begin{aligned} \Delta m_x &= \left[\rho u_x - \frac{\partial(\rho u_x)}{\partial x}\frac{\mathrm{d}x}{2}\right]\mathrm{d}y\mathrm{d}z \\ &\quad - \left[\rho u_x + \frac{\partial(\rho u_x)}{\partial x}\frac{\mathrm{d}x}{2}\right]\mathrm{d}y\mathrm{d}z \\ &= -\frac{\partial(\rho u_x)}{\partial x}\mathrm{d}x\mathrm{d}y\mathrm{d}z \end{aligned}$$

同理，在 y、z 轴方向

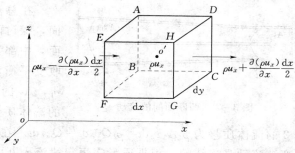

图 3-6 四面体控制体

$$\Delta m_y = -\frac{\partial(\rho u_y)}{\partial y}\mathrm{d}x\mathrm{d}y\mathrm{d}z$$

$$\Delta m_z = -\frac{\partial(\rho u_z)}{\partial z}\mathrm{d}x\mathrm{d}y\mathrm{d}z$$

单位时间流进与流出控制体总的质量差

$$\Delta m_x + \Delta m_y + \Delta m_z = -\left[\frac{\partial(\rho u_x)}{\partial x}+\frac{\partial(\rho u_y)}{\partial y}+\frac{\partial(\rho u_z)}{\partial z}\right]\mathrm{d}x\mathrm{d}y\mathrm{d}z$$

由于控制体的体积固定不变，所以，流进与流出控制体的总的质量差只可能引起控制体内流体密度发生变化。由密度变化引起单位时间控制体内流体的质量变化为

$$\left(\rho+\frac{\partial\rho}{\partial t}\right)\mathrm{d}x\mathrm{d}y\mathrm{d}z-\rho\mathrm{d}x\mathrm{d}y\mathrm{d}z=\frac{\partial\rho}{\partial t}\mathrm{d}x\mathrm{d}y\mathrm{d}z$$

根据质量守恒定律，单位时间流进与流出控制体的总的质量差，必等于单位时间控制体内流体的质量变化。即

$$-\left[\frac{\partial(\rho u_x)}{\partial x}+\frac{\partial(\rho u_y)}{\partial y}+\frac{\partial(\rho u_z)}{\partial z}\right]\mathrm{d}x\mathrm{d}y\mathrm{d}z=\frac{\partial\rho}{\partial t}\mathrm{d}x\mathrm{d}y\mathrm{d}z$$

化简得
$$\frac{\partial\rho}{\partial t}+\frac{\partial(\rho u_x)}{\partial x}+\frac{\partial(\rho u_y)}{\partial y}+\frac{\partial(\rho u_z)}{\partial z}=0 \tag{3-11}$$

此式即为可压缩流体的连续性微分方程。

几种特殊情形下的连续性微分方程：

对恒定流，式（3-11）可简化为
$$\frac{\partial(\rho u_x)}{\partial x}+\frac{\partial(\rho u_y)}{\partial y}+\frac{\partial(\rho u_z)}{\partial z}=0$$

对不可压缩均质流体，ρ 为常数，上式可简化为
$$\frac{\partial u_x}{\partial x}+\frac{\partial u_y}{\partial y}+\frac{\partial u_z}{\partial z}=0$$

对二维不可压缩流体，不论流动是否恒定，上式可简化为
$$\frac{\partial u_x}{\partial x}+\frac{\partial u_y}{\partial y}=0 \tag{3-12}$$

3.3.2　总流的连续性方程

在总流中，断面平均流速究竟如何沿流向变化呢？现在由质量守恒定律出发，研究流体的质量平衡来解决这个问题。

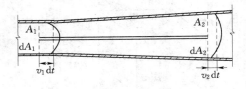

图 3-7　两断面间的流动

在总流中取面积为 A_1 和 A_2 的 1、2 两个断面，探讨两断面间流动空间（即两端面为 1、2 断面，中部为管壁侧面所包围的全部空间）的质量收支平衡，如图 3-7 所示。设 A_1 的平均速度为 v_1，A_2 的平均速度为 v_2，则 $\mathrm{d}t$ 时间内流入断面 1 的流体质量为 $\rho_1 A_1 v_1\mathrm{d}t=\rho_1 Q v_1\mathrm{d}t=Q_{m1}\mathrm{d}t$，流出断面 2 的流体质量为 $\rho_2 A_2 v_2\mathrm{d}t=\rho_2 Q v_2\mathrm{d}t=Q_{m2}\mathrm{d}t$。在恒定流时两断面间流动空间内流体质量不变，流动是连续的，根据质量守恒定律流入断面 1 的流体质量必等于流出断面 2 的流体质量。

$$Q_{m1} = Q_{m2}$$
$$\rho_1 Q v_1 \mathrm{d}t = \rho_2 Q v_2 \mathrm{d}t$$

消去 $\mathrm{d}t$，便得出不同断面上密度不相同时反映两断面间流动空间的质量平衡的连续性方程，即可压缩流体的连续性方程

$$Q_{m1} = Q_{m2}$$
$$\rho_1 Q v_1 = \rho_2 Q v_2$$

或

$$\rho_1 v_1 A_1 = \rho_2 v_2 A_2 \tag{3-13}$$

当流体不可压缩时，密度为常数，$\rho_1 = \rho_2$。因此，不可压缩流体的连续性方程为

$$Q_{V1} = Q_{V2} \quad 或 \quad v_1 A_1 = v_2 A_2 \tag{3-14}$$

不难证明，沿任意元流，上述各方程也成立。即

可压缩时

$$\left.\begin{array}{l} \mathrm{d}Q_{m1} = \mathrm{d}Q_{m2} \\ \rho_1 \mathrm{d}Q v_1 = \rho_2 \mathrm{d}Q v_2 \\ \rho_1 u_1 \mathrm{d}A_1 = \rho_2 u_2 \mathrm{d}A_2 \end{array}\right\} \tag{3-15}$$

不可压缩时

$$\left.\begin{array}{l} \mathrm{d}Q_{V1} = \mathrm{d}Q_{V2} \\ u_1 \mathrm{d}A_1 = u_2 \mathrm{d}A_2 \end{array}\right\} \tag{3-16}$$

由于断面 1、断面 2 是任意选取的，上述关系可以推广至全部流动的各个断面。即

$$\left.\begin{array}{l} Q_{V1} = Q_{V2} = \cdots = Q_V \\ v_1 A_1 = v_2 A_2 = \cdots = vA \end{array}\right\}$$

而流速之比和断面之比有下列关系

$$v_1 : v_2 : \cdots : v = \frac{1}{A_1} = \frac{1}{A_2} = \cdots = \frac{1}{A} \tag{3-17}$$

从式（3-17）可以看出，连续性方程确立了总流各断面平均流速沿流线的变化规律。

单纯依靠连续性方程式，虽然并不能求出断面平均流速的绝对值，但它们的相对比值完全确定。所以，只要总流的流速量已知，或任意断面的流速已知，则其他任何断面的流速均可算出。

【例 3-1】　有一速度场为 $u_x = e^x + 5t$，$u_y = x^2 + 4y^2 - 5t^2$，求 $t = 8\mathrm{s}$ 时点（1，2）处流体质点的 x 及 y 的加速度。

【解】　$a_x = \dfrac{\mathrm{d}u_x}{\mathrm{d}t} = \dfrac{\partial u_x}{\partial t} + \dfrac{\partial u_x}{\partial x} \times u_x + \dfrac{\partial u_x}{\partial y} \times u_y$

$\qquad = 5 + e^x(e^x + 5t) + 0$

$\qquad a_y = \dfrac{\mathrm{d}u_y}{\mathrm{d}t} = \dfrac{\partial u_y}{\partial t} + \dfrac{\partial u_y}{\partial x} \times u_x + \dfrac{\partial u_y}{\partial y} \times u_y$

$\qquad = -10t + 2x(e^x + 5t) + 8y(x^2 + 4y^2 - 5t^2)$

当 $t = 8$，$x = 1$，$y = 2$ 时，

$$a_x = e^2 + 40e + 5$$
$$a_y = 2e - 4848$$

【例 3 - 2】 已知速度场 $u_x=a$，$u_y=b$，试求该流动的流线方程并回答该流动是否为均匀流动。

【解】 流线方程为

$$\frac{\mathrm{d}x}{u_x}=\frac{\mathrm{d}y}{u_y} \quad 即 \quad \frac{\mathrm{d}x}{a}=\frac{\mathrm{d}y}{b} 变化为$$

$b\mathrm{d}x=a\mathrm{d}y$，积分得：

$bx=ay+c$，　　　变形得流线方程为 $y=\frac{b}{a}x-\frac{c}{a}$，可见该流线为相互平行的直线簇，所以流动为均匀流动。

【例 3 - 3】 图 3 - 8 的氨气压缩机用直径 $d_1=$ 76.2mm 的管子吸入密度 $\rho_1=4\mathrm{kg/m^3}$ 的氨气，经压缩后，由直径 $d_2=38.1\mathrm{mm}$ 的管子以 $v_2=10\mathrm{m/s}$ 的速度流出，此时密度增至 $\rho_2=20\mathrm{kg/m^3}$。求：（1）质量流量；（2）流入流速 v_1。

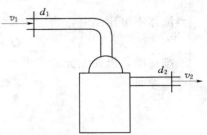

图 3 - 8　气流经过压缩机

【解】 （1）可压缩流体的质量流量为

$$Q_m=\rho_2 v_2 A_2$$
$$=20\times10\times\frac{\pi}{4}\times(0.0381)^2$$
$$=0.228（\mathrm{kg/s}）$$

（2）根据连续性方程

$$\rho_1 v_1 A_1=\rho_2 v_2 A_2=0.228\mathrm{kg/s}$$

$$v_1=\frac{0.228}{4\times\frac{\pi}{4}\times(0.076)^2}=9.83（\mathrm{m/s}）$$

3.4　恒定元流能量方程

连续性方程是运动学方程，它只给出了沿一元流动长度上，断面流速的变化规律，完全没有涉及流体的受力性质。所以它只能决定流速的相对比例，却不能给出流速的绝对数值。如果需要求出流速的绝对值，还必须从动力学着眼，考虑外力作用下流体是按照什么规律运动的。

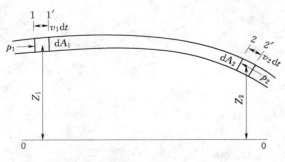

图 3 - 9　元流能量方程的推证

现从动能原理出发，取不可压缩无黏性流体恒定流动这样的力学模型，推证元流的能量方程式。

在流场中选取元流如图 3 - 9 所示。在元流上沿流向取断面 1、2，两断面的高程和面积分别为 Z_1、Z_2 和 $\mathrm{d}A_1$、$\mathrm{d}A_2$，两断面的流速和压强分别为 v_1、v_2、p_1、p_2。

以两断面间的元流段为对象，写出 $\mathrm{d}t$ 时间内，该段元流外力（压力）做功等于流段机械能量增加的方程式。

dt 时间内断面 1、断面 2 分别移动 $v_1 dt$、$v_2 dt$ 的距离，到达断面 $1'$、断面 $2'$。

压力做功，包括断面 1 所受压力 $p_1 dA$，所作的正功 $p_1 dA v_1 dt$，和断面 2 所受压力 $p_2 dA$，所作的负功 $p_2 dA u_2 dt$。做功的正或负，根据压力方向和位移方向是否相同或相反。元流侧面压力和流段正交，不产生位移，不做功。所以压力做功为

$$p_1 dA v_1 dt - p_2 dA v_2 dt = (p_1 - p_2) dQ_V dt \tag{a}$$

流段所获得的能量，可以对比流段在 dt 时段前后所占有的空间。流段在 dt 时段前后所占有的空间虽然有变动，但 $1'$、2 两断面间空间则是 dt 时段前后所共有的。在这段空间内的流体，不但位能不变，动能也由于流动的恒定性，各点流速不变，也保持不变。所以，能量的增加，只应就流体占据的新位置 $2-2'$ 所增加的能量，和流体离开原位置 $1-1'$ 所减少的能量来计算。

由于流体不可压缩，新旧位置 $1-1'$、$2-2'$ 所占据的体积等于 $dQ_V dt$，质量等于 $\rho dQ_V dt = \dfrac{\rho g dQ_V dt}{g}$。根据物理公式，动能为 $\dfrac{1}{2} mu^2$，位能为 mgz。所以，动能增加为

$$\frac{\rho g dQ_V dt}{g} \left(\frac{u_2^2}{2} - \frac{u_1^2}{2} \right) = \rho g dQ_V dt \left(\frac{u_2^2}{2g} - \frac{u_1^2}{2g} \right) \tag{b}$$

位能的增加为

$$\rho g dQ_V dt (Z_2 - Z_1) \tag{c}$$

根据压力作功等于机械能量增加原理，式（a）＝式（b）＋式（c）。即

$$(p_1 - p_2) dQ_V dt = \rho g dQ_V dt (Z_2 - Z_1) + \rho g dQ_V dt \left(\frac{u_2^2}{2g} - \frac{u_1^2}{2g} \right)$$

各项除以 dt，并按断面分别列入等式两边，有

$$\left(p_{1_v} + \rho g Z_1 + \rho g \frac{u_1^2}{2g} \right) dQ_V = \left(p_2 + \rho g Z_2 + \rho g \frac{u_2^2}{2g} \right) dQ_V \tag{3-18}$$

称为总能量方程式，表示全部流量的能量平衡方程。

将式（3-18）除以 $\rho g dQ_V$，得出受单位重力作用的流体的能量方程，或简称为单位能量方程

$$\frac{p_1}{\rho g} + Z_1 + \frac{u_1^2}{2g} = \frac{p_2}{\rho g} + Z_2 + \frac{u_2^2}{2g} \tag{3-19}$$

这就是理想不可压缩流体恒定流元流能量方程，或称为伯努利方程。在方程的推导过程中，两断面的选取是任意的。所以，很容易把这个关系推广到元流的任意断面。即对元流的任意断面

$$\frac{p}{\rho g} + Z + \frac{u^2}{2g} = 常数 \tag{3-20}$$

式中，各项值都是断面值，它的物理意义、水头名称和能量解释分析如下：

Z 是断面对于选定基准面的高度，水力学中称为位置水头，表示受单位重力作用的流体的位置势能，称为单位位能。

$\dfrac{p}{\rho g}$ 是断面压强作用时流体沿测压管所能上升的高度，水力学中称为压强水头，表示压力作功所能提供给受单位重力作用的流体的能量，称为单位压能。

$\dfrac{u^2}{2g}$ 是以断面流速 u 为初速的铅直上升射流所能达到的理论高度，水力学中称为流速水头，表示受单位重力作用的流体的动能，称为单位动能。

前两项相加，以 H_p 表示

$$H_p = \frac{p}{\rho g} + Z \tag{3-21}$$

表示断面测压管水面相对于基准面的高度，称为侧压管水头，表明受单位重力作用的流体具有的势能称为单位势能。

三项相加，以 H 表示

$$H = \frac{p}{\rho g} + Z + \frac{u^2}{2g} \tag{3-22}$$

称为总水头，表明受单位重力作用的流体具有的总能量，称为单位总能量。

能量方程式说明，理想不可能压缩流体恒定元流中，各断面总水头相等，受单位重力作用的流体的总能量保持不变。

元流能量方程式，确立了一元流动中，动能和势能、流速和压强相互转换的普遍规律。提出了理论流速和压强的计算公式。在水力学和流体力学中，有极其重要的理论分析意义和极其广泛的实际运算作用。

现在以毕托管为例说明元流能量方程的应用。

应用毕托（Pito. H.）管测量点流速，现以均匀管流为例加以说明。设均匀管流，欲量测过流断面上某点 A 的流速（见图 3-10）。

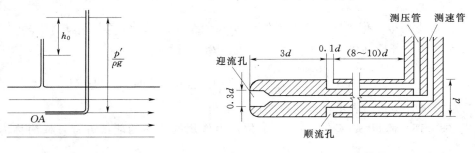

图 3-10　毕托管的原理　　　　　　　　图 3-11　毕托管构造

【解】　在该点放置一根两端开口，前端弯转 90°的细管，使前端管口正对来流方向，另一端垂直向上，此管称为测速管。来流在 A 点受测速管的阻滞速度为零，动能全部转化为压能。测速管中液面升高 $\dfrac{p'}{\gamma}$。另在 A 点上游的同一流线取距离很近的 O 点，因这两点相距很近，O 点的压强 p 实际上等于放置测速管以前 A 点的压强，应用理想流体元流伯努利方程

$$\frac{p}{\gamma} + \frac{u^2}{2g} = \frac{p'}{\gamma}$$

$$\frac{u^2}{2g} = \frac{p'}{\gamma} - \frac{p}{\gamma} = h_0$$

式中 O 点的压强水头，由另一根测压管量测，于是测速管和测压管中液面的高度差 h_0，就是 A 点的流速水头，该点的流速

$$u = \sqrt{2g \frac{p' - p}{\gamma}} = \sqrt{2gh_0}$$

根据上述原理，将测速管和测压管组合成测量点流速的仪器，如图 3-11 所示，与迎流孔（测速孔）相通的是测速管，与侧面顺流孔（测压孔或环形窄缝）相通的是测压管。考虑到黏性流体从迎流孔至顺流孔存在黏性效应，以及毕托管构造对原流场的干扰等影响，引用修正系数 φ，即

$$u=\varphi\sqrt{2g\frac{p'-p}{\gamma}}=\varphi\sqrt{2gh_0} \qquad (3-23)$$

式中　φ——修正系数，数值接近于 1.0，由实验测定。

如果用毕托管测定气流，则根据液体压差计所量得的压差，$p_a-p_b=\rho'gh_0$，代入式(3-23) 计算气流速度

$$u=\varphi\sqrt{2g\times\frac{\rho'}{\rho}h_0} \qquad (3-24)$$

式中　ρ'——液体压差计所用液体的密度；

　　　ρ——流动气体本身的密度。

【例 3-4】　用毕托管测定（1）风道中的空气流速；（2）管道中水流速。两种情况均测得水柱 $h_0=4\text{cm}$。空气的密度 $\rho=1.20\text{kg/m}^3$；φ 值取 1，分别求流速。

【解】　（1）风道中空气流

$$u=\sqrt{2g\times\frac{1000}{1.20}\times0.04}=25.57\ (\text{m/s})$$

（2）水管中的流速

$$u=\sqrt{2g\times0.04}=0.89\ (\text{m/s})$$

实际流体的流动中，元流的黏性阻力做负功，使能量沿流向不断衰减。以符号 h'_{w1-2} 表示元流断面 1、断面 2 两断面间单位能量的衰减。h'_{w1-2} 称为水头损失。则单位能量方程式(3-19) 将改变为

$$Z_1+\frac{p_1}{\rho g}+\frac{u_1{}^2}{2g}=Z_2+\frac{p_2}{\rho g}+\frac{u_2{}^2}{2g}+h'_{w1-2} \qquad (3-25)$$

3.5　过流断面的压强分布

有了元流能量方程，结合连续性方程，可以算出压强沿流线的变化。为了从元流能量方程推出总流能量方程，还必须进一步研究压强在垂直于流线方向，即压强在过流断面上的分布问题。

均匀流的流线是相互平行的直线，因而它的过流断面是平面。在断面不变的直管中的流动，是均匀流动最常见的例子。图 3-12 给出了均匀流动和非均匀流动的图示。

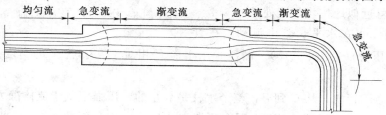

图 3-12　均匀流和非均匀流

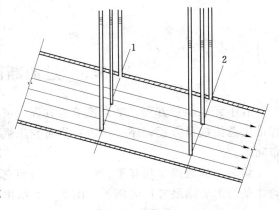

由于均匀流中不存在惯性力，和静止流体受力对比，只多一黏滞阻力，说明这种流动是重力、压力和黏滞阻力的平衡。但是，在均匀流过流断面上，黏滞阻力对垂直于流动方向的过流断面上的压强的变化不起作用，所以在过流断面只考虑重力和压力的平衡，和静止流体所考虑的一致。

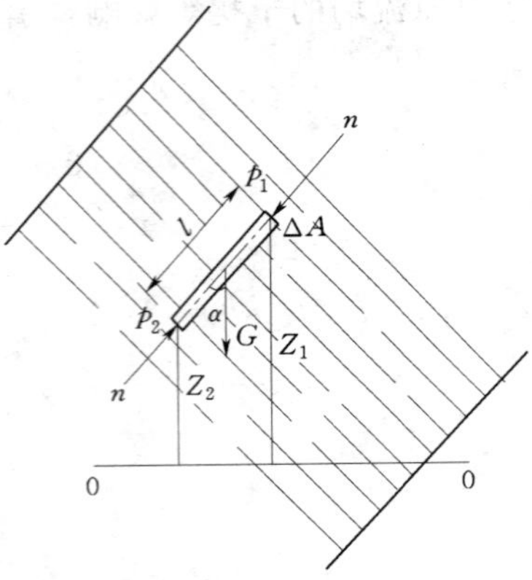

为了进一步说明，我们任取轴线 n—n 位于均匀流断面的微小柱体为隔离体（图 3-13），分析作用于隔离体上的力在 n—n 方向的分力。柱体长为 l，横断面为 ΔA，铅直方向的倾角为 α，两断面的高程为 Z_1 和 Z_2，压强为 p_1 和 p_2。

（1）柱体重力在 n—n 方向的分力 $G\cos\alpha=\rho g\Delta A\cos\alpha$。

（2）作用在柱体两端的压力 $p_1\Delta A$ 和 $p_2\Delta A$，侧表面压力垂直于 n—n 轴，在 n—n 轴上的投影为零。

（3）作用在柱体两端的切力垂直于 n—n 轴，在 n—n 轴上投影为零；由于小柱体端面积无限小，在小柱体任意断面的周线上关于轴线对称的两点上的切应力可认为大小相等、而方向相反。因此，柱体侧面切力在 n—n 轴上投影之和也为零。

图 3-13　均匀流断面上微小柱体的平衡

所以，微小柱体的受力平衡为
$$p_1\Delta A+\rho gl\Delta A\cos\alpha=p_2\Delta A$$
由于
$$l\cos\alpha=Z_1-Z_2$$
则
$$p_1+\rho g(Z_1-Z_2)=p_2$$
$$Z_1+\frac{p_1}{\rho g}=Z_2+\frac{p_2}{\rho g}$$

该式即为均匀流过流断面上的压强分布服从水静力学规律。

如图 3-14 所示的均匀流断面上，想象地插上若干测压管。同一断面上测压管水面将在同一水平面上，但不同断面有不同的测压管水头（比较图中断面 1 和断面 2）。这是因为黏性阻力做负功，使下游断面的水头降低了。

渐变流的流线近乎平行直线，流速沿流线变化所形成的惯性力小，可忽略不计。过流断面可认为是平面，在过流断面上，压强分布也可认为服从于流体静力学规律。也就是说，渐变流可近似地按均匀流处理。

图 3-14　均匀流过流断面的压强分布

【例 3-5】　水在水平长管中流动，在管壁 B 点安置测压管（见图 3-15）。测压管中水面 C 相对于管中点 A 的高度是 30cm，求 A 点的相对压强 p_A。

【解】　在测压管内，从 C 到 B，整个水柱是静止的，压强服从于流体静力学规律。从 B 到 A，水虽是流动的，但 B、A 两点同在一渐变流过流断面，因此，A、C 两点压差，也可

以用静力学公式来求，即

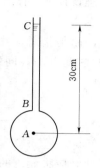

图 3-15 测压管

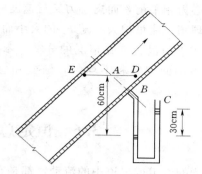

图 3-16 均匀流断面的压强测定

$$p_A = \rho g h = 1000 \times 9.8 \times 0.3 = 2942 \ (\text{Pa})$$

【例 3-6】 水在倾斜管中流动，用 U 形水银压力计测定 A 点压强。压力计所指示的读数如图 3-16，求 A 点压强。

【解】 因 A、B 两点在均匀流同一过流断面上，其压强分布应服从流体静力学分布。U 形管中流体是静止的，所以从 A 点经 B 点到 C 点，压强均按流体静压强分布。因此，可以从 C 点开始直接推得 A 点压强。即有

$$0 + 0.3 \times \rho'g - 0.6 \times \rho g = p_A$$
$$p_A = 0.3 \times 1000 \times 9.8 \times 13.6 - 0.6 \times 1000 \times 9.8 = 34.13 \ (\text{kPa})$$

这里要指出，在图中用流体静力学方程不能求出管壁上 E、D 两点的压强，尽管这两点和 A 点在同一水平面上，它们的压强不等于 A 点压强。因为测压管和 B 点相接，利用它只能测定和 B 点同在一过流断面上任一点的压强，而不能测定其他点的压强。也就是说，流体静力关系，只存在于每一个渐变流断面上，而不能推广到不在同一断面的空间。图中 D 点在 A 点的下游断面上，可得压强将低于 A 点；E 点在 A 点的上游断面，压强将高于 A 点。

流体在弯管中的流动，流线呈显著的弯曲，是典型的流速方向变化的急变流问题。在这种流动的断面上，离心力沿断面作用。和流体静压强的分布相比，沿离心力方向压强增加，例如在图 3-17 的断面上，沿弯曲半径的方向，测压管水头增加，流速则沿离心力方向减小。

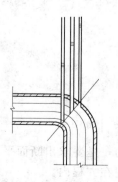

图 3-17 弯曲段断面的压强分布

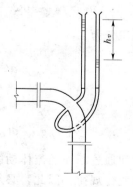

图 3-18 弯管流量计原理

急变流断面压强的不均匀分布，在实际中也有应用。弯管流量计就是利用急变流断面上压强差与离心力相平衡，而离心力又与速度的平方成正比这个原理设计的。图 3 - 18 为弯管流量计的原理图。流量的大小随 h_v 的大小而变化。

以上所述流速沿程变化情况的分类，不是针对流动的全体，而是指总流中某一流段。一般来说，流动的均匀和不均匀，渐变和急变，是交替出现于总流中，共同组成流动的总体。

3.6　恒定总流能量方程式

实际工程的管道或渠道中的流动，都是有限断面的总流。因此，应将元流的伯努利方程推广到总流中去。在图 3 - 19 的总流中，选取两个渐变断面 1—1 和断面 2—2。总流既然可以看作无数元流之和，总流的能量方程式就应当是元流能量方程式（3 - 25）在两断面范围内的积分，即

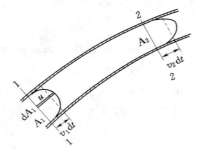

图 3 - 19　总流能量方程的推证

$$\int_{Q_V} \left(p_1 + \rho g Z_1 + \rho g \frac{u_1^2}{2g} \right) Q_V$$
$$= \int_{Q_V} \left(p_2 + \rho g Z_2 + \rho g \frac{u_2^2}{2g} \right) dQ_V$$
$$+ \int_{Q_V} \rho g h'_{w1-2} \, dQ_V \tag{3 - 26}$$

将以上七项按能量性质，分为三种类型的积分，下面分别讨论各类型的积分。

（1）第一类积分为

$$\int_{Q_v} (p + \rho g Z) dQ_V$$

表示单位时间内通过断面的流体势能。由于断面在渐变流段，根据上节的论证，$Z + \dfrac{p}{\rho g}$ 在断面上保持不变，可以提出积分符号外。则两断面的势能积分可写为

$$\int_{Q_V} (p_1 + \rho g Z_1) dQ_V = \left(\frac{p_1}{\rho g} + Z_1 \right) \int_{Q_V} \rho g \, dQ_V = \left(\frac{p_1}{\rho g} + Z_1 \right) \rho g Q_V$$

$$\int_{Q_V} (p_2 + \rho g Z_2) dQ_V = \left(\frac{p_2}{\rho g} + Z_2 \right) \int_{Q_V} \rho g \, dQ_V = \left(\frac{p_2}{\rho g} + Z_2 \right) \rho g Q_V$$

（2）第二类积分为

$$\int_{Q_V} \rho g \frac{u^2}{2g} dQ_V$$

因为

$$Q_V = \int_A u \, dA$$

所以

$$\int_{Q_V} \rho g \frac{u^2}{2g} dQ_V = \int_A \rho g \frac{u^3}{2g} dA = \frac{\rho g}{2g} \int_A u^3 \, dA$$

表示单位时间通过断面的流体动能。建立方程的目的，是要求出断面平均流速、压强和位置高度的沿程变化规律，因此，必须使平均流速 v 出现在方程内。

显然

$$\int_A u^3 \, dA \neq v^3 A$$

所以要引入一个修正系数 α 来引出平均流速 v 的出现。

令
$$\Delta u = u - v$$

则
$$Q_V = \int_A u\,\mathrm{d}A = \int_A (v + \Delta u)\,\mathrm{d}A = \int_A v\,\mathrm{d}A + \int_A \Delta u\,\mathrm{d}A = Q_V + \int_A \Delta u\,\mathrm{d}A$$

所以
$$\int_A \Delta u\,\mathrm{d}A = 0$$

计算
$$\int_A u^3\,\mathrm{d}A = \int_A (v + \Delta u)^3\,\mathrm{d}A = \int_A (v^3 + 3v^2\Delta u + 3v\Delta u^2 + \Delta u^3)\,\mathrm{d}A$$

$$= v^3 A + 3v^2 \int_A \Delta u\,\mathrm{d}A + 3v \int_A \Delta u^2\,\mathrm{d}A + \int_A \Delta u^3\,\mathrm{d}A$$

省略去 $\int_A \Delta u^3\,\mathrm{d}A$ 项，且考虑 $\int_A \Delta u\,\mathrm{d}A = 0$，可得

$$\int_A u^3\,\mathrm{d}A = v^3 A + 3V\int_A \Delta u^2\,\mathrm{d}A = \alpha v^3 A$$

即得

$$\alpha = \frac{\int u^3\,\mathrm{d}A}{\int v^3\,\mathrm{d}A} = \frac{\int u^3\,\mathrm{d}A}{v^3 A}$$

α 称为动能修正系数。有了修正系数，两断面动能可写为

$$\frac{\rho g}{2g}\int u_1{}^3\,\mathrm{d}A = \frac{\rho g}{2g}\int_{A_1} \alpha_1\,v_1{}^3\,\mathrm{d}A = \frac{\alpha_1\,v_1{}^2}{2g}\rho g Q_V$$

$$\frac{\rho g}{2g}\int u_2{}^3\,\mathrm{d}A = \frac{\rho g}{2g}\int_{A_2} \alpha_2\,v_2{}^3\,\mathrm{d}A = \frac{\alpha_2\,v_2{}^2}{2g}\rho g Q_V$$

α 值根据流速在断面上分布的均匀性来决定。流速分布均匀，$\alpha=1$；流速分布的愈不均匀，α 值愈大。在管流的紊流流动中，$\alpha=1.05\sim1.1$。在实际工程计算中，常取 α 等于 1。

（3）第三类积分为

$$\int_{Q_V} \rho g h'_{w1-2}\,\mathrm{d}Q_V$$

这类积分和上述两类积分不同，它不是沿断面积分的量，而是沿流程积分的量。它的直接积分是很困难的，受单位重力流体沿不同流程的能量损失是不相等的。如果我们令 h_{l1-2} 为单位重力流体由过流断面 1—1 移动到过流断面 2—2 的平均单位能量损失。则

$$\int_{Q_V} \rho g h'_{w1-2}\,\mathrm{d}Q_V = h_{w1-2}\rho g Q_V$$

现在将以上各个积分值代入原积分式（3-26），得

$$\left(Z_1 + \frac{p_1}{\rho g} + \frac{\alpha_1\,v_1{}^2}{2g}\right)\rho g Q_V = \left(Z_2 + \frac{p_2}{\rho g} + \frac{\alpha_2\,v_2{}^2}{2g}\right)\rho g Q_V + h_{w1-2}\,\rho g Q_V \qquad (3-27)$$

这就是总流总能量方程式。方程式表明，若以两断面之间的流段作为能量收支平衡运算的对象，则单位时间流入上游断面的能量，等于单位时间流出下游断面的能量，加上流段所损失的能量。

如用 $H = Z + \dfrac{p}{\rho g} + \dfrac{\alpha v^2}{2g}$ 表示断面全部单位机械能，则两断面能量间能量的平衡可表示为

$$H_1 \rho g Q_V = H_2 \rho g Q_V + h'_{w1-2} \rho g Q_V$$

现将式（3-27）各项除以 $\rho g Q_V$，得出受单位重力作用的流体的能量方程

$$Z_1 + \frac{p_1}{\rho g} + \frac{\alpha_1 v_1^2}{2g} = Z_2 + \frac{p_2}{\rho g} + \frac{\alpha_2 v_2^2}{2g} + h_{w1-2} \qquad (3-28)$$

式（3-28）为恒定总流能量方程，也称为伯努利方程式。

式中　Z_1、Z_2——选定的 1、2 渐变流断面上任一点相对于选定基准面的高度；

　　　　p_1、p_2——相应断面同一选定点的压强；

　　　　v_1、v_2——相应断面的平均流速；

　　　　α_1、α_2——相应断面的动能修正系数；

　　　　h_{w1-2}——1、2 断面间的平均单位水头损失。

物理意义详细见表 3-1。

表 3-1 　　　　　　　　　　　　能量方程各项意义表

项　目	z	$\frac{p}{\gamma}$	$z + \frac{p}{\gamma}$	$\frac{v^2}{2g}$	$z + \frac{p}{\gamma} + \frac{v^2}{2g}$
物理意义	单位位置势能	单位压能		单位动能	单位总机械能
流体意义	位置水头	压强水头	测压管水头	流速水头	总水头
几何意义	位置高度	测压管高度	势能高度		

恒定总流能量方程伯努利方程式，在应用上有很大的灵活性和适应性，但在应用上应该具有以下适用条件：

（1）流体运动是恒定流；

（2）流体是不可压缩均质流体；

（3）作用于流体上的质量力只有重力；

（4）所选取的两个过流断面应符合渐变流或均匀流条件，即符合断面上各点测压管水头等于常数的条件，但两断面不必都是渐变流动；

（5）所选取的两个过流断面间没有能量的输入和输出，也没有流量分流与合流。

方程的推导是在两断面间没有能量输入或输出的情况下提出的。如果有能量的输出（例如中间有水轮机或汽轮机）或输入（例如中间有水泵或风机），则可以将输入的单位能量项 H_i 加在方程式（3-28）的左方，即

$$Z_1 + \frac{p_1}{\rho g} + \frac{\alpha_1 v_1^2}{2g} + H_i = Z_2 + \frac{p_2}{\rho g} + \frac{\alpha_2 v_2^2}{2g} + h_{w1-2} \qquad (3-29)$$

或将输出的单位能量项 H_0，加在方程式（3-28）的右方，即

$$Z_1 + \frac{p_1}{\rho g} + \frac{\alpha_1 v_1^2}{2g} = Z_2 + \frac{p_2}{\rho g} + \frac{\alpha_2 v_2^2}{2g} + H_0 + h_{w1-2} \qquad (3-30)$$

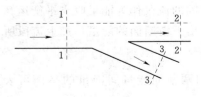

图 3-20　流动分流

若断面 1、断面 2 两断面间有分流，如图 3-20 所示。纵然分流点是非渐变流断面，而离分流点稍远的断面 1、断面 2 或断面 3 都是均匀流或渐变流断面，可以近似认为各断面通过流体的单位能量在断面上的分布是均匀的。而 $Q_{V1} = Q_{V2} + Q_{V3}$，即 Q_{V1} 的流体一部分流向断面 2，一部分流向断面 3。无论流到哪一个断面的流体，在断面 1 上单

位能量都是 $Z_1 + \dfrac{p_1}{\rho g} + \dfrac{v_1^2}{2g}$，只不过流到断面 2 时产生的单位能量损失是 h_{w1-2}，而流到断面 3 的流体的单位能量损失是 h_{w1-3} 而已。能量方程是两断面间单位能量的关系，因此可以直接建立断面 1 和断面 2 的能量方程

$$Z_1 + \frac{p_1}{\rho g} + \frac{\alpha_1 v_1^2}{2g} = Z_2 + \frac{p_2}{\rho g} + \frac{\alpha_2 v_2^2}{2g} + h_{w1-2}$$

或断面 1 和断面 3 的能量方程

$$Z_1 + \frac{p_1}{\rho g} + \frac{\alpha_1 v_1^2}{2g} = Z_3 + \frac{p_3}{\rho g} + \frac{\alpha_3 v_3^2}{2g} + h_{w1-3}$$

可见，两断面间虽分出流量，但能量方程的形式并不改变。自然，分流对单位能量损失 h_{w1-2} 的值是有影响的。同样，可以得出合流时的能量方程。

3.7　能 量 方 程 的 应 用

能量方程通常和连续性方程共同联立，来全面地解决一元流动的断面流速和压强的计算问题。求解实际工程问题一般不外乎有三种类型：一是求流速；二是求压强；三是求流速和压强。其他问题，例如流量问题、水头问题和动量问题，都是与流速、压强相关联的。

下面举例说明能量方程的应用。

【例 3 - 7】　虹吸管（见图 3 - 21）将 A 池中的水输入 B 池中，已知长度 $l_1 = 3\mathrm{m}$，$l_2 = 5\mathrm{m}$，直径 $d = 75\mathrm{mm}$，两池水面高差 $H = 2\mathrm{m}$，最大超高 $h = 1.8\mathrm{m}$，沿程阻力 $h_{f1} = 0.8 \dfrac{v^2}{2g}$，$h_{f2} = 1.33 \dfrac{v^2}{2g}$，进口处的局部阻力 $h_{j1} = 0.5 \dfrac{v^2}{2g}$，转弯处阻力 $h_{j2} = 0.2$

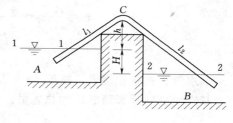

图 3 - 21　虹吸管

$\dfrac{v^2}{2g}$，出口处阻力 $h_{j3} = \dfrac{v^2}{2g}$。试求：（1）管道流量；（2）管道最大超高断面 C 处的真空度。

【解】　（1）以 2—2 断面为基准面，对断面 1—1、断面 2—2 断面列能量方程

$$z_1 + \frac{p_1}{\gamma} + \frac{\alpha_1 v_1^2}{2g} = z_2 + \frac{p_2}{\gamma} + \frac{\alpha_2 v_2^2}{2g} + h_{w1-2}$$

已知　　　　　　　$z_1 = H, z_2 = 0, p_1 = p_2, \alpha_1 = \alpha_2 \approx 1, v_1 = v_2 = 0$

所以　　　　　$h_{w1-2} = (0.8 + 1.33 + 0.5 + 0.2 + 1)\frac{v^2}{2g} = 3.83 \frac{v^2}{2g}$

整理得　　　　　　　　　　$H = 3.83 \frac{v^2}{2g}$

解得　　　　　　　　　　　$v = 3.2\mathrm{m/s}$

由连续性方程可得

$$Q = vA = 3.2 \times \frac{\pi d^2}{4} = 0.014 \ (\mathrm{m^3/s})$$

（2）以断面 1—1 为基准面，列断面 1—1、断面 C—C 能量方程

$$z_1 + \frac{p_1}{\gamma} + \frac{\alpha_1 v_1^2}{2g} = z_c + \frac{p_c}{\gamma} + \frac{\alpha_c v_c^2}{2g} + h_{w1-c}$$

已知　　　　　　　　$z_1=0, z_c=h, p_1=0, \alpha_1=\alpha_c \approx 1, v_1=0, v_c=v$

所以　　　　　　　　$h_{w1-c}=(0.8+0.5+0.2)\dfrac{v_c^2}{2g}$

整理求得：　　　　　　　　$p_c=-30.45\text{kPa}$

所以 C 断面真空度为 30.45kPa。

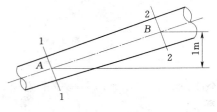

图 3-22　锥形水管

【例 3-8】　如图 3-22 所示有一直径缓慢变化的锥形水管，断面 1—1 处直径 d_1 为 0.15m，中心点 A 的相对压强为 7.2kPa，断面 2—2 处直径 d_2 为 0.3m，中心点 B 的相对压强为 6.1kPa，断面平均流速 v_2 为 1.5m/s，A、B 两点高差为 1m，试判别管中水流方向，并求断面 1、断面 2 两断面间的水头损失。

【解】　首先利用连续性方程原理求断面 1—1 的平均流速。

因为
$$v_1 A_1 = v_2 A_2$$

则

$$v_1=\frac{A_2}{A_1}v_2=\frac{\frac{\pi}{4}d_2^2}{\frac{\pi}{4}d_1^2}v_2=\left(\frac{d_2}{d_1}\right)^2 v_2=\left(\frac{0.30}{0.15}\right)^2 v_2$$

$$=4v_2=6\text{m/s}$$

因水管直径变化缓慢，断面 1—1 及断面 2—2 水流可近似看作渐变流，以过 A 点水平面为基准面分别计算两断面的总能量。

$$z_1+\frac{p_1}{\rho g}+\frac{\alpha_1 v_1^2}{2g}=0+\frac{7.2}{9.8}+\frac{6^2}{2\times 9.8}=2.57\ (\text{m})$$

$$z_2+\frac{p_2}{\rho g}+\frac{\alpha_2 v_2}{2g}=1+\frac{6.1}{9.8}+\frac{1.5^2}{2\times 9.8}=1.74\ (\text{m})$$

因为　　　　$\left(z_1+\dfrac{p_1}{\rho g}+\dfrac{\alpha_1 v_1^2}{2g}\right)>\left(z_2+\dfrac{p_2}{\rho g}+\dfrac{\alpha_2 v_2^2}{2g}\right)$

所以管中水流应从 A 流向 B。

水头损失为

$$h_w=\left(z_1+\frac{p_1}{\rho g}+\frac{\alpha_1 v_1^2}{2g}\right)-\left(z_2+\frac{p_2}{\rho g}+\frac{\alpha_2 v_2^2}{2g}\right)=2.57-1.74=0.83\ (\text{m})$$

根据上述的流动分析，只要能在流动中，选择两压强已知或压差已知的断面，就有可能算出流速。文丘里流量计就是利用这个原理，在管道中造成流速差，引起压强变化，通过压差的量测来求出流速和流量。

文丘里流量计如图 3-23 所示，是由一段渐缩管，一段喉管和一段渐扩管，前后相连所组成。将它连接在主管中，当主管水流

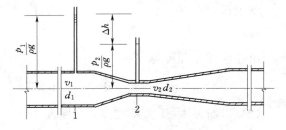

图 3-23　文丘里流量计原理

通过此流量计时，由于喉管断面缩小，流速增加，压强相应减低，用压差计测定压强水头的变化 Δh，即可计算出流速和流量。

取断面 1、断面 2 两渐变流断面，写理想流体能量方程式

$$0 + \frac{p_1}{\rho g} + \frac{v_1^2}{2g} = 0 + \frac{p_2}{\rho g} + \frac{v_2^2}{2g}$$

移项

$$\frac{p_1}{\rho g} - \frac{p_2}{\rho g} = \frac{v_2^2}{2g} - \frac{v_1^2}{2g} = \Delta h$$

出现两个流速，和连续方程联立，有

$$v_1 \times \frac{\pi}{4} d_1^2 = v_2 \times \frac{\pi}{4} d_2^2$$

$$\frac{v_2}{v_1} = \left(\frac{d_1}{d_2}\right)^2$$

代入能量方程

$$\left(\frac{d_1}{d_2}\right)^4 \frac{v_1^2}{2g} - \frac{v_1^2}{2g} = \Delta h$$

解出流速

$$v_1 = \sqrt{\frac{2g\Delta h}{\left(\frac{d_1}{d_2}\right)^4 - 1}}$$

流量为

$$Q_V = v_1 \frac{\pi}{4} d_1^2 = \frac{\pi}{4} d_1^2 \sqrt{\frac{2g\Delta h}{\left(\frac{d_1}{d_2}\right)^4 - 1}}$$

但 $\frac{\pi}{4} d_1^2 \sqrt{\dfrac{2g\Delta h}{\left(\dfrac{d_1}{d_2}\right)^4 - 1}}$ 只和管径 d_1 和 d_2 有关，对于一定的流量计，它是一个常数，以 K 表之。即令

$$K = \frac{\pi}{4} d_1^2 \sqrt{\frac{2g\Delta h}{\left(\frac{d_1}{d_2}\right)^4 - 1}} \tag{3-31}$$

则

$$Q_V = K\sqrt{\Delta h}$$

由于推导过程采用了理想流体的力学模型，求出的流量值较实际为大。为此，乘以 μ 值来修正。μ 值根据实验确定，称为文丘里流量系数。它的值约在 $0.95 \sim 0.98$ 之间。则

$$Q_V = \mu K \sqrt{\Delta h} \tag{3-32}$$

在文丘里流量计的喉管中，或在某些水流的局部区域中，由于出现巨大的流速，会发生压强在该处局部显著地降低，可能达到和水温相应的汽化压强，这时水迅速汽化，使一部分液体转化为蒸汽，出现了蒸汽气泡的区域，气泡随水流流入压强较高的区域而破灭，这种现象称为空化。空化限制了压强的继续降低和流速的增大，减少了通流面积，从而限制了流量的增加，影响到测量的准确性。空化现象在设计中是必须注意避免的。空化对水力机械的有害作用称为气蚀。

【例 3-9】 如图 3-24 大气压强为 97kPa，收缩段的直径应当限制在什么数值以上，才

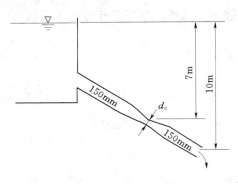

图 3-24　不出现空化的计算例

能保证不出现空化（水温为 40℃，不考虑损失）。

【解】　已知水温为 40℃ 时，$\rho = 992.2\text{kg/m}^3$，汽化压强 $p' = 7.38\text{kPa}$ 求出，即

$$\frac{p_a}{\rho g} = \frac{97 \times 1000}{992.2 \times 9.8} = 10 \text{（m）}$$

$$\frac{p'}{\rho g} = \frac{7.38 \times 1000}{992.2 \times 9.8} = 0.75 \text{（m）}$$

列水面和出口断面的能量方程时，为了不出现空化，以 40℃ 时水的汽化压强 p' 作为最小压强值，求出对应的收缩段直径 d_c。当收缩段直径大于 d_c 时，收缩段压强一定大于 p'，可以避免产生汽化。

能量方程为

$$10\text{m} + 10\text{m} = 3\text{m} + \frac{v_c^2}{2g} + 0.75\text{m}, \quad \frac{v_c^2}{2g} = 16.5\text{m}$$

列水面和出口断面的能量方程

$$\frac{v^2}{2g} = 10\text{m}$$

根据连续性方程，得

$$\frac{v_c}{v} = \frac{d^2}{d_c^2}$$

则

$$\left(\frac{v_c}{v}\right)^2 = \frac{16.25}{10} = \frac{150^4}{d_c^4}$$

得出

$$d_c = 133\text{mm}$$

3.8　总水头线和测压管水头线

用能量方程计算一元流动，能够求出水流某些个别断面的流速和压强，但并未回答一元流的全线问题。现在，用总水头线和测压管水头线来求得这个问题的图形表示。

总水头线和测压管水头线，直接在一元流上绘出，以它们距基准面的铅直距离，分别表示相应断面的总水头和测压管水头，如图 3-25 所示。它是在一元流的流速水头已算出后绘出的。

已知位置水头、压强水头和流速水头之和，$H = Z + \dfrac{p}{\rho g} + \dfrac{v^2}{2g}$，称为总水头。

能量方程式写为上下游两断面总水头 H_1、H_2 的形式是

$$H_1 = H_2 + h_{l1-2}$$

或

$$H_2 = H_2 - h_{l1-2}$$

即每一个断面的总水头，是上游断面总水头，减去两断面之间的水头损

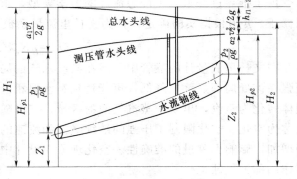

图 3-25　总水头线和测压管水头线

失。根据这个关系，从最上游断面起，沿流向依次减去水头损失，求出各断面的总水头，一直到流动的结束。将这些总水头，以水流本身高度的尺寸比例，直接点绘在水流上，这样联成的线，就是总水头线。由此可见，总水头线是沿水流逐段减去水头损失绘出来的。

在绘制总水头线时，需注意区分沿程损失和局部损失在总水头线上表现形式的不同。沿程损失假设为沿管线均匀发生，表现为沿管长倾斜下降的直线。局部损失假设为在局部障碍处集中作用，一般地表现为在障碍处铅直下降的直线。对于渐扩管或渐缩管等，也可近似处理成损失在它们的全长上均匀分布，而非集中在一点。

测压管水头是同一断面总水头与流速水头之差。即

$$H = H_p + \frac{v^2}{2g}$$

$$H_p = H - \frac{v^2}{2g}$$

根据这个关系，从断面的总水头减去同一断面的流速水头，即得该断面的测压管水头。将各断面的测压管水头连成的线，就是测压管水头线。所以，测压管水头线是根据总水头线减去流速水头绘出的。

3.9　恒定气流能量方程

前面已经讲到，恒定总流能量方程式为

$$Z_1 + \frac{p_1}{\rho g} + \frac{\alpha_1 v_1^2}{2g} = Z_2 + \frac{p_2}{\rho g} + \frac{\alpha_2 v_2^2}{2g} + h_{w1-2} \tag{3-33}$$

恒定总流的伯努利方程式是对不可压缩流体导出的，气体是可压缩流体，但是对流速不很大（$v < 60\text{m/s}$ 左右），压强变化不大的系统，伯努利方程仍可用于气流。由于气流的密度同外部空气的密度是相同的数量级，在用相对压强进行计算时，需要考虑外部大气压在不同高度的差值。

设恒定气流（见图 3-26），气流的密度为 ρ 外部空气的密度为 ρ_a，过流断面上计算点的绝对压强 P_{1abs}，P_{2abs}。

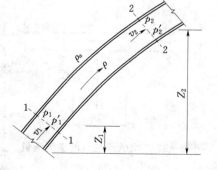

图 3-26　气流的相对压强与绝对压强

列断面 1—1 和断面 2—2 的伯努利方程式

$$Z_1 + \frac{p_1}{\rho g} + \frac{\alpha_1 v_1^2}{2g} = Z_2 + \frac{p_2}{\rho g} + \frac{\alpha_2 v_2^2}{2g} + h_{w1-2}$$

进行气流计算，通常把上式表示为压强的形式

$$Z_1 \gamma + p_{1abs} + \frac{\rho v_1^2}{2} = Z_2 \gamma + p_{2abs} + \frac{\rho v_2^2}{2} + p_{w1-2} \tag{3-34}$$

压强损失

$$p_{w1-2} = \gamma h w_{1-2}$$

将式（3-29）中的压强用相对压强 p_1，p_2 表示，则

$$p_{1abs} = p_1 + p_a$$

$$p_{2abs} = p_2 + p_a - \gamma_a (Z_2 - Z_1) \tag{3-35}$$

式中　　　　　p_a——Z_1 处的大气压；

$p_a-\gamma_a(Z_2-Z_1)$——高程 Z_2 处的大气压。

将其代入式（3-33），整理得

$$p_1+(\gamma_a-\gamma)(Z_2-Z_1)+\frac{\varrho v_1^2}{2}=p_2+\frac{\varrho v_2^2}{2}+p_{w1-2} \qquad (3-36)$$

式中　p_1、p_2——静压；

$\dfrac{\varrho v_1^2}{2}$、$\dfrac{\varrho v_2^2}{2}$——动压、静压与动压之和称为全压。

$(\rho_a-\rho)g$ 为单位体积气体所受有效浮力，(Z_2-Z_1) 为气体沿浮力方向升高的距离，乘积 $(\gamma_a-\gamma)(Z_2-Z_1)$ 为断面 1—1 相对于断面 2—2 单位体积气体的位能，称为位压。

式（3-36）就是以相对压强计算的气流伯努利方程。

当气流的密度和外界空气的密度相同 $\rho=\rho_a$，或两计算点的高度相同 $Z_1=Z_2$ 时，位压为零，式（3-36）化简为

$$p_1+\frac{\varrho v_1^2}{2}=p_2+\frac{\varrho v_2^2}{2}+p_{w1-2} \qquad (3-37)$$

当气流的密度远大于外界空气的密度（$\rho\gg\rho_a$），此时相当于流体总流，式（3-31）中 ρ_a 可忽略不计，认为各点的当地大气压相同，式（3-36）化简为

$$p_1-\gamma(Z_2-Z_1)+\frac{\varrho v_1^2}{2}=p_2+\frac{\varrho v_2^2}{2}+p_{w1-2} \qquad (3-38)$$

除以 γ，即

$$Z_1+\frac{p_1}{\gamma}+\frac{\alpha_1 v_1^2}{2g}=Z_2+\frac{p_2}{\gamma}+\frac{\alpha_2 v_2^2}{2g}+h_{w1-2}$$

由此可见，对于流体总流来说，压强 p_1、p_2 不论是绝对压强，还是相对压强，伯努利方程的形式不变。

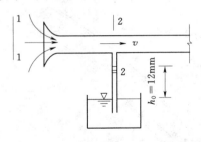

图 3-27　喇叭形进口的空气流量

【例 3-10】　密度 $\rho=1.2kg/m^3$ 的空气，用风机吸入直径为 10cm 的吸风管道，在喇叭形进口处测得水柱吸上高度为 $h_0=12mm$（见图 3-27）。不考虑损失，求流入管道的空气流量。

【解】　气体由大气中流入管道，大气中的流动也是气流的一个部分，但它的压强只有在距喇叭口相当远，流速接近零处，才等于零，此处取为断面 1—1。断面 2—2 也应该选取在接有测压管的地方，因为这时压强已知，和大气压强有联系的断面。12mm 水柱高等于 118Pa。

取断面 1—1、断面 2—2 写能量方程，有

$$0+0=1.2kg/m^3\times\frac{v^2}{2}-118Pa$$

$$v=14m/s$$

$$Q_V=vA=14m/s\times\frac{\pi}{4}\times(0.1m)^2=0.11m^3/s$$

【例 3-11】　气体由相对压强为 $12mmH_2O$ 的气罐，经直径 $d=100mm$ 的管道流入大气，管道进、出口高差 $h=40m$，管路的压强损失 $p_w=9\times\frac{\varrho v^2}{2}$，试求：(1) 罐内气体为与大

气密度相等的空气（$\rho = \rho_a = 1.2\text{kg/m}^3$）时，管内气体的速度 v 和流量 Q；（2）罐内气体为密度 $\rho = 0.8\text{kg/m}^3$ 的煤气时，管内气体的速度 v 和流量 Q。

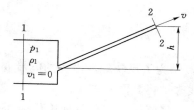

图 3-28　气体由气罐流入大气

【解】　（1）罐内气体为空气时，列气罐内断面 1—1 和管道出口断面 2—2 的伯努利方程。

$$p_1 + \frac{\rho v_1^2}{2} + (\rho_a - \rho)g(Z_2 - Z_1) = p_2 + \frac{\rho v_2^2}{2} + p_{w1-2}$$

因 $\rho = \rho_a$，$p_2 = 0$，$v_1 \approx 0$，$v_2 = v$，上式简化为

$$p_1 = \frac{\rho v^2}{2} + 9 \times \frac{\rho v^2}{2} = 10 \times \frac{\rho v^2}{2}$$

即

$$0.012 \times 1000 \times 9.8 = 10 \times \frac{1.2 \times v^2}{2}$$

故管内气体的速度　$v = 4.43\text{m/s}$

管内气体的速度流量　$Q = v \times \frac{\pi}{4}d^2 = 4.43 \times \frac{\pi}{4} \times 0.1^2 = 0.035 \ (\text{m}^3/\text{s})$

（2）罐内气体为煤气时，$Z_2 - Z_1 = h$，$p_2 = 0$，$v_1 \approx 0$，$v_2 = v$，列气罐内断面 1—1 和管道出口断面 2—2 的伯努利方程

$$p_1 + (\rho_a - \rho)gh = \frac{\rho v^2}{2} + 9 \times \frac{\rho v^2}{2} = 10 \times \frac{\rho v^2}{2}$$

即

$$0.012 \times 1000 \times 9.8 + (1.2 - 0.8) \times 9.8 \times 40 = 10 \times \frac{0.8 \times v^2}{2}$$

故管内气体的速度　$v = 8.28\text{m/s}$

管内气体的速度流量　$Q = v \times \frac{\pi}{4}d^2 = 8.28 \times \frac{\pi}{4} \times 0.1^2 = 0.065 \ (\text{m}^3/\text{s})$

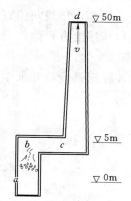

图 3-29　炉子及烟囱

【例 3-12】　如图 3-29 所示，空气由炉口 a 流入，通过燃烧后，废气经 b、c、d 由烟囱流出。烟气 $\rho = 0.6\text{kg/m}^3$，空气 $\rho = 1.2\text{kg/m}^3$，由 a 到 b 和由 b 到 c 的压强损失均为 $4.5\rho v^2$，由 c 到 d 的损失为 $20\rho v^2$（假设 C 处速度与出口 d 处相同）。

求：（1）出口流速 v；（2）c 处静压 p_c。

【解】　（1）在进口前 0m 高程和出口 50m 高程处两断面写能量方程

$$0 + 0 + 9.8 \times (1.2 - 0.6) \times 50 = 20 \times 0.6v^2 + 9 \times 0.6v^2 + 0.6 \times \frac{v^2}{2} + 0$$

解得　　　　　　　　　　$v = 3.79\text{m/s}$

（2）计算 p_c，取 c、d 断面

$$0.6 \times \frac{v^2}{2} + p_c + (50 - 5) \times 0.6 \times 9.8 = 0 + 20 \times 0.6v^2 + 0.6 \times \frac{v^2}{2}$$

解得　　　　　　　　　　$p_c = -92.445\text{Pa}$

3.10　总压线和全压线

为了反映气流沿程的能量变化，用与总水头线和测压管水头线相对应的总压线和势压线来求得其图形表示。

气流能量方程各项单位为压强单位，气流的总压线和势压线一般可选在零压线的基础上，对应于气流各断面进行绘制。管路出口断面相对压强为零，常选为断面 2—2，零压线为过该断面中心的水平线。

在选定零压线的基础上绘总压线时，根据方程 $p_{Z1} = p_{Z2} + p_{w1-2}$，则

$$p_{Z2} = p_{Z1} - p_{w1-2} \qquad\qquad (3-39)$$

即第二断面的总压等于第一断面的总压减去两断面间的压强损失。依次类推，就可求得各断面的总压。将各断面的总压值连接起来，即得总压线。

在总压线的基础上可绘制势压线。因为

$$p_z = p_s + \frac{\rho v^2}{2} \qquad\qquad (3-40)$$

则

$$p_s = p_z - \frac{\rho v^2}{2} \qquad\qquad (3-41)$$

即势压等于该断面的总压减去动压。将各个断面的势压连成线，便得势压线。显然，当断面面积不变时，总压线和势压线相互平行。

位压线的绘制。由方程式（3-36）可知，第一断面的位压为 $g(\rho_a - \rho)(Z_2 - Z_1)$，第二断面的位压为零。断面 1、断面 2 两断面之间的位压是直线变化。由断面 1、断面 2 两断面位压连成线，即得位压线。

绘出上述各种压线头后，与液体的图示法相似，图上出现四条具有能量意义的线：总压线、势压线、位压线和零压线。总压线和势压线间铅直距离为动压；势压线和位压线间铅直距离为静压；位压线和零压线间铅直距离为位压。静压为正，势压线在位压线上方；静压为负，势压线在位压线下方。

【例 3-13】　利用例 3-12 的数据，求：（1）绘制气体为空气时的各种压强线，并求中点 B 的相对压强；（2）绘制气体为煤气时的各种压强线和 B 点相对压强。

【解】　（1）气体为空气时，由气流能量方程求动压

$$12 \times 9.8 + 0 = 0 + \frac{\rho v^2}{2} + 9\frac{\rho v^2}{2}$$

得动压

$$\frac{\rho v^2}{2} = 11.8 \text{Pa}$$

压强损失

$$9\frac{\rho v^2}{2} = 9 \times 11.8 \text{Pa} = 106.2 \text{Pa}$$

选取零压线 ABC，如图 3-30（b）所示，并令它的上方为正。

绘出压线：断面 A 全压 $p_{qa} = 118 \text{Pa}$，减去压强损失得断面 C 全压 $p_{qc} = 118 \text{Pa} - 106.2 \text{Pa} = 11.8 \text{Pa}$，将 p_{qa} 和 p_{qc} 按适当比例绘在 a 点和 c 点，用直线连接 ac 的全压线。因无位压，全压线也是总压线。

绘势压线：由势压 $p_s = p_q - \dfrac{\rho v^2}{2}$，在总压线

ac 的基础上向下减去动压 $\dfrac{\rho v^2}{2}$，即作平行于 ac 的

直线 $a'c'$，则为势压线。因此时无位压，势压线
也是静压线。

管路中点 B 的相对压强，直接由图上线段
Bb' 所表示的压强值求得。它在零压线上方，故
B 点的静压为正。

（2）气体为煤气时，由能量方程求动压

$$12 \times 9.8 + 40 \times g(\rho_a - \rho) = 0 + \frac{\rho v^2}{2} + 9\frac{\rho v^2}{2}$$

解得动压　　$\dfrac{\rho v^2}{2} = 27.6\text{Pa}$

压强损失　　$9\dfrac{\rho v^2}{2} = 248.4\text{Pa}$

选取零压线 ABC 如图 3-30（c）所示。

绘总压线：断面 A 的总压 $p_{ZA} = 276\text{Pa}$，减
去压强损失得断面 C 总压 $p_{ZC} = 276\text{Pa} - 248.4\text{Pa}$
$= 27.6\text{Pa}$。按比例绘 a、c 点，用直线连接记得
总压线。

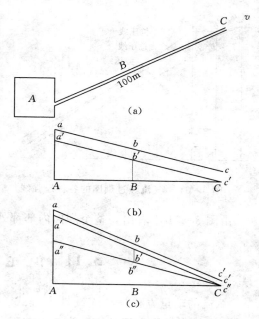

图 3-30　气流的各种压强线
（a）气体的流动；（b）气体为空气；
（c）气体为燃气

绘势压线：由总压线 ac 向下作铅直距离等于动压 $\dfrac{\rho v^2}{2}$ 的平行线，即得势压线 $a'c'$。

绘位压线：断面 A 的位压为 158Pa，断面 C 位压为零，分别给出 a'' 和 c'' 点。用直线连
接 $a''c''$ 即为位压线。此题中，$g(\rho_a - \rho)$ 为正，说明位压是由有效浮力的作用，$Z_2 - Z_1$ 为正，
说明气流向上流动。气流方向和浮力方向一致，位压为正。位压随断面高程的增加而减小。

图上线段 $b''b'$ 的距离所代表的压强值即 B 点的静压。B 点的静压位于位压线上方，故中
点 B 的静压为正。

【例 3-14】 利用例 3-13 的数据（1）绘制气流经过烟囱的总压线、势压线和位压线；
（2）求 c 点的总压、势压、静压、全压。

【解】 根据原题的数据：

断面 a 位压强为 294Pa，ac 段压强损失 $9\dfrac{\rho v^2}{2} = 88.2\text{Pa}$，$cd$ 段压强损失 $20\dfrac{\rho v^2}{2} = 196\text{Pa}$，

动压 $\dfrac{\rho v^2}{2} = 9.87\text{Pa}$。

（1）绘总压线、势压线和位压线。选取 0 压线，标出 a、b、c、d 各点。

断面 a 总压为 $p_{Za} = 294\text{Pa}$，以后逐段减损失，绘制总压线 $a' - c' - d'$。

$p_{Zc} = 294 - 88.2 = 205.8\text{Pa}$，$p_{Zd} = 205.8 - 196 = 9.8\text{Pa}$。

烟囱断面不变，各段势压低于总压的动压值相同，各段势压线与总压线分别平行，出口
断面势压为零。绘出势压线 $a''b''c''d$。

断面 a 位压为 294Pa，从 b 到 c 位压不变。位压值均为 $g(\rho_a - \rho) \times 45\text{m}$：264.6Pa，出口

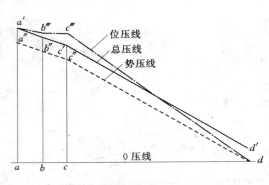

图 3-31　气流经过烟囱的各种压强线

位压为零。绘出位压线 $a'b'''c'''d$。

（2）求 c 点各压强值。总压和势压以零压线为基础量取：

$$p_{Zc}=205.8\mathrm{Pa}$$

$$p_{*}=196\mathrm{Pa}$$

全压、静压的起算点是位压线。从 c 点所对应的位压线上 c''' 到总压线、势压线的铅直线段 $c'''c'$ 及 $c'''c''$ 分别为 c 点的全压和静压值：

$$p_{qc}=-58.8\mathrm{Pa}$$

$$p_{c}=-68.6\mathrm{Pa}$$

由图 3-31 中看出，整个烟囱内部都处于负压区。

3.11　恒 定 总 流 动 量 方 程

总流的动量方程是继连续性方程式、伯努利方程式之后的第三个积分形式基本方程，它们在流体力学中习惯地被称为三大方程，应用极为广泛，它的主要作用是要解决作用力，特别是流体与固体之间的总作用力，这就是动量方程。

在固体力学中，我们知道，物体质量 m 和速度 $\vec{v}$ 的乘积 $m\vec{v}$ 称为物体的动量。作用于物体的所有外力的合力 $\sum\vec{F}$ 和作用时间 $\mathrm{d}t$ 的乘积 $\sum\vec{F}\cdot\mathrm{d}t$ 称为冲量。动量定律指出，作用于物体的冲量，等于物体的动量增量，即

$$\sum\vec{F}\mathrm{d}t=\Delta M=M_2-M_1=\mathrm{d}(m\vec{v})$$

动量定律是向量方程。现将此方程用于一元流动。所考察的物质系统取某时刻两断面间的流体，参看图 3-9 和图 3-19，研究流体在 $\mathrm{d}t$ 时间内的动量增量和外力的关系。

为此，类似于元流能量方程的推导，在恒定总流中，取断面 1 和断面 2 两渐变流断面。两断面间流段 1—2 在 $\mathrm{d}t$ 时间后移动至 1′—2′。由于是恒定流，$\mathrm{d}t$ 时段前后的动量变化，应为流段新占有的 2—2′ 体积内的流体所具有的动量减流段退出的 1—1′ 体积内流体所具有的动量；而 $\mathrm{d}t$ 前后流段共有的空间 1′—2 内的流体，尽管不是同一部分流体，但它们在相同点的流速大小和方向相同，密度也未改变，因此，动量也相同。

仍用平均流速的流动模型，则动量增量为

$$\mathrm{d}(m\vec{v})=\rho_2 A_2 v_2 \mathrm{d}t\,\vec{v}_2-\rho_1 A_1 v_1 \mathrm{d}t\,\vec{v}_1$$
$$=\rho_2 Q_{V2}\mathrm{d}t\,\vec{v}_2-\rho_1 Q_{V1}\mathrm{d}t\,\vec{v}_1$$

由动量定理，得

$$\sum\vec{F}\cdot\mathrm{d}t=\mathrm{d}(m\vec{v})=\rho_2 Q_{V2}\mathrm{d}t\,\vec{v}_2-\rho_1 Q_{V1}\mathrm{d}t\,\vec{v}_1$$

$$\sum\vec{F}=\rho_2 Q_{V2}\vec{v}_2-\rho_1 Q_{V1}\vec{v}_1$$

这个方程是以断面各点的流速均等于平均流速这个模型来写出的。实际流速的不均匀分布使上式存在着误差，为此，以动量修正系数 β 来修正。β 定义为实际动量和按照平均流速计算的动量大小的比值。即

$$\beta = \frac{\int_A \rho u^2 dA}{\rho Q_v v} = \frac{\int_A u^2 dA}{A v^2} \qquad (3-42)$$

β取决于断面流速分布的不均匀性。不均匀性大，β越大。一般取$\beta=1.05\sim1.02$，为了简化计算，常取$\beta=1$。考虑流速的不均匀分布，上式可写为

$$\sum \vec{F} = \beta_2 \rho_2 Q_{V2} \vec{v}_2 - \beta_1 \rho_1 Q_{V1} \vec{v}_1 \qquad (3-43)$$

这就是恒定流动量方程。

方程表明，将物质系统的动量定理应用于流体时，动量定理的表述形式之一是：对于恒定流动，所取流体段（简称流段，它由流体构成）的动量在单位时间内的变化，等于单位时间内流出该流段所占空间的流体动量与流进的流体动量之差；该变化率等于流段受到的表面力与质量力之和，即外力之和。

动量方程成立的条件是流动恒定，它对不可压缩流体和可压缩流体均适用。对于不可压缩流体，由于$\rho_1=\rho_2=\rho$和连续性方程$Q_{V1}=Q_{V2}$，其恒定流动量方程为

$$\sum \vec{F} = \beta_2 \rho Q_V \vec{v}_2 - \beta_1 \rho Q_V \vec{v}_1 \qquad (3-44)$$

在直角坐标系中的分量式为

$$\left.\begin{array}{l} \sum F_x = \beta_2 \rho Q_V v_{2x} - \beta_1 \rho Q_V v_{1x} \\ \sum F_y = \beta_2 \rho Q_V v_{2y} - \beta_1 \rho Q_V v_{1y} \\ \sum F_z = \beta_2 \rho Q_V v_{2z} - \beta_1 \rho Q_V v_{1z} \end{array}\right\} \qquad (3-45)$$

通常，在实际工程中近似取$\beta_1=\beta_2=1$。

如图3-32所示分叉管路，当对分叉段水流应用动量方程时，可以把沿管壁以及上下游过水断面所组成的封闭体作为控制体，此时该封闭体的动量方程为

$$\sum \vec{F} = \rho Q_2 \beta_2 \vec{v}_2 + \rho Q_3 \beta_3 \vec{v}_3 - \rho Q_1 \beta_1 \vec{v}_1 \qquad (3-46)$$

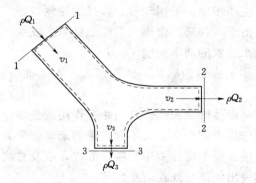

图3-32　分叉管路动量方程

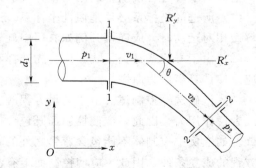

图3-33　水流对弯管的作用力

【例3-15】　如图3-33所示水平设置的输水弯管，转角$\theta=60°$，直径由$d_1=200mm$变为$d_2=150mm$。已知转弯前断面的压强$p_1=18kN/m^2$（相对压强），输水流量$Q=0.1m^3/s$，不计水头损失，试求水流对弯管作用力的大小。

【解】　（1）确定控制体。取控制体为断面1—1和断面2—2两断面间弯管占有的空间。这样把受流体作用的弯管整个内表面包括在控制面内，又没有其他多余的固壁。

（2）选择坐标系。坐标系选择如图所示，x 轴为弯管进口前管道的轴线，$x-y$ 平面为水平面。

（3）流出和流进控制体的动量差。流出：$\rho Q_V \vec{v}_2$；流入：$\rho Q_V \vec{v}_1$。动量差：$\rho Q_V(\vec{v}_2 - \vec{v}_1)$。由连续性方程 $Q = v_1 A_1 = v_2 A_2$ 可得

$$v_1 = \frac{Q}{A_1} = \frac{4Q}{\pi d_1^2} = 3.185 \text{m/s}, \quad v_2 = 5.66 \text{m/s}$$

（4）控制体内流体受力分析。假设弯管对水的作用力为 R_x'、R_y'。列断面 1—1、断面 2—2 两断面能量方程

$$Z_1 + \frac{p_1}{\rho g} + \frac{v_1^2}{2g} = Z_2 + \frac{p_2}{\rho g} + \frac{v_2^2}{2g}$$

由于 $Z_1 = Z_2$，$p_1 = 18 \text{kN/m}^2$，故可求得

$$p_2 = 7.043 \text{kN/m}^2$$

（5）联立动量方程并求解：

$$\sum_{i=1}^{n} F_x = p_1 A_1 - p_2 A_2 \cos 60° - R_x' \cos\alpha = \rho Q_V(v_{2x} - v_{1x}) = \rho Q_V(v_2 \cos 60° - v_1)$$

$$\sum_{i=1}^{n} F_y = p_2 A_2 \sin 60° - R_y' = \rho Q_V(v_{2y} - v_{1y}) = -\rho Q_V v_2 \sin 60°$$

联立求解，得

$$R_x' = 0.538 \text{kN}, \quad R_y' = 0.597 \text{kN}$$

（6）答案及其分析。由于水流对弯管的作用力与弯管对水流的作用力相等方向相反。因此水流对弯管的作用力大小为

$$R_x = 0.538 \text{kN}, \quad R_y = 0.597 \text{kN}$$

方向与 R_x'、R_y' 相反。

上例的求解过程说明了运用动量方程的几个主要步骤。运用动量方程式的注意点是：

（1）所选的坐标系必须是惯性坐标系。这是由于牛顿第二定律在惯性坐标系内成立。在求解做相对运动时，应谨慎。例如农田中旋转喷水装置的功率问题。

（2）由于方程式是矢量式，应首先选择和在图上标明坐标系。坐标系选择不是唯一的，但应以使计算简便为原则。

（3）正确选择控制体。由于动量方程解决的是固体壁面和流体之间相互作用的整体作用力或者说作用力，因此，应使控制面既包含待求作用力的壁面，又不含其他的未知作用力的固壁。如上例中控制体不能包含弯管之外的直管段。由于往往要用到能量方程，以及总流动量方程的成立条件，因此，应使控制面上有流体进出的部分处在渐变段等。

（4）必须明确地假定待求的固体壁面对流体的作用力的方向，并用符号表示。如果求解结果为负值，则表示实际方向与假设相反。

（5）注意方程式本身各项的正负及压力和速度在坐标轴上投影的正负，特别是流进动量项。

（6）问题往往求的是流体对固体壁面的作用力，因此，最后应明确回答所求力的大小和方向。

习　　题

3.1　黏性流体受力与实际流体受力有何差别，能量方程有何区别。

3.2　断面为 300mm×400mm 的矩形风道，风量为 2700m³/s，求平均流速。如风道出口处断面收缩为 150mm×400mm，求该断面的平均流速。

3.3　水从水箱流经直径为 $d_1=10$cm、$d_2=5$cm、$d_3=2.5$cm 的管道流入大气中。当出口流速为 10m/s 时，求：(1) 体积流量及质量流量；(2) d_1 及 d_2 管段的流速。

3.4　设流场为：$u_x=xt^2$，$u_y=yt^2$，$u_z=0$。试求流场的流线，迹线和加速度。

3.5　圆形风道，流量为 10000m³/h，流速不超过 20m/s。试设计直径，根据所定直径求流速。直径应当是 50mm 的倍数。

3.6　空气流速由超声流过渡到亚声流时，要经过冲击波。如果在冲击波前，风道中速度 $v_1=660$m/s，密度 $\rho=1$kg/m³；冲击波后，速度降低至 $v_2=250$m/s。求冲击波后的密度。

3.7　管路 AB 在 B 点分为 BC、BD 两支，已知 $d_A=45$cm，$d_B=30$cm，$d_C=20$cm，$d_D=15$cm，$v_A=2$m/s，$v_c=4$m/s，试求 v_B、v_D。

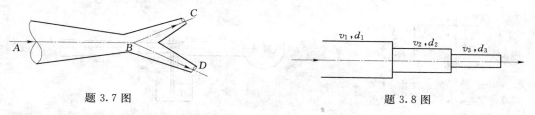

题 3.7 图　　　　　　　　　　　　　　题 3.8 图

3.8　三段管路串联，直径 $d_1=100$cm，$d_2=50$cm，$d_3=25$cm，已知断面平均速度 $v_3=10$m/s，求 v_1、v_2 和质量流量（流体为水）。

3.9　水沿管线下流，若压力计的读数相同，求需要的小管直径 d_0，不计损失。

3.10　用水银比压计量测管中水流，过流断面中点流速 u 如图。测得 A 点的比压计读数 $\Delta h=60$mm。求：(1) 求该点的流速 u；(2) 若管中流体是密度为 0.8g/cm³ 的油，Δh 仍不变，该点流速是多大，不计损失。

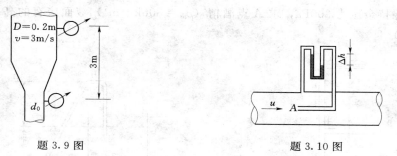

题 3.9 图　　　　　　　　　　　　　题 3.10 图

3.11　一变直径管 AB，A 管直径 $d_A=0.2$m，B 管直径 $d_B=0.4$m，高差 $h=1.8$m，今测得 $p_A=30$kN/m²，$p_B=50$kN/m²，B 点处的断面平均流速为 $v_B=1.0$m/s，试判断水在管中的流动方向。❧

3.12 计算管线流速，管出口 $d = 50\text{mm}$，求出 A、B、C、D 各点的压强，不计水头损失。

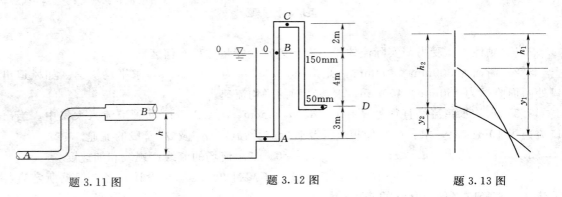

题 3.11 图   题 3.12 图   题 3.13 图

3.13 同一冰箱上、下两孔口出流，求证：在射流焦点处 $h_1 y_1 = h_2 y_2$。

3.14 竖管直径为 $d_1 = 200\text{mm}$，出口为一收缩喷嘴，其直径 $d_2 = 100\text{mm}$，不计水头损失，求管道的泄流量 Q 及 A 点压强 p_A。

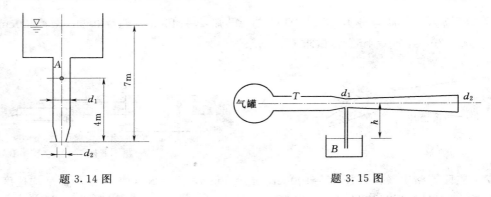

题 3.14 图   题 3.15 图

3.15 一个压缩空气罐与文丘里式的引射管相连，d_1，d_2，h 均为已知，问气罐压强 p_0 多大方能将 B 池水抽出。

3.16 高层楼房煤气立管 B、C 两个供煤气点各供应 $Q_v = 0.02\text{m}^3/\text{s}$ 的煤气量。假设煤气的密度为 0.6kg/m^3，管径为 50mm，压强损失 AB 段用 $3\rho \dfrac{v_1^2}{2}$ 计算，BC 用 $4\rho \dfrac{v_2^2}{2}$ 计算，假定 C 点要求保持余压为 300Pa，求 A 点酒精（$\rho_{酒} = 806\text{kg/m}^3$）液面应有的高差（空气密度为 1.2kg/m^3）。

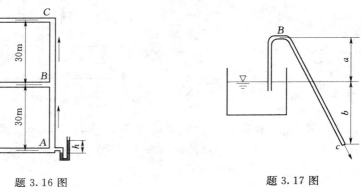

题 3.16 图   题 3.17 图

3.17　一虹吸管，已知 $a=1.6\text{m}$，$b=3.6\text{m}$，由水池引水至 C 端流入大气，若不计损失，设大气压的压力水头为 10m，求：(1) 管中流速及 B 点的绝对压强；(2) 若 B 点绝对压强的压力水头下降到 0.24m 以下时，将发生汽化，设 C 端保持不动，试求欲不发生汽化，a 不能超过多少？

3.18　水管直径为 50mm，断面 1、断面 2 两断面相距 15m，高差 3m，通过流量 $Q=6\text{L/s}$，水银压差计读值为 250mm，试求断面 1、断面 2 两断面管道的阻力。

3.19　图为矿井竖井和横向坑道相连，竖井高为 200m，坑道长 300m，坑道和竖洞内气温保持恒定 $t=15℃$，密度 $\rho=1.18\text{kg/m}^3$，坑外气温在清晨为 5℃，$\rho_0=1.29\text{kg/m}^3$，中午为 20℃，$\rho=1.16\text{kg/m}^3$，问上午空气的气流流向及气流速度 v 的大小。假定总的损失 $9\rho\dfrac{v_2^2}{2}$。

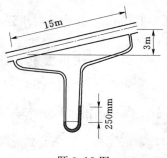

题 3.18 图

题 3.19 图

3.20　图为一水平风管，空气自断面 1—1 流向断面 2—2，已知断面 1—1 的压强 $p_1=1.47\text{kPa}$，$v_1=15\text{m/s}$，断面 2—2 的压强 $p_2=1.37\text{kPa}$，$v_2=10\text{m/s}$，空气密度 $\rho=1.29\text{kg/m}^3$，求两断面的压强损失。

3.21　如图一文丘里流量计，它利用两不同直径断面的压差测算管中流速及流量。已知水银压差计度数为 $h=360\text{mm}$，管径 $d_1=300\text{mm}$，$d_2=150\text{mm}$，渐变段长 $l=750\text{mm}$，若不计两断面间的能量损失，求管中通过的流量 Q。

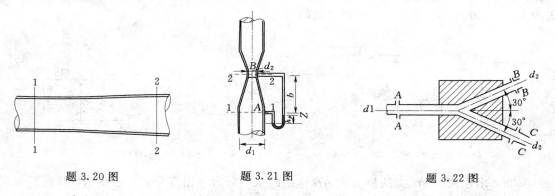

题 3.20 图　　　　题 3.21 图　　　　题 3.22 图

3.22　直径为 $d_1=700\text{mm}$ 的管道在支撑水平面上分支为 $d_2=500\text{mm}$ 的两支管，A—A 断面压强为 70kPa，管道流量 $Q_v=0.6\text{m}^3/\text{s}$，两支管流量相等：(1) 不计水头损失，求支墩受水平推力。(2) 水投损失为支管流速水头的 5 倍，求支墩受水平推力。不考虑螺栓连接的作用。

3.23　水由喷嘴射出，已知流量 $Q=0.8\text{m}^3/\text{s}$，主管直径 $D=800\text{mm}$，喷嘴直径 $d=$

200mm，水头损失不计，求水流作用在喷嘴上的力 F。

3.24　水流经 180°弯管自喷嘴流出，如管径 $D=75\text{mm}$，喷嘴直径 $d=25\text{mm}$，管道前端的测压表读数为 60kPa，求法兰盘接头 A 处，上、下螺栓的受力情况。假定螺栓上下前后共安装四个，上下螺栓中心距离为 150mm，弯管喷嘴和水的总质量为 10.2kg，作用位置如图。

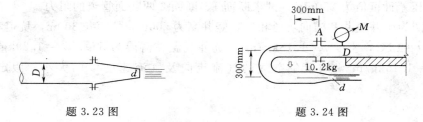

题 3.23 图　　　　　　　　　　题 3.24 图

3.25　水箱中的水从一扩散短管流到大气中，直径 $d_1=100\text{mm}$，该处绝对压强 $p_1=0.5$ 大气压，水头 $H=1.23\text{m}$，水头损失忽略不计，求出口直径 d_2。

3.26　喷嘴直径 25mm，每个喷嘴流量为 7L/s，若涡轮以 100r/min 旋转，计算它的功率。

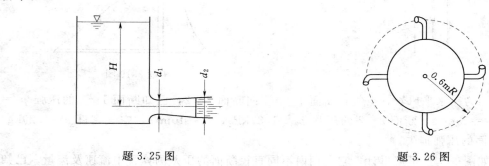

题 3.25 图　　　　　　　　　　题 3.26 图

3.27　用抽水量为 $24\text{m}^3/\text{h}$ 的离心水泵由水池抽水，水泵的安装高程 $h_s=6\text{m}$，吸水管的直径为 $d=100\text{mm}$，如水流通过进口低阀、吸水管路、90°弯头至泵叶轮进口的总水头损失为 $h_w=0.4\text{mH}_2\text{O}$，求该泵叶轮进口处的真空度。

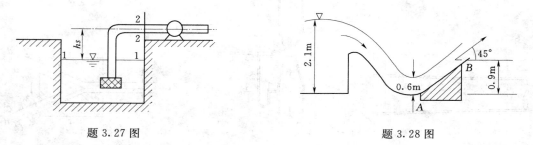

题 3.27 图　　　　　　　　　　题 3.28 图

3.28　求水流对 1m 宽的挑流坎 AB 作用的水平分力和铅直分力。假定 A、B 两断面间水的质量为 274kg，而且断面 B 流出的流动可以认为是自由射流。

3.29　已知平面流动的速度分量为

$$u_x=x+t^2,\ u_y=-y+t^2$$

试求：$t=0$ 时，过 M（1，1）点的流线方程。

第 4 章 流动阻力和水头损失

实际流体在流动过程中，流体之间因相对运动切应力做功，以及流体与固壁之间摩擦力的做功，都是靠损失流体自身所具有的机械能来补偿的。这种引起流动能量损失的阻力与流体的黏滞性和惯性，与固壁对流体的阻滞作用和扰动作用有关。因此，为了得到能量损失的规律，必须同时分析各种阻力的特性，研究壁面特征的影响，以及产生各种阻力的机理。

为了运用能量方程式确定流动过程中流体所具有的能量变化，确定各断面上位能、压力能和动能之间的关系以及计算流动应提供的动力等，都需要解决能量损失项的计算问题。

能量损失一般有两种表示方法：对于液体，通常用受单位重力作用的流体的能量损失（或称水头损失）h_w 来表示，其因次为长度；对于气体，则常用单位体积内的流体的能量损失（或称压强损失）p_w 来表示，其因次与压强的因次相同。它们之间的关系是

$$p_w = \rho g h_w$$

4.1 沿程水头损失和局部水头损失

在工程的设计计算中，根据流体接触的边壁沿程是否变化，把能量损失分为两类：沿程水头损失 h_f 和局部水头损失 h_j。它们的计算方法和损失机理不同。

4.1.1 阻力损失的分类

在边壁沿程不变的管段上（如图 4 - 1 所示中的 ab、bc、cd 段），流动阻力沿程也基本不变，称这类阻力为沿程阻力。克服沿程阻力引起的能量损失称为沿程损失。图中的 h_{fab}，h_{fbc}，h_{fcd} 就是 ab、bc、cd 段的损失——沿程损失。由于沿程损失沿管段均布，即与管段的长度成正比，所以也称为长度损失。

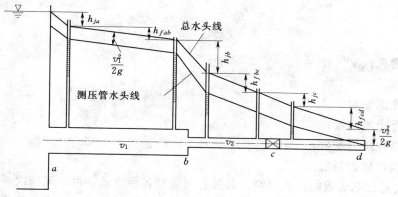

图 4 - 1 沿程阻力与沿程损失

在边界急剧变化的区域，阻力主要地集中在该区域内及其附近，这种集中分布的阻力称为局部阻力。克服局部阻力的能量损失称为局部损失。例如图 4-1 中的管道进口、变径管和阀门等处，都会产生局部阻力。h_{ja}，h_{jb}，h_{jc} 就是相应的局部水头损失。引起局部阻力的原因是由于旋涡区的产生及速度方向和大小的变化。

整个管路的能量损失等于各管段的沿程损失和各局部损失的总和。即

$$h_w = \sum h_f + \sum h_j$$

对于图 4-1 所示系统，能量损失为

$$h_w = h_{fab} + h_{fbc} + h_{fcd} + h_{ja} + h_{jb} + h_{jc}$$

4.1.2　能量损失的计算公式

能量损失的计算公式用水头损失表达时

沿程水头损失　　　　　　　　$h_f = \lambda \dfrac{l}{d} \dfrac{v^2}{2g}$　　　　　　　　　（4-1）

上式是达西根据观测资料和实践经验总结归纳出来的一个通用公式，这个公式对于计算各种流态下的管道沿程损失都适用。式中的无量纲系数 λ 不是一个常数，它与流体的雷诺数和管道的相对粗糙度有关。同时，式中把沿程损失表达为流速水头的倍数形式是恰当的，因为在大多数工程问题中 h_f 确实与 v^2 成正比。此外，这样做又可以把阻力损失和流速水头合并成一项，也是便于计算的。经过一个多世纪以来的理论研究和实践检验都证明，达西公式在结构上是合理的，使用上是方便的。

局部水头损失　　　　　　　　$h_j = \zeta \dfrac{v^2}{2g}$　　　　　　　　　（4-2）

局部阻力损失是流体在某些局部地方，由于管径的改变，以及方向的改变，或者由于装置了某些配件而产生的额外的能量损失。局部阻力损失的原因在于，经过上述局部位置之后，断面流速分布将发生急剧变化，并且流体要生成大量的旋涡。由于实际流体黏性的作用，这些旋涡中的部分能量会不断地转变为热能而散在流体中，从而使流体的总机械能减少。

用压强损失表达，则为

$$p_f = \lambda \frac{l}{d} \frac{\rho v^2}{2} \tag{4-3}$$

$$p_j = \zeta \frac{\rho v^2}{2} \tag{4-4}$$

式中　　l——管长；

　　　　d——管径；

　　　　v——断面平均流速；

　　　　g——重力加速度；

　　　　λ——沿程阻力系数；

　　　　ζ——局部阻力系数。

这些公式是长期实践的经验总结，其核心问题是各种流动条件下无因次系数 λ 和 ζ 的计算，除了少数简单情况外，主要是用经验或半经验的方法获得的。从应用角度而言，本章的主要内容就是沿程阻力系数 λ 和局部阻力系数 ζ 的计算，这也是本章内容的主线。

4.2 流 动 形 态

早在 19 世纪初，就有人注意到由于流体具有黏性，使得流体在不同流速范围内，断面流速分布和能量损失规律都不相同。但是直到 1883 年，英国科学家雷诺进行了著名的实验，才使这一问题得到了科学的说明：原来这是因为流体运动存在着内部流动结构不同的两种形态，即层流和紊流。

4.2.1 雷诺实验

1883 年英国物理学家雷诺在与图 4-2 类似的装置上进行了实验。

雷诺实验装置如图 4-2 所示。在水箱 A 的箱壁上安装上一根带喇叭口的玻璃管 D，管的下游设有一阀门 K。在玻璃管的喇叭口处安有注入颜色水的针形小管 E，该针形小管与位于高处存放颜色水的小瓶 B 连接。水箱内有使水头保持恒定的溢流装置和使箱内的水流处于平稳状态的隔栅。

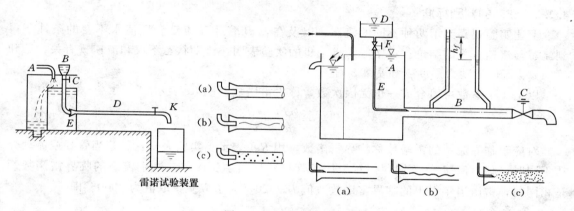

图 4-2　流态实验装置

实验时，水箱 A 内水位保持不变，阀门 C 用于调节流量，容器 D 内盛有密度与水相近的颜色水，经细管 E 流入玻璃管 B，阀门 F 用于控制颜色水流量。

当管 B 内流速较小时，管内颜色水成一股细直的流束，这表明各液层间毫不相混。这种分层有规则的流动状态称为层流，如图 4-2（a）所示。当阀门 C 逐渐开大流速增加大于某一临界流速 v'_k 时，颜色水出现摆动，如图 4-2（b）所示。继续增大流速，则颜色水迅速与周围清水相混，如图 4-2（c）所示。这表明液体质点的运动轨迹不规则，各部分流体相互剧烈掺混，这种流动状态称为紊流。

若实验时的流速由大变小，则上述观察到的流动现象以相反的程序重演，但由紊流转变为层流是临界流速 v_k 小于由层流转变为紊流的临界流速 v'_k。称 v'_k 为上临界流速，v_k 为下临界流速。

实验进一步表明：对于特定的流动装置上临界流速 v'_k 是不固定的，随着流动的起始件和实验条件的扰动程度不同，v'_k 值可以有很大的差异；但是下临界流速 v_k 却是不变的。在实际工程中，扰动普遍存在，上临界流速没有实际意义。以后所指的临界流速是下临界流速。

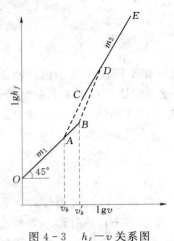

图 4-3　h_f-v 关系图

在管 B 的断面 1、断面 2 处加接两根测压管，根据能量方程，测压管的液面高度差即是断面 1、断面 2 两断面间的沿程损失。用阀门 C 调节流量，通过流量测量就可以得到沿程水头损失与平均流速的关系曲线 h_{f-v}，如图 4-3 所示。

实验曲线 $OABDE$ 在流速由小变大时获得；而流速由大变小时的实验曲线 $EDCAO$。其中 AD 部分不重合。图中 B 点对应的流速即上临界流速，A 点对应的是下临界流速。AC 段和 BD 段实验点分布比较紊乱，是流态不稳定的过渡区域。

此外，由图 4-3 可分析得

$$h_f = Kv^m$$

流速小时即 OA 段，$m=1$，$h_f = Kv^{1.0}$，沿程损失和流速一次方成正比。流速较大时，则 CDE 段，$m=1.75\sim2.0$，$h_f = Kv^{1.75\sim2.0}$。线段 AC 或 BD 的斜率均大于 2。

4.2.2　流态的判别标准

上述实验观察到了两种不同的流态，以及在管 B 管径和流动介质清水不变的条件下得到流态与流速有关的结论。雷诺等人进一步的实验表明：流动状态不仅和流速 v 有关，还和管径 d、流体的动力黏度 μ 和密度 ρ 有关。

以上 4 个参数可组合成一个无因次数，称为雷诺数，用 Re 表示。

$$Re = \frac{vd\rho}{\mu} = \frac{vd}{\nu} \tag{4-5}$$

对应于临界流速的雷诺数称临界雷诺数，用 Re_k 表示。实验表明：尽管当管径或流动介质不同时，临界流速 v_k 不同，但对于任何管径和任何牛顿流体，判别流态的临界雷诺数却是相同的，雷诺当年得出的临界雷诺数数值为 2320，为了方便，取值为 2000。即

$$Re_K = \frac{v_k d}{\nu} = 2000 \tag{4-6}$$

Re 在 2000～4000 是由层流向翻转变的过渡区，相当于图 4-3 上的 AC 段。工程上为简便起见，假设当 $Re > Re_k$ 时，流动处于紊流状态，这样，流态的判别条件是

层流：
$$Re = \frac{vd}{\nu} < 2000 \tag{4-7}$$

紊流：
$$Re = \frac{vd}{\nu} > 2000 \tag{4-8}$$

要强调指出的是临界雷诺数 $Re_k = 2000$，是仅就圆管而言的，对于诸如平板绕流和厂房内气流等边壁形状不同的流动，具有不同的临界雷诺数值。

实验表明，对于非圆管，雷诺数的计算公式为

$$Re = \frac{d_e v \rho}{\mu}$$

式中　d_e——当量直径，$d_e = 4R = 4\dfrac{A}{\chi}$；

　　　A——流体的过流断面面积；

　　　χ——湿周。

所以对于非圆管，其临界雷诺数可表示为

$$Re_k = \frac{v_k R}{\nu} = 500$$

【例 4-1】 如图 4-4 所示，有一管径 $d=30\text{mm}$ 的室内上水管，如管中流速 $v=0.5\text{m/s}$，水温 $t=10℃$。

（1）试判别管中水的流态；

（2）管内保持层流状态的最大流速为多少？

【解】 （1）10℃时水的运动黏度：$\nu = 1.31 \times 10^{-6}\text{m}^2/\text{s}$。

管内雷诺数为

$$Re = \frac{vd}{\nu} = \frac{0.5 \times 0.03}{1.31 \times 10^{-6}} = 11450 > 2000$$

故管中水流为紊流。

（2）保持层流的最大流速就是临界流速 v_k：

由于
$$Re = \frac{v_k d}{\nu} = 2000$$

图 4-4 上水管

则
$$v_k = \frac{2000 \times 1.31 \times 10^{-6}}{0.03} = 0.087 \ (\text{m/s})$$

【例 4-2】 某低速送风管道，直径 $d=100\text{mm}$，风速 $v=4.0\text{m/s}$，空气温度是 30℃。

（1）试判断风道内气体的流态。

（2）该风道的临界流速是多少？

【解】 （1）30℃空气的运动黏度 $\nu=16.6 \times 10^{-6}\text{m}^2/\text{s}$，管中雷诺数为

$$Re = \frac{vd}{\nu} = \frac{4 \times 0.1}{16.6 \times 10^{-6}} = 24096 > 2000$$

故为紊流。

（2）求临界流速 v_k

$$v_k = \frac{2000 \times 16.6 \times 10^{-6}}{0.1} = 0.332 \ (\text{m/s})$$

从以上两例题可见，水和空气管路虽然速度已经很小，但一般仍为紊流。

【例 4-3】 某户内煤气管道，用具前支管管径 $d=15\text{mm}$，煤气流量 $Q_V=2\text{m}^3/\text{h}$，煤气的运动黏度 $\nu=26.3 \times 10^{-6}\text{m}^2/\text{s}$。试判别该煤气支管内的流态。

【解】 管内煤气流速

$$v = \frac{Q_V}{A} = \frac{\dfrac{2}{3600}}{\dfrac{\pi}{4} \times 0.015^2} = 3.15 \ (\text{m/s})$$

雷诺数为
$$Re = \frac{vd}{\nu} = \frac{3.15 \times 0.015}{26.3 \times 10^{-6}} = 1797 < 2000$$

故管中为层流。这说明某些户内管流也可能出现层流状态。

4.2.3 雷诺数的物理意义

雷诺数为什么能用来判别流态呢？这是因为 Re 数反映了惯性力（分子）与黏滞力（分母）作用的对比关系。Re 数较小，反映出黏滞作用力大，对流体的质点运动起着约束作用，

因此当 Re 数小到一定程度时，质点有秩序的线状运动，互不混掺，也即呈层流形态。当流动的 Re 数逐渐加大时，说明惯性力增大时，黏滞力的控制作用则随之减小，当这种作用减弱到一定程度时，层流失去了稳定，又由于各种外界原因，如边界的高低不平，流体质点离开了线状运动因黏滞性不在能控制这种扰动，而惯性作用则将微小扰动不断发展扩大，从而形成了紊流流态。

实验表明，在 $Re=1225$ 左右时，流动的核心部分就已出现线状的波动和弯曲。随着 Re 的增加，其波动的范围和强度随之增大，但此时黏性仍起主导作用，层流仍是稳定的。直至 Re 达到 2000 左右时，在流动的核心部分惯性力终于克服黏性力的阻滞而开始产生涡体，掺混现象也就出现了。当 $Re>2000$ 后，涡体越来越多，掺混也越来越强烈。直到 $Re=3000\sim4000$ 时，除了在临近管壁的极小区域外，均已发展为紊流。在临近管壁的极小区域存在着很薄的一层流体，由于固体壁面的阻滞作用，流速较小，惯性力较小，因而仍保持为层流运动。该流层称为层流底层，管中心部分称为紊流核心。

4.3　圆管中的层流运动

本节主要讲述圆管中层流运动的规律以及从理论上导出沿程阻力系数 λ 的计算公式。

4.3.1　圆管层流切应力

在第 3 章已分析过均匀流动的特点，均匀流只能发生在长直的管道或渠道这一类断面形状和大小都沿程不变的流动中，因此只有沿程损失，而无局部损失。为了导出沿程阻力系数的计算公式，首先建立沿程损失和沿程阻力之间的关系。在图 4-5 所示的均匀流中，任选的断面 1—1 和断面 2—2 两个断面列能量方程

$$Z_1+\frac{p_1}{\gamma}+\frac{\alpha_1 v_1{}^2}{2g}=Z_2+\frac{p_2}{\gamma}+\frac{\alpha_2 v_2{}^2}{2g}+h_{w1-2}$$

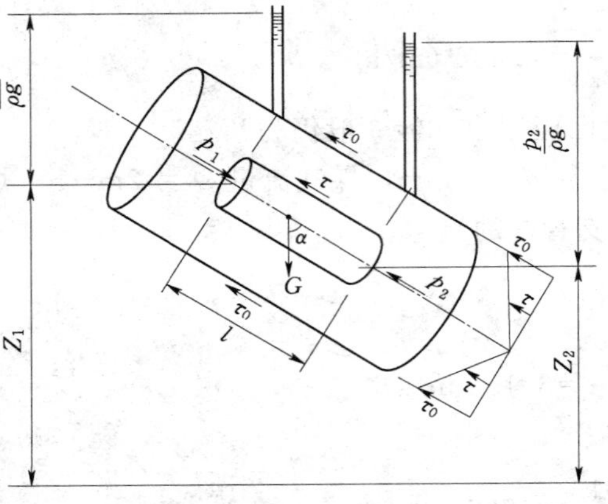

由均匀流的性质有

$$\frac{\alpha_1 v_1{}^2}{2g}=\frac{\alpha_2 v_2{}^2}{2g}, h_{w1-2}=h_f$$

代入上式，得

$$h_f=\left(Z_1+\frac{p_1}{\gamma}\right)-\left(Z_2+\frac{p_2}{\gamma}\right) \quad (4-9)$$

考虑所取流段在流向上的受力平衡条件，设两断面间的距离为 L，过流断面面积为 $A_1=A_2=A$，在流向上，该流段所受的作用力有

图 4-5　圆管均匀流动

重力分量　　$\rho g A l \cos\alpha$

端面压力　　$p_1 A, p_2 A$

管壁切力　　$\tau_0 l 2\pi r_0$

式中　τ_0——管壁切应力；

　　　r_0——圆管半径。

在均匀流中，流体质点作等速运动，加速度为零，因此，以上各力的合力为零，考虑到

各力的作用方向，得

$$p_1 A - p_2 A + \rho g A l \cos\alpha - \tau_0 l 2\pi r_0 = 0$$

将 $l\cos\alpha = Z_1 - Z_2$ 代入整理得

$$\left(Z_1 + \frac{p_1}{\rho g}\right) - \left(Z_2 + \frac{p_2}{\rho g}\right) = \frac{2\tau_0 l_0}{\rho g r_0} \qquad (4-10)$$

比较式（4-9）和式（4-10），得

$$h_f = \frac{2\tau_0 l_0}{\rho g r_0} \qquad (4-11)$$

式中　h_f/l——单位长度的沿程损失，称为水力坡度，以 J 表示，即

$$J = h_f/l$$

代入上式得

$$\tau_0 = \gamma \frac{r_0}{2} J \qquad (4-12)$$

式（4-11）式（4-12）就是均匀流动方程式。它反映了沿程水头损失和管壁切应力之间的关系。

如取半径为 r 的同轴圆柱形流体来讨论，可类似地求得管内任一点轴向切应力 τ 与沿程水头损失 J 之间的关系为

$$\tau = \gamma \frac{r}{2} J = \gamma R J \qquad (4-13)$$

比较式（4-12）和式（4-13），得

$$\tau/\tau_0 = r/r_0 \qquad (4-14)$$

式（4-14）表明圆管均匀流中，切应力与半径成正比，在断面上按直线规律分布，切应力在管壁上达最大值。

4.3.2　圆管中的层流运动

层流常见于很细的管道流动，或者低速、高黏流体的管道流动，如阻尼管、润滑油管、原油输油管道内的流动。研究层流不仅有工程实用意义，而且通过比较，可加深对紊流的认识。圆管中的层流运动，可以看成无数无限薄的圆筒层，一个套着一个地相对滑动，各流动间互不掺混。因讨论圆管层流运动，所以可用牛顿内摩擦定律来表达液层间的切应力。即

$$\tau = \mu \frac{du}{dy} = -\mu \frac{du}{dr} \qquad (4-15)$$

式中　μ——黏性系数；

u——离管轴距离 r（即离管壁距离 y 处）的流速，如图4-6所示。

由于速度 u 随 r 的增大而减小，所以等式右边加负号，以保证 τ 为正。

对于均匀管流而言，根据式 $\tau = \gamma R J$，在半径等于 r 处的切应力应为

$$\tau = \gamma \frac{r}{2} J$$

联立求解上两式，得

$$du = -\frac{\gamma J}{2\mu} r dr$$

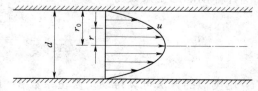

图4-6　圆管中层流的流速分布

积分得
$$u=-\frac{\gamma J}{4\mu}r^2+C$$

利用管壁上的边界条件，确定上式中的积分常数 C。

当 $r=r_0$ 时，$u=0$，得

$$C=\frac{\gamma J}{4\mu}r_0{}^2$$

所以
$$u=\frac{\gamma J}{4\mu}(r_0^2-r^2) \tag{4-16}$$

式（4-16）表明，圆管中均匀层流的流速分布是一个抛物面，如图4-6所示，过流断面上流速呈抛物面分布是一个旋转抛物面。过流断面上流速分布呈抛物面分布是圆管层流的重要特征之一。

将 $r=0$ 代入式（4-16），得管轴处最大流速为

$$u_{max}=\frac{\gamma J}{4\mu}r_0{}^2=\frac{\gamma J}{16\mu}d^2 \tag{4-17}$$

平均流速为

$$v=\frac{Q}{A}=\frac{\int_A u\,\mathrm{d}A}{A}=\frac{\int_0^r 2\pi ru\,\mathrm{d}r}{\pi r_0^2}=\frac{1}{\pi r_0^2}\int_0^r\frac{\gamma J(r_0^2-r^2)}{4\mu}2\pi r\mathrm{d}r=\frac{\gamma J}{8\mu}r_0^2=\frac{\gamma J}{32\mu}d^2 \tag{4-18}$$

由式（4-18）可得

$$h_f=Jl=\frac{32\mu vl}{\gamma d^2} \tag{4-19}$$

此式从理论上证明了层流沿程损失和平均流速一次方成正比。

将式（4-19）写成计算沿程损失的一般形式，即

$$h_f=\lambda\frac{l}{d}\frac{v^2}{2g}=\frac{32\mu vl}{\rho gd^2}=\frac{64}{Re}\frac{l}{d}\frac{v^2}{2g} \tag{4-20}$$

由此式，可得圆管层流的沿程阻力系数的计算式

$$\lambda=\frac{64}{Re} \tag{4-21}$$

式（4-21）为达西和魏斯巴哈提出的著名公式。此公式表明圆管层流中的沿程阻力系数只是雷诺数的函数，且成反比，与管壁粗糙情况无关。

比较式（4-17）和式（4-18），可知 $v=\frac{u_{max}}{2}$，即圆管层流的平均速度为最大速度的一半。和后面的圆管紊流相比，层流过流断面的流速分布很不均匀，这从动能修正系数 α 及动量修正系数 β 的计算中才能显示出来。

计算动能修正系数为

$$\alpha=\frac{\int_A u^3\,\mathrm{d}A}{v^3A}=\frac{\int_0^r\left[\frac{\gamma J}{4\mu}(r_0^2-r^2)\right]^3 2\pi r\mathrm{d}r}{\left(\frac{\gamma J}{8\mu}r_0^2\right)^3\pi r_0^2}=2$$

用类似的方法可算得动量修正系数 $\beta=1.33$，两者的数值都比 1.0 大许多，说明流速分布很不均匀。

紊流掺混使断面流速分布比较均匀。层流时，相对地说，分布不均匀，两个系数值较

大，不能近似为 1。前面已提到，在实际工程中，大部分管流为紊流，因此，系数 α 和 β 均近似取值为 1。

【例4－4】 设圆管的直径 $d=4\text{cm}$，流速 $v=6\text{cm/s}$，水温 $t=10℃$。试求在管长 $L=20\text{m}$ 上的沿程水头损失。

【解】 先判明流态，在 $10℃$ 时水的运动黏度 $\nu=0.013\text{cm}^2/\text{s}$。

$$Re=\frac{vd}{\nu}=\frac{6\times4\times10^{-4}}{0.013\times10^{-6}}=1840<2000\ \text{故为层流}$$

求沿程阻力系数 λ

$$\lambda=\frac{64}{Re}=\frac{64}{1840}=0.0348$$

沿程损失为

$$h_f=\lambda\frac{l}{d}\frac{v^2}{2g}=0.0348\times\frac{20}{4\times10^{-2}}\times\frac{(6\times10^{-2})^2}{2\times9.807}=0.32\text{cmH}_2\text{O}$$

【例4－5】 设有一恒定有压均匀管流。已知管径 $d=20\text{mm}$，管长 $l=20\text{mm}$，管中水流流速 $v=0.12\text{m/s}$，水温 $t=10℃$ 时水的运动黏度 $\nu=1.306\times10^{-6}\text{m}^2/\text{s}$。求沿程阻力损失。

【解】 计算雷诺数

$$Re=\frac{vd}{\nu}=\frac{0.12\times0.02}{1.306\times10^{-6}}=1838<2300$$

所以流态为层流，则

$$\lambda=\frac{64}{Re}=\frac{64}{1838}=0.035$$

所以

$$h_f=\lambda\frac{l}{d}\frac{v^2}{2g}=0.035\times\frac{20}{0.02}\times\frac{(0.12)^2}{2\times9.8}=0.026\text{mH}_2\text{O}$$

即沿程阻力为 $0.026\text{mH}_2\text{O}$。

4.4 紊 流 运 动

实际流体中绝大多数是紊流（也称湍流），因此，研究紊流流动比研究层流流动更有实用意义和理论意义。在图 4－7 中可以看出，大小不等的涡体布满流场中，有的大涡体还套小涡体，整个紊流流场形成一个从大尺度涡体直至最小一级涡体同时并存而又叠加的涡体运动场，最大涡体的尺度可与容器的特征长度（例如管流中的管道直径 d，明渠流中的水力半径）同等量级。最小的涡体则受流体黏性所限制，这是因为大涡体在混掺过程中，一方面传递能量；另一方面不断分解成较小涡体，较小涡体再分解成更小涡体，由于小涡体的尺度小，脉动频率高，阻止小涡体的运动的黏性作用大，从而紊动能量主要通过小涡体运动而耗损掉，这样，黏性作用就使涡体的分解受到一定的限制。

图 4－7 管流紊流瞬时流动图

粗略估计，最小涡体的尺度大致为 1mm。一般讲小涡体靠近边界，大涡体则在距边壁较远处。具有边壁如管流和明渠流，因为靠近边壁处流速梯度和切应力都较大，如果是粗糙边壁，还有在边壁粗糙干扰的影响，因而边壁附近容易形成涡体。因此，有人称边壁附近为"涡体制造厂"。

对于紊流的确切定义目前还未完全统一，比较公认的是，紊流是由大小不同尺寸度的涡体所组成的对时间和空间都是非线性的随机运动。但是 20 世纪 60 年代以来，人们采用现代流场显示技术和流速近代量测技术（如激光测速），发现紊流中存在相干结构（或称拟序结构），这是一种联结空间状态，且其流动演变具有重复性和可预测性。相干结构的发现，改变上述紊流的传统认识，而是认为紊流既包括着有序的大尺度涡旋结构，又包含有无序的小尺度脉动结构。

所谓脉动现象，就是诸如速度、压强等空间点上的物理量随时间的变化作无规则的随机的变动。在作相同条件下的重复实验时，所得瞬时值不相同，但多次重复实验的结果的算术平均值趋于一致，具有规律性。例如速度的这种随机脉动的频率在每秒 $10^2 \sim 10^5$ 次之间，振幅小于平均速度的 10%。

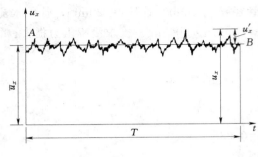

图 4-8　紊流的脉动

图 4-8 就是某紊流流动在某一空间固定点上测得的速度随时间的分布。

由于脉动的随机性，自然地，统计平均方法就是处理紊流流动的基本手段。统计平均法有时均法和体均法等。通常介绍比较容易测量和常用的时均法。

通过对速度分量的时间平均给出时均法的定义，以同样地获得其他物理量的时均值。

设 u_x 为瞬时值，带"－"表示平均值，则时均值 $\overline{u}_x$ 定义为

$$\overline{u}_x(x,y,z,t) = \frac{1}{T} \int_{t-T/2}^{t+T/2} u_x(x,y,z,\xi) \mathrm{d}\xi \qquad (4-22)$$

式中　ξ——时间积分变量；

　　　T——平均周期，是一常数，它的取法是应比紊流的脉动周期大得多，而比流动的不恒定性的特征时间又小得多，随具体的流动而定。例如风洞实验中有时取 T 等于 1s，而海洋波 T 大于 20min。

瞬时值与平均值之差即为脉动值，用"′"表示。于是，脉动速度为

$$u_x' = u_x - \overline{u}_x$$

或写成

$$u_x = \overline{u}_x + u_x' \qquad (4-23)$$

同样的，瞬时压强、平均压强和脉动压强之间的关系为

$$p = \overline{p} + p'$$

如果紊流流动中各物理量的时均值不随时间而变，仅仅是空间点的函数，即称时均流动是恒定流动，例如

$$\overline{u}_x = \overline{u}_x(x,y,z), \overline{p} = \overline{p}(x,y,z)$$

紊流的瞬时运动总是非恒定的，而平均运动可能是非恒定的，也可能是恒定的。工程上关注的总是时均流动，一般仪器和仪表测量的也是时均值。

紊流脉动的强弱程度用紊流度 ε 表示。紊流度的定义是

$$\varepsilon = \frac{1}{\bar{u}}\sqrt{\frac{1}{3}(\overline{u'^2_x} + \overline{u'^2_y} + \overline{u'^2_z})} \qquad (4-24)$$

跟分子运动一样,紊流的脉动也将引起流体微团之间的质量、动量和能量的交换。由于流体微团含有大量分子,这种交换较之分子运动强烈得多,从而产生了紊流扩散,紊流摩阻和紊流热传导等。这种特性有时是有益的,例如紊流将强化换热器的效果;在考虑阻力问题时,却要设法减弱紊流摩阻。下面将分析与能量损失有关的紊流阻力的特点。

4.4.1 紊流切应力

在紊流中,一方面因时均流速不同,各流层间的相对运动,仍然存在着黏性切应力;另一方面还存在着由脉动引起的动量交换产生的惯性切应力。因此,紊流阻力包括黏性切应力,如图 4-9 所示。

$$\tau_2 = \rho u'_y(\bar{u}_x + u'_x)$$

$$\bar{\tau}_2 = \overline{\rho u'_y(\bar{u}_x + u'_x)} = \rho\frac{1}{T}\int_{t-T/2}^{t+T/2} u'_y(\bar{u}_x + u'_x)\mathrm{d}\xi$$

$$= \rho\left(\frac{1}{T}\int_{t-T/2}^{t+T/2} u'_y\bar{u}_x\mathrm{d}\xi + \frac{1}{T}\int_{t-T/2}^{t+T/2} u'_y u'_x\mathrm{d}\xi\right)$$

$$u_y = \bar{u}_y + u'_y$$

$$\bar{u}_y = \frac{1}{T}\int_{t-T/2}^{t+T/2}\bar{u}_y\mathrm{d}\xi + \overline{u'_y} = \bar{u}_y + \overline{u'_y}$$

$$\overline{u'_y} = 0$$

$$\bar{\tau}_2 = \rho\frac{1}{T}\int_{t-T/2}^{t+T/2} u'_y u'_x\mathrm{d}\xi = \rho\overline{u'_x u'_y} \qquad (4-25)$$

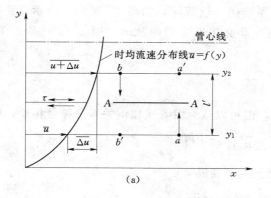
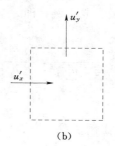

图 4-9 紊流的动量交换

现在分析惯性切应力的方向。当流体由下往上脉动时均流速小于 a' 处 x 方向的时均流速,因此当 a 质点到达 a' 处时,在大多数情况下,对该处原有的质点的运动起阻滞作用,产生负的沿 x 方向的脉动流速 u'_x。反之,原处于高流速层 b 点的流体,以脉动流速 u'_y 向下运动,则 u'_y 为负,到达 b' 点时,对该处原有的质点的运动起向前推进的作用,产生正值的脉动流速 u'_x。这样正的 u'_x 和负的 u'_y 相对应,负的 u'_x 和正的 u'_y 相对应,其乘积 $u'_x u'_y$ 总是负值。此外,惯性切应力和黏性切应力的方向是一致的,下层流体(低流速层)对上层流体(高流速层)的运动起阻滞作用,而上层流体对下层流体的运动起推动作用。

为了使惯性切应力的符号与黏性切应力一致,以正值出现,故在式(4-25)中加一负

号，得

$$\overline{\tau_2} = -\rho \overline{u_x' u_y'} \tag{4-26}$$

式（4-26）$\overline{\tau_2}$ 为流速横向脉动产生的紊流惯性切应力。它是雷诺于 1895 年首先提出的，故又名雷诺应力。由于脉动量测量的困难，因此利用脉动量直接计算惯性切应力是不可能的，应用上主要关注的是平均值。紊流研究的方向主要有紊流的统计理论和平均量的半经验理论。这是工程中主要采用的方法。1925 年普朗特提出的混合长度理论，就是经典的半经验理论。

4.4.2　混合长度理论

宏观上流体微团的脉动引起惯性切应力，这与分子微观运动引起黏性切应力十分相似。因此，普朗特假设在脉动过程中，存在着一个与分子平均自由路程相当的距离 l'。微团在该距离内不会和其他微团相碰，因而保持原有的物理属性，例如保持动量不变。只是在经过这段距离后，才与周围流体相混合，并取得与新位置上原有流体相同的动量等。现根据这一假定作如下的推导。

相距 l' 的两层流体的时均流速差为

$$\Delta \overline{u} = \overline{u}(y_2) - \overline{u}(y_1) = \left[\overline{u}(y_1) + \frac{d\overline{u}}{dy} l' \right] - \overline{u}(y_1) = \frac{d\overline{u}}{dy} l'$$

由于两层流体的时均流速不同，因此横向脉动动量交换的结果要引起纵向脉动。普朗特假设纵向脉动流速绝对值的时均值与时均流速差成比例，即

$$\overline{|u_x'|} \backsim \frac{d\overline{u}}{dy} l'$$

同时，在紊流里，用一封闭边界割离出一块流体，如图 4-9（a）所示。普朗特根据连续性原理认为要维持质量守恒，纵向脉动必将影响横向脉动，即 u_x' 和 u_y' 是相关的。因此，$\overline{|u_x'|}$ 与 $\overline{|u_y'|}$ 成比例，即

$$\overline{|u_x'|} \backsim \overline{|u_y'|} \backsim \frac{d\overline{u}}{dy} l'$$

$\overline{u_x' u_y'}$ 虽然与 $\overline{|u_x'|} \cdot \overline{|u_y'|}$ 不等，但可以认为两者成比例关系，符号相反，则

$$-\overline{u_x' u_y'} = cl'^2 \left(\frac{d\overline{u}}{dy} \right)$$

式中　c——比例系数，令 $l^2 = cl'^2$ 则上式可变成

$$\overline{\tau_2} = \rho l^2 \left(\frac{d\overline{u}}{dy} \right)^2 \tag{4-27}$$

这就是由普朗特的混合长度理论得到的以时均流速表示的紊流惯性切应力表达式，式中 l 称为混合长度。于是紊流切应力可写成

$$\tau = \tau_1 + \tau_2 = \mu \frac{d\overline{u}}{dy} + \rho l^2 \left(\frac{d\overline{u}}{dy} \right)^2$$

层流时只有黏性切应力 τ_1，紊流时 τ_2 有很大影响，如果将 τ_1 和 τ_2 相比，则

$$\frac{\tau_2}{\tau_1} = \frac{\rho l^2 \left(\frac{d\overline{u}}{dy} \right)^2}{\mu \frac{d\overline{u}}{dy}} = \frac{\rho l^2 \frac{d\overline{u}}{dy}}{\mu} \approx \rho l \frac{\overline{u}}{\mu}$$

$\dfrac{\rho\overline{lu}}{\mu}$ 是雷诺数的形式，因此，τ_2 与 τ_1 的比例与雷诺数有关。雷诺数越大，紊动越剧烈，τ_1 的影响就越小，当雷诺数很大时，τ_1 就可以忽略了，于是

$$\tau=\rho l^2\left(\frac{\mathrm{d}u}{\mathrm{d}y}\right)^2 \tag{4-28}$$

为了简便起见，从这里开始，时均值不再标以时均符号。

式（4-28）中，混合长度 l 是未知的，要根据具体问题作出新的假定结合实验结果才能确定。普朗特关于混合长度的假设有其局限性，但在一些紊流流动中应用普朗特半经验理论所获得的结果与实际比较一致。

下面根据式 $\overline{\tau}=\rho l^2\left(\frac{\mathrm{d}\overline{u}}{\mathrm{d}y}\right)^2$ 来讨论紊流的流速分布,对于管流情况,假设管壁附近紊流切应力就等于壁面处的切应力,即

$$\tau=\tau_0$$

上式中为了简便，省去了时均符号，进一步假设混合长度 l 与质点到管壁的距离成正比，即

$$l=\chi y$$

式中 χ 为可由实验确定的常数，通常称为卡门通用常数。于是式 $\overline{\tau_2}=-\rho l^2\left(\frac{\mathrm{d}\overline{u}}{\mathrm{d}y}\right)^2$ 可以变为

$$\frac{\mathrm{d}u}{\mathrm{d}y}=\frac{1}{\chi y}\sqrt{\frac{\tau_0}{\rho}}=\frac{u}{\chi y}$$

其中 $u_*=\sqrt{\dfrac{\tau_0}{\rho}}$ 为摩阻流速，对上式积分，得

$$u=\frac{u_*}{\chi}\ln y+c \tag{4-29}$$

上式就是混合长度理论下推导所得的在管壁附近紊流流速分布规律，此式实际上也适用于圆管全部断面（层流底层除外），此式又称为普朗特——卡门对数分布规律。紊流过流断面流速成对数曲线分布，同层流过断面上流速成抛物线分布相比，紊流的流速分布均匀的多。

4.4.3　层流底层理论

在紊流运动中，并不是整个流场都是紊流，由于流体具有黏滞性，紧贴管壁或槽壁的流体质点将帖服在固体边界上，无相对滑动，流速为零，继而它们又影响到临近的流体速度也随之变小，从而在这一很靠近固体边界的流层里有显著的流动梯度，黏滞切应力很大，但紊动则趋于零，各层质点不产生混掺，也就是说，在靠近物体边界表面有厚度及薄的层流层存在，称它为层流底层或层流底层。在层流底层之外，还有一层很薄的过渡层，在此之外才是紊流层，称为紊流核心区，如图 4-10 所示。

层流底层具有层流性质，对于管流，其层流底层地流速分布由式 $u=\dfrac{\gamma J}{4\mu}(r_0^2-r^2)$ 应有

$$u=\frac{\gamma J}{4\mu}(r_0^2-r^2)=\frac{\gamma J}{4\mu}[r_0^2-(r_0-y)^2]=\frac{\gamma J y}{2\mu}\left(r_0-\frac{y}{2}\right)$$

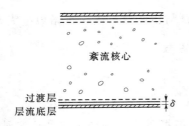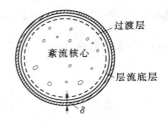

图 4 - 10　层流底层与紊流核心

由于层流底层很薄，故有 $y \ll r_0$，于是上式可近似写成

$$u = \frac{\gamma r_0 J y}{2\mu}$$

由边壁切应力 $\tau_0 = \gamma R J$，故又有

$$u = \frac{\tau_0 y}{\mu}$$

由上式可见，在层流底层中，流速分布近似为直线分布。

层流底层的厚度虽然很小，一般以毫米或十分之几毫米记，因而随着雷诺数的增大而减小，但他对沿程阻力和沿程损失却有重大的影响。因而不论管壁由何种材料制成，其表面都会有不同程度的凸凹不平。如果层流底层的厚度 δ_0 显著大于管壁糙粒的高度 Δ，那么管壁的糙粒就完全被掩盖在层流底层之内，糙粒对紊流核心区的流动没有影响，流动就像在绝对光滑的管道中流动一样，因而沿程损失与官壁的粗糙度无关，这种情况称为水力光滑管。如果 δ_0 小于 Δ，管壁的糙粒就会凸入紊流核心区，在糙粒后面将出现微小的旋涡，随着旋涡的不断产生和扩散。流体的紊动加大，因而沿程损失就与管壁的粗糙度有关，这种情况称为水力粗糙管。由此可见，流体力学上所说的光滑管和粗糙管，不完全决定于管壁的粗糙突起高度 Δ，还取决于层流底层的厚度。对同一管道随着雷诺数的增大，层流底层的厚度不断减小，就会有水力光滑管转变为水利粗糙管，对于这一问题，后面在紊流沿程损失计算中，还将详述。

4.5　尼 古 拉 兹 实 验

普朗特半经验理论是不完善的，必须结合实验才能解决紊流阻力的计算。尼古拉兹在人工均匀砂粒粗糙的管道中进行了系统的沿程阻力系数和断面流速分布的测定。

4.5.1　沿程阻力系数 λ 的影响因素

圆管紊流是工程实际中最常见的最重要的流动，它的沿程水头的计算公式为

$$h_f = \lambda \frac{l}{d} \frac{v^2}{2g}$$

式中　λ——沿程阻力系数。

λ 是计算沿程损失的关键。但由于紊流的复杂性，直到目前还不能像层流那样严格地从理论上推导出适合紊流的 λ 值来，现有的方法仍然只有经验和半经验方法。即一是直接根据紊流沿程损失的实测资料，综合成阻力系数 λ 的纯经验公式；二是用理论和实验相结合的方法，以紊流的半经验理论为基础，整理成半经验公式。

先来分析一下阻力系数 λ 的影响因素。在圆管层流研究中已得知 $\lambda=\dfrac{64}{Re}$，即层流的 λ 仅与雷诺数有关，与其他因素无关。在紊流中，λ 除与反映流动状态的雷诺数有关之外，还因为凸入紊流核心的凸起会直接影响流动的紊动程度，因而壁面粗糙度是影响阻力系数的另一个重要因素。

尼古拉兹在实验中使用了一种简化的粗糙模型。他把大小基本相同，形状近似球体的砂粒用漆汁均匀而稠密地黏附于管壁上，如图 4-11 所示。这种尼古拉兹使用的人工均匀粗糙叫做尼古

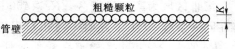

图 4-11 尼古拉兹粗糙

拉兹粗糙。对于这种特定的粗糙形式，就可以用糙粒的突起高度 K（即相当于砂粒直径）来表示边壁的粗糙程度。K 称为绝对粗糙度。但粗糙对沿程损失的影响不完全取决于粗糙的突起绝对高度 K，而是决定于它的相对高度，即 K 与管径 d 或半径 r_0 之比。K/d 或 K/r_0，称为相对糙度。其倒数 d/K 或 r_0/K 则称为相对光滑度。这样，影响的因素就是雷诺数和相对粗糙度，即

$$\lambda=f\left(Re,\frac{K}{d}\right)$$

4.5.2 尼古拉兹实验

为了探索沿程阻力系数 λ 的变化规律，尼古拉兹在 1933 年进行了著名的实验，他用多种管径和多种粒径的砂粒，得到了 $K/d=\dfrac{1}{30}-\dfrac{1}{1014}$ 的六种不同的相对粗糙度。在类似于图 4-2 的装置中，量测不同流量时的断面平均流速 v 和沿程水头损失 h_f。根据

$$Re=\frac{vd}{\nu} \text{ 和 } \lambda=\frac{d}{l}\frac{2g}{v^2}h_f$$

两式，即可算出 Re 数和 λ。把实验结果点绘在对数坐标纸上，就得到图 4-12。

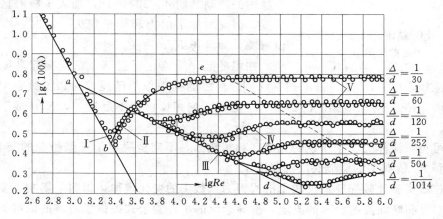

图 4-12 尼古拉兹粗糙管沿程阻力系数

根据 λ 变化的特征。图中曲线可分为五个阻力区：

第 Ⅰ 区为层流区。对应的雷诺数 $Re<2320$（$\lg Re<3.36$），所有的实验点，试验点不论其相对粗糙度如何，都集中在一根直线 ab 上。这表明 λ 与相对粗糙无关，仅与 Re 值有关，它的方程就是 $\lambda=64/Re$。还可知，沿程阻力损失 h_f 与断面平均流速 v 的一次方成正比，这

也与雷诺试验的结果一致。

第Ⅱ区为层流向紊流的过渡区。$Re=2320\sim4000$（$\lg Re=3.36\sim3.6$），试验点落在 bc 附近，表明 λ 与相对粗糙度无关，只是 Re 的函数。此区是层流向紊流过渡，这个区的范围很窄，实用意义不大，不予讨论。

第Ⅲ区域为紊流光滑区，$Re>4000$（$\lg Re>3.6$），不同的相对粗糙管的试验点都先后落在同一条线 cd 上。表明 λ 与相对粗糙度 K/d 无关，只是 Re 值的函数。随着的 K/d 增大，Re 值大的管道，实验点在较低时便离开此线，而相对粗糙度 K/d 较小的管道，在 Re 值较大时才离开。

第Ⅳ区为紊流过渡区。在这个区域内，实验点已偏离光滑区曲线。不同相对粗糙度的实验点各自分散成一条条波状的曲线。这说明 λ 既与 Re 值有关，又与 K/d 有关。

第Ⅴ区为紊流粗糙区。在这个区域内，不同相对粗糙度的实验点，分别落在一些与横坐标平行的直线上。说明 λ 只与 K/d 有关，而与 Re 值无关。当 λ 与 Re 值无关时，由式（4-1）可见，沿程损失就与流速的平方成正比。因此第Ⅴ区又称为阻力平方区，也称为自动模型区。

以上实验表明了紊流中 λ 确实决定于 Re 值和 K/d 这两个因素。但是为什么紊流又分为三个阻力区，各区的变化是如此不同呢？这个问题可用层流底层的存在来解释。

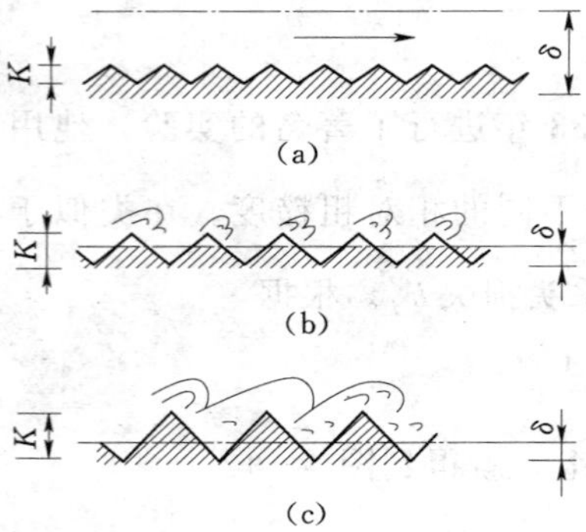

图 4-13　层流底层与管壁粗糙的作用

在光滑区，糙粒的突起高度 K 比层流底层的厚度 δ 小得多，粗糙完全被掩盖在层流底层以内 ［见图 4-13 (a)］，它对紊流核心的流动几乎没有影响。粗糙引起的扰动作用完全被层流底层内流体黏性的稳定作用所抑制，管壁粗糙对流动阻力和能量损失不产生影响。

在过渡区，层流底层变薄，粗糙开始影响到紊流核心区内的流动 ［图 4-13 (b)］，加大了核心区内的紊动强度，因此增加了阻力和能量损失。这时，λ 不仅与 Re 值有关，而且与 K/d 有关。

在粗糙区，层流底层更薄，粗糙突起高度几乎全部暴露在紊流核心中，$K>\delta$ ［图 4-13 (c)］。粗糙的扰动作用已经成为紊流核心中惯性阻力的主要原因。Re 值对紊流强度的影响和粗糙的影响相比已微不足道了，K/d 成了影响 λ 的唯一因素。

由此可见，流体力学中所说的光滑区和粗糙区，不完全决定于管壁粗糙的突起高度 K，还取决于和 Re 值有关的层流底层的厚度 δ。

尼古拉兹实验比较完整地反映了沿程阻力系数 λ 的变化规律，揭露了影响 λ 变化的主要因素，他对 λ 和断面流速分布的测定，推导紊流的半经验公式提供了可靠的依据。

4.6　工业管道阻力系数的计算

本节将集中介绍实际的工业管道沿程阻力系数的计算公式。由于尼古拉兹实验是对人工均匀粗糙管进行的，而工业管道的实际粗糙与均匀粗糙有很大不同，因此，在将尼古拉兹实验结果用于工业管道时，首先要分析这种差异和寻求解决问题的方法。

4.6.1 光滑区和粗糙区的 λ 值

（1）当量糙粒高度。图4－14为尼古拉兹粗糙管和工业管道 λ 曲线的比较。图中实线 A 为尼古拉兹实验曲线，虚线 B 和 C 分别为2in镀锌钢管和5in新焊接钢管的实验曲线。由图4－14可见，在光滑区工业管道的实验曲线和尼古拉兹曲线是重叠的。因此，只要流动位于阻力光滑区，工业管道 λ 的计算就可采用尼古拉兹的实验结果。

在粗糙区，工业管道和尼古拉兹的实验曲线都是与横坐标轴平行。这就存在着用尼古拉兹粗糙区公式计算工业管道的可能性。问题在于如何确定工业管道的 K 值。在流体力学中，把尼古拉兹粗糙作为度量粗糙的基本标准。把工业管道的不均匀粗糙折合成尼

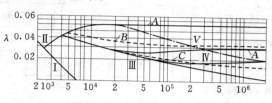

图4－14 λ曲线的比较

古拉兹粗糙，这样，就提出了一个当量糙粒高度的概念。所谓当量糙粒高度，就是指和工业管道粗糙区值 λ 相等的同直径尼古拉兹粗糙管的糙粒高度。如实测出某种材料的工业管道在粗糙区时的 λ 值，将它与尼古拉兹实验结果进行比较，找出 λ 值相等的同一管径尼古拉兹粗糙管的糙粒高度，这就是该种材料的工业管道的当量糙粒高度。

工业管道的当量糙粒高度是按沿程损失的效果来确定的，它在一定程度上反映了粗糙中各种因素对沿程损失的综合影响。几种常用工业管道的 K 值，见表4－1。

（2）λ 计算公式。根据普朗特半经验理论，得到了断面流速分布的对数式（4－29），在此基础上，结合尼古拉兹实验曲线，得到在紊流光滑区的 λ 公式为

$$\frac{1}{\sqrt{\lambda}} = 2\lg(Re\sqrt{\lambda}) - 0.8 \tag{4-30}$$

或写成

$$\frac{1}{\sqrt{\lambda}} = 2\lg\frac{Re\sqrt{\lambda}}{2.51} \tag{4-31}$$

类似地，可导得粗糙区的 λ 公式，即

$$\frac{1}{\sqrt{\lambda}} = 2\lg\frac{r_0}{K} + 1.74 \tag{4-32}$$

或写成

$$\frac{1}{\sqrt{\lambda}} = 2\lg\frac{3.7d}{K} \tag{4-33}$$

式（4－30）和式（4－32）都是半经验公式，分别称为尼古拉兹光滑区公式和粗糙区公式。此外，还有许多直接由实验资料整理成的经验公式。这里只介绍两个应用最广的公式。

光滑区的布拉修斯公式。布拉修斯于1913年在综合光滑区实验资料的基础上提出的指数公式应用最广，其形式为

$$\lambda = \frac{0.3164}{Re^{0.25}} \tag{4-34}$$

式（4－34）仅适用于 $Re < 10^5$ 的情况（见图4－12），而尼古拉兹光滑区公式可适用于更大的 Re 值范围。但布拉修斯公式简单，计算方便。因此，也得到了广泛的应用。

粗糙区的希弗林松公式

$$\lambda = 0.01 \left(\frac{K}{d}\right)^{0.25} \tag{4-35}$$

这也是一个指数公式，由于它的形式简单，计算方便，因此，工程上也常采用。

表 4-1　　　　　　　　　　工业管道当量糙粒高度

管道材料	K（mm）	管道材料	K（mm）
钢板制风管	0.15（引自全国通用通风管道计算表）	竹风道	0.8~1.2
塑料板制风管	0.01（引自全国通用通风管道计算表）	铅管、铜管、玻璃管	0.01 光滑
矿渣石膏板风管	1.0（以下引自采暖通风设计手册）		（以下引自莫迪当量粗糙图）
表面光滑砖风道	4.0	镀锌钢管	0.15
矿渣混凝土板风道	1.5	钢管	0.046
铁丝网抹灰风道	10~15	涂沥青铸铁管	0.12
胶合板风道	1.0	铸铁管	0.25
地面沿墙砌造风道	3~6	混凝土管	0.3~3.0
墙内砌砖风道	5~10	木条拼合圆管	0.18~0.9

4.6.2　紊流过渡区和柯列勃洛克公式

（1）过渡区 λ 曲线的比较。由图 4-14 可见，在过渡区工业管道实验曲线和尼古拉兹曲线存在较大差异。这表现在工业管道实验曲线的过渡区曲线在较小的 Re 值下就偏离光滑曲线，且随着 Re 值的增加平滑下降，而尼古拉兹曲线则存在着上升部分。

造成这种差异的原因在于两种管道粗糙均匀性的不同。在工业管道中，粗糙是不均匀的。当层流底层比当量糙粒高度还大很多时，粗糙中的最大糙粒就将提前对紊流核心内的紊动产生影响，使 λ 开始与 K/d 有关，实验曲线也就较早地离开了光滑区。提前多少则取决于不均匀粗糙中最大糙粒的尺寸。随着 Re 值的增大，层流底层越来越薄，对核心区内的流动能产生影响的糙粒越来越多，因而粗糙的作用是逐渐增加的。而尼古拉兹粗糙是均匀的，其作用几乎是同时产生。当层流底层的厚度开始小于糙粒高度之后，全部糙粒开始直接暴露在紊流核心内，促使产生强烈的旋涡。同时，暴露在紊流核心内的糙粒部分随 Re 值的增长而不断加大，因而沿程损失急剧上升。这就是为什么尼古拉兹实验中过渡曲线产生上升的原因。

（2）柯列勃洛克公式。尼古拉兹的过渡区的实验资料对工业管道不适用。柯列勃洛克根据大量的工业管道实验资料，整理出工业管道过渡区曲线，并提出该曲线的方程为

$$\frac{1}{\sqrt{\lambda}} = -2\lg\left(\frac{K}{3.7d} + \frac{2.51}{Re\sqrt{\lambda}}\right) \tag{4-36}$$

式中　K——工业管道的当量糙粒高度。

可由表 4-1 查得。式（4-36）称为柯列勃洛克公式（以下简称柯氏公式）。它是尼古拉兹光滑区公式和粗糙区公式的机械结合。该公式的基本特征是当 Re 值很小时，公式右边括号内的第二项很大，相对来说，第一项很小，这样，柯氏公式就接近尼古拉兹光滑区公

式。当 Re 值很大时，公式右边括号内第二项很小，公式接近尼古拉兹粗糙公式。因此，柯氏公式所代表的曲线是以尼古拉兹光滑区斜线和粗糙区水平线为渐近线，它不仅可适用于紊流过渡区，而且可以适用于整个紊流的三个阻力区。因此，又可称它为紊流的综合公式。

在不使用下述的莫迪图，而采用紊流沿程阻力系数分区计算公式计算沿程阻力系数 λ 时碰到的一个问题是：如何根据雷诺数 Re 和相对粗粒度 K/d 建立判别实际流动所处的紊流阻力区的标准呢？

由于柯氏公式适用于三个紊流阻力分区，它所代表的曲线是以尼古拉兹光滑区斜线和粗糙区水平线为渐近线，因此，我国汪兴华教授建议：以柯氏公式（4-36）与尼古拉兹分区式（4-31）和式（4-33）的误差不大于 2% 为界来确立判别标准。根据这一思想，汪兴华导得的判别标准是

紊流光滑区 $\qquad 2000 < Re \leqslant 0.32 \left(\dfrac{d}{K}\right)^{1.28}$

紊流过渡区 $\qquad 0.32 \left(\dfrac{d}{K}\right)^{1.28} < Re \leqslant 1000 \left(\dfrac{d}{K}\right)$

紊流粗糙区 $\qquad Re \geqslant 1000 \left(\dfrac{d}{K}\right)$

由于柯氏公式广泛地应用于工业管道的设计计算中，因此，这种判别标准具有实用性。柯氏公式虽然是一个经验公式，但是它是在合并两个半经验公式的基础上获得的，因此，可以认为柯氏公式是普朗特理论和尼古拉兹实验结合后进一步发展到工程应用阶段的产物。这个公式在国内外得到了极为广泛的应用，我国通风管道的设计计算，目前就是以柯氏公式为基础的。

为了简化计算，莫迪以柯氏公式为基础绘制出反映 Re、K/d 和 λ 对应关系的莫迪图（见图4-15），在图上可根据 Re 和 K/d 直接查出 λ。

此外，还有一些人为了简化计算，在柯氏公式的基础上提出了一些简化公式。如：

1）莫迪公式，即

$$\lambda = 0.0055\left[1 + \left(20000\,\frac{K}{d} + \frac{10^6}{Re}\right)^{\frac{1}{3}}\right] \qquad (4-37)$$

式（4-37）是柯氏公式的近似公式。莫迪指出，此公式在 $Re = 4000 \sim 10^7$、$K/d \leqslant 0.01$、$\lambda < 0.05$ 时和柯氏公式比较，其误差不超过 5%。

2）阿里特苏里公式，即

$$\lambda = 0.01\left(\frac{K}{d} + \frac{68}{Re}\right)^{0.25} \qquad (4-38)$$

式（4-38）也是柯氏公式的近似公式。它的形式简单，计算方便，是适用于紊流三个区的综合公式。当 Re 值很小时括号内的第一项可忽略，公式实际上成为布拉修斯光滑区式（4-34）。即

$$\lambda = 0.01 \times \left(\frac{68}{Re}\right)^{0.25} = 0.1 \times \left(\frac{100}{Re}\right)^{0.25} = \frac{0.3164}{Re^{0.25}} \qquad (4-39)$$

当 Re 值很大时，括号内的第二项可忽略，公式和粗糙区的希弗林松式（4-35）一致。

布拉修斯光滑区和尼古拉兹光滑区公式在 $Re < 10^5$ 是基本一致的，而希弗林松粗糙区公式和尼古拉兹粗糙区公式也十分接近。因此，阿里特苏里公式和柯氏公式基本上也是一

致的。

【例 4-6】 在管径 $d=100$mm，管长 $l=300$mm 的圆管中，流动着 $t=10$℃ 的水，其雷诺数 $Re=80000$，试分别求下列三种情况下的水头损失。

(1) 管内壁为 $K=0.15$mm 的均匀砂粒的人工粗糙管；

(2) 光滑铜管（即流动处于紊流光滑区）；

(3) 工业管道，其当量糙粒高度 $K=0.15$mm。

【解】 (1) $K=0.15$mm 的人工粗糙管的水头损失，根据 $Re<80000$ 和 $K/d=$ 0.15mm$/100$mm$=0.0015$。

查图 4-12 得，$\lambda=0.02$。$t=10$℃ 时，$\nu=1.3\times10^{-6}$ m^2/s。由式（4-5），$Re=\dfrac{vd}{\nu}$，

$80000=\dfrac{v\times0.1}{1.3\times10^{-6}}$，得 $v=1.04$m/s。

由式（4-1），有

$$h_f=\lambda\frac{l}{d}\frac{v^2}{2g}=0.02\times\frac{300}{0.1}\times\frac{1.04^2}{2g}=3.31\,(\text{m})$$

(2) 光滑黄铜管的沿程水头损失，在 $Re<10^5$ 时可用布拉修斯式（4-34）

$$\lambda=\frac{0.3164}{Re^{0.25}}=\frac{0.3164}{(80000)^{0.25}}=0.0188$$

由图 4-12 或图 4-15 可得出基本一致的结果

$$h_f=\lambda\frac{l}{d}\frac{v^2}{2g}=0.0188\times\frac{300}{0.1}\times\frac{1.04^2}{2g}=3.12\,(\text{m})$$

(3) $K=0.15$mm 工业管道的沿程水头损失，根据 $K=0.15$mm，$K/d=0.15/100=$ 0.0015，由图 4-15 得 $\lambda\approx0.024$。

$$h_f=\lambda\frac{l}{d}\frac{v^2}{2g}=0.024\times\frac{300}{0.1}\times\frac{1.04^2}{2g}=3.97\,(\text{m})$$

【例 4-7】 在管径 $d=300$mm，相对粗糙度 $K/d=0.002$ 的工业管道内，运动黏度 $\nu=$ 1.0×10^{-6} m^2/s，$\rho=999.23$kg/m^3 的水以 3m/s 的速度运动。试求：管长 $l=300$m 的管道内的沿程水头损失 h_f。

【解】 沿程水头损失 h_f

$$Re=\frac{vd}{\nu}=\frac{3\times0.3}{10^{-6}}=9\times10^5$$

由图 4-15 查得，$\lambda=0.0238$，处于粗糙区。也可用式（4-31）计算

$$\frac{1}{\sqrt{\lambda}}=2\lg\frac{3.7d}{K}=2\lg\frac{3.7}{0.002},\lambda=0.0235$$

可见查图 4-15 和利用公式计算是很接近的。

【例 4-8】 如管道的长度不变，允许的水头损失 h_f 不变，若使管径增大一倍，不计局部损失，流量增大 n 倍，试分别讨论下列三种情况：

(1) 管中流动为层流 $\lambda=\dfrac{64}{Re}$。

(2) 管中流动为紊流光滑区，$\lambda=\dfrac{0.3164}{Re^{0.25}}$。

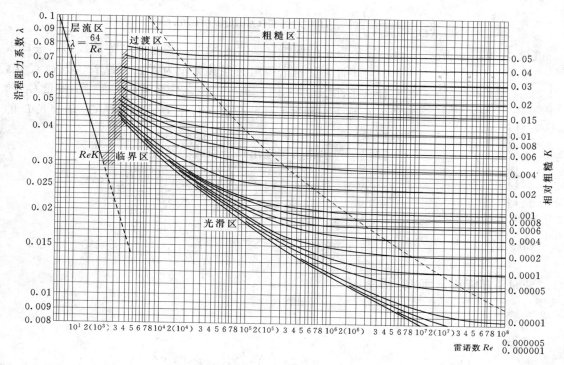

图 4-15 莫迪图

（3）管中流动为紊流粗糙区，$\lambda = 0.11\ (K/d)^{0.25}$。

【解】 （1）流动为层流，即

$$h_f = \lambda\ \frac{l}{d}\ \frac{v^2}{2g} = \frac{Re}{64}\ \frac{l}{d}\ \frac{v^2}{2g} = \frac{128 v l}{\pi g}\ \frac{Q_V}{d^4}$$

令

$$C_1 = \frac{128 v l}{\pi g}$$

则

$$h_f = C_1\ \frac{Q_V}{d^4}$$

可见层流中若 h_f 不变，则流量 Q_V 与管径的四次方成正比。即

$$\frac{Q_{V2}}{Q_{V1}} = \left(\frac{d_2}{d_1}\right)^4$$

当 $d_2 = 2 d_1$ 时，$\dfrac{Q_{V2}}{Q_{V1}} = 16$，$Q_{V2} = 16 Q_{V1}$。层流时管径增大一倍，流量为原来的 16 倍。

（2）流动为紊流光滑区，即

$$\left(\frac{Q_{V2}}{Q_{V1}}\right)^{1.75} = \left(\frac{d_2}{d_1}\right)^{4.75},\ Q_{V2} = 2^{\frac{4.75}{1.75}}\ Q_{V1} = 6.56 Q_{V1}$$

（3）流动为紊流粗糙区

$$h_f = \lambda\ \frac{l}{d}\ \frac{v^2}{2g} = 0.11 \left(\frac{K}{d}\right)^{0.25} \frac{l}{d}\ \frac{1}{2g}\ \frac{Q_V^2}{\left(\frac{\pi}{4}\right)^2 d^4}$$

$$= 0.11\ \frac{K^{0.25}}{2g\left(\frac{\pi}{4}\right)^2}\ \frac{l}{d^{5.25}} Q_V^2$$

$$\left(\frac{Q_{V2}}{Q_{V1}}\right)^2 = \left(\frac{d_2}{d_1}\right)^{5.25}, Q_{V2} = 2^{\frac{5.25}{2}} Q_{V1}, Q_{V2} = 6.17 Q_{V1}$$

【例 4 - 9】 水箱水深 H，直径为 d 的圆管（见图 4 - 16）。管道进口为流线形，进口水头损失可不计，管道沿程阻力系数 λ 设为常数。若 H、d、λ 给定，（1）什么条件下 Q_V 不随 L 而变？（2）什么条件下通过的流量 Q_V 随管长 L 的加大而增加？（3）什么条件下通过的流量 Q_V 随管长 L 的加大而减小？

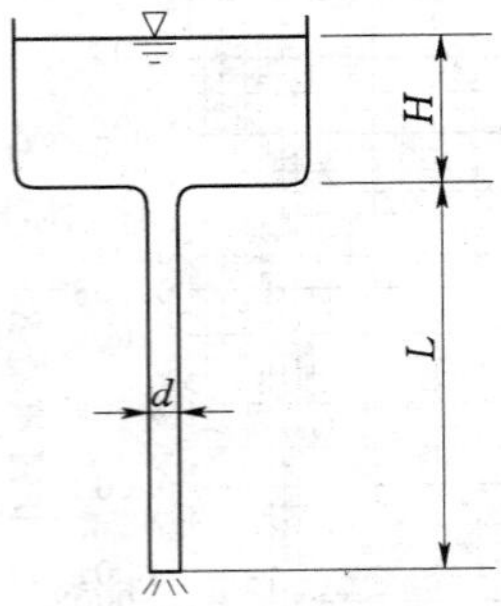

【解】 列水箱与管道出口断面的能量方程

$$H + L = \left(1 + \lambda \frac{l}{d}\right)\frac{v^2}{2g}, v = \sqrt{\frac{2g(H+L)}{1 + \frac{\lambda L}{d}}}$$

$$Q_V = \frac{\pi d^2}{4}v = \frac{\pi d^2}{4}\sqrt{\frac{2g(H+L)}{1 + \frac{\lambda L}{d}}}$$

图 4 - 16 水箱

流量不随管长 L 而变，可令

$$\frac{\mathrm{d}Q_V}{\mathrm{d}L} = 0$$

可得

$$\frac{\pi d^2}{4}\frac{1}{2}\frac{1}{\sqrt{\frac{2g(H+L)}{1 + \frac{\lambda L}{d}}}}\frac{\left(1 + \lambda \frac{l}{d}\right)2g + 2g(H+L)\frac{\lambda}{d}}{\left(1 + \lambda \frac{L}{d}\right)^2} = 0$$

$$1 - H\frac{\lambda}{d} = 0$$

此即

$$H = \frac{d}{\lambda}$$

这就是管长与流量无关的条件。

流量 Q_V 随管长 L 的加大而增加

$$\frac{\mathrm{d}Q_V}{\mathrm{d}L} > 0, \quad 1 - H\frac{\lambda}{d} > 0$$

即

$$H < \frac{d}{\lambda}$$

（3）流量 Q_V 随管长 L 的加大而减小，即

$$\frac{dQ_V}{dL} < 0, \quad 1 - H\frac{\lambda}{d} < 0$$

即

$$H > \frac{d}{\lambda}$$

有了当量直径，只要用 d_e 代替 d，不仅可以用式（4 - 1）计算非圆管的沿程损失，即

$$h_f = \lambda \frac{l}{vd}\frac{v^2}{2g} = \lambda \frac{l}{4R}\frac{v^2}{2g}$$

也可以用当量相对粗糙度 K/d_0 代入沿程阻力系数 λ 公式中求值 λ。计算非圆管的 Re 时，同样可以用当量直径 d_e 代替式中的 d。即

$$Re = \frac{vd_e}{\nu} = \frac{v(4R)}{\nu} \qquad (4-40)$$

这个 Re 也可以近似地用来判断非圆管中的流态,其临界雷诺数仍取 2000。

必须指出,应用当量直径计算非圆管的能量损失,并不适用于所有的情况。这表现在两方面:

(1) 图 4-17 所示的为非圆管和圆管 $\lambda - Re$ 的对比实验。实验表明,对矩形、方形、三角形断面,使用当量直径原理,所获得的实验数据结果和圆管的很接近的,但长方形和星形断面差别较大。非圆形截面的形状和圆形的偏差越小,则运用当量直径的可靠性就越大。

(2) 由于层流的流速分布不同于紊流,沿程损失不像紊流那样集中在管壁附近。这样单纯用湿周大小作为影响能量损失的主要外因条件,对层流来说就不充分了。因此在层流中应用当量直径计算时,将会造成较大的误差,如图 4-17 所示。

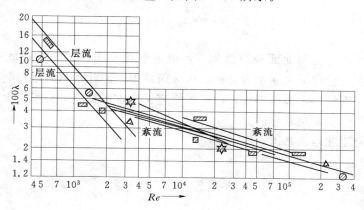

图 4-17 非圆管和圆管 λ 曲线的比较

【例 4-10】 断面面积为 $A=0.48\text{m}^2$ 的正方形管道,宽为高的 3 倍的矩形管道和圆形管道。求:

(1) 分别求出它们的湿周和水力半径;

(2) 正方形和矩形管道的当量直径。

【解】 (1) 求湿周和水力半径。

1) 正方形管道,即

边长 $\qquad a = \sqrt{A} = \sqrt{0.48} = 0.692 \ (\text{m})$

湿周 $\qquad \chi = 4a = 4 \times 0.692 = 2.77 \ (\text{m})$

水力半径 $\qquad R = \frac{A}{\chi} = \frac{0.48}{2.77} = 0.174 \ (\text{m})$

2) 矩形管道。

边长 $\qquad A = a \times b = a \times 3a = 3a^2 = 0.48 \ (\text{m}^2)$

所以 $\qquad a = \sqrt{\frac{A}{3}} = 0.4 \ (\text{m})$

$$b = 3a = 3 \times 0.4 = 1.2 \ (\text{m})$$

湿周 $\qquad \chi = 2(a+b) = 2 \times (0.4+1.2) = 3.2 \ (\text{m})$

水力半径
$$R = \frac{A}{\chi} = \frac{0.48}{3.2} = 0.15 \text{ (m)}$$

3) 圆形管道。

管径 d
$$\frac{\pi d^2}{4} = A = 0.48 \text{m}^2$$

$$d = \sqrt{\frac{4A}{\pi}} = \sqrt{\frac{4 \times 0.48}{3.14}} = 0.78 \text{ (m)}$$

湿周
$$\chi = \pi d = 3.14 \times 0.78 = 2.45 \text{ (m)}$$

水力半径
$$R = \frac{A}{\chi} = \frac{0.48}{2.45} = 0.195 \text{ (m)}$$

或
$$R = \frac{d}{4} = \frac{0.78}{4} = 0.195 \text{ (m)}$$

以上计算说明，过流断面面积虽然相等，但因形状不同，湿周长短就不相等。湿周越短，水力半径越大。沿程损失随水力半径的加大而减少。因此，当流量和断面积等条件相同时，方形管道比矩形管道水头损失少，而圆形管道又比方形管道水头损失少。从减少水头损失的观点来看，圆形断面是最佳的。

（2）正方形管道和矩形管道，即

1) 正方形管道：
$$d_e = a = 0.692 \text{m}$$

2) 矩形管道：
$$d_e = \frac{2ab}{a+b} = \frac{2 \times 0.4 \times 1.2}{0.4 + 1.2} = 0.6 \text{ (m)}$$

【例 4-11】 某钢板制风道，断面尺寸为 400mm×200mm，管长 80m。管内平均流速 $v = 10$m/s。空气温度 $t = 20$℃，求压强损失 p_f。

【解】 （1）当量直径
$$d_e = \frac{2ab}{a+b} = \frac{2 \times 0.2 \times 0.4}{0.2 + 0.4} = 0.267 \text{ (m)}$$

（2）求 Re。$t = 20$℃时，$v = 15.7 \times 10^{-6} \text{m}^2/\text{s}$
$$Re = \frac{v d_e}{v} = \frac{10 \times 0.267}{15.7 \times 10^{-6}} = 1.7 \times 10^5$$

（3）求 K/d。钢板制风道，$K = 0.15$mm
$$\frac{K}{d_e} = \frac{0.15 \times 10^{-3}}{0.267} = 5.62 \times 10^{-4}$$

查图 4-15 得 $\lambda = 0.0195$。

（4）计算压强损失
$$p_f = \lambda \frac{l}{d_e} \frac{\rho v^2}{2} = 0.0195 \times \frac{80}{0.267} \times \frac{1.2 \times 10^2}{2} = 350 \text{ (Pa)}$$

4.7 局 部 损 失 的 计 算

在实际的管路系统中，存在有各种各样的管件，如弯管、流道突然扩大或缩小、阀门、三通等，当流体流过这些管道的局部区域时，流速大小和方向被迫急剧地发生改变，此时由于黏性的作用，流体质点间发生剧烈的摩擦和动量交换，从而阻碍着流体的运动。这种在局部障碍物处产生的损失称为局部损失，其阻力称为局部阻力。因此一般的管路系统中，既有沿程损失，又有局部损失。

4.7.1 局部损失的一般分析

局部损失和沿程损失相似，局部损失一般也用流速水头的倍数来表示，计算公式为

$$h_j = \zeta \frac{v^2}{2g} \tag{4-41}$$

式中 ζ——局部阻力系数。

由式（4-41）可以看出，求 h_j 的问题就转变为求 ζ 的问题。

实验研究表明，局部损失和沿程损失一样，不同的流态遵循不同的规律。如果流体以层流经过局部阻碍，局部损失就由各流层之间的黏性切应力引起。只是由于边壁的变化，促使流速分布重新调整，流体质点产生剧烈变形，加强了相邻流层之间的相对运动，因而加大了这一局部地区的水头损失。这种情况下，局部阻力系数与雷诺数成反比，即

$$\zeta = \frac{B}{Re} \tag{4-42}$$

式中 B——随局部阻碍的形状而异的常数。

局部阻碍的种类虽多，但分析其流动的特点，主要形式也不外乎过流断面的扩大或收缩，流动方向的改变，流量的合入与分出等几种基本形式和这几种基本形式的相互组合。

对各种局部阻碍进行的大量实验研究表明，紊流的局部阻力系数 ζ 一般说来决定于局部阻碍的几何形状、固体壁面的相对粗糙度和雷诺数。即

$$\zeta = （局部阻碍形状，相对粗糙度，Re）$$

但在不同情况下，各因素所起的作用不同。局部阻碍形状始终是一个起主导作用的因素。相对粗糙度的影响，只有对那些尺寸较长（如圆锥角小的渐扩管或渐缩管，曲率半径大的弯管），而且相对粗糙度较大的局部阻碍才需要考虑。Re 对 ζ 的影响则和 λ 类似：随着 Re 值由小变大，ζ 一般逐渐减小；当 Re 达到一定数值后，ζ 几乎与 Re 无关，这时局部损失与流速的平方成正比，流动进入阻力平方区。不过，由于边壁的干扰，局部损失进入阻力平方区的 Re 值远比沿程损失小。特别是突变的局部阻碍，当流动变为紊流后，很快就进入了阻力平方区。这类局部阻碍的 ζ 值，实际上只决定于局部阻碍的形状。对于渐变的局部阻碍，进入阻力平方区的 Re 值要大一些，大致可取 $Re > 2 \times 10^5$ 作为流动进入阻力平方区的临界指标。如 $Re < 2 \times 10^5$ 还应考虑 Re 的影响，其局部阻力系数可用式（4-46）修正。即

$$\zeta = \zeta' \frac{\lambda}{\lambda'} \tag{4-43}$$

式中 ζ——未进入阻力平方区的局部阻力系数；

ζ'——该局部阻碍在阻力平方区的局部阻力系数；

λ——与 C 同一 Re 值的沿程阻力系数；

λ'——进入阻力平方区的沿程阻力系数。

比较沿程损失和局部损失的变化规律，很明显，它们十分相似。为什么似乎是完全不同的两类阻力的水头损失规律会如此一致呢？原因就在于形成这两类损失的机理并没有什么本质的不同。恩格斯在分析机械运动消失的形态时曾经指出：“……摩擦和碰撞——这两者仅仅在程度上有所不同。摩擦可以看做一个跟着一个和一个挨着一个发生的一连串小的碰撞；碰撞可以看作集中于一个瞬间和一个地方的摩擦。摩擦是缓慢的碰撞，碰撞是激烈的摩擦”。这段话也适用于流体的机械能损失过程，它揭示了沿程阻力和局部阻力之间的本质联系。突露在紊流核心里的每个糙粒，都是产生微小旋涡的根源，可以看成是一个个微小的局部阻碍。因此，沿程阻力可以看成是无数微小局部阻力的总和，而局部阻力也可以说是沿程阻力的局部扩大。不管它们在形式上有何不同，本质上都是由紊流掺混作用引起的惯性阻力和黏性阻力造成的。

由于局部阻力损失的复杂性，应用理论计算求解是很困难的，这涉及到回流区急变流的固体边界上动水压强和切应力，目前只有极少数情况，在一定的假下可以进行理论分析。下面以几种情况为例，引出局部阻力损失普遍表达式。

4.7.2　变管径的局部损失

现在分别讨论几种典型的局部损失，首先是改变流速大小的各种变管径的水头损失。

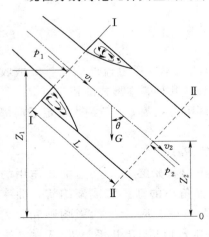

图 4-18　突然扩大

（1）突然扩大。设一突然扩大圆管如图 4-18 所示，其直径从 d_1 突然扩大到 d_2，在突变处形成旋涡。建立扩前断面Ⅰ—Ⅰ和扩后断面Ⅱ—Ⅱ的能量方程。因能量方程所取断面必须为渐变流断面。断面Ⅰ—Ⅰ为渐变流断面，但在取断面Ⅱ—Ⅱ时，必须要离突变处一定的距离，即在流动处于渐变流处。为方便起见，在列两断面的能量方程时，忽略沿程水头损失。由此得

$$h_j = \left(Z_1 + \frac{p_1}{\rho g}\right) - \left(Z_2 + \frac{p_2}{\rho g}\right) + \frac{\alpha_1 v_1^2 - \alpha_2 v_2^2}{2g}$$

为了确定压强与流速的关系，再对断面Ⅰ—Ⅰ和断面Ⅱ—Ⅱ两断面与管壁包围的流动空间写出沿流动方向的动量方程

$$\sum F = \rho Q(\beta_2 v_2 - \beta_1 v_1) \qquad (4-44)$$

断面Ⅰ—Ⅰ为包括旋涡的流动断面，式中，$\sum F$ 包括作用在断面Ⅰ—Ⅰ和断面Ⅱ—Ⅱ上的作用力。但由于断面Ⅰ—Ⅱ是渐变流断面，作用力的计算比较复杂。根据实验分析，在断面Ⅰ—Ⅰ上可假设其压强分布基本满足静压分布，建立流动方向的动量方程，得

$$p_1 A_1 - p_2 A_2 + G\cos\theta = \rho Q(\beta_2 v_2 - \beta_1 v_1)$$

重力在管轴上的投影

$$G\cos\alpha = \rho g A_2 l \frac{Z_2 - Z_1}{l} = \rho g A_2 (Z_1 - Z_2)$$

边壁上的摩擦阻力，该力可忽略不计。

因此，有

$$p_1 A_1 - p_2 A_2 + \rho g A_2 (Z_1 - Z_2) = \frac{\rho g Q_V}{g}(\beta_2 v_2 - \beta_1 v_1)$$

将 $Q_V = v_2 A_2$ 代入，化简后得

$$\left(Z_1 + \frac{p_1}{\rho g}\right) - \left(Z_2 + \frac{p_2}{\rho g}\right) = \frac{v_2}{g}(\alpha_2 - \alpha_1 v_1)$$

将上式代入能量方程式，得

$$h_j = \frac{\alpha_1 v_1{}^2}{2g} - \frac{\alpha_2 v_2{}^2}{2g} + \frac{v_2}{g}(\beta_2 v_2 - \beta_1 v_1)$$

对于紊流，可取 $\alpha_1 = \alpha_2 = \beta_1 = \beta_2 = 1$。由此可得

$$h_j = \frac{(v_1 - v_2)^2}{2g}$$

即：突然扩大管的局部水头损失，等于以平均速度差计算的水头损失。上式又称包达公式。经实验验证，该式有足够的准确性。

要把式（4-44）变换成计算局部损失的一般形式只需将 $v_2 = v_1 \dfrac{A_1}{A_2}$，或 $v_1 = v_2 \dfrac{A_2}{A_1}$ 代入。

$$h_j = \left(1 - \frac{A_1}{A_2}\right)^2 \frac{v_1{}^2}{2g} = \zeta_1 \frac{v_1{}^2}{2g} \tag{4-45}$$

$$h_j = \left(\frac{A_2}{A_1} - 1\right)^2 \frac{v_2{}^2}{2g} = \zeta_2 \frac{v_2{}^2}{2g}$$

所以突然扩大的阻力系数为

$$\zeta_1 = \left(1 - \frac{A_1}{A_2}\right)^2 \quad 或 \quad \zeta_2 = \left(\frac{A_2}{A_1} - 1\right)^2 \tag{4-46}$$

以上两个局部水头损失系数，分别与突然扩大前、后两个断面的平均速度对应。当流体在淹没情况下，流入断面很大的容器时或气体流入大气时，作为突然扩大例，$\dfrac{A_1}{A_2} \approx 0$，$\zeta_1 = 1$，称为管道的出口损失系数。

（2）突然缩小。缩小如图 4-19 所示，它的水头损失大部分发生在收缩断面 C—C 后面的流段上，主要是收缩断面附近的旋涡区造成的。突然缩小的阻力系数决定于收缩面积比 A_2/A_1，其值可按下式计算（对应的流速水头为 $\dfrac{v_2{}^2}{2g}$）。

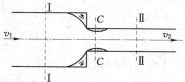

图 4-19　突然收缩

$$\zeta = 0.5\left(1 - \frac{A_2}{A_1}\right) \tag{4-47}$$

习　　题

4.1　雷诺数与哪些因数有关？其物理意义是什么？当管道流量一定时，随管径的加大，雷诺数是增大还是减小？

4.2　用直径 $d=100\text{mm}$ 的管道，输送流量为 10kg/s 的水，如水温为 $5℃$，试确定管内水的流态。如用这管道输送同样质量流量的石油，已知石油密度 $\rho=850\text{kg/m}^3$，运动黏度 $v=1.14\text{cm}^2/\text{s}$，试确定石油的流态。

4.3　有一圆形风道，管径为 300mm，输送的空气温度 $20℃$，求气流保持层流时的最大质量流量。若输送的空气量为 200kg/h，气流是层流还是紊流？

4.4　水流经过一个渐扩管，如小断面的直径为 d_1，大断面的直径为 d_2，而 $\dfrac{d_2}{d_1}=2$，试问哪个断面雷诺数大？这两个断面的雷诺数的比值 Re_1/Re_2 是多少？

4.5　如何用实验方法确定管壁的 Δ 值？在紊流中能否根据流速分布确定管壁的当量粗糙度 Δ 值？

4.6　设圆管直径 $d=200\text{mm}$，管长 $l=1000\text{m}$，输送石油的流量 $Q_V=40\text{L/s}$，运动黏度 $v=1.6\text{cm}^2/\text{s}$，求沿程水头损失。

4.7　有一圆管，在管内通过 $v=0.013\text{cm}^2/\text{s}$ 的水，测得通过的流量为 $35\text{cm}^3/\text{s}$，在管长 15m 的管段上测得水头损失为 2m，试求该圆管内径 d。

4.8　油在管中以 $v=1\text{m/s}$ 的速度流动，油的密度 $\rho=920\text{kg/m}^3$，$l=3\text{m}$，$d=25\text{mm}$，水银压差计测得 $h=9\text{cm}$，试求：（1）油在管中的流态？（2）油的运动黏度 v？（3）若保持相同的平均流速反向流动，压差计的读数有何变化？

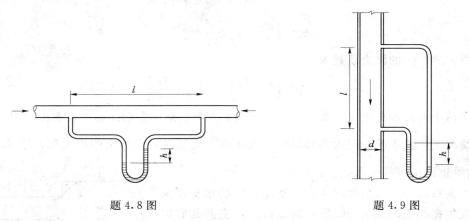

题 4.8 图　　　　　　　　　　　　　　　　题 4.9 图

4.9　油的流量 $Q_V=77\text{cm}^3/\text{s}$，流过直径 $d=6\text{mm}$ 的细管，在 $l=2\text{m}$ 长的管段两端水银压差计读数 $h=30\text{cm}$，油的密度 $\rho=900\text{kg/m}^3$，求油的 μ 和 v 值。

4.10　管长、管径和粗糙度不变，沿程阻力系数是否随流量的增大而增大？沿程水头损失是否随流量的增大而增大？

4.11　某风管直径 $d=500\text{mm}$，流速 $v=20\text{m/s}$，沿程阻力系数 $\lambda=0.017$，空气温度 $t=20℃$，求风管的 K 值。

4.12　有一管道，已知半径圆管 $r_0=15\text{mm}$，层流时水力坡度 $J=0.20$，试求管壁处的切应力和离管轴 $r=10\text{mm}$ 处的切应力？

4.13　水平放置的新铸铁管，内径为 101.6mm 输送水温为 $10℃$ 的水，当流速为 0.4m/s 时，求 90m 长度管段上的压力降。

4.14　通过直径为 50mm 的管道的油，$Re=1700$，$v=0.744\times10^4\text{m}^2/\text{s}$，问距离壁

6.25mm 处的流速为多少。

4.15　长度 10m，直径 $d = 50$mm 的是水管，测得流量为 4L/s，沿程水头损失为 1.2m，水温为 20℃，求该种管材的 K 值。

4.16　矩形风道的断面尺寸为 1200mm × 600mm，风道内空气的温度为 45℃，流量为 42000m^3/h，风道壁面材料的当量糙度 $K = 0.1$mm，今用酒精微压计量测风道水平段 AB 两点的压差，微压计读值 $a = 7.5$mm，已知 $\alpha = 30°$，$l_{AB} = 12$m，酒精的密度 $\rho = 860$kg/m^3，试求风道的沿程阻力系数 λ。

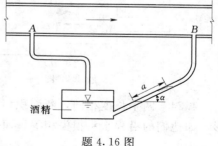

题 4.16 图

4.17　水在环行断面的水平管道中流动，水温为 10℃，流量 $Q_v = 400$L/min，管道的当量糙度 $K = 0.15$mm，内管的外径 $d = 75$mm，外管的内径 $D = 100$mm。试求在管长 $l = 300$m 的管段上的沿程水头损失。

4.18　有一水管，直径为 305mm，绝对粗超度为 0.6mm，水温为 10℃，设分别通过流量为 60L/s 和 250L/s，并已知当流量为 250L/s 时，水力坡度为 0.046。试分别判别两者的流态。

4.19　烟囱的直径 $d = 1$m，通过的烟气流量 $Q_v = 18000$kg/h，烟气的密度 $\rho = 0.7$kg/m^3，外面大气的密度按 $\rho = 1.29$kg/m^3 考虑，如烟道的 $\lambda = 0.035$，要保证烟囱底部断面 1—1 的负压不小于 100Pa，烟囱的高度至少应为多少？

4.20　为测定 90°弯头的局部阻力系数，可采用如图所示的装置。已知 AB 段管长 $l = 10$m，管径 $d = 50$mm。实测数据为（1）AB 两断面测压管水头差 $\Delta h = 0.629$m；（2）经 2min 流入水箱的水量为 0.329m^3。求弯头的局部阻力系数 ζ。

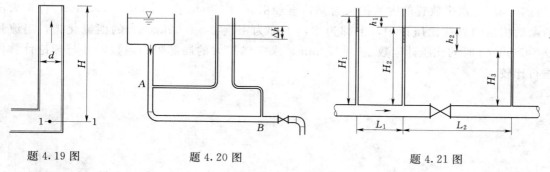

题 4.19 图　　　　　题 4.20 图　　　　　题 4.21 图

4.21　测得一阀门的局部阻力系数，在阀门的上下游装设了 3 个测压管，其间距 $L_1 = 1$m，$L_2 = 2$m，若直径 $d = 50$mm，实测 $H_1 = 150$cm，$H_2 = 125$cm，$H_3 = 40$cm，流速 $v = 3$m/s，求阀门的 ζ 值。

4.22　流速由 v_1 变到 v_2 的突然扩大管，如分为两次扩大，中间流速 v 取何值时局部损失最小？此时水头损失为多少？并与依次扩大时比较？

4.23　水箱侧壁接出一根由两段不同管径所组成的管道。已知 $d_1 = 150$mm，$d_2 = 75$mm，$l = 50$mm，管道的当量糙度 $K = 0.6$mm，水温为 20℃。若管道的出口流速 $v_2 = 2$m/s，求：（1）水位 H。（2）绘出总水头线和测压管水头线。

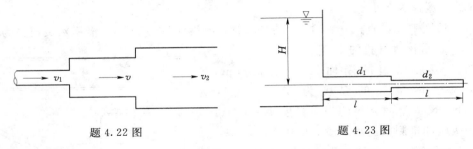

题 4.22 图   题 4.23 图

4.24 两条长度相同，断面积相等的风管，它们的断面形状不同，一为圆形，一为正方形，如他们的沿程水头损失相等，而且流动都处于阻力平方区，试问哪条管道过流能力大？大多少？

4.25 一直立的突然扩大水管，已知 $d_1 = 150\mathrm{mm}$，$d_2 = 300\mathrm{mm}$，$h = 1.5\mathrm{m}$，$v_2 = 3\mathrm{m/s}$，试确定水银比压计中的水银液面哪一侧较高？差值为多少？

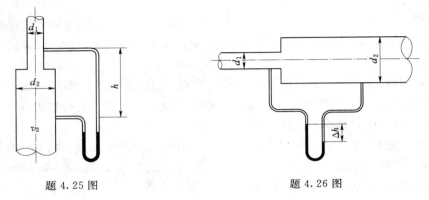

题 4.25 图   题 4.26 图

4.26 一水平放置的突然扩大管路，直径由 $d_1 = 50\mathrm{mm}$ 扩大到 $d_2 = 100\mathrm{mm}$，在扩大前后断面接出的双液比压计中，上部为水，下部为密度 $\rho = 1.60\mathrm{kg/m^3}$ 的四氯化碳，当流量 $Q_V = 16\mathrm{m^3/h}$ 时的比压计读数 $\Delta h = 173\mathrm{mm}$，求突然扩大的局部阻力系数，并与理论计算值进行比较。

第5章 孔口、管嘴出流和有压管流

5.1 孔口、管嘴恒定出流和有压管流的基本概念

在容器上开孔，水经孔口流出的水力现象称为孔口出流。水经孔口流入大气称为孔口自由出流，经孔口流入液面以下称为孔口淹没出流。当进入容器的流量与孔口流出流量相等时，容器中水位恒定不变，且孔口结构及其他水力要素均恒定，称为孔口恒定出流。孔口自由出流时，进入孔口前的水流受壁面作用而弯曲，流线呈光滑曲线，在水流惯性力作用下，水流出孔口后产生收缩，形成收缩断面 C—C，其后水流扩散，并在重力作用下跌落（图 5-1）。由此可见，孔口边缘离容器侧壁距离及孔口结构对出流影响很大：若容器壁较薄，壁厚对水流现象没有影响，水离开容器壁后，水流呈流线流出，不再与容器壁接触，壁厚对水流无干扰作用，这类孔口称为薄壁孔口。由于孔口上下缘在水面下深度不同，出流情况也不相同：当孔口直径 d（或高度 e）与孔口形心以上的水头 H 相比很小时，可以忽略孔口直径 d（或高度 e）的影响，认为孔口断面上各点水头相等。近似地认为当 $\dfrac{d}{H} \leq \dfrac{1}{10}$ 时孔口称为小孔口；当 $\dfrac{d}{H} > \dfrac{1}{10}$ 时孔口称为大孔口。

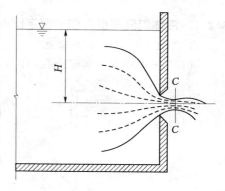

图 5-1 孔口出流

当孔口壁较厚或在孔口上连接长为 3~4 倍孔径的短管时，水经短管并在出口断面满管流出的水力现象，称为管嘴出流。管嘴出流也分为自由出流和淹没出流。水流入管嘴后，同样形成水股收缩，在收缩断面 C—C 处水流与管壁分离，形成旋涡，其后又逐渐扩大，在管嘴出口处，水流充满断面流出。

各类取水、泄水闸孔，穿孔配水等均属孔口。路基下较短的有压涵管、大坝中短泄水管、消防水枪和施工用的水枪等均属管嘴。孔口和管嘴出流的水力计算中，水头损失以局部水头损失为主，可以忽略沿程水头损失。

水沿管道满管流动的水力现象称为有压管流。有压管流的特点是：液体质点完全充满输水管道横断面流动，断面周界就是湿周，过水断面面积等于管道横断面面积，管壁上各点的压强一般不等于大气压强。工程实践中为了输送流体，常常要设置各种有压管道。例如，水电站的压力引水隧洞和压力钢管，水库的有压泄洪洞和泄洪管，供给城镇工业和居民生活用水的各种输水管网系统，灌溉工程中的喷灌、滴灌管道系统，供热、供气及通风工程中输送流体的管道等都是有压管道。有压管流根据出流情况也分自由出流和淹没出流。有压管流沿程具有一定的长度，其水头损失包括沿程水头损失和局部水头损失。工程上按两类水头损失

在总水头损失中所占比重不同，可将管道分为长管和短管。在管道系统中，如果管道的水头损失以沿程水头损失为主，局部水头损失和流速水头所占比重很小（占沿程水头损失的5%～10%以下），在计算中可以忽略，或按沿程水头损失的某一百分数估算，仍能满足工程要求的管道称为长管。城市生活、生产给水系统中的简单管路、串联管路、并联管路、管网等都可以按长管计算。短管是指在管路的总水头损失中沿程水头损失和局部水头损失均占有相当比重，计算中都不可以忽略的管道。水泵装置、水轮机装置、虹吸管、倒虹吸管、坝内泄水管及工业送风管等均应按短管计算。

根据管道的平面布置情况，可将管道系统分为简单管道和复杂管道两大类。简单管道是指管径不变且无分支的管道。水泵的吸水管、虹吸管等都是简单管道的例子。由两根以上管道组成的管道系统称为复杂管道。各种不同直径管道组成的串联管道、并联管道、管网等都是复杂管道的例子。

5.2　孔口、管嘴恒定出流的基本公式

5.2.1　液体流经薄壁孔口的恒定出流

1. 薄壁小孔口的自由出流

如图 5-2 所示为薄壁小孔口的自由出流现象，水流从各方面趋近孔口，流线渐弯，刚流过孔口的水股断面缩小，实验发现，在距容器内壁向外约 $\frac{e}{2}$ 处，收缩完成，为渐变流断面，用 A_c 表示。

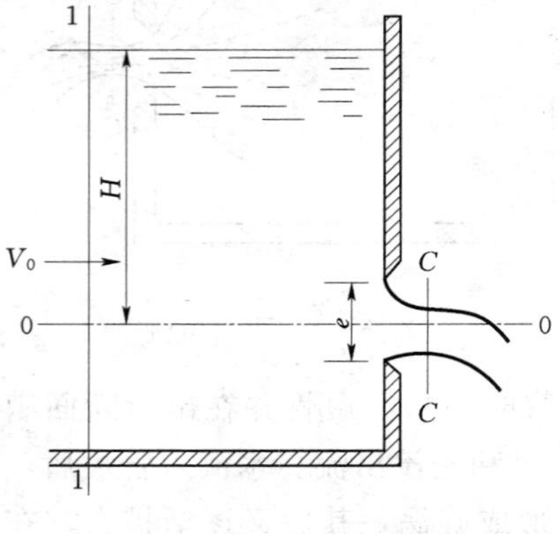

取开口容器内渐变流断面 1—1，孔口收缩断面 C—C，以通过孔口形心所在的水平面 0—0 为基准面，列能量方程

$$H+0+\frac{\alpha_1 V_0^{\ 2}}{2g}=0+0+\frac{\alpha_c V_c^{\ 2}}{2g}+h_{w1-c} \qquad (5-1)$$

式中　V_0——行近流速；

　　　　V_c——收缩断面的平均流速；

　　　　α_1、α_c——动能修正系数；

　　　　h_{w1-c}——总水头损失。

图 5-2　薄壁小孔口自由出流

沿程水头损失很小，可以忽略不计。

因此　　　　　　　$h_{w1-c}=h_j=\zeta \frac{V_c^{\ 2}}{2g}$

式中　ζ——水流经孔口的局部阻力系数。

令　$H_0=H+\frac{\alpha_1 V_0^{\ 2}}{2g}$，$H_0$ 称为全水头，H 称为静水头，代入式（5-1）整理，得

$$V_c=\frac{1}{\sqrt{\alpha_c+\zeta}}\sqrt{2gH_0}=\varphi\sqrt{2gH_0} \qquad (5-2)$$

式中　H_0——作用水头；

　　　　φ——流速系数，$\varphi=\dfrac{1}{\sqrt{\alpha_c+\zeta}}\approx\dfrac{1}{\sqrt{1+\zeta}}$。

设孔口断面面积 A，收缩断面面积 A_c，$\varepsilon=\dfrac{A_c}{A}$ 称为收缩系数，则通过孔口的流量为

$$Q=V_cA_c=\varepsilon A\varphi\sqrt{2gH_0}=\mu A\sqrt{2gH_0} \tag{5-3}$$

式中 μ——孔口的流量系数，$\mu=\varepsilon\varphi$。

ε、φ、μ 分别为不同的系数，由实验得到薄壁圆孔的流速系数 $\varphi=0.97\sim0.98$；收缩系数 $\varepsilon=0.60\sim0.64$，一般取 $\varepsilon=0.62$；流量系数 $\mu=0.60\sim0.62$。

2. 薄壁小孔口淹没出流

淹没出流是指孔口流出的水流流入下游水体，如图 5-3 所示。淹没出流经孔口时，同自由出流一样，由于惯性作用形成收缩断面，然后扩大。取开口容器内渐变流断面 1—1 和断面 2—2，以通过孔口形心所在的水平面 0—0 为基准面，列能量方程

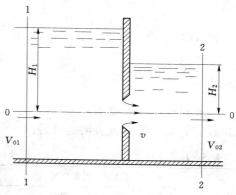

$$H_1+0+\frac{\alpha_1 V_{01}{}^2}{2g}=H_2+0+\frac{\alpha_2 V_{02}{}^2}{2g}+h_{w1-2}$$
$$\tag{5-4}$$

薄壁小孔口淹没出流的水头损失包括水流经孔口收缩的局部水头损失和经收缩断面后突然扩大的局部水头损失两部分，沿程水头损失忽略不计。

图 5-3 薄壁小孔口淹没出流

即 $\quad h_{w1-2}=\sum h_j=(\zeta+\zeta_s)\dfrac{V_c{}^2}{2g}$

式中 ζ——水流经孔口收缩的局部阻力系数；

ζ_s——水流经孔口收缩断面后突然扩大的局部阻力系数，因 A_2 大于 A_c，取 $\zeta_s=1$。

令 $H_0=\left(H_1+\dfrac{\alpha_1 V_{01}^2}{2g}\right)-\left(H_2+\dfrac{\alpha_1 V_{02}^2}{2g}\right)$，因为孔口两侧容器的断面面积远大于孔口面积，$v_1\approx v_2\approx0$，则 $H_0=H$，代入式（5-4），整理，得：$V_{01}\approx V_{02}\approx0$，则 $V_c=\dfrac{1}{\sqrt{1+\zeta}}\sqrt{2gH_0}=\varphi\sqrt{2gH}$，即

$$Q=A_cv_c=\varphi\varepsilon A\sqrt{2gH}=\mu A\sqrt{2gH} \tag{5-5}$$

式中：$\mu=\varepsilon\varphi$，μ 取 $0.6\sim0.62$，与自由出流接近。

由此可见，自由出流与淹没出流的基本公式形式完全相同，实验所得的流速系数和流量系数也很接近，计算中可取相同数值。但作用水头 H 的含义不同：自由出流作用水头指自由面至孔口形心的垂直距离；淹没出流作用水头指上下游水面高差。且淹没出流孔口断面上各点作用水头相等，流速与流量与孔口在水面下的深度无关，因此，淹没出流没有大孔口和小孔口之分。

3. 薄壁大孔口自由出流

大孔口可以分解成许多作用水头不相等的小孔口，按小孔口出流公式计算各小孔口流量，然后求和即得大孔口流量。如图 5-4 所示，设矩形大孔口宽为 b，高为 e，孔口上缘作用水头 H_1，孔口下缘作用水头 H_2。

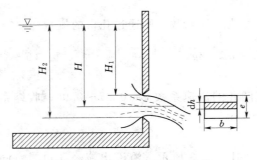

图 5-4　薄壁大孔口自由出流

在孔口取一高度为 dh 的小孔口，设其作用水头为 h，则 $A = b \cdot dh$

$$dQ = \mu\sqrt{2gh}\,dA = \mu b\sqrt{2gh}\,dh$$

整个孔口流量为

$$Q = \int_A dQ = \int_{H_1}^{H_2} \mu b\sqrt{2gh}\,dh$$

$$= \frac{2}{3}\mu b\sqrt{2g}\,(H_2^{\frac{3}{2}} - H_1^{\frac{3}{2}}) \quad (5-6)$$

设大孔口形心处的作用水头为 H，则 $H_1 = H - \frac{e}{2}$，$H_2 = H + \frac{e}{2}$，将 $H_1^{\frac{3}{2}}$ 和 $H_2^{\frac{3}{2}}$ 展开，只保留线性项，得 $H_2^{\frac{3}{2}} - H_1^{\frac{3}{2}} = \frac{3}{2}H^{\frac{1}{2}}e$，代入式 (5-6)，得

$$Q = \mu be\sqrt{2gH} \quad (5-7)$$

大孔口出流的流量系数 μ 的取值可参考见表 5-1。小孔口的流量计算公式也适用于大孔口计算，实际计算也表明是可行的。

表 5-1　　　　大 孔 口 的 μ 值

孔口型式及出流收缩情况	流量系数 μ
中型孔口出流、全部收缩	0.65
大型孔口出流、全部、不完善收缩	0.70
底孔出流、底部无收缩、两侧收缩显著	0.65~0.70
底孔出流、底部无收缩、两侧收缩适度	0.70~0.75
底孔出流、底部和两侧均无收缩	0.80~0.85

注　1. 全部收缩：当孔口边界不与容器的底边、水面和侧边重合时，孔口四周流线均收缩，称为全部收缩孔口；全部收缩孔口又分为完善收缩孔口和不完善收缩孔口。

　　2. 完善收缩：当孔口与壁面净距大于同方向孔口尺寸 3 倍以上时孔口流出的收缩不受壁面影响，这种收缩称为完善收缩，否则称为不完善收缩。

5.2.2　液体流经管嘴的恒定出流

在孔口处接一段长为 $(3\sim4)d$ 的短管，液体经短管流出的水流现象称为管嘴出流。拱坝上的泄水孔、渠壁上的放水孔都属于管嘴出流。液体经管嘴流出时，一般情况下是首先发生液流的收缩，然后扩大到充满全管，收缩断面将有负压出现。

1. 圆柱形外管嘴的恒定出流

如图 5-5 所示为圆柱形外管嘴自由出流。水流入管嘴后，形成水股收缩，在收缩断面 C—C 处水流与管壁分离，其后又逐渐扩大，在管嘴出口处，水流充满管嘴断面流出。取渐变流断面 1—1 和断面 2—2，以通过管嘴中心所在的水平面 0—0 为基准面，列能量方程

$$H + 0 + \frac{\alpha_1 V_1^2}{2g} = 0 + 0 + \frac{\alpha_2 V_2^2}{2g} + h_{w1-2} \quad (5-8)$$

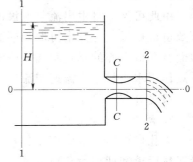

图 5-5　圆柱形外管嘴自由出流

由于沿程水头损失很小，可以忽略不计，$h_{w1-2} = \zeta_n \dfrac{V_2^2}{2g}$。令 $H_0 = H + \dfrac{\alpha_1 V_1^2}{2g}$，整理得

$$V_2 = \frac{1}{\sqrt{1+\zeta_n}} \sqrt{2gH_0} = \varphi_n \sqrt{2gH_0}$$

$$Q = \varphi_n A \sqrt{2gH_0} = \mu_n A \sqrt{2gH_0} \qquad (5-9)$$

式中　V_2——管嘴出口流速；

　　　Q——管嘴流量；

　　　ζ_n——管嘴的局部阻力系数，一般取 $\zeta_n = 0.5$；

　　　φ_n——管嘴流速系数，$\varphi_n = \dfrac{1}{\sqrt{1+\zeta_n}} = \dfrac{1}{\sqrt{1+0.5}} = 0.82$；

　　　μ_n——管嘴流量系数，$\mu_n = \varphi_n = 0.82$；

　　　A——管嘴过流断面面积。

可见在相同作用水头和相同直径情况下，管嘴过流能量比孔口大，工程上常用管嘴作泄水管。

2. 圆柱形外管嘴收缩断面的真空

孔口加上管嘴后，阻力增大，泄流量反而增大，究其原因是收缩断面真空的作用。推导真空值：

列断面 C—C 与出口断面 2—2 能量方程

$$\frac{p_c}{\gamma} + \frac{\alpha v_c^2}{2g} = \frac{p_a}{\gamma} + \frac{\alpha v^2}{2g} + h_w \qquad (5-10)$$

因 $v_c = \dfrac{A}{A_c} v = \dfrac{1}{\varepsilon} v$，局部水头损失为突然扩大损失，故

$$h_w = \zeta_* \frac{v^2}{2g}$$

代入式（5-10），得　　$\dfrac{p_c}{\gamma} = \dfrac{p_a}{\gamma} - \dfrac{\alpha v^2}{\varepsilon^2 2g} + \dfrac{\alpha v^2}{2g} + \zeta_* \dfrac{v^2}{2g}$

把 $v = \varphi \sqrt{2gH_0}$，$\dfrac{v^2}{2g} = \varphi^2 H_0$，$\zeta_* = \left(\dfrac{A_2}{A_1} - 1\right)^2 = \left(\dfrac{1}{\varepsilon} - 1\right)^2$

代入得　　$\dfrac{p_c}{\gamma} = \dfrac{p_a}{\gamma} - \left[\dfrac{\alpha}{\varepsilon^2} - \alpha + \left(\dfrac{1}{\varepsilon} - 1\right)^2\right]\varphi^2 H_0$

对圆柱形管嘴 $\alpha = 1$，$\varepsilon = 0.64$，$\varphi = 0.82$，代入上式，得

$$\frac{p_v}{\gamma} = \frac{p_a - p_c}{\gamma} = 0.75 H_0 \qquad (5-11)$$

式（5-11）表明圆柱形管嘴水流在收缩断面出现真空，其真空值 $0.75H_0$。即圆柱形管嘴收缩断面处的真空度可达作用水头的 0.75 倍。这就相当于把管嘴的作用水头增加了 0.75 倍，也使流量得到了增加。

孔口和管嘴的水力特性见表 5-2。

3. 真空度与作用水头的关系

圆柱形外管嘴保证流量最大的两个限制：

表 5-2　　　　　　　　　　孔口和管嘴的水力特性

	薄壁锐边小孔口	修圆小孔口	圆柱形外管嘴	圆锥形扩张管嘴（$\theta=5°\sim7°$）	圆锥形收敛管嘴	流线形圆管嘴
阻力系数 ζ	0.06		0.5	3.0～4.0	0.09	0.04
收缩系数 ε	0.64	1.00	1.0	1.0	0.98	1.0
流速系数 φ	0.97	0.98	0.82	0.45～0.50	0.96	0.98
流量系数 μ	0.62	0.98	0.82	0.45～0.50	0.94	0.98
出口单位动能 $v^2/2g=\varphi^2 H_0$	$0.95H_0$	$0.96H_0$	$0.67H_0$	$(0.2\sim0.25)H_0$	$0.90H_0$	$0.96H_0$

注　表中所列系数均系对管嘴出口断面而言。

（1）对收缩断面的真空度进行限制，极限值为 $p_v\leqslant7\mathrm{m}$，$[H_0]=\dfrac{7\mathrm{m}}{0.75}=9\mathrm{m}$，即作用水头 $H_0\leqslant9\mathrm{m}$；

（2）管嘴长度：$l=(3\sim4)d$。

5.3　短　管　出　流

5.3.1　短管自由出流

在管道的总水头损失中，沿程水头损失和局部水头损失不能忽略的管路称为短管。有压涵管、倒虹管、水泵的吸水管和压力管等均为短管。

短管的水力计算也分为自由出流和淹没出流两种。

如图 5-6 所示，由开口水池流入的水经短管自由出流，短管长度为 l，直径为 d。以管道出口断面中心点所在的水平面为基准面，取水池中渐变流断面 1—1 和管道出口断面 2—2 列能量方程

$$H+0+\frac{\alpha_1 v_0{}^2}{2g}=0+0+\frac{\alpha v^2}{2g}+h_w \tag{5-12}$$

令

$$H_0=H+\frac{\alpha_1 v_0{}^2}{2g}$$

可得

$$H_0=\frac{\alpha v^2}{2g}+h_w=\frac{\alpha v^2}{2g}+\left(\sum\lambda\frac{l}{d}+\sum\zeta\right)\frac{v^2}{2g}$$

式中　v_0——1—1 断面流速，称为行近流速；

　　　v——管道内断面平均流速；

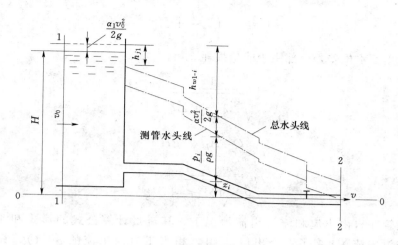

图 5-6 简单短管自由出流

H_0——作用全水头。

取 $\partial = 1$，代入上式整理，得

$$v = \frac{1}{\sqrt{\alpha + \Sigma \lambda \dfrac{l}{d} + \Sigma \zeta}} \sqrt{2gH_0}$$

短管的流量

$$Q = vA = \frac{\pi d^2}{4} \mu_c \sqrt{2gH_0} \qquad (5-13)$$

流量系数

$$\mu_c = \frac{1}{\sqrt{\alpha + \Sigma \lambda \dfrac{l}{d} + \Sigma s}} = \varphi$$

式中 A——过水断面面积，$A = \frac{1}{4}\pi d^2$；

μ_c——短管的流量系数。

行近流速 V_0 及流速水头 $\frac{\alpha_1 v_0^2}{2g}$ 一般很小，可以忽略不计。

$$Q = \mu_c A \sqrt{2gH} \qquad (5-14)$$

式中 H——静水头。

5.3.2 短管淹没出流

短管淹没出流如图 5-7 所示。以下游水池水面为基准面，取上游水池渐变流断面 1—1 和下游水池渐变流断面 2—2，列能量方程

$$H + 0 + \frac{\alpha_1 v_0^2}{2g} = 0 + 0 + \frac{\alpha_2 v_2^2}{2g} + h_w'$$

$$(5-15)$$

v_0，v_2 与 v 相比其值很小，可忽略不计

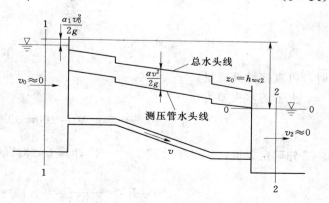

图 5-7 简单短管淹没出流

$$H = h_w = \left(\sum \frac{l}{d} + \sum \zeta \right) \frac{v^2}{2g}$$

H 为两自由面水位差，全部用于能量损耗 h_w

$$v = \frac{1}{\sqrt{\sum \lambda \dfrac{l}{d} + \sum \zeta}} \sqrt{2gH}$$

$$Q = A\mu_c \sqrt{2gH} \tag{5-16}$$

$$\mu_c = \frac{1}{\sqrt{\sum \lambda \dfrac{l}{d} + \sum \zeta}}$$

比较：短管在自由出流和淹没出流情况下，其流量计算公式的形式和流量系数的数值均相等（淹没出流 $\sum \zeta$ 多了一个出口 $\zeta = 1$，相当于自由出流的 $\alpha = 1$），只是作用水头不同（自由出流为上游水池液面至下游出口中心的高度，淹没出流时则指的是上下游水位差）。

5.3.3　短管水力计算的特例

对于短管恒定流，管长、管材、管径、管壁粗糙程度、局部阻力的结构和组成均是确定的，根据一些已知条件，利用公式及方程可解决以下问题：

（1）已知作用水头 H，管径 d，管长 l，沿程阻力系数 λ、局部水头损失的组成，计算通过的流量 Q。

【例 5-1】　有一渠道用两根直径 d 为 1.0m 的混凝土虹吸管来跨过山丘（见图 5-8），渠道上游水面高程 ∇_1 为 100.0m，下游水面高程 ∇_2 为 99.0m，虹吸管长度 l_1 为 8m，l_2 为 12m，l_3 为 15m，中间有 $60°$ 的折角弯头两个，每个弯头的局部水头损失系数 ξ_b 为 0.365，若已知进口水头损失系数 ξ_e 为 0.5；出口水头损失系数 ξ_o 为 1.0。试确定：每根虹吸管的输水能力。

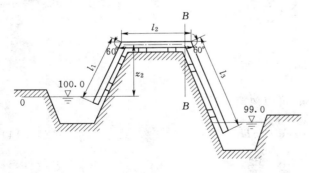

图 5-8　虹吸管

【解】　本题管道出口淹没在水面以下，为淹没出流。当不计行近流速影响时，可直接计算流量：

上下游水头差为

$$z = \nabla_1 - \nabla_2 = 100 - 99 = 1 \text{（m）}$$

先确定 λ 值，用曼宁公式 $C = \frac{1}{n} R^{\frac{1}{6}}$ 计算 C，对混凝土管 $n = 0.014$

则

$$C = \frac{1}{n} R^{\frac{1}{6}} = \frac{1}{0.014} \times \left(\frac{1}{4} \right)^{\frac{1}{6}} = 56.7 \text{（m}^{\frac{1}{2}}\text{/s）}$$

故
$$\lambda = \frac{8g}{C^2} = \frac{8 \times 9.8}{56.7^2} = 0.024$$

管道系统的流量系数
$$\mu_c = \frac{1}{\sqrt{\lambda \frac{1}{d} + \xi_e + 2\xi_b + \xi_0}} = \frac{1}{\sqrt{0.024 \times \frac{35}{1} + 0.5 + 0.73 + 1}} = \frac{1}{\sqrt{3.07}} = 0.571$$

每根虹吸管的输水能力:
$$Q = \mu_c A \sqrt{2gz} = 0.571 \times \frac{3.14 \times 1^2}{4} \times \sqrt{2 \times 9.8 \times 1} = 1.985 \; (\text{m}^3/\text{s})$$

(2)已知流量 Q,管径 d,管长 l,沿程阻力系数 λ、局部水头损失的组成,确定水箱、水塔水位标高或水泵扬程 H 值。

(3)已知流量 Q,水头 H,管长 l,沿程阻力系数 λ、局部水头损失的组成,设计管道断面,计算管径 d。

【例 5-2】 一横穿河道的钢筋混凝土倒虹吸管,如图 5-9 所示。已知通过流量 Q 为 $3\text{m}^3/\text{s}$,倒虹吸管上下游渠中水位差 z 为 3m,倒虹吸管长 l 为 50m,其中经过两个 $30°$ 的折角转弯,其局部水头损失系数 ξ_b 为 0.20;进口局部水头损失系数 ξ_e 为 0.5,出口局部水头损失系数 ξ_0 为 1.0,上下游渠中流速 v_1 及 v_2 为 1.5m/s,管壁粗糙系数 $n = 0.014$。试确定倒虹吸管直径 d。

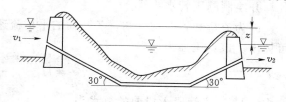

图 5-9 倒虹吸管

【解】 倒虹吸管一般作短管计算。本题管道出口淹没在水下;而且上下游渠道中流速相同,流速水头消去。

因
$$Q = \mu_c A \sqrt{2gz} = \mu_c \frac{\pi d^2}{4} \sqrt{2gz}$$

所以
$$d = \sqrt{\frac{4Q}{\mu_c \pi \sqrt{2gz}}}$$

而
$$\mu_c = \frac{1}{\sqrt{\lambda \frac{l}{d} + \Sigma \xi}}$$

因为沿程阻力系数 λ 或谢才系数 C 都是 d 的复杂函数,因此需用试算法。

先假设 $d = 0.8\text{m}$,计算沿程阻力系数
$$C = \frac{1}{n} R^{\frac{1}{6}} = \frac{1}{0.014} \times \left(\frac{0.8}{4}\right)^{\frac{1}{6}} = 54.62 \; (\text{m}^{\frac{1}{2}}/\text{s})$$

故
$$\lambda = \frac{8g}{C^2} = \frac{8 \times 9.8}{54.62^2} = 0.0263$$

又因为
$$\mu_c = \frac{1}{\sqrt{\lambda \frac{l}{d} + \xi_e + 2\xi_b + \xi_0}} = \frac{1}{\sqrt{0.0263 \times \frac{50}{0.8} + 0.5 + 2 \times 0.2 + 1}} = \frac{1}{\sqrt{3.54}} = 0.531$$

可求得

$$d = \sqrt{\frac{4 \times 3}{0.531 \times 3.14 \times \sqrt{2 \times 9.8 \times 3}}} = 0.97 \ (\text{m})$$

与假设不符，故再假设 $d = 0.95$m，重新计算

$$C = \frac{1}{0.014} \times \left(\frac{0.95}{4}\right)^{\frac{1}{6}} = 56.21 \text{m}^{\frac{1}{2}}/\text{s}, \lambda = \frac{8 \times 9.8}{56.21^2} = 0.0248$$

得

$$\mu_c = \frac{1}{\sqrt{0.0248 \times \frac{50}{0.95} + 0.5 + 0.4 + 1}} = 0.558$$

$$d = \sqrt{\frac{4 \times 3}{0.558 \times 3.14 \times \sqrt{2 \times 9.8 \times 3}}} = 0.945 \ (\text{m})$$

因为所得直径已和第二次假设值非常接近，故采用管径 d 为 0.95m。

（4）分析计算沿管道各过水断面的压强。先分析沿管道总流测压管水头的变化情况，再计算并绘制测压管水头线。

因为流量和管径均已知，各断面的平均流速可求出，入口到任一断面的全部水头损失也可算出。该点压强为

$$\frac{p_i}{\rho g} = H_1 - z_i - \frac{\alpha_i v_i^2}{2g} - h_{wi} \tag{5-17}$$

式中　H_1——管段入口前的总水头。

由此可绘出总水头线和测压管水头线。管内压强可为正值也可为负值。当管内存在有较大负压时，可能产生空化现象。

（5）实际应用：虹吸管和水泵装置的水力计算。

1）虹吸管的水力计算。虹吸管是一种压力输水管道，其顶部高程高于上游供水水面。特点：顶部真空理论上不能大于 $10\text{mH}_2\text{O}$，一般其真空值控制在 $7 \sim 8\text{mH}_2\text{O}$；虹吸管长度一般不大，应按短管计算。

【例 5-3】　如图 5-10 所示用虹吸管将河水引入水池，已知河道与水池间的恒定水位高差 $z = 2.6$m，选用铸铁管，铸铁管的粗糙系数 $n = 0.0125$，直径 $d = 0.35$m，每个弯头的局部阻力系数 $\zeta_2 = \zeta_3 = \zeta_5 = 0.2$，阀门局部阻力系数 $\zeta_4 = 0.15$，入口网罩的局部阻力系数 $\zeta_1 = 5.0$，出口淹没在水面下，管线上游 AB 段长 15m，下游 BC 段长 20m，虹吸管顶部的安装高度 $h_s = 5$m，试确定虹吸管的输水量，并核对管顶断面的安装高度 h_s 是否大于允许值。

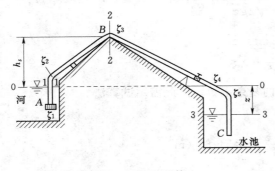

图 5-10　虹吸管

【解】　因为 $d = 0.35$，所以 $R = \frac{d}{4} = \frac{0.35}{4}$

$= 0.0875 \ (\text{m})$

$$C = \frac{1}{n} R^{\frac{1}{6}} = \frac{1}{0.0125} \times 0.0875^{\frac{1}{6}} = 53.3 \ (\text{m}^{\frac{1}{2}}/\text{s})$$

$$\lambda = \frac{8g}{C^2} = \frac{8 \times 9.8}{53.3^2} = 0.0276$$

取断面 0—0、断面 1—1 和断面 3—3，对断面 1—1 和断面 3—3 应用能量方程，得

$$Z + 0 + 0 = 0 + 0 + 0 + h_w \Rightarrow Z = h_w$$

所以

$$h_w = \lambda \frac{l}{d} \frac{V^2}{2g} + \sum \zeta \frac{V^2}{2g} = 0.0276 \times \frac{15+20}{0.35} \times \frac{V^2}{2 \times 9.8} + (5.0 + 0.2 \times 3 + 0.15 + 1)$$

$$\times \frac{V^2}{2 \times 9.8} = Z = 2.6$$

$$\frac{V^2}{2 \times 9.8} \times \left(0.0276 \times \frac{35}{0.35} + 5 + 0.6 + 0.15 + 1 \right) = 2.6 \Rightarrow V = 2.31 \ (\text{m/s})$$

$$Q = \frac{\pi d^2}{4} V = \frac{\pi \times 0.35^2}{4} \times 2.31 = 0.223 \ (\text{m}^3/\text{s})$$

取断面 0—0，断面 1—1 和断面 2—2，对断面 1—1 和断面 2—2 应用能量方程，得

$$0 + 0 + 0 = h_s + \frac{p_2}{\gamma} + \frac{\alpha_2 V_2^2}{2g} + \lambda \frac{l_{AB}}{d} \frac{V_2^2}{2g} + (\zeta_1 + \zeta_2 + \zeta_3) \frac{V_2^2}{2g}$$

$$\Rightarrow 5 + \frac{p_2}{\gamma} + \left(1 + 0.0276 \times \frac{15}{0.35} + 5.0 + 0.2 + 0.2 \right) \frac{V_2^2}{2g} = 0$$

所以

$$\frac{p_2}{\gamma} = -\left(5 + \frac{2.31^2}{2 \times 9.8} \times 7.583 \right) = -7.06 \ (\text{m})$$

$h_v = 7.06 \ (\text{mH}_2\text{O})$ 在 $7 \sim 8 \text{mH}_2\text{O}$ 的控制允许范围内。

2）水泵装置的水力计算。在设计水泵装置系统时，水力计算包括吸水管及压力水管的计算。吸水管属于短管，压力水管则根据不同情况按短管或长管计算。

一个抽水系统通过水泵转动转轮的作用，在水泵进水口形成真空，使水流在池面大气压强的作用下沿吸水管上升，流经水泵时从水泵获得新的能量，进入压力管，再流入水塔或用水点。

a）吸水管的水力计算包括吸水管的管径和水泵的最大允许安装高程。吸水管管径一般是根据允许流速计算。通常吸水管的允许流速为 $0.8 \sim 2.0 \text{m/s}$。流速确定后管径为

$$d = \sqrt{\frac{4Q}{\pi v}}。$$

水泵的最大允许安装高程，取决于水泵的最大允许真空度 h_v 以及吸水管水头损失 h_w。计算方法和虹吸管允许安装高程的计算方法相同。

b）压力水管的水力计算包括确定压力水管的管径和水泵的装机容量。压水管管径一般是根据经济流速确定，重要工程应选择几个方案，进行技术经济比较。对于给排水管道，可按下式确定

$$d = xQ^{0.8}$$

具体计算可参见例题。

【例 5 - 4】 如图 5 - 11 所示，欲从水池取水，离心泵管路系统布置如图所示，水泵流量 $Q = 25 \text{m}^3/\text{h}$，吸水管长 $l_1 = 3.5 \text{m}$，$l_2 = 1.5 \text{m}$。压水管长 $l_3 = 20 \text{m}$。水泵提水高度 $z = 18 \text{m}$。水泵最大真空度不超过 6m，水流沿程阻力系数 $\lambda = 0.046$，试确定水泵的允许安

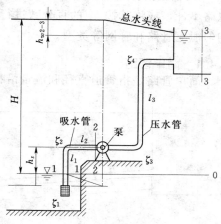

图 5 - 11 离心泵管路系统

装高度并计算水泵的扬程。

【解】　（1）取吸水管经济流速 $V=1.6\text{m/s}$。

所以 $d_1=\sqrt{\dfrac{4Q}{\pi V}}=\sqrt{\dfrac{4\times25}{\pi\times1.6\times3600}}=0.0743$（m）

取 $d_1=0.075\text{m}$

则 $V_1=\dfrac{4Q}{\pi d_1^2}=\dfrac{4\times25}{\pi\times0.075^2\times3600}=1.57$（m/s）

取 0—0 基准面，取过水断面 1—1、断面 2—2，对断面 1—1 和断面 2—2 应用能量方程，得

$$0+0+0=h_s+\frac{p_2}{\gamma}+\frac{\alpha_2V_2^2}{2g}+h_{w1-2}$$

查表得 $\zeta_1=8.5$，$\zeta_2=\zeta_3=\zeta_4=0.294$

所以 $h_s=-\dfrac{p_2}{\gamma}-\dfrac{\alpha_2V_2^2}{2g}-h_{w1-2}=6.0-\dfrac{1.0\times1.57^2}{2\times9.8}-h_{w1-2}$

$h_{w1-2}=\lambda\times\dfrac{l_1+l_2}{d}\times\dfrac{V_1^2}{2g}+(\zeta_1+\zeta_2)\times\dfrac{V_1^2}{2g}=\left(0.046\times\dfrac{5}{0.075}+8.5+0.294\right)$

$\times\dfrac{1.57^2}{2\times9.8}=1.49$（m）

所以 $h_s=6-\dfrac{1.57^2}{2\times9.8}-1.49=4.38$（m）

$l_1=4.38\text{m}$，所以方案可行。

（2）$h_{w2-3}=\left(\lambda\dfrac{l_3}{d}+\sum\zeta\right)\dfrac{V_2^2}{2g}=\left(0.046\times\dfrac{20}{0.075}+2\times0.294+1.0\right)\times\dfrac{1.57^2}{2\times9.8}=1.74$（m）

取 0—0 基准面，取过水断面 1—1、断面 3—3，对断面 1—1 和断面 3—3 应用能量方程，得

$$H=z+0+0+h_w\Rightarrow H=z+h_{w1-2}+h_{w2-3}=18+1.49+1.74=21.23\text{（m）}$$

5.4　长管的水力计算

长管是指管流的流速水头和局部水头损失的总和与沿程水头损失相比很小，计算时可忽略不计，或将其按 h_f 的百分数进行估算。长管有简单管路、串联管路、并联管路、沿程均匀泄流管路和管网等类型。

5.4.1　简单管路

简单管路是指管道直径和流量沿程不变且没有分支的管道。

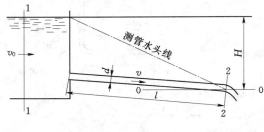

图 5-12　简单长管

如图 5-12 所示为又水池引出的简单管路自由出流，管径 d，管长 l，沿程阻力系数 λ，管路出口中心距水池水面高度 H，H 为作用静水头。

以出口断面中心点所在水平面为基准面，列断面 1—1、断面 2—2 能量方程

$$H+0+\frac{\alpha_1V_0^2}{2g}=0+0+\frac{\alpha_2V_2^2}{2g}+h_{w1-2}\qquad(5-18)$$

长管的局部水头损失和流速水头可以忽略不计，则

$$H=\lambda \frac{l}{d}\times \frac{v^2}{2g}=h_f$$

因为

$$v=\frac{Q}{A}=\frac{4Q}{\pi d^2}$$

则

$$\frac{v^2}{2g}=\frac{16Q^2}{\pi^2 d^4 2g}=\frac{8Q^2}{g\pi^2 d^4}$$

所以

$$H=\lambda \frac{l}{d}\frac{v^2}{2g}=\frac{8\lambda Q^2 l}{g\pi^2 d^5} \qquad (5-19)$$

令 $a=\dfrac{8\lambda}{g\pi^2 d^5}$，则

$$H=alQ^2=sQ^2 \qquad (5-20)$$

式中　a——管道比阻，指单位流量通过单位长度管道的水头损失，与 λ 和 d 有关；

　　　　s——管道摩阻，指单位流量通过某管道的水头损失，与比阻和管长均有关；

　　　　a——比阻。

计算 a 的常用方法：目前国内常用舍维列夫公式和巴甫洛夫斯基公式，西方国家常用海曾—威廉公式和柯列布鲁克公式。

1. 舍维列夫公式

适用于对旧钢管、旧铸铁管。

紊流过渡区：$v\geqslant 1.2\text{m/s}$ 时

$$a=\frac{0.001736}{d^{5.3}} \qquad (5-21)$$

粗糙区，管道流速：$v<1.2\text{m/s}$ 时

$$a'=0.852\times \left(1+\frac{0.867}{V}\right)^{0.3}\left(\frac{0.001736}{d^{5.3}}\right)=Ka \qquad (5-22)$$

式中　K——修正系数。

$$K=0.852\times \left(1+\frac{0.867}{V}\right)^{0.3} \qquad (5-23)$$

水温 10℃时，各种流速下的 K 值见表 5-3。

表 5-3　　　　　　　　　　　　　　比阻的修正系数 K

V（m/s）	K	V（m/s）	K	V（m/s）	K
0.2	1.41	0.50	1.15	0.80	1.06
0.25	1.33	0.55	1.13	0.85	1.05
0.30	1.28	0.60	1.115	0.90	1.04
0.35	1.24	0.65	1.10	1.0	1.03
0.40	1.20	0.70	1.085	1.1	1.015
0.45	1.175	0.75	1.07	≥1.2	1.00

流速 $V\geqslant 1.2\text{m/s}$ 时，钢管和铸铁管的比阻见表 5-4 和表 5-5。

表 5 - 4　　　　　　　　　　　　钢管的比阻值（s^2/m^6）

公称直径 （mm）	a （Q 以 m^3/s 计）	公称直径 （mm）	a （Q 以 m^3/s 计）	公称直径 （mm）	a （Q 以 m^3/s 计）
15	8.809×10^6	150	44.95	450	0.1089
20	1.643×10^6	175	18.96	500	0.06222
25	436.7×10^3	200	9.273	600	0.02384
32	93.86×10^3	225	4.822	700	0.01150
40	44.53×10^3	250	2.583	800	0.005665
50	11.08×10^3	275	1.535	900	0.003034
70	2.893×10^3	300	0.9392	1000	0.001736
80	1.168×10^3	325	0.6088	1200	0.0006605
100	267.4	350	0.4078	1300	0.0004322
125	106.2	400	0.2062	1400	0.0002918

表 5 - 5　　　　　　　　　　　　铸铁管的比阻值（s^2/m^6）

内径 （mm）	a （Q 以 m^3/s 计）	内径 （mm）	a （Q 以 m^3/s 计）
50	15190	400	0.2232
75	1709	450	0.1195
100	365.3	500	0.06839
150	41.85	600	0.02602
200	9.029	700	0.01150
250	2.752	800	0.005665
300	1.025	900	0.003034
350	0.4529	1000	0.001736

2. 巴甫洛夫斯基公式

对混凝土管、钢筋混凝土管　　$n = 0.013, a = 0.001743 \dfrac{1}{d^{5.33}}$

$$n = 0.014, a = 0.002021 \frac{1}{d^{5.33}} \tag{5-24}$$

式中　n——管壁粗糙系数。

混凝土管和钢筋混凝土管的比阻可参考表 5 - 6

表 5 - 6　　　　　　　　　　　　混 凝 土 管 的 比 阻 值

内径 （mm）	$n=0.013$ a（Q 以 m^3/s 计）	$n=0.014$ a（Q 以 m^3/s 计）	内径 （mm）	$n=0.013$ a（Q 以 m^3/s 计）	$n=0.014$ a（Q 以 m^3/s 计）
100	373	432	500	0.0701	0.0813
150	42.9	49.8	600	0.02653	0.03076
200	9.26	10.7	700	0.01167	0.01353
250	2.82	3.27	800	0.00573	0.00664
300	1.07	1.24	900	0.00306	0.00354
400	0.23	0.267	1000	0.00174	0.00202

3. 海曾—威廉公式

$$h_f = \frac{10.67 Q^{1.852} l}{C^{1.852} d^{4.87}}$$

(5-25)

式中　C——系数，其值见表 5-7；

　　　l——管长，m；

　　　Q——流量，m^3/s；

　　　d——管径，m。

表 5-7　　　　　　　　　　　　海曾—威廉公式的 C 值

管道类别	C 值	管道类别	C 值
塑料管	150	混凝土管、焊接钢管	120
新铸铁管、涂沥青或水泥的铸铁管	130	旧铸铁管和旧钢管	100

4. 柯列布鲁克公式

$$\frac{1}{\sqrt{\lambda}} = -2\lg\left(\frac{\Delta}{3.7d} + \frac{2.51}{Re\sqrt{\lambda}}\right)$$

(5-26)

式中　λ——沿程阻力系数；

　　　Δ——当量粗糙度，以 mm 计，参见表 5-8；

　　　d——管径，m；

　　　Re——雷诺数。

表 5-8　　　　　　　　　　　　当量粗糙度 Δ 值

管道类别	Δ 值（mm）	管道类别	Δ 值（mm）
涂沥青铸铁管	0.05~0.125	石棉水泥管	0.03~0.04
涂水泥铸铁管	0.50	离心法钢筋混凝土管	0.04~0.25
涂沥青钢管	0.05	塑料管	0.01~0.03
镀锌钢管	0.125		

5.4.2　串联管路

由流量不同或直径不同的几根简单管段首尾依次连接的管路称为串联管路，如图 5-13 所示。串联管路各管段长度、管径、流量或流速一般不相同，所以应分段计算水头损失。

设串联管路各管段长度、直径、流量和比阻分别用 l_i、d_i、Q_i、a_i 表示，则串联管路总水头损失为

$$h_w = \sum_{i=1}^{n} h_{fi} = \sum_{i=1}^{n} a_i l_i Q_i^2 \quad (5-27)$$

式中　n——管段总数。

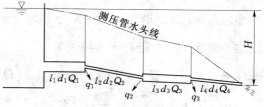

图 5-13　串联管路

串联管路的流量应符合连续性方程。任意两根简单管段的交点称为节点，则连续性方程可以描述为流进节点的流量和流出节点的流量相等，即

$$Q_i = q_i + Q_{i+1}$$

(5-28)

式中　q_i——串联管路的第 i 根管段末端流出整个串联管路的流量。

5.4.3　并联管路

两根或两根以上的管段从同一点分开又在同一点汇合的管路称为并联管路，如图 5-14 所示。

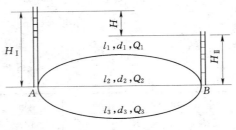

图 5-14　并联管路

并联管路一般按长管计算。并联管路的水力特征是所有并联管段的水头损失相等。

即

$$h_{f1}=h_{f2}=\cdots=h_{fn}\ \text{或}$$
$$a_1\,l_1\,Q_1{}^2=a_2\,l_2\,Q_2{}^2=\cdots=a_n\,l_n\,Q_n{}^2$$

$$(5-29)$$

式中　n——并联管段的数目。

设并联管路通过的总流量为 Q，摩阻为 s，则

$$\begin{cases} Q=Q_1+Q_2+\cdots+Q_n \\ sQ^2=s_1\,Q_1{}^2=s_2\,Q_2{}^2=\cdots=s_n\,Q_n{}^2 \end{cases}$$

$$(5-30)$$

可推得

$$\frac{1}{\sqrt{s}}=\frac{1}{\sqrt{s_1}}+\frac{1}{\sqrt{s_2}}+\cdots+\frac{1}{\sqrt{s_n}}$$

$$(5-31)$$

5.4.4　沿程均匀泄流管路

沿程分配或泄出流量的管路称为沿程泄流管路。例如人工降雨管道、各类穿孔配水管、滤池的反冲洗管等均为沿程泄流管路。通常沿程泄流量是不均匀的，若单位长度上泄出的流量均为 q 则为沿程均匀泄流管路。这里仅研究沿程均匀泄流管路。

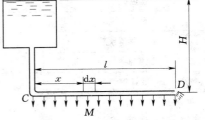

如图 5-15 所示，管道 CD 长度为 l，作用水头为 H，管道末端流出的流量为转输流量 Q_t，沿程均匀泄流的总流量为 Q_l，则 C 点流入的总流量为 $Q=Q_t+Q_l$，在距离 C 点为 x 的管道断面流量为

$$Q_x=Q_t+\frac{l-x}{l}Q_l \qquad (5-32)$$

图 5-15　沿程均匀泄流管路

在微小流段 $\mathrm{d}x$ 内的沿程水头损失为　$\mathrm{d}h_f=aQ_x{}^2\mathrm{d}x=a\left(Q_t+\frac{l-x}{l}Q_l\right)^2\mathrm{d}x$

整个管道 CD 的沿程水头损失为

$$H=h_{fCD}=\int\mathrm{d}h_f=\int_0^l aQ_x{}^2\mathrm{d}x=\int_0^l a\left(Q_t+\frac{l-x}{l}Q_l\right)^2\mathrm{d}x=al\left(Q_t{}^2+Q_tQ_l+\frac{1}{3}Q_l{}^2\right)$$
$$\approx al(Q_t+0.5Q_l)^2=alQ_r{}^2$$

$$(5-33)$$

式中　Q_r——沿程均匀泄流管道的折算流量，$Q_r=Q_t+0.5Q_l$；

　　　　a——管道比阻。

当 $Q_l=0$，$h_{fCD}=alQ_t^2$；

当 $Q_t=0$，$h_{fCD}=\dfrac{1}{3}alQ_l^2$

$$(5-34)$$

习   题

5.1 容器器壁上开有直径为 20mm 的圆形孔口，在恒定作用水头 $H=0.8$m 作用下，测得流量为 0.772L/s，试求孔口的流量系数。

5.2 如图所示，为使水均匀进入沉淀池，在池子进口设穿孔墙。穿孔墙上开有边长为 80mm 的方形孔 14 个，总流量为 110L/s，不计墙厚及孔间相互影响。若流量系数为 0.62，求穿孔墙前后的水位差。

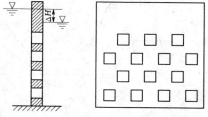

题 5.2 图

5.3 作用水头恒为 2m，直径 20mm 的薄壁小孔口，流量系数为 0.62；相同条件下在孔口处接一圆柱形外伸管嘴，管嘴直径为 20mm，流量系数 0.82，试求孔口流量 Q_H，管嘴流量 Q_P 及自由出流时管嘴内的真空度 $\dfrac{p_v}{\gamma}$。

5.4 某管嘴作用水头 2.8m，管径 0.5m，泄流量为 1.368m³/s，试求该管嘴的流量系数。

5.5 某管嘴作用水头 6m，泄流量为 12m³/s，已知流量系数为 0.98，试求该管嘴的直径。

5.6 如图所示水箱，用薄隔板分成 A、B 两室。隔板上开一直径 40mm 的孔口；在 B 室底部设一圆柱形外管嘴，直径为 30mm。已知 $h=0.5$m，$H=3$m，水流为恒定出流，管嘴流量系数为 0.82，孔口流量系数为 0.62。试求 A、B 两室的水位差 ΔH 及水箱出流流量 Q。

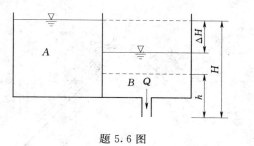

题 5.6 图

题 5.7 图

5.7 如图所示，坝下埋设一预制混凝土引水管，直径 D 为 1m，长 40m，进口处有一道平板闸门控制流量，引水管出口底部高程 62.00m，当上游水位为 70.00m，下游水位为 60.50m，闸门全开时能引多大流量？

5.8 如图所示，倒虹吸管采用 500mm 直径的铸铁管，长 l 为 125m，进水口水位高程差为 5m，根据地形，两转弯角各为 60°和 50°，上下游渠道流速相等。问能通过多大流量？并绘出该虹吸管的测压管水头线及总水头线。

5.9 水泵自吸水井抽水，吸水井与蓄水池用自流管相接，其水位均不变，如图所示。水泵安装高度 z_s 为 4.5m；自流管长 l 为 20m，直径 d 为 150mm；水泵吸水管长 l_1 为 12m，直径 d_1 为 150mm；自流管与吸水管的沿程阻力系数 $\lambda=0.03$；自流管滤网的局部水头损失

系数 $\zeta=2.0$；水泵底阀的局部水头损失系数 $\zeta=9.0$；90°弯头的局部水头损失系数 $\zeta=0.3$；若水泵进口真空值不超过 $6m\ H_2g$，求水泵的最大流量是多少？在这种流量下，水池与水井的水位差 z 将为若干？

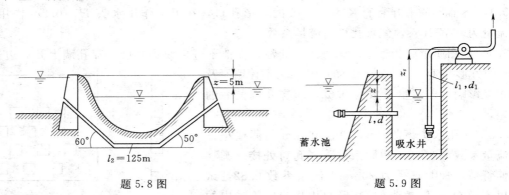

题 5.8 图　　　　　　　　　题 5.9 图

5.10　如图所示，用水泵提水灌溉，水池水面高程 179.50m，河面水位 155.00m；吸水管为长 4m、直径 200mm 的钢管，设有带底阀的莲蓬头（$\zeta=5.2$）及 45°弯头一个；压力水管为长 50m、直径 150mm 的钢管，设有逆止阀（$\zeta=1.7$）、闸阀（$\zeta=0.1$）、45°的弯头各一个，机组效率为 80%；已知流量为 $50000cm^3/s$，问要求水泵有多大扬程？

5.11　如图所示，用虹吸管从蓄水池引水灌溉。虹吸管采用直径 0.4m 钢管，管道进口处安装一莲蓬头，有 2 个 40°转角；上下游水位差 H 为 4m；上游水面至管顶高程 z 为 1.8m；管段长度 l_1 为 8m，l_2 为 4m，l_3 为 12m。要求计算：

（1）通过虹吸管的流量为多少？

（2）虹吸管中压强最小的断面在哪里，其最大真空值是多少？

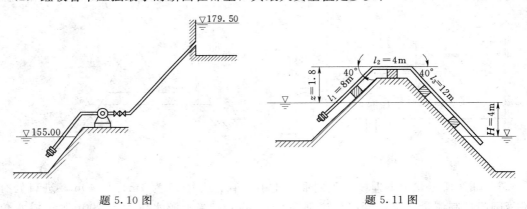

题 5.10 图　　　　　　　　　题 5.11 图

5.12　如图所示，水泵压水管为铸铁管，向 B、C、D 点供水。D 点的服务水头为 4m；A、B、C、D 点在同一高程上。已知 $q_B=10000cm^3/s$，$q_c=5000cm^3$，$q_D=10000cm^3/s$；管径 $d_1=200mm$，管长 $l_1=500m$；管径 $d_2=150mm$，管长 $l_2=450m$；管径 $d_3=100mm$，管长 $l_3=300m$，求水泵出口处压强应为若干？

5.13　如图所示，水塔的供水管道 ABCD 为铸铁管。BC 段上有并联管道 2 及管道 3。水

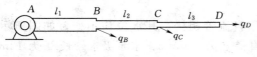

题 5.12 图

自 D 点出流时，要求该断面的相对压强水头 $\frac{p_D}{\rho g}$ 为 8m，流量 Q_D 为 20L/s。B 点的出流量 q_B 为 45L/S。CD 为均匀泄流管道，单位长度管道的泄流量 q 为 $100\text{cm}^3/\text{s}\cdot\text{m}$。管段 AB 的长度 l_1 为 500m，管径 d_1 为 250mm；B 点和 C 点之间的两条并联管道的长度及直径分别为 l_2 为 350m，d_2 为 150mm；l_3 为 700mm，d_3 为 150mm，管段 CD 的长度和直径分别为 l_4 为 300m，d_4 为 200mm。试决定并联管道的流量 Q_2 和 Q_3，并计算水塔水面与管道出口断面 D 的高差 H。

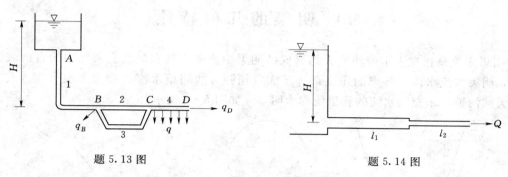

题 5.13 图　　　　　　　　　　　题 5.14 图

5.14　如图所示，一条串联管道自水池引水至大气中。第一段管道长 l_1 为 24m，直径 d_1 为 75mm；第二段管道长 l_2 为 15m，直径 d_2 为 50mm；管道流量 Q 为 2.8L/s；管道进口为锐缘形，两段管道的连接处为突然缩小管件。两管的沿程损失系数分别是 $\lambda_1 = 0.0232$，$\lambda_2 = 0.0192$。求所需水头 H，并绘制测压管水头线和总水头线。

5.15　一条分叉管路连接水池 A、B、C，如图所示。设 1、2、3 段管道的直径及长度分别为 d_1 为 60cm，l_1 为 900m；d_2 为 45cm，l_2 为 300m，d_3 为 40cm，l_3 为 1200m。管道为新钢管，水池 A、B、C 的水面高程分别为：∇_A 为 30m，∇_B 为 18m，∇_C 为 0m。求通过各管的流量 Q_1、Q_2、Q_3。

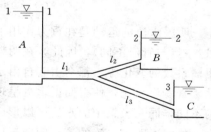

题 5.15 图

5.16　水自水池 A 沿水平设置的铸铁管流入水池 B 随后流入水池 C。水管直径 d 为 200m，A 池水深 H_0 为 4m，C 池水深 H_2 为 1m。管道的沿程损失系数 $\lambda = 0.026$。两条管段的长度分别是 l_1 为 30m，l_2 为 50m。求水池 B 的水深 H_1。

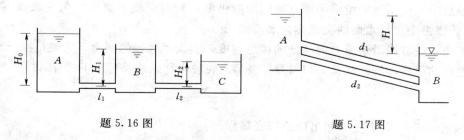

题 5.16 图　　　　　　　　　　题 5.17 图

5.17　用长度为 l 的两根平行管路由水池 A 向水池 B 引水，管道直径 $d_2 = 2d_1$，如图所示。两管的粗糙系数 n 相同，局部水头损失不计，试求两管的流量比。

第6章 明渠恒定流

6.1 明渠的几何特性

明渠水流是指在人工修建或天然形成的明渠中流动，具有显露在大气中的自由表面的水流，明渠水流水面上各点的压强都等于大气压强。故明渠水流又称为无压水流。人工渠道、天然河道、未充满水流的管道统称为明渠，如图6-1所示。

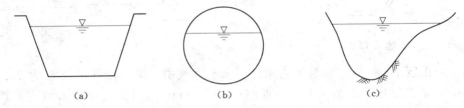

图6-1 明渠水流断面形态
（a）人工渠道；（b）未充满管流；（c）天然河道

明渠水流的运动是在重力作用下形成的。在流动过程中，自由水面不受固体边界的约束（这一点与管流不同），因此，在明渠中如有干扰出现，例如底坡的改变、断面尺寸的改变、粗糙系数的变化等，都会引起自由水面的位置随之升降，即水面随时空变化，这就导致了运动要素发生变化，使得明渠水流呈现出比较多的变化。在一定流量下，由于上下游控制条件的不同，同一明渠中的水流可以形成各种不同形式的水面线。正因为明渠水流的上边界不固定，故解决明渠水流的流动问题远比解决有压流复杂得多。

明渠水流可以是恒定流或非恒定流，也可以是均匀流或非均匀流，非均匀流也有急变流和渐变流之分。对明渠水流而言，当然也有层流和紊流之分，但绝大多数水流（渗流除外）为紊流，并且接近或属于紊流阻力平方区。

6.1.1 明渠的底坡

沿渠道中心线所做的铅垂平面（即明渠的纵断面）与渠底的交线称为底坡线（渠底线、河底线）。该铅垂面与水面的交线称为水面线。

为了表示底坡线沿水流方向降低的缓急程度，引入了底坡的概念。底坡是指沿水流方向单位长度内的渠底高程降落值，以符号 i 表示。底坡也称纵坡，可用下式计算

$$i = -\frac{\mathrm{d}Z_0}{\mathrm{d}l} = \frac{z_{01} - z_{02}}{\Delta l} = \sin\theta \qquad (6-1)$$

式中　z_{01}、z_{02}——渠道进口和出口的槽底高程；

　　　　Δl——渠道进口和出口间的流程长度；

　　　　θ——底坡线与水平线之间的夹角，如图6-2所示。

通常由于 θ 角很小，故常以两断面间的水平距离来代替流程长度，即 $\sin\theta = \tan\theta$。

根据底坡的正负，可将明渠分为如下三类：$i > 0$ 称为正坡或顺坡；$i = 0$ 称为平坡；$i < 0$ 称为负坡、逆坡或反坡。如图 6-3 所示。人工渠道三种底坡类型均可能出现，但在天然河道中，长期的水流运动形成的往往是正坡。

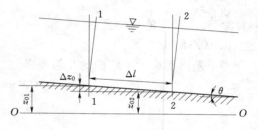

图 6-2　明渠底坡

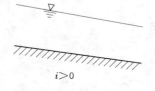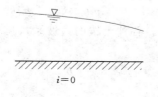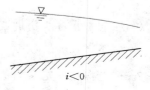

图 6-3　底坡类型

6.1.2　明渠的横断面

1. 按横断面的形状分类

渠道的横断面形状有很多种。人工修建的明渠，为便于施工和管理，一般为规则断面，常见的有梯形断面、矩形断面、U 形断面等，具体的断面形式还与当地地形及筑渠材料有关。天然河道一般为无规则断面，不对称，由主槽与滩地组成，如图 6-1 所示。

在今后的分析计算中，常用的是渠道的过水断面的几何要素，主要包括：过水断面面积 A、湿周 χ、水力半径 R、水面宽度 B。

2. 按横断面形状尺寸沿流程是否变化分类

根据横断面形状尺寸沿程是否变化，渠道可分为棱柱体渠道和非棱柱体渠道。

棱柱体明渠是指断面形状尺寸沿流程不变的长直明渠。在棱柱体明渠中，过水断面面积只随水深变化，即 $A = A(h)$。轴线顺直断面规则的人工渠道、涵洞、渡槽等均属此类。

非棱柱体明渠是指断面形状尺寸沿流程不断变化的明渠。在非棱柱体明渠中，过水断面面积除随水深变化外，还随流程变化，即 $A = A(h, s)$。常见的非棱柱体明渠是渐变段（如扭面），另外，断面不规则，主流弯曲多变的天然河道也是非棱柱体明渠的例子。

棱柱体和非棱柱体渠道，如图 6-4 所示。

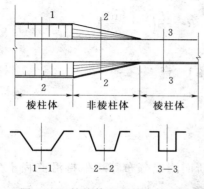

图 6-4　棱柱体和非棱柱体渠道

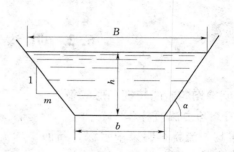

图 6-5　梯形断面明渠过水断面的几何要素

133

6.1.3 过水断面的几何要素

1. 梯形断面

梯形断面明渠过水断面的几何要素，见图 6 - 5。

$$A=(b+mh)h=(\beta+m)h^2 \tag{6-2}$$

$$R=\frac{A}{\chi} \tag{6-3}$$

$$\chi=b+2h\sqrt{1+m^2}=(\beta+2\sqrt{1+m^2})h \tag{6-4}$$

$$B=b+2mh=(\beta+2m)h \tag{6-5}$$

式中　b——底宽；m 为边坡系数，各种土壤的边坡系数见表 6 - 1；

　　　h——水深；

　　　β——宽深比，定义为

$$\beta=\frac{b}{h} \tag{6-6}$$

表 6 - 1　　　　　　　　　　　　各种土壤的边坡系数

土壤种类	边坡系数 m	土壤种类	边坡系数 m
细　砂	3.0～3.5	黏土和密实黄土	1.0～1.5
砂壤土和松散壤土	2.0～2.5	风化的岩石	0.25～0.5
密实壤土和轻砂壤土	1.5～2.0	未风化的岩石	0.00～0.25

2. 矩形断面

把梯形断面几何要素计算公式中取 $m=0$，可得形断面几何要素计算公式。

3. 圆形断面

圆形断面明渠过水断面的几何要素，见图 6 - 6。

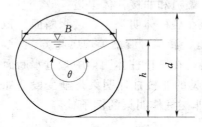

图 6 - 6　圆形断面明渠过水断面
的几何要素

水深　　　　　$h=\dfrac{d}{2}\left(1-\cos\dfrac{\theta}{2}\right)$

水面宽　　　　$B=d\sin\dfrac{\theta}{2}$

过水断面面积　$A=\dfrac{d^2}{8}(\theta-\sin\theta)$

湿周　　　　　$\chi=\dfrac{1}{2}\theta d$

水力半径　　　$R=\dfrac{d}{4}\left(1-\dfrac{\sin\theta}{\theta}\right) \tag{6-7}$

6.2　明 渠 均 匀 流

6.2.1　明渠均匀流的特征和形成条件

1. 明渠均匀流的特征

明渠均匀流就是明渠中水深、断面平均流速、断面流速分布等均保持沿流程不变的流动，其基本特征可归纳如下：

（1）过水断面的形状和尺寸、流速、流量、水深沿程都不变。

（2）流线是相互平行的直线，流动过程中只有沿程水头损失，而没有局部水头损失。

（3）由于水深沿程不变，故水面线与渠底线相互平行。

（4）由于断面平均流速及流速水头沿程不变，故测压管水头线与总水头线相互平行。

（5）由于明渠均匀流的水面线即为测压管水头线，故明渠均匀流的底坡线、水面线、总水头线三者相互平行，这样一来，渠底坡度、水面坡度、水力坡度三者相等，即 $J = J_p = i$。

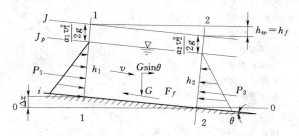

图 6-7 明渠均匀流段受力和运动分析

（6）从力学角度分析，均匀流为等速直线运动，没有加速度，则作用在水体的力必然是平衡的，即 $G\sin\theta = F_f$ 该式表明均匀流动是重力沿流动方向的分力和阻力相平衡时产生的流动，这是均匀流的力学本质（见图 6-7）。

2. 产生条件

产生条件：水流为恒定流，流量、粗糙系数沿程不变，没有挡水建筑物干扰的长直棱柱体正坡明渠。

在实际工程中，由于种种条件的限制，明渠均匀流往往难以完全实现，在明渠中大量存在的是非均匀流动。然而，对于顺直的正坡明渠，只要有足够的长度，总有形成均匀流的趋势。这一点在非均匀流水面曲线分析时往往被采用。一般来说，人工渠道都尽量使渠线顺直，底坡在较长距离内不变，并且采用同一材料衬砌成规则一致的断面，这样就基本保证了均匀流的产生条件。因此，按明渠均匀流理论来设计渠道是符合实际情况的。天然河道一般为非均匀流，个别较为顺直整齐的粗糙系数基本一致的断面，河床稳定的河段，也可视为均匀流段。

6.2.2 明渠均匀流的基本公式

明渠均匀流的水力计算可利用谢才公式，将其与连续方程联立，可得到明渠均匀流水力计算的基本公式

$$v = C\sqrt{RJ}$$

$$Q = Av$$

$$Q = AC\sqrt{Ri} = K\sqrt{i} \qquad\qquad (6-8)$$

式中　K——流量模数；

　　　i——渠道底坡，因明渠均匀流水力坡度和渠道底坡相等，故式中以底坡 i 代替水力坡度 J；

　　　C——谢才系数，可按曼宁公式或巴甫洛夫斯基公式计算。

严格来讲，粗糙系数 n 值除与渠槽表面的粗糙程度有关外，还与水深、流量、水流是否挟带泥沙等因素有关。对人工渠道，多年积累了较多的实际资料和工程经验。初步计算时可参照表 6-2。

表 6 - 2　　　　　　　　　　　**各种材料明渠的粗糙系数**

明渠壁面材料情况及描述	表面粗糙情况		
	较好	中等	较差
1. 土渠			
清洁、形状正常	0.020	0.0225	0.025
不通畅、并有杂草	0.027	0.030	0.035
渠线略有弯曲、有杂草	0.025	0.030	0.033
挖泥机挖成的土渠	0.0275	0.030	0.033
砂砾渠道	0.025	0.027	0.030
细砾石渠道	0.027	0.030	0.033
土底、石砌坡岸渠	0.030	0.033	0.035
不光滑的石底、有杂草的土坡渠	0.030	0.035	0.040
2. 石渠			
清洁的、形状正常的凿石渠	0.030	0.033	0.035
粗糙的断面不规则的凿石渠	0.040	0.045	
光滑而均匀的石渠	0.025	0.035	0.040
精细地开凿的石渠		0.02~0.025	
3. 各种材料护面的渠道			
三合土（石灰、砂、煤灰）护面	0.014	0.016	
浆砌砖护面	0.012	0.015	0.017
条石砌面	0.013	0.015	0.017
浆砌块石护面	0.017	0.025	0.030
干砌块石护面	0.023	0.032	0.035
4. 混凝土渠			
抹灰的混凝土或钢筋混凝土护面	0.011	0.012	0.013
无抹灰的混凝土或钢筋混凝土护面	0.013	0.014~0.015	0.017
喷浆护面	0.016	0.018	0.021
5. 木质渠道			
刨光木板	0.012	0.013	0.014
未刨光的板	0.013	0.014	0.015

6.2.3　水力最佳断面和允许流速

1. 水力最佳断面

从经济观点考虑，在流量、底坡、粗糙系数等已知时，总是希望设计的过水断面形式具有最小面积，以减小工程量；或者，在底坡、粗糙系数、过水断面面积一定的条件下，设计的断面能使渠道通过的流量达到最大。凡是符合这一条件的过水断面就称为水力最佳断面。

对明渠均匀流，渠道断面的形状、尺寸一定，流量随管中水深 h 变化，由基本公式

$$Q = CA\sqrt{Ri}$$

$$C = \frac{1}{n}R^{\frac{1}{6}}$$

$$R = \frac{A}{\chi}$$

得　　　　　　　　　　　$$Q = A\frac{1}{n}R^{\frac{2}{3}}i^{\frac{1}{2}} = \frac{i^{\frac{1}{2}}A^{\frac{5}{3}}}{n\chi^{\frac{2}{3}}} \qquad (6-9)$$

在各种几何形状中，面积 A 一定，圆形和半圆形断面的湿周最小，是水力最佳断面。实际工程中很多钢筋混凝土或钢丝网水泥槽就是采用底部为半圆形的 U 形断面。但在土方工程中，很难选用圆形和半圆形断面，常常采用矩形或梯形断面。下面讨论边坡系数一定时的梯形断面渠道的水力最佳断面。

由梯形断面的几何关系

$$A=(b+mh)h=(\beta+m)h^2$$

$$\chi=b+2h\sqrt{1+m^2}=(\beta+2\sqrt{1+m^2})h$$

得

$$\chi=\frac{A}{h}-mh+2h\sqrt{1+m^2}$$

对上式求导，得

$$\frac{\mathrm{d}\chi}{\mathrm{d}h}=-\frac{A}{h^2}-m+2\sqrt{1+m^2}$$

其二阶导数

$$\frac{\mathrm{d}^2\chi}{\mathrm{d}h^2}>0$$

所以有 $\chi=f(h)$ 的极小值存在。

令 $\frac{\mathrm{d}\chi}{\mathrm{d}h}=0$ 得到水力最佳梯形断面的宽深比

$$-\frac{(b+mh)h}{h^2}-m+2\sqrt{1+m^2}=0\Rightarrow-\frac{bh}{h^2}-2m+2\sqrt{1+m^2}=0 \tag{6-10}$$

$$\frac{b}{h}=2(\sqrt{1+m^2}-m)$$

即

$$\beta_m=2(\sqrt{1+m^2}-m) \tag{6-11}$$

将 β_m 代入梯形断面水力半径公式

$$R_m=\frac{A}{\chi}=\frac{(b+mh)h}{b+2h\sqrt{1+m^2}}=\frac{(\beta_m+m)}{\beta_m+2\sqrt{1+m^2}}h_m=\frac{h_m}{2} \tag{6-12}$$

可求得梯形水力最佳断面的水力半径等于水深的一半，即 $R_m=\frac{1}{2}h_m$。对矩形断面，$\beta_m=2$，同样有 $R_m=\frac{1}{2}h_m$ 的关系。

以上所得出的水力最佳断面的条件，只是从水力学角度考虑的。从工程投资角度考虑，水力最佳断面不一定是工程最经济的断面。因为土渠边坡系数 m 通常大于 1，其对应的最佳断面是窄深明渠，造成施工、维护费用增加。所以，在设计渠道断面时，必须结合实际情况，从经济和技术两方面综合考虑。既考虑水力最佳断面，又不能完全受此约束。

2. 允许流速

如果渠槽内流速过大，可能引起渠槽冲刷，而流速过小，又可能引起渠槽淤积，降低了渠道的过流能力。因此，在设计渠道时，必须考虑渠道的允许流速。

渠道的不冲允许流速 $[V]_{max}$ 的大小取决于土质情况、护面材料以及通过的流量等因素。一般取值可参照表 6-3、表 6-4、表 6-5 确定。为防止泥沙淤积或杂草滋生，不淤允许流速 $[V]_{min}$ 分别可取 0.4m/s 和 0.6m/s。

（1）坚硬岩石和人工护面的渠道，见表 6-3。

表 6－3 　　　　　　　　　　　　　　　　不冲允许流速 [V]max

[V]max(m/s) ＼ Q 岩石或护面种类	流量（m³/s）		
	＜1	1～10	＞10
软质水成岩（泥灰岩、页岩、软砾岩）	2.5	3.0	3.5
中等硬度水成岩（致密砾岩、多孔石灰岩、层状石灰岩、白云石灰岩、灰质砾岩）	3.5	4.25	5.0
硬质水成岩（白云石砂岩、灰质砾岩）	5.0	6.0	7.0
结晶岩、火成岩		9.0	10.0
单层块石铺砌	2.5	3.5	4.0
双层块石铺砌	3.5	4.5	5.0
混凝土护面（水流中不含砂和卵石）	6.0	8.0	10.0

（2）黏性土质渠道，见表 6－4。

表 6－4 　　　　　　　　　　　　　　黏 性 土 质 渠 道

土质名称	[V]max (m/s)	土质名称	[V]max (m/s)
轻壤土	0.60～0.80	重壤土	0.70～1.00
中壤土	0.65～0.85	黏土	0.75～0.95

表 6－4 中土壤的干容重为 1.3～1.7t/m³；表 6－4 中所列不冲流速值是属于 $R=1m$ 的情况。当 $R\neq1m$ 时，表中所列数值乘以 R^{∂}，即得相应的不冲流速。∂ 为指数，对疏松的壤土和黏土，$\partial=\frac{1}{3}\sim\frac{1}{4}$；对中等密实的和密实的砂壤土、壤土和黏土，$\partial=\frac{1}{4}\sim\frac{1}{5}$。

（3）无黏性土质渠道，见表 6－5。

表 6－5 　　　　　　　　　　　　　　无 黏 性 土 质 渠 道

[V]max(m/s) ＼ 水深(m) 土壤名称 ＼ 粒径		0.4	1.0	2.0	≥3.0
粉土、淤泥	0.005～0.05	0.12～0.17	0.15～0.21	0.17～0.24	0.19～0.26
细砂	0.05～0.25	0.17～0.27	0.21～0.32	0.24～0.37	0.26～0.40
中砂	0.25～1.00	0.27～0.47	0.32～0.57	0.37～0.65	0.40～0.70
粗砂	1.00～2.5	0.47～0.53	0.57～0.65	0.65～0.75	0.70～0.80
细砾石	2.5～5.0	0.53～0.65	0.65～0.80	0.75～0.90	0.80～0.95
中砾石	5～10	0.65～0.80	0.80～1.00	0.90～1.1	0.95～1.20
大砾石	10～15	0.80～0.95	1.0～1.2	1.1～1.3	1.2～1.4
小卵石	15～25	0.95～1.2	1.2～1.4	1.3～1.6	1.4～1.8

土壤名称	粒径 [V]max(m/s)	水深(m) 0.4	1.0	2.0	≥3.0
中卵石	25~40	1.2~1.5	1.4~1.8	1.6~2.1	1.8~2.2
大卵石	40~75	1.5~2.0	1.8~2.4	2.1~2.8	2.2~3.0
小漂石	75~100	2.0~2.3	2.4~2.8	2.8~3.2	3.0~3.4
中漂石	100~150	2.3~2.8	2.8~3.4	3.2~3.9	3.4~4.2
大漂石	150~200	2.8~3.2	3.4~3.9	3.9~4.5	4.2~4.9
顽石	>200	>3.2	>3.9	>4.5	>4.9

6.2.4 明渠均匀流水力计算

明渠均匀流的水力计算主要包括以下几种类型。

1. 校核渠道过水能力

（1）已知 m、b、h_0、n、i，求 Q。这类问题可由 $Q=CA\sqrt{Ri}$ 直接计算。

【例 6-1】 某梯形排水渠道，渠长 $L=1.0$，渠道底宽 $b=3\text{m}$，边坡系数 $m=2.5$，底部落差为 0.5m，若设计流量 $Q_设=9\text{m}^3/\text{s}$ 试算当实际水深 $h=1.5\text{m}$，渠道能否满足 $Q_设$ 的要求。（已知粗糙系数 $n=0.025$）

【解】 明渠的底坡

$$i=\frac{z_1-z_2}{L}=\frac{0.5}{1000}=0.0005$$

过水断面的面积 $A=(b+mh)h=(3+2.5\times1.5)\times1.5=10.13\ (\text{m})$

过水断面的湿周 $\chi=b+2h=3+2\times1.5\times\sqrt{1+2.5^2}=11.08\ (\text{m})$

过水断面的水力半径 $R=\dfrac{A}{\chi}=\dfrac{10.13}{11.08}=0.92\ (\text{m})$

谢才系数 $C=\dfrac{1}{n}R^{\frac{1}{6}}=\dfrac{1}{0.025}\times0.92^{\frac{1}{6}}=39.45\ (\text{m}^{\frac{1}{2}}/\text{s})$

则流量 $Q=CA\sqrt{Ri}=39.45\times10.13\times\sqrt{0.92\times0.0005}=8.57\text{m}^3/\text{s}<Q_设=9\text{m}^3/\text{s}$，不能满足要求。

只有当 $Q\geq Q_设$ 时才满足要求。

【例 6-2】 梯形断面浆砌石渠道，按水力最佳断面设计，底宽 $b=3\text{m}$，$n=0.025$，底坡 $i=0.001$，$m=0.25$，求 Q。

【解】

$$\frac{b}{h}=2(\sqrt{1+m^2}-m)=2\times(\sqrt{1+0.25^2}-0.25)=1.56$$

因为 $b=3m$，

所以 $h=\dfrac{b}{1.56}=\dfrac{3}{1.56}=1.92\ (\text{m})$

$$A=(b+mh)h=(3+0.25\times1.92)\times1.92=6.68\ (\text{m}^2)$$

$$\chi=b+2h\sqrt{1+m^2}=3+2\times1.92\times\sqrt{1+0.25^2}=6.96\,(\text{m})$$

$$R=\frac{A}{\chi}=\frac{6.68}{6.96}=0.96\,(\text{m}),\quad C=\frac{1}{n}R^{\frac{1}{6}}=\frac{1}{0.025}\times0.96^{\frac{1}{6}}=39.73\,(\text{m}^{\frac{1}{2}}/\text{s})$$

得

$$Q=CA\sqrt{Ri}=39.73\times6.68\times\sqrt{0.96\times0.001}=8.22\,(\text{m}^3/\text{s})$$

(2) 已知 m、b、h_0、n、Q，求 i。这类问题可由 $i=\dfrac{Q^2}{K^2}$ 直接求解。

【例 6-3】 一矩形断面渡槽，$b=2.0\text{m}$，槽长 $L=120\text{m}$，进口处槽底高程 $z_{01}=50.0\text{m}$，槽身为预制混凝土，$n=0.013$，设计流量 $Q=10.0\text{m}^3/\text{s}$，槽中水深为 $h=1.8\text{m}$。试求：

(1) 求渡槽出口底部高程 z_{02}。

(2) 当渡槽通过设计流量时，槽内均匀流水深随底坡的变化规律。

【解】 (1) 求渡槽底坡 i

$$i=\frac{Q^2}{C^2A^2R}$$

过水断面的面积 $\qquad A=bh=2.0\times1.8=3.6\,(\text{m}^2)$

过水断面的湿周 $\qquad \chi=b+2h=2+2\times1.8=5.6\,(\text{m})$

过水断面的水力半径 $\qquad R=\dfrac{A}{\chi}=\dfrac{3.6}{5.6}=0.64\,(\text{m})$

谢才系数 $\qquad C=\dfrac{1}{n}R^{\frac{1}{6}}=\dfrac{1}{0.013}\times0.64^{\frac{1}{6}}=71.41\,(\text{m}^{\frac{1}{2}}/\text{s})$

则渡槽底坡 $\qquad i=\dfrac{Q^2}{C^2A^2R}=\dfrac{10.0^2}{71.41^2\times3.6^2\times0.64}=0.00236$

出口槽底高程 $\qquad z_{02}=z_{01}-i\times l=50.0-0.00236\times120.0=49.72\,(\text{m})$

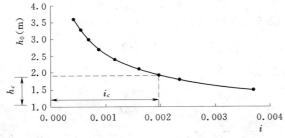

图 6-8 明渠均匀流水深和明渠底坡关系图

(2) 当渡槽通过设计流量时，槽内均匀流水深随底坡的变化规律。

求 h—i 的关系曲线（流量一定），见图 6-8。

2. 设计新渠道

(1) 已知底宽求水深。已知 m、i、h_0、n、Q，求 b。

(2) 已知水深求底宽。已知 m、i、b、n、Q，求 h_0。

以上两种情况均为 $Q=f(h)$ 或 $Q=f(b)$ 的高次隐函数，一般采用试算法、查图法、电算解法。

(1) 试算法。以求正常水深 h 为例来介绍试算法。试算法的主要内容是：假设若干个 h 值，代入基本公式计算相应的流量 Q 值。若所得的 Q 值与已知流量相等，这个相应的 h 值即为所求，否则，继续试算，直到求出的 Q 与已知流量相等为止。

(2) 查图法。由于试算法工作量大，比较繁琐。为了简化计算，工程中已制成了许多图，以备查用。等腰梯形断面明渠均匀流的底宽和水深求解图见本章附图Ⅰ、本章附图Ⅱ。

(3) 电算解法。电算解法具有速度快、精度高、应用方便的优点，在实际工作中正在逐步普及。电算解法根据其计算方法常用的有二分法、牛顿法、迭代法。

【例 6-4】 某电站引水渠，通过砂壤土地段，决定采用梯形断面，并用浆砌块石衬砌，以减少渗漏损失和加强渠道耐冲能力；取边坡系数 m 为 1，根据天然地形，为使挖、填方量最少，选用底坡 i 为 $\frac{1}{800}$，底宽 b 为 6m，设计流量 Q 为 70m³/s。试计算渠堤高（要求超高 0.5m）。

【解】 当求得水深后，加上超高即得堤的高度 h，故本题主要是计算水深。
由表对浆砌块石衬砌 $n=0.025$。根据式

$$Q=AC\sqrt{Ri}$$

$$A=(b+mh)h, \chi=b+2h\sqrt{1+m^2}, R=\frac{A}{\chi}, C=\frac{1}{n}R^{\frac{1}{6}}$$

代入上式整理得

$$Q=(b+mh)h\times\frac{1}{n}\left[\frac{(b+mh)h}{b+2h\sqrt{1+m^2}}\right]^{\frac{1}{6}+\frac{1}{2}}\times\sqrt{i}$$

显然，在上式中 Q、b、m、n、i 为已知，仅 h 为未知。但上式系一高次方程，直接求解 h 是很困难的。可采用试算—图解法或查图法求解。

(1) 试算—图解法。可假设一系列 h 值，代入上式计算相应的 Q 值，并绘成 h—Q 曲线，然后根据已知流量，在曲线上即可查出要求的 h 值。设 $h=2.5$，3.0，3.5，4.0m，计算相应的 A，χ，R，C，Q 值，如表 6-6 所示。

表 6-6   计 算 表

h (m)	A (m²)	χ (m)	R (m)	C (m$^{1/2}$/s)	$Q=AC\sqrt{Ri}$ (m³/s)
2.5	21.25	13.07	1.625	44.5	42.6
3.0	27.00	14.48	1.866	45.5	59.3
3.5	33.25	15.90	2.090	46.5	78.6
4.0	40.00	17.30	2.310	47.0	100.9

由表 6-6 所算得的 Q 值与 h 值的对应关系绘出 h—Q 曲线如图 6-9。从曲线查得
当 $Q=70$ m³/s 时，$h=3.3$m。

(2) 已知宽深比，设计渠道断面。已知 m、n、Q、i，宽深比 β，确定 h_0 和 b。将 $b=\beta h$ 代入公式后只有一个未知量，可由公式直接求解。

(3) 按水力最佳断面设计梯形渠道。这类问题求解可直接计算。

【例 6-5】 已知：一梯形断面渠道，通过的设计流量 $Q=4.0$m³/s，边坡系数 $m=1.5$，壁面粗糙系数 $n=0.025$，底坡 $i=0.003$，按水力最佳断面设计，求渠道的底宽 b 和水深 h。

【解】

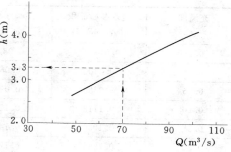

图 6-9　h—Q 关系曲线

$$\frac{b}{h}=2(\sqrt{1+m^2}-m)=2\times(\sqrt{1+1.5^2}-1.5)=0.61$$

$$Q = CA \sqrt{Ri} = \frac{1}{n} R^{\frac{2}{3}} A i^{\frac{1}{2}} = \frac{1}{n} \frac{A^{\frac{5}{3}}}{\chi^{\frac{2}{3}}} i^{\frac{1}{2}} = \frac{1}{0.025} \times \frac{[(b+mh)h]^{\frac{5}{3}}}{(b+2h\sqrt{1+m^2})^{\frac{2}{3}}} \times 0.003^{\frac{1}{2}}$$

$$\Rightarrow 4.0 = 2.19 \times \frac{[(b+1.5h)h]^{\frac{5}{3}}}{(b+3.61h)^{\frac{2}{3}}}$$

联立求得 $\begin{cases} b = 0.69 \text{ (m)} \\ h = 1.127 \text{ (m)} \end{cases}$

（4）限定渠道流速设计渠道断面。这类问题求解可由公式直接计算。

【例6-6】 已知：某石砌梯形断面渠道，设计流量 $Q=4.0\text{m}^3/\text{s}$，边坡系数 $m=1.5$，壁面粗糙系数 $n=0.025$，底坡 $i=0.003$，渠道的设计流速为 1.4m/s，求渠道的底宽 b 和水深 h。

【解】

$$A = (b+mh)h = (b+1.5h)h = \frac{Q}{V} = \frac{4}{1.4} \Rightarrow (b+1.5h)h = 2.857$$

$$Q = CA \sqrt{Ri} = \frac{1}{n} R^{\frac{2}{3}} A i^{\frac{1}{2}} = \frac{1}{n} \frac{A^{\frac{5}{3}}}{\chi^{\frac{2}{3}}} i^{\frac{1}{2}} \Rightarrow 4.0 = \frac{1}{0.025} \frac{[(b+mh)h]^{\frac{5}{3}}}{(b+2h\sqrt{1+m^2})^{\frac{2}{3}}} i^{\frac{1}{2}}$$

$$\Rightarrow 4.0 = \frac{1}{0.025} \times \frac{[(b+1.5h)h]^{\frac{5}{3}}}{(b+2h\sqrt{1+1.5^2})^{\frac{2}{3}}} \times 0.003^{\frac{1}{2}} \Rightarrow 1.826 = \frac{[(b+1.5h)h]^{\frac{5}{3}}}{(b+3.61h)^{\frac{2}{3}}}$$

联立求得 $\begin{cases} b = 3.099\text{m} \\ h = 0.69\text{m} \end{cases}$

6.2.5 无压圆管均匀流水力计算

无压圆管均匀流属于明渠流均匀流。城市排水管道、雨水管道及无压涵管中的流动均为无压圆管流动。优点是无压圆管过水断面是水力最佳断面，加工制作方便，受力性能好，能适应较大的流量变化，同时可保持管内空气流通，以防止污水、废水逸出的有毒、有害、可燃气体聚集。

无压圆管均匀流的水力计算可分为三类问题。不同充满度的圆管过水断面的几何要素见表6-7。

表6-7　　　　　　　　　　　圆管过流断面的几何要素

充满度 ∂	过水断面面积 A (m²)	水力半径 R (m)	充满度 ∂	过水断面面积 A (m²)	水力半径 R (m)
0.05	$0.0147d^2$	$0.0326d$	0.55	$0.4426d^2$	$0.2649d$
0.10	0.0400	0.0635	0.60	0.4920	0.2776
0.15	0.0739	0.0929	0.65	0.5404	0.2881
0.20	0.1118	0.1206	0.70	0.5872	0.2962
0.25	0.1535	0.1466	0.75	0.6319	0.3017
0.30	0.1982	0.1709	0.80	0.6736	0.3042
0.35	0.2450	0.1935	0.85	0.7115	0.3033
0.40	0.2934	0.2142	0.90	0.7445	0.2980
0.45	0.3428	0.2331	0.95	0.7707	0.2865
0.50	0.3927	0.2500	1.00	0.7854	0.2500

注　充满度 $\partial = \dfrac{h}{d}$。

（1）校核过水能力。即已知管径 d，充满度 ∂，粗糙系数 n 和管线坡度 i，求流量 Q。这类问题求解可按已知的 d、∂，由表 6-7 查得相应的过水断面面积 A 和水力半径 R，并计算出 $C=\dfrac{1}{n}R^{\frac{1}{6}}$，代入基本公式 $Q=CA\sqrt{Ri}$ 可算出管内通过的流量。

（2）已知流量 Q，管径 d，充满度 ∂ 和粗糙系数 n，求管线坡度 i。这类问题求解可按已知的 d、∂，由表 6-7 查得相应的过水断面面积 A 和水力半径 R，并计算出 $C=\dfrac{1}{n}R^{\frac{1}{6}}$ 以及流量模数 $K=CA\sqrt{R}$，代入基本公式 $i=\dfrac{Q^2}{K^2}$ 可算出管线坡度 i。

（3）已知流量 Q，充满度 ∂ 和粗糙系数 n，管线坡度 i，求管径 d。这类问题求解可按已知的 ∂，由表 6-7 查得相应的过水断面面积 A 和水力半径 R 与管径 d 的关系，代入基本公式可算出管径 d。

1. 水力最优充满度

对一定的无压管道（d、n、i 一定），流量随管中水深 h 变化，由基本公式 $Q=CA\sqrt{Ri}$，式中 $C=\dfrac{1}{n}R^{\frac{1}{6}}$，$R=\dfrac{A}{\chi}$，得

$$Q=A\,\frac{1}{n}R^{\frac{2}{3}}i^{\frac{1}{2}}=\frac{i^{\frac{1}{2}}A^{\frac{5}{3}}}{n\chi^{\frac{2}{3}}}$$

分析过水断面面积 A 和湿周 χ 随 h 的变化。在水深很小时，水深增加，水面增宽，过水断面面积 A 增加很快，在满流前增加最慢。湿周 χ 随水深 h 的增加与过水断面面积 A 变化不同，在接近管轴处增加最慢，在满流前增加最快。由此可知，水深超过半径后随着水深的继续增加，过水断面面积 A 的增长程度逐渐减小，而湿周 χ 的增长程度逐渐加大，当水深增加到一定程度时所通过的流量反而会相对减小。说明无压圆管通过的流量 Q 在管道满流之前便可能达到最大值，相应的充满度是水力最优充满度，与水力最优充满度对应的充满角是水力最优充满角。

将几何关系 $A=\dfrac{d^2}{8}(\theta-\sin\theta)$，$\chi=\dfrac{d}{2}\theta$ 代入上式，得

$$Q=A\,\frac{1}{n}R^{\frac{2}{3}}i^{\frac{1}{2}}=\frac{i^{\frac{1}{2}}}{n}\frac{\left[\dfrac{d^2}{8}(\theta-\sin\theta)\right]^{\frac{5}{3}}}{\left[\dfrac{d}{2}\theta\right]^{\frac{2}{3}}} \tag{6-13}$$

对上式求导，并令 $\dfrac{dQ}{d\theta}=0$，解得水力最优充满角 $\theta_h=308°$。

相应的水力最优充满度

$$\partial_h=\sin n^2\frac{\theta_h}{4}=0.95$$

用同样的方法

$$v=\frac{1}{n}R^{\frac{2}{3}}i^{\frac{1}{2}}=\frac{i^{\frac{1}{2}}}{n}\left[\frac{d}{4}\left(1-\frac{\sin\theta}{\theta}\sin\theta\right)\right]^{\frac{2}{3}} \tag{6-14}$$

令 $\dfrac{dV}{d\theta}=0$，解得过流速度最优的充满角和充满度分别是 257.5° 和 0.81。

由以上分析得出，无压圆管均匀流在水深 $h=0.95d$，即充满度 $\partial=0.95$ 时，输水能力最大；在水深 $h=0.81d$，即充满度 $\partial=0.81$ 时，过流速度最大。需要说明的是，水力最优充满度并不是设计充满度，实验采用的设计充满度，还需要根据管道的工作条件以及直径大小来确定。具体设计还需参照水力计算手册。

2. 最大充满度、允许流速

在工程上进行无压管道水力计算时，还需符合有关的规范规定。对于污水管道，为避免因流量变化形成有压流，充满度不能过大。现行室外排水规范规定的污水管道最大充满度见表 6-8。

表 6-8　　　　　　　　　　最 大 设 计 充 满 度

管径 d 或暗渠高 H（mm）	最大设计充满度 $\partial=\dfrac{h}{d}$ 或 $\dfrac{h}{H}$	管径 d 或暗渠高 H（mm）	最大设计充满度 $\partial=\dfrac{h}{d}$ 或 $\dfrac{h}{H}$
150～300	0.6	500～900	0.75
350～450	0.7	≥1000	0.80

为防止管道发生冲刷和淤积，无压管道内的水流速度也有限制。如金属管道最大设计流速为 10m/s，非金属管为 5m/s；设计充满度下最小设计流速在 $d\leqslant500$mm 时取 0.7m/s，$d>500$mm 时取 0.8m/s。

6.3 明 渠 非 均 匀 流

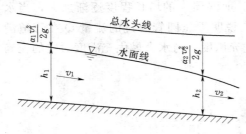

明渠中由于水工建筑物的修建、渠道底坡的改变、断面的扩大或缩小等都会引起非均匀流动。非均匀流动是断面水深和流速均沿程改变的流动。非均匀流的底坡线、水面线、总水头线三者互不平行（见图 6-10）。明渠非均匀流的水面曲线有雍水和降水之分，即渠道的水深沿程可升可降。

根据流线不平行的程度，同样可将水流分为渐变流和急变流。

本章主要讨论明渠急变流的水跃和水跌现象及

图 6-10　明渠非均匀流

明渠渐变流的水面曲线的定性分析和定量计算。

6.3.1　明渠的流动状态

明渠水流有和大气相接触的自由表面，具有独特的水流流态。一般明渠有三种流态，即缓流、临界流和急流。为了了解三种流态的实质，可以观察一个简单的实验。

若在静水中沿铅垂方向丢下一块石子，水面将产生一个微小波动，这个波动以石子着落点为中心，以一定的速度 v_w 向四周传播，平面上的波形将是一连串的同心圆，如图 6-11 所示。这种在静水中传播的波速 v_w 称为相对波速。若把石子投入流动着的明渠均匀流中，则微波的传播速度应是水流的速度与相对波速的矢量和。当水流断面平均流速 v 小于相对波速 v_w 时，微波将以绝对速度 v_w-v 向上游传播，同时又以 v_w+v 向下游传播，这种水流称为缓流。当水流断面平均流速 v 等于相对波速 v_w 时，微波向上游传播的绝对速度为 0，而向下游传播的绝对速度为 $2v_w$，这种水流称为临界流。当水流断面平均流速 v 大于相对波速 v_w 时，微波不能向上游传播，向下游传播的绝对速度为 $v+v_w$，这种水流称为急流。

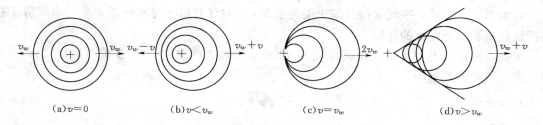

$$(a) v=0 \qquad (b) v<v_w \qquad (c) v=v_w \qquad (d) v>v_w$$

图 6-11 明渠中干扰波的传播和流速的关系

由此可见，只要比较水流的断面平均流速 v 和微波相对波速 v_w 的大小，就可以判断水流属于哪一种流态。

当 $v<v_w$，水流为缓流，干扰波能向上游传播；

$v=v_w$，水流为临界流，干扰波恰不能向上游传播；

$v>v_w$，水流为急流，干扰波不能向上游传播。

要判别流态，必须首先确定微波传播的相对波速，现在来推导相对波速的计算公式。

如图 6-12 所示，在平底矩形棱柱体明渠中，假设渠中水深为 h，设开始时，渠中水流处于静止状态，用一竖直平板以一定的速度向左拨动一下，在平板的左侧将击起一个干扰的微波。微波波高为 Δh，微波以波速 v_w 向左移动。建立移动坐标系以速度 v_w 随波向左前进。

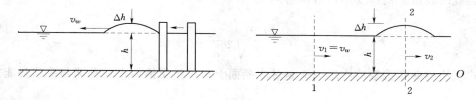

图 6-12 明渠恒定非均匀流

在动坐标系内，水流作恒定非均匀流动。忽略摩擦阻力不计，以渠底所在水平面为基准面，对断面 1—1 和断面 2—2 建立能量方程和连续性方程，有

$$hv_w = (h+\Delta h)v_2$$

$$h + \frac{\alpha_1 v_w^2}{2g} = h + \Delta h + \frac{\alpha_2 v_2^2}{2g}$$

联立连续方程和能量方程，并令 $\alpha_1 \approx \alpha_2 \approx 1$，得

$$v_w = \sqrt{gh \frac{\left(1+\dfrac{\Delta h}{h}\right)^2}{1+\dfrac{\Delta h}{2h}}} \qquad\qquad (6-15)$$

对波高较小的微波，可令 $\dfrac{\Delta h}{h} \approx 0$ 可推导出干扰波波速公式

$$v_w = \sqrt{gh} \qquad\qquad (6-16)$$

如果明渠断面为任意形状，则可得

145

$$v_w = \sqrt{g\bar{h}} \tag{6-17}$$

式中　$\bar{h}$——平均水深。

对矩形过水断面，平均水深就等于渠道水深 h；对任意形状过水断面，平均水深等于过水断面面积和水面宽度的比值。

干扰波波速的绝对速度可表示为 $v'_w = v \pm v_w$，顺流方向取"+"，逆流方向取"-"。这样一来，流态的判别为

水流为缓流　　　　　　　　　　　$v < \sqrt{g\bar{h}}$

临界流　　　　　　　　　　　　　$v = \sqrt{g\bar{h}}$

急流　　　　　　　　　　　　　　$v > \sqrt{g\bar{h}}$

对临界流，$\dfrac{v}{\sqrt{g\bar{h}}} = \dfrac{v_w}{\sqrt{g\bar{h}}} = 1$，$\dfrac{v}{\sqrt{g\bar{h}}}$ 称为弗劳德数，用符号 Fr 表示。

$$Fr = \frac{v}{v_w} = \frac{v}{\sqrt{g\bar{h}}} \tag{6-18}$$

显然，$Fr < 1$，水流为缓流；

　　　　$Fr > 1$，水流为急流；

　　　　$Fr = 1$，水流为临界流。

从上式可以看到弗劳德数 Fr 的运动学意义是断面平均流速与干扰波波速的比值。如果将弗劳德数的表达式稍作变形，可以得到

$$Fr = \sqrt{\frac{v^2}{2\frac{2g}{h}}} \tag{6-19}$$

该式表达的弗劳德数的物理意义是过水断面上单位重量液体平均动能与平均势能之比的 2 倍开平方。

6.3.2　断面比能、比能曲线

明渠中水流的流态也可以从能量的角度来分析。

1. 断面比能（断面单位能量）的定义

如图 6-13 所示，以过渠道最低点的水平面 $0'—0'$ 为基准面，计算得到的该断面上单位重量液体所具有的机械能，称为断面比能。可表示为

$$E = z_0 + h + \frac{\alpha v^2}{2g} = z_0 + E_s , E_s = h + \frac{\alpha v^2}{2g} \tag{6-20}$$

式中　E_s——断面单位能量或断面比能。

2. 比能曲线

在断面形状尺寸及流量一定的条件下，断面比能 E_s 只是水深 h 的函数。如果以纵坐标表示水深 h，以横坐标表示断面比能 E_s，则一定流量下所讨论断面的断面比能 E_s 随水深 h 的变化规律可以用 $h—E_s$ 曲线来表示，这个曲线称为比能曲线，见图 6-14。

可以证明

$$\frac{\mathrm{d}E_s}{\mathrm{d}h} = 1 - \frac{\alpha Q^2}{gA^3}B = 1 - Fr^2 \tag{6-21}$$

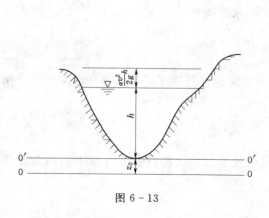

图 6 - 13

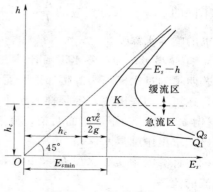

图 6 - 14　比能曲线

对于极值点，$\frac{\mathrm{d}E_s}{\mathrm{d}h}=0$，$Fr=1$，即断面比能最小时对应的水流为临界流，相应的水深称为临界水深，以符号 h_c 表示。

6.3.3　临界水深

流量及断面形状尺寸一定的条件下，相应于断面比能最小时的水深称为临界水深 h_c。

断面比能最小时，$\frac{\mathrm{d}E_s}{\mathrm{d}h}=0$，由此条件即可求得临界水深计算公式。

$$\frac{\alpha Q^2}{g}=\frac{A_c{}^3}{B_c} \tag{6-22}$$

在临界水深计算公式中，下标 c 表示相应于临界水深时的水力要素。在流量及断面形状尺寸一定的条件下，可由此时的 $\frac{A_c{}^3}{B_c}$ 求解临界水深。由于 $\frac{A_c{}^3}{B_c}$ 是水深 h 的隐函数，对一般形状的断面需要试算求解。

临界水深与流量、断面形状尺寸有关，与渠道的底坡和粗糙系数无关。

1. 矩形断面临界水深的计算

对矩形断面而言，$B_c=b$，$A_c=bh_c$，将其代入临界水深计算的一般公式，化简整理可得矩形断面临界水深的计算公式：

$$h_c=\sqrt[3]{\frac{\alpha Q^2}{gb^2}}=\sqrt[3]{\frac{\alpha q^2}{g}} \tag{6-23}$$

式中　q——单宽流量。

$$q=\frac{Q}{b} \tag{6-24}$$

$$h_c{}^3=\frac{\alpha q^2}{g}=\frac{\alpha(h_c v_c)^2}{g}\Rightarrow h_c=\frac{\alpha v_c{}^2}{g}\Rightarrow h_c=2\times\frac{\alpha v_c{}^2}{2g}$$

上式说明，在临界流时，矩形断面的临界水深等于其流速水头的 2 倍，此时相应的断面比能

$$E_s=E_{smin}=h_c+\frac{\alpha v_c{}^2}{2g}=h_c+\frac{h_c}{2}=\frac{3}{2}h_c \tag{6-25}$$

2. 任意断面临界水深的计算

任意断面临界水深的计算只能采取试算法。当流量 Q 给定之后，$\frac{\alpha Q^2}{g}$ 为一常数。于是可

假定不同的水深，求得相应的 $\dfrac{A^3}{B}$，当求得的某一水深时的 $\dfrac{A^3}{B}$ 值恰好等于 $\dfrac{\alpha Q^2}{g}$ 时，该水深即为所求的临界水深。

3. 等腰梯形断面临界水深的计算

若明渠的过水断面为等腰梯形断面，则临界水深的计算除了可用试算法和试算——图解法外，还可采用查图法。等腰梯形断面明渠临界水深的求解图见附图Ⅲ。

【例 6-7】　一矩形断面明渠，流量 $Q=30\mathrm{m^3/s}$，底宽 $b=8\mathrm{m}$。要求：

(1) 求渠中临界水深；

(2) 计算渠中实际水深 $h=3\mathrm{m}$ 时，水流的弗汝德数、微波波速，并从不同的角度来判别水流的流态。

【解】　(1) 求临界水深

$$q=\frac{Q}{b}=\frac{30}{8}=3.75\,[\mathrm{m^3(s\cdot m)}]$$

$$h_c=\sqrt[3]{\frac{\alpha q^2}{g}}=\sqrt[3]{\frac{1.0\times3.75^2}{9.8}}=1.13\ (\mathrm{m})$$

(2) 当渠中水深 $h=3\mathrm{m}$ 时

渠中流速　　　　$$v=\frac{Q}{bh}=\frac{30}{8\times3}=1.25\ (\mathrm{m/s})$$

弗劳德数　　　　$$Fr=\frac{v}{\sqrt{gh}}=\frac{1.25}{\sqrt{9.8\times3}}=0.231$$

微波波速　　　$$v_w=\sqrt{gh}=\sqrt{9.8\times3}=5.42\ (\mathrm{m/s})$$

临界流速　　　$$v_c=\sqrt{gh_c}=\sqrt{9.8\times1.13}=3.33\ (\mathrm{m/s})$$

从水深看，因 $h>h_c$，故渠中水流为缓流。

以 Fr 为标准，因 $Fr<1$，水流为缓流。

以微波波速与实际流速相比较，因 $v_w>v$，微波可以向上游传播，故渠中水流为缓流。

以临界波速与实际流速相比较，因 $v<v_c$，故渠中水流为缓流。

6.3.4　临界底坡

在流量和断面形状尺寸一定的棱柱体正坡明渠中，当水流作均匀流动时，如果改变渠道的底坡，则相应的均匀流正常水深 h_0 也会相应地改变。当变至某一底坡 i_c 时，其均匀流的正常水深 h_0 恰好等于临界水深 h_c，此时的底坡 i_c 就称为临界底坡。

在临界底坡上作均匀流时，一方面它要满足临界流的条件

$$\frac{\alpha Q^2}{g}=\frac{A_c^3}{B_c}$$

另一方面又要同时满足均匀流的基本方程

$$Q=A_cC_c\sqrt{R_c i_c}$$

联立上列两式可得临界底坡的计算公式

$$i_c=\frac{g\chi_c}{\alpha C_c^2 B_c} \tag{6-26}$$

式中　B_c、χ_c、R_c、C_c——渠中水深为临界水深时所对应的水面宽度、湿周、水力半径、谢才系数。

引入临界底坡之后，可将正坡明渠再分为缓坡、陡坡、临界坡三种类型。如果渠道的实际底坡 $i<i_c$，称它为缓坡，$i>i_c$ 称为陡坡，$i=i_c$ 称为临界坡。

对明渠均匀流而言，当底坡 $i<i_c$ 时，$h_0>h_c$；$i>i_c$ 时，$h_0<h_c$；$i=i_c$ 时，$h_0=h_c$。这就是说可以利用临界底坡判断明渠均匀流的水流流态，即缓坡上的均匀流是缓流，陡坡上的均匀流是急流，临界坡上的均匀流是临界流。

【例 6-8】 梯形断面渠道，已知流量 $Q=45\text{m}^3/\text{s}$，底宽 $b=10\text{m}$，边坡系数 $m=1.5$，壁面粗糙系数 $n=0.022$，底坡 $i=0.0009$，要求：计算临界底坡 i_c，并判断渠道底坡属缓坡还是陡坡。

【解】 $i_c=\dfrac{g\chi_c}{\alpha C_c^2 B_c}$，运用查图法计算 $h_c=1.2\text{m}$。

$$\chi_c=b+2\sqrt{1+m^2}\,h_c=10+2\times\sqrt{1+1.5^2}\times1.2=14.33\ (\text{m})$$
$$A_c=(b+mh_c)h_c=(10+1.5\times1.2)\times1.2=14.16\ (\text{m}^2)$$
$$B_c=b+2mh_c=10+2\times1.5\times1.2=13.6\ (\text{m})$$
$$R_c=\frac{A_c}{\chi_c}=\frac{14.16}{14.33}=0.987\ (\text{m})$$
$$C_c=\frac{1}{n}R_c^{\frac{1}{6}}=\frac{1}{0.022}\times0.987^{\frac{1}{6}}=45.36\ (\text{m}^{\frac{1}{2}}/\text{s})$$
$$i_c=\frac{9.8\times14.33}{1\times45.36^2\times13.6}=0.00502$$

因 $i_c>i$，所以渠道属于缓坡。

6.3.5 明渠非均匀急变流

这里重点讨论两种特殊的明渠急变流现象：水跌和水跃，见图 6-15。

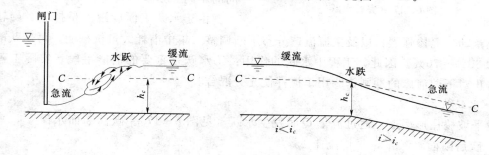

图 6-15 水跃和水跌

1. 水跌现象

水跌是明渠非均匀急变流由缓流突变为急流时，水深从大于临界水深变为小于临界水深，水面急剧跌落的局部水力现象。这种现象常见于渠道底坡由缓坡突然变为陡坡，或下游渠宽突然增加或缓坡渠道末端有跌坎，或水流自水库进入陡坡渠道及坝顶溢流处。

在缓流状态下，断面比能随水深减小而减小，如图 6-16（b）所示曲线的上半支。当跌坎上水面降落时，水流的断面比能将沿

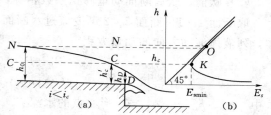

图 6-16 水跌的临界水深

曲线自 O 点向 K 点逐渐减小。在重力作用下，坎上水流最低只能降至 K 点，即水流断面比能为最小的临界情况。如果降至 K 点以下，则为急流状态，渠中水流的能量反而有个增大的过程，显然这是不可能的。这样，跌坎上水流的总水头此时达到最小值，即达到了该流量从跌坎下泄时具备最小能量的状态。所以水流通过跌坎发生水跌时，跌坎断面处的水深为该流量下的临界水深。

需要指出的是，以上是根据渐变流条件分析得到的结果。跌坎附近，水面急剧下降，流线显著弯曲，流动已不是渐变流。实验表明，实际跌坎处水深 h_D 略小于按渐变流计算的水深 h_c，$h_D \approx 0.7h_c$。h_c 值发生在上游距坎端 $(3\sim4)h_c$ 的位置，但一般的水面分析和计算，仍取坎端断面水深为临界水深作为控制水深。

2. 水跌现象

水流由急流变为缓流产生水跌，水面局部骤然跃起，在较短的渠段内水深从小于临界水深急剧地跃为大于临界水深。在闸、坝、陡槽等泄水建筑物的下游一般常有水跌产生。

水跌区如图 6-17 所示，上部是一个作剧烈回旋运动的旋滚，掺有大量气泡，旋滚下面是向前急剧扩散的主流。

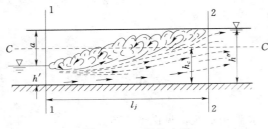

图 6-17　完整水跌

跃前水深 h'——跃前断面（表面旋滚起点所在过水断面）的水深；

跃后水深 h''——跃后断面（表面旋滚终点所在过水断面）的水深；

水跌高度 a——$a = h'' - h'$，简称跃高；

水跌长度 l_j——跃前断面与跃后断面之间的距离。

由于水跌表面旋滚大量掺气、旋转，内部水流紊动、混掺强烈，以及主流流速分布不断调整，集中消耗大量机械能，可达跃前断面能量的 $60\%\sim70\%$。因此，工程中水跌的作用：①水跌是重要的消能手段。实际工程中利用它防止对下游河床的冲刷；②用于搅拌使充分混合。

3. 水跌基本方程

设平坡棱住形渠道，通过流量 Q 时发生水跌（见图 6-17）。跃前断面水深 h'，平均流速 v_1；跃后断面水深 h''，平均流速 v_2。

根据实际情况，作三点假设：

(1) 距离很小，渠底摩擦阻力忽略不计。

(2) 跃前、跃后断面水流为渐变流，压强按静水压强分布计算。

(3) 跃前、跃后断面动量修正系数相等，即 $\beta_1 = \beta_2 = \beta$。

取断面 1—1、断面 2—2 渐变流过水断面、渠与大气接触面及渠底所包围的水体为控制体，列液体流动方向的动量方程

$$P_1 - P_2 = \beta\rho Q(v_2 - v_1)$$
$$P_1 = \gamma h_{c1} A_1 , \ P_2 = \gamma h_{c2} A_2$$

式中　h_{c1}、h_{c2}——A_1、A_2 形心点的水深。

$$v_1 = \frac{Q}{A_1}, v_2 = \frac{Q}{A_2}$$

将上两式代入整理得

$$\gamma h_{c1} A_1 - \gamma h_{c1} A_2 = \beta \rho Q\left(\frac{Q}{A_2} - \frac{Q}{A_1}\right)$$

$$h_{c1} A_1 - h_{c2} A_2 = \frac{\beta_2 Q^2}{g A_2} - \frac{\beta_1 Q^2}{g A_1}$$

$$h_{c1} A_1 + \frac{Q^2}{g A_1} = h_{c2} A_2 + \frac{Q^2}{g A_2} \tag{6-27}$$

式（6-27）为平底棱柱体渠道中恒定水流的水跃方程式。

令水跃函数 $J(h) = h_c A + \dfrac{Q^2}{gA}$，则水跃方程可表示为 $J(h') = J(h'')$，其中 h' 和 h'' 互为共轭水深，已知跃前或跃后水深可求其共轭水深。

$J(h)$ 为 h 的连续函数，当流量一定时，棱柱体明渠中水跃函数 $J(h) = h_c A + \dfrac{Q^2}{gA}$ 随水深变化的关系曲线如图 6-18 所示。

可以证明，曲线上对应水跃函数最小值的水深正是明渠在该流量下的临界水深 h_c。以上导出的水跃方程在棱柱体明渠底坡不大（$i < 0.05$）的情况下也可以近似使用。

4. 水跃的水力计算

（1）共轭水深的计算。若已知共轭水深中的一个（跃前水深 h' 或跃后水深 h''），根据水跃基本方程可以计算出一对共轭水深中的另一个。

对任意形状断面的渠道，水跃函数 $J(h)$ 是水深的复杂函数，所以共轭水深不易由水跃方程直接解出，可用试算法或图解法。

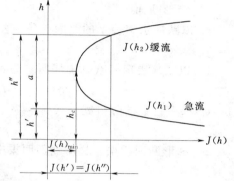

图 6-18　水跃函数曲线

对等腰梯形断面的渠道，还可以应用特制的计算曲线来求共轭水深，计算曲线见本章末附图 Ⅳ。

对矩形断面的棱柱体渠道，有过水断面面积 $A = bh$，断面形心水深 $h_c = \dfrac{h}{2}$，单宽流量 $q = \dfrac{Q}{b}$，代入式（6-27），消去 b 得

$$\frac{q^2}{gh'} + \frac{h'^2}{2} = \frac{q^2}{gh''} + \frac{h''^2}{2} \tag{6-28}$$

经过整理，得

$$h'h''(h' + h'') = \frac{2q^2}{g} \tag{6-29}$$

求解得

$$h' = \frac{h''}{2}\left[\sqrt{1 + \frac{8q^2}{gh''^3}} - 1\right]$$

$$h'' = \frac{h'}{2}\left[\sqrt{1 + \frac{8q^2}{gh'^3}} - 1\right] \tag{6-30}$$

由于

$$\frac{q^2}{gh_1^3} = \frac{v^2}{gh_1} = Fr_1^2$$

$$\frac{q^2}{gh_2^3}=\frac{v^2}{gh_2}=Fr_2^2$$

代入式（6-30）得

$$h'=\frac{h''}{2}(\sqrt{1+8Fr_2^2}-1) \tag{6-31}$$

$$h''=\frac{h'}{2}(\sqrt{1+8Fr_1^2}-1) \tag{6-32}$$

（2）水跃长度。在完整水跃的水跃段中，水流紊动强烈，底部流速很大。因此，除非河渠的底部为十分坚固的岩石外，一般均需设置护坦加以保护。此外，在跃后段的一部分范围内也需铺设海漫以免底部冲刷破坏。由于护坦和海漫的长度都与完整水跃的长度有关，故水跃长度的确定具有重要的实际意义。但水跃运动非常复杂，至今还没有一个比较完善的、可供实际应用的理论跃长公式。在工程设计中，一般多采用经验公式来确定跃长。在此介绍平底明渠水跃长度的经验公式。

1）矩形断面明渠：

a. 以跃后水深表示的美国垦务局公式

$$l_j=6.1h'' \tag{6-33}$$

b. 以跃高表示的欧勒佛托斯基公式

$$l_j=6.9(h''-h') \tag{6-34}$$

c. 弗劳德数的陈椿庭公式

$$l_j=9.4(Fr_1-1)h' \tag{6-35}$$

2）梯形断面明渠。梯形断面明渠中水跃的跃长可近似按下列经验公式计算

$$l_j=5h''\left[1+4\sqrt{\frac{B_2-B_1}{B_1}}\right] \tag{6-36}$$

式中　B_1、B_2——表示水跃前后断面的水面宽度。

5. 水跃的能量损失

水跃产生能量损失的原因：在水跃段，时均流速、时均压强变大很大，在旋滚区与主流交界处，流速梯度大，液体质点迅速混掺，流速分布在水跃段和水跃后的液体的能量不断变为维持主流表面旋涡的耗能。

能量损失发生在水跃的水跃段及跃后段。

能量损失的计算（按完全发生在水跃段来计算）

$$\Delta E_j=E_1-E_2=\left(h'+\frac{\alpha_1 v_1^2}{2g}\right)-\left(h''+\frac{\alpha_2 v_2^2}{2g}\right) \tag{6-37}$$

式中近似取 $\partial_1=\partial_2=1$，由式（6-29）知，矩形断面：$h'h''(h'+h'')=\dfrac{2q^2}{g}$

得

$$\frac{\alpha_1 v_1^2}{2g}=\frac{q^2}{2gh'^2}=\frac{h''}{4h'}(h'+h'')$$

$$\frac{\alpha_2 v_{12}^2}{2g}=\frac{q^2}{2gh''^2}=\frac{h'}{4h''}(h'+h'')$$

将以上两式代入式（6-37），经化简得

$$\Delta E_j=\frac{(h''-h')^3}{4h'h''} \tag{6-38}$$

【例 6-9】 某泄流建筑物单宽流量 $q=15\text{m}^3/\text{s}$，下游为矩形断面渠道，产生水跃，跃前水深 $h'=0.8\text{m}$，试求：（1）跃后水深 h''；（2）水跃长度 l_j；（3）水跃的消能效率 ΔE_j。

【解】 （1） $Fr_1^2 = \dfrac{q^2}{gh'^3} = \dfrac{15^2}{9.8 \times 0.8^3} = 44.84$

$$h'' = \frac{h'}{2}(-1 + \sqrt{1 + 8Fr_1^2}) = \frac{0.8}{2}(-1 + \sqrt{1 + 8 \times 44.84}) = 7.19 \text{ (m)}$$

（2）按 $l_j = 6.1h''$ 计算

$$l_j = 6.1h'' = 6.1 \times 7.19 = 43.84 \text{ (m)}$$

按 $\qquad\qquad\qquad l_j = 6.9(h'' - h')$ 计算

$$l_j = 6.9(h'' - h') = 6.9 \times (7.19 - 0.8) = 44.09 \text{ (m)}$$

按 $\qquad\qquad\qquad l_j = 9.4(Fr_1 - 1)h'$ 计算

$$l_j = 9.4(Fr_1 - 1)h' = 9.4 \times (6.696 - 1) \times 0.8 = 42.84 \text{ (m)}$$

（3） $\Delta E_j = \dfrac{(h'' - h')^3}{4h'h''} = \dfrac{(7.19 - 0.8)^3}{4 \times 0.8 \times 7.19} = 11.34 \text{ (m)}$

6.3.6 棱柱体渠道恒定非均匀渐变流水面曲线的分析

明渠非均匀渐变流的纵剖面的自由水面线称为水面曲线。水深沿程增加时的水面线称为壅水曲线，水深沿程减小时的水面线称为降水曲线。由于水深沿程变化的情况，直接关系到河渠的淹没范围、堤防的高度、渠内冲淤的变化等诸多工程问题。因此，水深沿程变化的规律是明渠非均匀流研究的主要问题。

1. 明渠恒定非均匀渐变流的基本微分方程

如图 6-19 所示，底坡为 i 的明渠渐变流中，沿水流方向任取一微分流段 $\text{d}l$，设上游断面水深为 h，断面平均流速为 v，河底高程为 Z_0；由于非均匀流中各水力要素沿流程变化，故微分流段下游断面水深为 $h + \text{d}h$，断面平均流速为 $v + \text{d}v$，河底高程为 $Z_0 + \text{d}Z_0$。因水流为渐变流，可对微分流段的上、下游断面建立能量方程如下

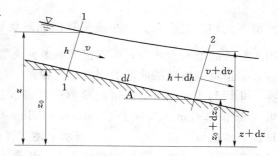

图 6-19 明渠恒定非均匀渐变流

$$Z_0 + h\cos\theta + \frac{\alpha_1 v^2}{2g} = (Z_0 - i\text{d}l) + (h + \text{d}h)\cos\theta + \frac{\alpha_1 (v + \text{d}v)^2}{2g} + \text{d}h_f + \text{d}h_j \quad (6-39)$$

令 $\alpha_1 \approx \alpha_2 = \alpha$

又因 $\dfrac{\alpha (v + \text{d}v)^2}{2g} = \dfrac{\alpha}{2g}[v^2 + 2v\text{d}v + (\text{d}v)^2] \approx \dfrac{\alpha}{2g}[v^2 + 2v\text{d}v] = \dfrac{\alpha v^2}{2g} + \text{d}\left(\dfrac{\alpha v^2}{2g}\right)$

所以，$i\text{d}l = \text{d}h\cos\theta + \text{d}\left(\dfrac{\alpha v^2}{2g}\right) + \text{d}h_f + \text{d}h_j \qquad\qquad (6-40)$

若明渠底坡 i 值小于 $\dfrac{1}{10}$，在实用上一般都采用 $\cos\theta = 1$。对渐变流，局部水头损失可忽略不计，即 $\text{d}h_j = 0$。以 $\text{d}l$ 除上式得

$$i = \frac{\text{d}h}{\text{d}l} + \frac{\text{d}}{\text{d}l}\left(\frac{\alpha v^2}{2g}\right) + \frac{\text{d}h_f}{\text{d}l}$$

其中
$$\frac{\mathrm{d}}{\mathrm{d}l}\left(\frac{\alpha v^2}{2g}\right)=\frac{\mathrm{d}}{\mathrm{d}l}\left(\frac{\alpha Q^2}{2gA^2}\right)=-\frac{\alpha Q^2}{gA^3}\frac{\mathrm{d}A}{\mathrm{d}l}$$

$$\frac{\mathrm{d}A}{\mathrm{d}l}=\frac{\mathrm{d}A}{\mathrm{d}h}\frac{\mathrm{d}h}{\mathrm{d}l}=B\times\frac{\mathrm{d}h}{\mathrm{d}l}$$

所以
$$\frac{\mathrm{d}}{\mathrm{d}l}\left(\frac{\alpha v^2}{2g}\right)=-\frac{\alpha Q^2}{gA^3}B\times\frac{\mathrm{d}h}{\mathrm{d}l}$$

又因为
$$\frac{\mathrm{d}h_f}{\mathrm{d}l}=J=\frac{Q^2}{K^2}$$

所以，有
$$i=\frac{\mathrm{d}h}{\mathrm{d}l}-\frac{\alpha Q^2}{gA^3}B\times\frac{\mathrm{d}h}{\mathrm{d}l}+J \tag{6-41}$$

$$\frac{\mathrm{d}h}{\mathrm{d}l}=\frac{i-J}{1-\dfrac{\alpha Q^2}{gA^3}B}=\frac{i-J}{1-Fr^2} \tag{6-42}$$

式（6-42）为棱柱体明渠恒定非均匀渐变流微分方程，可用于棱柱体明渠恒定非均匀渐变流水面曲线的定性分析和定量计算。

2. 水面线的分类

从式（6-42）可以看出，水面曲线的形状 $\dfrac{\mathrm{d}h}{\mathrm{d}l}$ 一方面取决于渠道的底坡 i；另一方面与水深 h 的相对大小有关（在流量和断面形状尺寸一定的条件下，$\dfrac{Q^2}{K^2}$、Fr^2 都与水深有关）。引入临界底坡概念之后，可将正坡明渠分为缓坡、陡坡、临界三类，另外再加上平坡和负坡，渠道可能出现的底坡类型共有五种。

非均匀流水深所处的区间简称分区。以缓坡（Mild slope）、陡坡（Steep slope）、临界坡（Critical slope）、平坡（Horizontal slope）、负坡（Adverse slope）英文名称的第一个字母代表该底坡，以"1、2、3"表示上述三种分区，水面曲线的命名规则将是底坡符号再加上分区符号。例如，发生在缓坡上大于正常水深和临界水深区间的非均匀流水面曲线求就是 M_1 型水面曲线。

$\dfrac{\mathrm{d}h}{\mathrm{d}l}$ 表示水深沿程变化率，其变化共有以下几种情况。

（1）$\dfrac{\mathrm{d}h}{\mathrm{d}l}>0$，表示水深沿程增大，流速沿程减小，这种水面曲线称为壅水曲线。

（2）$\dfrac{\mathrm{d}h}{\mathrm{d}l}<0$，表示水深沿程减小，流速沿程增大，这种水面曲线称为降水曲线。

（3）$\dfrac{\mathrm{d}h}{\mathrm{d}l}\to0$，表示水深沿程不变，水流趋近于均匀流，水面曲线趋于 N—N 线。

（4）$\dfrac{\mathrm{d}h}{\mathrm{d}l}=i$，表示水面线是水平线。

（5）$\dfrac{\mathrm{d}h}{\mathrm{d}l}\to\infty$，相当于水深沿程变化微分方程中的分母趋于零，即水流趋于临界流。

非均匀流水深趋于临界水深 h_c，预示着水流的流态将要发生转变。此时，水面曲线很陡，与 $K—K$ 线呈正交趋势，水流不再属于渐变流。

3. 棱柱体渠道中水面曲线的定性分析

(1) 缓坡渠道中的水面线分析。对正坡明渠，发生均匀流时，$Q=K_0\sqrt{i}$，则

$$\frac{\mathrm{d}h}{\mathrm{d}l}=i\frac{1-\left(\dfrac{K_0}{K}\right)}{1-Fr^2}$$

1) 缓坡 M 区：缓坡渠道中，正常水深 h_0 大于临界水深 h_c，$N—N$ 线与 $C—C$ 线的相对位置如图 6-20 所示，这两条辅助线仍将流动空间分为 1、2、3 三个区（见图 6-20）。

M_1 型水面线 $(\infty>h>h_0>h_c)$

a) 判断是壅水还是降水

$$h>h_c\Rightarrow Fr<1\Rightarrow 1-Fr^2>0$$

$$h>h_0\Rightarrow K>K_0\Rightarrow 1-\left(\frac{K_0}{K}\right)>0$$

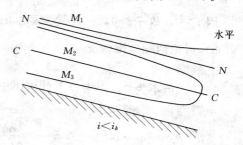

因 $i>0$，故 $\dfrac{\mathrm{d}h}{\mathrm{d}l}>0$，水面线为壅水曲线。

b) 讨论两端极限情况

上游端

图 6-20 缓坡明渠水面曲线

$$h\to h_0\Rightarrow K\to K_0\Rightarrow 1-\left(\frac{K_0}{K}\right)^2\to 0\Rightarrow\frac{\mathrm{d}h}{\mathrm{d}l}\to 0$$

水流趋于均匀流，即水面线以 $N—N$ 线为渐进线。

下游端

$$h\to\infty\Rightarrow K\to\infty\Rightarrow 1-\left(\frac{K_0}{K}\right)^2\to 1$$

$$h\to\infty\Rightarrow Fr\to 0\Rightarrow 1-Fr^2\to 1$$

此时，必然有 $\dfrac{\mathrm{d}h}{\mathrm{d}l}\to i$，说明水面线趋于水平线。

综上所述，M_1 型水面线是一条壅水曲线，上游端以 $N—N$ 线为渐进线，下游端趋于水平线。

M_2 型水面线 $(h_0>h>h_c)$：

a) 判断是壅水还是降水

$$h>h_c\Rightarrow Fr<1\Rightarrow 1-Fr^2>0$$

$$h<h_0\Rightarrow K<K_0\Rightarrow 1-\left(\frac{K_0}{K}\right)<0$$

因 $i>0$，故 $\dfrac{\mathrm{d}h}{\mathrm{d}l}<0$，水面线为降水曲线。

b) 讨论两端极限情况

上游端

$$h\to h_0\Rightarrow K\to K_0\Rightarrow 1-\left(\frac{K_0}{K}\right)^2\to 0\Rightarrow\frac{\mathrm{d}h}{\mathrm{d}l}\to 0$$

水流趋于均匀流，即水面线以 $N—N$ 线为渐进线。

下游端

$$h \rightarrow h_c \Rightarrow Fr \rightarrow 1 \Rightarrow 1 - Fr^2 \rightarrow 0 \Rightarrow \frac{\mathrm{d}h}{\mathrm{d}l} \rightarrow -\infty$$

M_3 型水面线（$0 < h < h_c$）：

a）判断是壅水还是降水

$$h < h_c \Rightarrow Fr > 1 \Rightarrow 1 - Fr^2 < 0$$

$$h < h_0 \Rightarrow K < K_0 \Rightarrow 1 - \left(\frac{K_0}{K}\right) < 0$$

因 $i > 0$，故 $\frac{\mathrm{d}h}{\mathrm{d}l} > 0$，水面线为壅水曲线。

b）讨论两端极限情况

上游端

$h \rightarrow 0$，但不为 0，由来流条件所决定。

下游端

$$h \rightarrow h_c \Rightarrow Fr \rightarrow 1 \Rightarrow 1 - Fr^2 \rightarrow 0 \Rightarrow \frac{\mathrm{d}h}{\mathrm{d}l} \rightarrow \infty$$

水面线与 C—C 线呈正交趋势。

综上所述，M_3 型水面线是一条壅水曲线，上游端由来流决定水深，下游端与 C—C 线呈正交趋势。

坡渠道中各水面线的工程实例如图 6 - 21、图 6 - 22、图 6 - 23 所示。

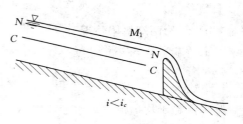

图 6 - 21 M_1 型水面曲线实例

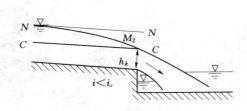

图 6 - 22 M_2 型水面曲线实例

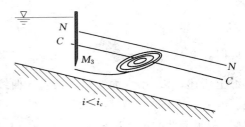

图 6 - 23 M_3 型水面曲线实例

其他水面曲线见表 6 - 9。

表 6 - 9 　　　　　　　　　　　水 面 曲 线 汇 总

水面曲线简图		工程实例	类型	水深	流态	$\frac{\mathrm{d}h}{\mathrm{d}s}$
$i < i_c$			M_1	$h > h_0 > h_c$	缓流	+
			M_2	$h_0 > h > h_c$	缓流	−
			M_3	$h_0 > h_c > h$	急流	+

续表

水面曲线简图	工程实例	类型	水深	流态	$\dfrac{dh}{ds}$
$i>i_c$ （图示）	（图示）	S_1 S_2 S_3	$h>h_c>h_0$ $h_c>h>h_0$ $h_c>h_0>h$	缓流 急流 急流	+ — +
$i<i_c$ （图示）	（图示）	C_1 C_3	$h>h_c=h_0$ $h<h_c=h_0$	缓流 急流	+ +
$i=0$ （图示）	（图示）	H_2 H_3	$h>h_c$ $h<h_c$	缓流 急流	— +
$i<0$ （图示）	（图示）	A_2 A_3	$h>h_c$ $h<h_c$	缓流 急流	— +

（2）水面曲线变化的一般规律。总结对水面曲线的分析，有以下几点：

1）所有的 1 型和 3 型水面线都为壅水曲线，2 型水面线为降水曲线。

2）除 C_1、C_3 型水面线外，其他类型的水面线当 $h \rightarrow h_0$ 时，均以 N—N 线为渐近线；当 $h \rightarrow h_c$ 时，均与 C—C 线呈正交趋势。需要说明的是，与 C—C 线呈正交趋势只是数学分析的结果，实际上是不可能的。它只说明水面线在接近 C—C 线时相当陡峻，以至于 C—C 线附近的水流不再属于渐变流。伴随着流态的转变，要产生水跃或水跌，即借助水跃或水跌这一局部水力现象实现水面线的衔接过渡。

3）上述 12 条水面曲线只表示了棱柱体明渠恒定非均匀渐变流中可能发生的情况。至于具体发生何种类型的水面曲线，则应根据底坡的性质及外界控制条件确定。但必须明确，发生在某一底坡某一区域的水面曲线，其形状是唯一的，不能随意改变。

4）正坡棱柱体明渠远离干扰端水流应为均匀流。

【例 6-10】 试讨论分析如图 6-24 所示两段断面尺寸及粗糙系数相同的长直棱柱体明渠。由于底坡变化所引起的渠中非均匀流水面变化形式。已知上游及下游底坡均为缓坡，但 $i_1>i_2$。

【解】 根据题意，上、下游渠道均为断面尺寸和粗糙系数相同的长直棱柱体明渠，由于有坡度的变化，将在底坡转变断面上游或下游

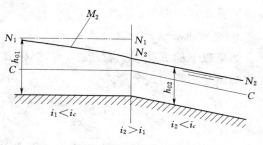

图 6-24 变坡渠道中水面曲线的衔接

（或者上、下游断面同时）相当长范围内引起非均匀流动。

首先分别画出上、下游渠道的 $C-C$ 线和 $K-K$ 线，由于上下游渠道断面尺寸相同，故两段渠道的临界水深均相同。而上下游渠道底坡不等，故正常水深不等，因 $i_1 < i_2$，故 $h_{01} > h_{02}$，下游渠道的 $N-N$ 线低于上游渠道的 $N-N$ 线。

因渠道很长，在上游无限远处应为均匀流，其正常水深为 h_{01}；下游无限远处亦为均匀流，其水深为正常水深 h_{02}。

由上游较大的水深 h_{01} 要转变为下游较小的水深 h_{02}，中间必经过一段降落的过程。水面降落有三种可能：

（1）上游渠中不降落，全在下游渠中降落。

（2）完全在上游渠中降落，下游渠中不降落。

（3）在上、下游渠中都降落一部分。

在上述三种可能情况中，若按第一种情况或第三种方式降落，那么必然会出现下游渠道中 M_1 区发生降水曲线的情况。前面已论证，缓坡 1 区只能存在雍水曲线，所以第一、第三两种降落方式不能成立，唯一合理的方式是第二种，即降水曲线完全发生在上游渠道中，由上游很远处趋近 h_{01} 的地方，逐渐下降到分界断面处断面水深达到 h_{02}，而下游渠道保持水深为 h_{02} 的均匀流，所以上游渠道水面曲线为 M_2 型降水曲线（图 6 - 22）。

6.3.7 棱柱体渠道恒定非均匀渐变流水面曲线的计算

明渠水面曲线计算目的在于确定水面的位置坐标，即求得断面位置 l 与水深 h 的关系。有了水面曲线的计算结果，就可以预测水位的变化以及对堤岸的影响，平均流速的计算结果是判断渠道是否冲淤的主要依据。

明渠水面曲线的计算方法有很多，这里只介绍水面曲线计算的基本方法——分段求和法。

分段求和法既适用于棱柱体明渠，又适用于非棱柱体明渠。计算的理论依据是明渠恒定非均匀渐变流微分方程。对渠道，一般采用比能沿程变化的微分方程，对河道一般采用水位沿程变化的微分方程。下面只介绍渠道水面曲线的计算。

1. 分段求和法的基本内容

分段求和法的基本内容：将整个流动划分为若干个有限长的流段，在每个流段内，认为断面比能或水位呈线性变化，并且以差商代替微商，从而将微分方程变为差分方程。对流段上的水头损失仍然按均匀流沿程水头损失公式计算，并取流段上下游断面的平均值作为计算值。这样一来，以控制断面的控制水深为初始已知值，逐段推求出其他各断面的水深值，从而得到整条水面曲线。

2. 分段求和法的计算公式

如果以下标 u 代表上游断面，以下标 d 代表下游断面，则有限长流段上断面比能沿程变化的微分方程的差分形式（6 - 40）可变成

$$i = \frac{\mathrm{d}}{\mathrm{d}l}\left(h + \frac{\alpha v^2}{2g}\right) + J \Rightarrow \frac{\mathrm{d}}{\mathrm{d}l}\left(h + \frac{\alpha v^2}{2g}\right) = i - J \Rightarrow \frac{\mathrm{d}E_s}{\mathrm{d}l} = i - J \qquad (6 - 43)$$

针对一较短流段 Δl，取差分，并考虑各断面水力坡度不同，用流段内平均水力坡度 $\overline{J}$

代替实际水力坡度 J，得

$$\frac{\Delta E_s}{\Delta l} = i - \overline{J} \tag{6-44}$$

$$\Delta l = \frac{\Delta E_s}{i - \overline{J}} = \frac{E_{sd} - E_{su}}{i - \overline{J}} \tag{6-45}$$

其中

$$\overline{J} = \frac{\overline{v}^2}{\overline{C}^2 \overline{R}} \tag{6-46}$$

或

$$\overline{J} = \frac{1}{2}(J_u + J_d) \tag{6-47}$$

式中 E_{su}、E_{sd}——流段上游断面和下游断面的断面比能。

上式即为分段求和法计算水面曲线的基本公式，对棱柱体和非棱柱体渠道都适用。

3. 水面曲线的计算步骤

由于棱柱体明渠和非棱柱体明渠的断面面积变化规律不同，因此其水面曲线的计算步骤也不尽相同，下面分别进行讨论。

棱柱体明渠水面曲线的计算步骤。

（1）根据流量、断面形状尺寸、底坡、粗糙系数求出正常水深 h_0（如果有的话）、临界水深 h_c，判定底坡类型。

（2）由控制断面的已知水深 h 与正常水深及临界水深的关系确定出水面曲线的类型。

（3）根据水面曲线的变化趋势（壅水还是降水），假定流段另一断面的水深，由公式求出流段长度 Δl，具体可分下面两种情况分别讨论。①若已知两端水深，要求流段距离 l。对此，只需从控制断面开始，假定不同的水深，求出相应的流段长度，总的流段长度 $l = \sum \Delta l$。②已知一端水深和流段距离 l，求另一端水深。对此，可从控制断面开始，假定一系列水深 h，求出相应的流段长度 Δl，取 $l' = \sum \Delta l$。当 l' 接近 l 时，取最后一段 $\Delta l = l - l'$，假定末端水深，求出相应的流段长度 $\Delta l'$，若 $\Delta l' = \Delta l$，计算完成；如果 $\Delta l' \ne \Delta l$，需要重新假定末端水深，重新计算流段长度 $\Delta l'$，直到两者相等为止。

【例 6-11】 一长直棱柱体明渠，底宽 b 为 10m，m 为 1.5，n 为 0.022，i 为 0.0009，当通过流量 Q 为 45m³/s 时，渠道末端水深 h 为 3.4m。

求：计算渠道中的水面曲线？

【解】 1）由于渠道底坡大于零，应首先判别渠道是缓坡或是陡坡，水面曲线属于哪种类型。本题条件与例 6-8 相同，由例 6-8 计算已知 $h_c = 1.2$m，再计算均匀流水深 h_0

因

$$\frac{b^{2.67}}{nK} = \frac{10^{2.67}}{0.022 \times \dfrac{45}{\sqrt{0.0009}}} = 14.17$$

由本章末附图 Ⅱ 查得 $\dfrac{h_0}{b} = 0.196$，所以 $h_0 = 0.196 \times 10 = 1.96$m，因 $h_0 > h_c$，故渠道属于缓坡。又因下游渠道末端水深大于正常水深，所以水面线一定在 M_1 区，水面线为 M_1 型壅水曲线。M_1 型水面曲线上游端以正常水深线为渐近线，取曲线上游端水深比正常水深稍大一点，即

$$h = h_0(1 + 1\%) = 1.96(1 + 0.01) = 1.98 \text{ (m)}$$

2）计算水面曲线。首先列出各计算公式　　$\Delta s = \dfrac{E_{sd} - E_{su}}{i - \dfrac{\overline{v}^2}{\overline{C}^2\,\overline{R}}} = \dfrac{\Delta E_s}{i - \overline{J}}$

其中

$$E_s = h + \frac{\alpha v^2}{2g} = h + \frac{\alpha}{2g}\left(\frac{Q}{A}\right)^2$$

$$A = (b + mh)h$$

$$\chi = b + 2\sqrt{1 + m^2}\, h$$

$$R = \frac{A}{\chi}$$

$$CR^{\frac{1}{2}} = \frac{1}{n} R^{\frac{1}{6}} R^{\frac{1}{2}} = \frac{1}{n} R^{\frac{2}{3}}$$

以 $h_1 = 3.4\text{m}$，$h_2 = 3.2\text{m}$，求两断面间之距离 Δs。

将有关已知数值代入上列公式中，分别求得

$$A_1 = (10 + 1.5 \times 3.4) \times 3.4 = 51.34 \ (\text{m}^2)$$

$$A_2 = (10 + 1.5 \times 3.2) = 47.36 \ (\text{m}^2)$$

$$\chi_1 = 10 + 2\sqrt{1 + 1.5^2} \times 3.4 = 22.26 \ (\text{m})$$

$$\chi_2 = 10 + 2\sqrt{1 + 1.5^2} \times 3.2 = 21.54 \ (\text{m})$$

$$R_1 = \frac{51.34}{22.26} = 2.306 \ (\text{m})$$

$$R_2 = \frac{47.36}{21.54} = 2.199 \ (\text{m})$$

$$C_1 R_1^{\frac{1}{2}} = \frac{1}{n} R_1^{\frac{1}{2}} = \frac{1}{0.022} \times 2.306^{\frac{2}{3}} = 79.34 \ (\text{m/s})$$

$$C_2 R_2^{\frac{1}{2}} = \frac{1}{0.022} \times 2.199^{\frac{2}{3}} = 76.9 \ (\text{m/s})$$

$$v_1 = \frac{45.0}{51.34} = 0.8765 \ (\text{m/s})$$

$$v_2 = \frac{45.0}{47.36} = 0.9502 \ (\text{m/s})$$

$$\frac{v_1^2}{C_1^2 R_2} = \left(\frac{0.8765}{79.34}\right)^2 = 1.220 \times 10^{-4}$$

$$\frac{v_2^2}{C_2^2 R_2} = \left(\frac{0.9501}{76.9}\right)^2 = 1.528 \times 10^{-4}$$

$$\overline{J} = \frac{1}{2}\left(\frac{v_1^2}{C_1^2 R_1} + \frac{v_2^2}{C_2^2 R_2}\right) = \frac{1}{2} \times (1.220 + 1.528)\, 10^{-4} = 1.374 \times 10^{-4}$$

$$\frac{a_1 v_1^2}{2g} = \frac{1 \times 0.8765^2}{2 \times 9.8} = 0.0392 \ (\text{m})$$

$$\frac{\alpha_2 v_2^2}{2g} = \frac{1 \times 0.9502^2}{2 \times 9.8} = 0.0461 \ (\text{m})$$

$$\Delta s = \frac{(3.4 + 0.0392) - (3.2 + 0.0461)}{(9 - 1.374) \times 10^{-4}} = 253.2 \ (\text{m})$$

其余各流段的计算完全相同，为清晰起见，采用列表法进行，情况如表 6 - 10 所示。

表 6 - 10 流 段 计 算 表

h (m)	A (m²)	χ (m)	R (m)	$\frac{1}{n}R^{2\beta}$	v (m/s)	$J = \frac{v^2}{C^2 R}$ (10⁻⁴)	$\bar{J}$ (10⁻⁴)	$i - \bar{J}$ (10⁻⁴)	$\frac{\alpha v^2}{2g}$ (m)	E_s (m)	ΔE_s (m)	Δs (m)	$\sum \Delta s$ (m)
3.4	51.34	22.26	2.306	79.34	0.8765	1.220			0.0392	3.4392			0
3.2	47.36	21.54	2.199	76.90	0.9502	1.528	1.374	7.626	0.0461	3.2461	0.1931	253.2	253.2
3.0	43.50	20.82	2.089	74.28	1.034	1.938	1.733	7.627	0.0545	3.0545	0.1916	251.2	504.4
2.8	39.76	20.10	1.978	71.62	1.132	2.498	2.218	6.782	0.0654	2.8654	0.1891	278.8	783.2
2.6	36.14	19.38	1.865	68.87	1.245	3.268	2.883	6.117	0.0791	2.6791	0.1863	304.6	1087.8
2.4	32.64	18.65	1.750	66.01	1.379	4.364	3.816	5.184	0.0970	2.4970	0.1821	351.3	1439.1
2.2	29.26	17.93	1.632	63.01	1.538	5.958	5.161	3.839	0.1201	2.3201	0.1769	460.8	1899.9
2.1	27.62	17.57	1.572	61.45	1.629	7.027	6.493	2.507	0.1354	2.2354	0.0847	337.9	2237.8
1.98	25.68	17.14	1.498	59.51	1.752	8.667	7.847	1.153	0.1566	2.1366	0.0988	856.9	3094.7

3）根据表 6 - 10 的数值，绘制水面曲线见图 6 - 25。

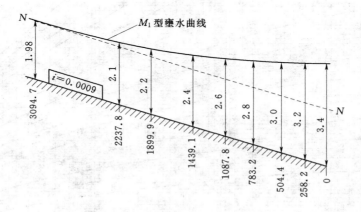

图 6 - 25 水面曲线绘制

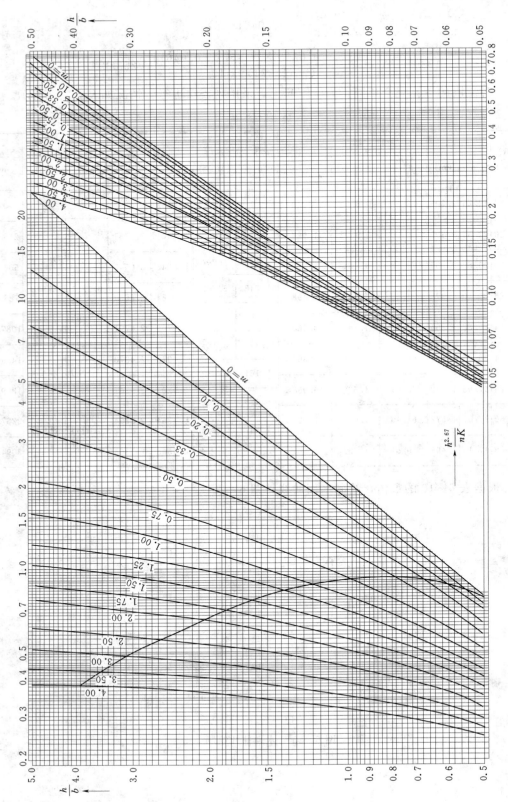

附图 I　矩形和梯形断面明渠均匀流底宽求解图

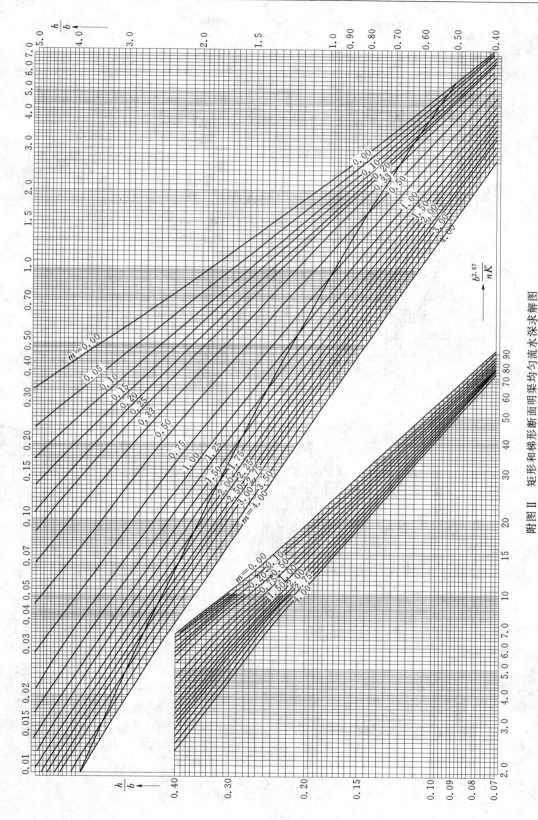

附图 Ⅱ 矩形和梯形断面明渠均匀流水深求解图

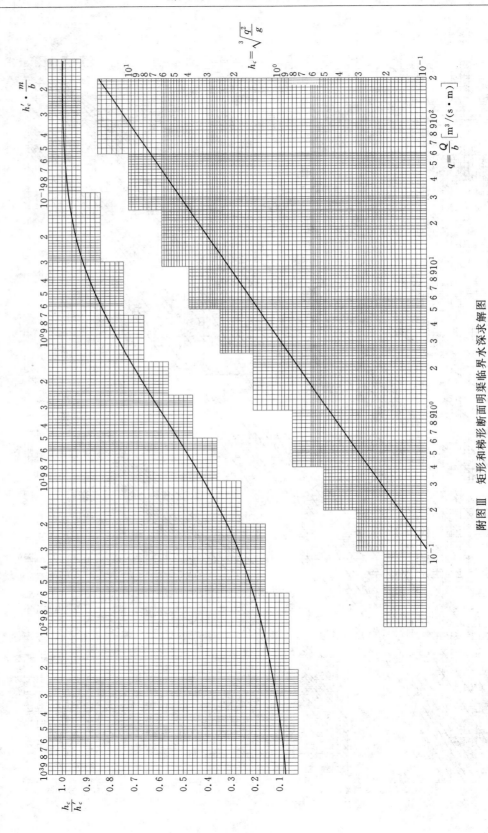

附图Ⅲ 矩形和梯形断面明渠临界水深求解图

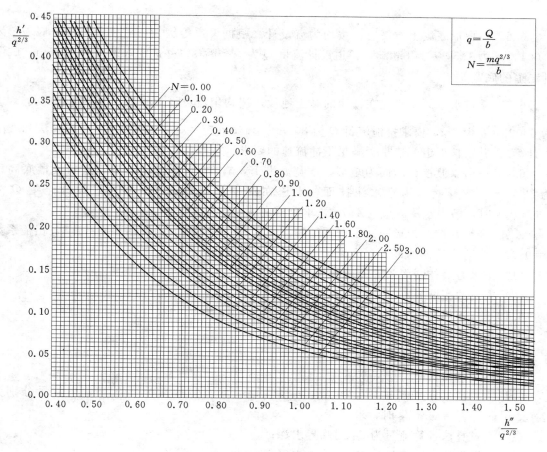

附图Ⅳ　梯形断面共轭水深求解图

$$q=\frac{Q}{b}$$

$$N=\frac{mq^{2/3}}{b}$$

习　题

6.1　一梯形土渠，按均匀流设计。已知水深 h 为 1.2m，底宽 b 为 2.4m，边坡系数 m 为 1.5，粗糙系数 n 为 0.025，底坡 i 为 0.0016。求流速 v 和流量 Q。

6.2　红旗渠某段长而顺直，渠道用浆砌条石筑成（n 为 0.028），断面为矩形，渠道按水力最佳断面设计，底宽 b 为 8m，底坡 i 为 $\dfrac{1}{8000}$，试求通过流量。

6.3　某水库泄洪隧道，断面为圆形，直径 d 为 8m，底坡 i 为 0.002，粗糙系数 n 为 0.014，水流为无压均匀流，当洞内水深 h 为 6.2m 时，求泄洪流量 Q。

6.4　一梯形混凝土渠道，按均匀流设计。已知 Q 为 35m³/s，b 为 8.2m，m 为 1.5，n 为 0.012 及 i 为 0.00012，求 h（用试算——图解法和查图法分别计算）。

6.5　某电站进水口后接一方圆形无压引水隧洞，断面尺寸如图所示，n 为 0.018，i 为 0.0022，试求当引水流量 Q 为 5m³/s，洞内

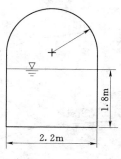

题 6.5 图

为均匀流时的水深 h。

6.6 一梯形灌溉土质渠道，按均匀流设计。根据渠道等级、土质情况，选定底坡 i 为 0.001，m 为 1.5，n 为 0.025，渠道设计流量 Q 为 4.2m³/s，并选定水深 h 为 0.95m，试设计渠道的底宽 b。

6.7 某排水干渠，修建在密实的黏土地段，按均匀流设计。底坡 i 为 $\frac{1}{6000}$，m 为 3，n 为 0.025，h 为 6m，要求排泄流量 Q 为 800m³/s，试确定底宽 b（用试算——图解法和查图法计算），并校核渠道流速是否满足不冲流速的要求。

6.8 一引水渡槽，断面为矩形，槽宽 b 为 1.5m，槽长 l 为 116.5m，进口处槽底高程为 52.06m，槽身壁面为净水泥抹面，水流在渠中作均匀流动。当通过设计流量 Q 为 7.65m³/s 时，槽中水深 h 应为 1.7m，求渡槽底坡 i 及出口处槽底高程。

6.9 今欲开挖一梯形断面土渠。已知：流量 $Q=10$m³/s。边坡系数 $m=1.5$，粗糙系数 $n=0.02$，为防止冲刷的最大允许流速 $v=1.0$m/s，试求：

（1）按水力最佳断面条件设计断面尺寸；

（2）渠道的底坡 i 为多少？

6.10 一矩形断面渠道 b 为 3m，Q 为 4.8m³/s，n 为 0.022，i 为 0.0005。试求：

（1）水流作均匀流时微波波速；

（2）水流作均匀流时的弗劳德数；

（3）从不同角度判别明渠水流流态。

6.11 一梯形断面渠道，b 为 8m，m 为 1，n 为 0.014，i 为 0.0015；当流量分别为 $Q_1=8$m³/s，$Q_2=16$m³/s 时，求：

（1）用试算法计算流量为 Q_1 时临界水深；

（2）用图解法计算流量为 Q_2 时临界水深；

（3）流量为 Q_1 及 Q_2 时，判别明渠水流作均匀流的流态。

6.12 一矩形渠道 b 为 5m，n 为 0.015，i 为 0.003；试计算该明渠在通过流量 $Q=10$m³/s 时的临界底坡，并判别渠道是缓坡或陡坡。

6.13 试分析并定性绘出图中三种底坡变化情况时，上下游渠道水面线的形式。已知上下游渠道断面形状、尺寸及粗糙系数均相同并为长直棱柱体明渠。

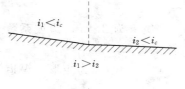

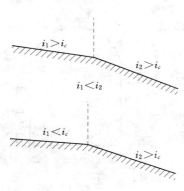

题 6.13 图

6.14 有一梯形面渠道，底宽 b 为 6m，边坡系数 m 为 2，底坡 i 为 0.0016，n 为 0.025，当通过流量 Q 为 10m³/s 时，渠道末端水深 h 为 1.5m。计算并绘制水面曲线。

6.15 一矩形断面明渠，b 为 8m，n 为 0.025，i 为 0.00075，当通过流量 Q 为 50m³/s，已知渠末断面水深 h_2 为 5.5m，试问上游水深 h_1 为 4.2m 的断面距渠末断面的距离为多少？

6.16 平底矩形渠道后，紧接一直线收缩的变宽陡槽，断面仍为矩形，进口宽度 b_1 与上游渠道相等，b_1 为 8m，出口宽度 b_2 为 4m，陡槽底坡 i 为 0.06，n 为 0.016，槽长为 100m。试绘出陡槽中通过设计流量 40m²/s 时的水面线。

6.17 一水跃产生于一棱柱体梯形水平渠段中。已知：Q 为 25m³/s，b 为 5.0m，m 为 1.25 及 h'' 为 3.14m。求 h'。

6.18 一水跃产生于一棱柱体矩形水平渠段中。已知：b 为 5.0m，Q 为 50m³/s 及 h' 为 0.5m。试判别水跃的形式并确定 h''。

第7章 堰 流

7.1 堰的类型及流量公式

工程中，为满足引水、发电、灌溉等需求，需修建溢流堰和水闸等水工建筑物。凡对水流有局部约束且顶部溢流的建筑物称为堰，而与之对应的流动称为堰流；通过闸门开启控制水位，调节流量的建筑物称为闸，而与之对应的流动称为闸孔出流。

堰流和闸孔出流是两种不同的水流现象。不同点在于堰流的水面线为一条光滑曲线且过水能力强，而闸孔孔流的上、下游水面曲线不连续且过水能力弱。其共同点是：堰流与闸孔出流都属于水流运动由缓流转化到急流，从能量的观点看，都属于水流由势能转化为动能；二者水头损失均以局部水头损失为主。这里只介绍堰流的有关知识，关于闸孔出流部分可参考相关书籍。

7.1.1 堰流的类型

在水利工程中，由于建筑条件与使用目的不同，常将堰作成不同的类型。溢流坝常用混凝土或石料砌筑成厚度较大的曲线型或折线型；而实验室内使用的量水堰，一般用钢板或木板作成很薄的堰壁。

工程上通常按照堰坎厚度 δ 与堰上水头 H 的比值大小及水流的特征，将堰流分作薄壁堰流、实用堰流及宽顶堰流三种类型。

(1) 薄壁堰流：即 $\dfrac{\delta}{H} < 0.67$。下泄流量 Q 不受堰坎厚度 δ 影响，越过堰顶的水舌形状不受堰顶厚度的影响，水舌下缘与堰只有线的接触 [见图 7-1 (a)]。

(2) 实用堰流：即 $0.67 < \dfrac{\delta}{H} < 2.5$。下泄 Q 受 δ 的影响，但不大，水舌受到堰顶一定程度的约束和顶托，水舌与堰呈面接触 [见图 7-1 (b)，(c)]。

(3) 宽顶堰流：即 $2.5 < \dfrac{\delta}{H} < 10$。下泄 Q 受 δ 的影响，且较大，堰坎厚度对水流的顶托作用已经非常明显，水舌与堰呈面接触，且较实用堰要大 [见图 7-1 (d)]。

如果堰坎厚度继续增加，当 $\dfrac{\delta}{H} > 10$，则沿程水头损失已经不能略去，而是明渠水流了。本章只介绍前两种堰型。

7.1.2 堰流的基本公式

对堰前断面 0—0 及堰顶断面 1—1 列出能量方程，以通过堰顶的水平面 2—2 作为基准面 [见图 7-1 (a)]。其中，断面 0—0 为渐变流；而断面 1—1 由于流线弯曲水流属急变流，过水断面上测压管水头不为常数，故用 $\overline{\left(z + \dfrac{p}{\rho g}\right)}$ 表示断面 1—1 上测压管水头的平均值。由

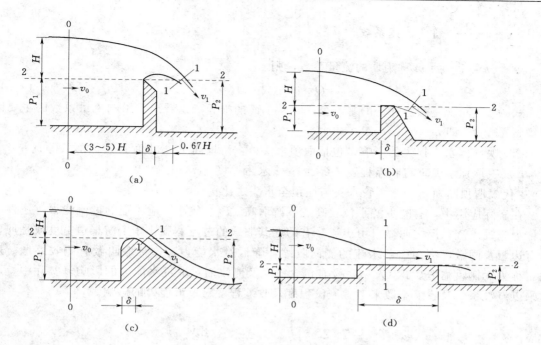

图 7-1 常见堰流类型

此可得

$$H + \frac{\alpha_0 v_0{}^2}{2g} = \overline{\left(z + \frac{p}{\rho g}\right)} + (\alpha_1 + \zeta)\frac{v_1{}^2}{2g}$$

式中 v_1——断面 1—1 的平均流速；

        v_0——断面 0—0 的平均流速，即行近流速；

   α_0、α_1——相应断面（断面 0—0 及断面 1—1）的动能修正系数；

        ζ——局部水头损失系数。

设 $H + \frac{\alpha_0 v_0{}^2}{2g} = H_0$，其中 $\frac{\alpha_0 v_0{}^2}{2g}$ 为行近流速水头，H_0 称为堰顶全水头。

令 $\overline{\left(z + \frac{p}{\rho g}\right)} = \xi H_0$，$\xi$ 为某一修正系数。则上式可改写为

$$H_0 - \xi H_0 = (\alpha_1 + \zeta)\frac{v_1{}^2}{2g}$$

即

$$v_1 = \frac{1}{\sqrt{\alpha_1 + \zeta}}\sqrt{2g(H_0 - \xi H_0)}$$

因为堰顶过水断面面积一般为矩形，设其断面宽度为 b；断面 1—1 的水舌厚度用 kH_0 表示，k 为反映堰顶水流垂直收缩的系数。则断面 1—1 的过水面积应为 kH_0b；通过流量为

$$Q = kH_0 b v_1$$

$$= kH_0 b \frac{1}{\sqrt{\alpha_1 + \zeta}}\sqrt{2gH_0(1 - \xi)}$$

$$= \varphi k \sqrt{(1 - \xi)}\, b \sqrt{2g}H_0^{\frac{3}{2}}$$

式中，$\varphi = \dfrac{1}{\sqrt{\alpha_1 + \zeta}}$ 称为流速系数。

令 $\varphi k \sqrt{1 - \xi} = m$ 称为堰的流量系数，则

$$Q = mb \sqrt{2g}\, H_0^{\frac{3}{2}} \tag{7-1}$$

式（7-1）就是堰流计算的基本公式。从上面的推导可以看出，影响流量系数的主要因素是 φ，k，ξ，即 $m = f(\varphi, k, \xi)$。式中

φ 反映局部水头损失的影响，包括堰顶水头、上游堰高 P_1、堰顶口边缘形状等；

k 反映堰顶水流垂直收缩程度（断面 1—1 水舌厚度 kH）；

ξ 代表堰顶断面平均测压管水头与堰顶全水头之比。

在实际应用中，有时下游水位较高或下游堰高（P_2）较小影响了堰的过流能力，这种堰流称为淹没出流；反之叫做自由出流。有的堰其堰顶的过流宽度小于上游渠道宽度或是堰顶设有边墩及闸墩，都会引起水流的侧向收缩，降低过水能力，这种堰叫做有侧收缩堰；反之，称为无侧收缩堰。式（7-1）没有包含淹没及侧收缩对堰过水能力的影响。实际中，通过乘以淹没系数及收缩系数来考虑淹没程度及收缩程度对过流能力的影响。

7.2 薄 壁 堰

薄壁堰具有稳定的水头和流量关系，常作为水力学模型实验、野外量测中的一种有效量水工具。常见的薄壁堰有矩形薄壁堰和直角三角形薄壁堰两种形式。

7.2.1 矩形薄壁堰

矩形薄壁堰上下游等宽，堰流无侧收缩。当自由出流时，水流最为稳定，测量精度较高。为保证下游为自由出流，矩形薄壁堰应满足：

(1) $H > 2.5\text{cm}$，否则堰下形成贴壁流，出流不稳定。

(2) 水舌下与大气相通，否则水舌下有真空，出流不稳定（见图 7-2）。

由堰流计算公式

$$Q = mb \sqrt{2g}\, H_0^{\frac{3}{2}} = b \sqrt{2g}\, H^{\frac{3}{2}}\, m \left(1 + \frac{\alpha v_0^2}{2gH} \right)^{\frac{3}{2}}$$

令

$$m_0 = m \left(1 + \frac{\alpha v_0^2}{2gH} \right)^{\frac{3}{2}}$$

$$Q = m_0 b \sqrt{2g} H^{\frac{3}{2}} \tag{7-2}$$

根据式（7-2）可直接利用堰上水头读取流量。式中，m_0 为包括行进流速在内的流量系数，可按雷白克（T. Rehbock）公式计算

$$m_0 = 0.403 + 0.053 \frac{H}{P_1} + \frac{0.0007}{H} \tag{7-3}$$

式中 P_1——上游堰高，式（7-3）用于 $H > 0.025\text{m}$。

7.2.2 直角三角形薄壁堰

当所需测流量较小（例如 $Q < 0.1\text{m}^3/\text{s}$ 时），若用矩形薄壁堰，则水头过小，误差大。一般可改用直角三角形薄壁堰（见图 7-3）。即

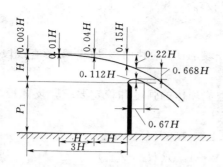

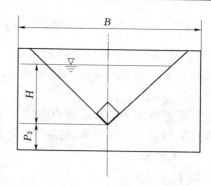

图 7 - 2　无侧收缩非淹没矩形薄壁堰自由出流水舌形状

图 7 - 3　直角三角形薄壁堰

$$Q = C_0 H^{5/2} \tag{7-4}$$

式中　C_0——流量系数。

$$C_0 = 1.354 + \frac{0.004}{H} + \left(0.14 + \frac{0.2}{\sqrt{P_1}}\right)\left(\frac{H}{B} - 0.09\right)^2 \tag{7-5}$$

式中　B——引渠宽。

当 $0.5\text{m} \leqslant B \leqslant 1.2\text{m}$，$0.1\text{m} \leqslant P_1 \leqslant 0.75\text{m}$，$0.07\text{m} \leqslant H \leqslant 0.26\text{m}$，$H \leqslant \dfrac{B}{3}$，上式计算的 Q 误差 $< \pm 1.4\%$。

7.3　实　用　堰

实用堰是水利工程中常见的堰型之一。作为挡水和泄水建筑物，低堰常用石料砌成折线型，高的溢流坝一般作成曲线型。

实际工程中实用堰常由闸墩及边墩分隔成数个等宽的堰孔，如图 7 - 4 所示。该种情况下，式（7 - 1）中的 $b = nb'$，其中 n 为堰孔数，b' 为每一个堰孔的净宽。如果没有闸墩只有边墩存在时，$n = 1$，$b = b'$。因为边墩或闸墩的存在，水流经过堰孔时，流线发生收缩，影响了过流能力。通常在式（7 - 1）右端乘以一个侧收缩系数 ε_1 来表示侧收缩对流量的影响。另外，用一个淹没系数 σ_s 表示实用堰下游淹没程度对过流能力的影响。造成下游淹没的原因可能由于下游水位过高或下游堰高较小。同样，淹没出流时，σ_s 的值小于 1。

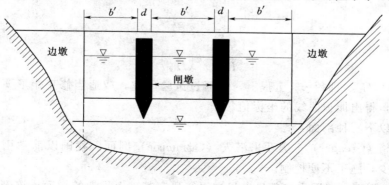

图 7 - 4　堰孔

$$Q = \varepsilon_1 \sigma_s m n b' \sqrt{2g} H_0^{3/2} \qquad (7-6)$$

7.3.1 曲线型实用堰的剖面形状

曲线型实用堰剖面由四部分组成：上游直线段 AB；堰顶曲线 BC；下游直线段 CD；反弧段 DE（见图 7-5）。

上游直线段 AB 及下游直线段 CD 取决于溢流坝体的强度和稳定要求，反弧段 DE 使直线段 CD 与下游河底平滑连接，避免水流冲刷河床。

当 $H_0 < 5m$ 时， $r = (0.25 \sim 1.0)(H_d + Z_{max})$

当 H 较大时， $r = (0.5 \sim 1.0)(H_d + Z_{max})$

式中 H_d——溢流坝剖面设计水头；

   z_{max}——最大上下游水位差。

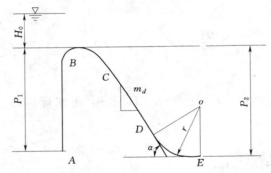 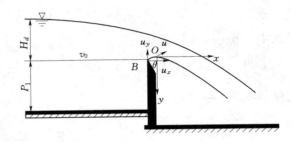

图 7-5   曲线型实用堰剖面形状   图 7-6   薄壁堰水舌下缘曲线形状

堰顶曲线 BC 对堰流影响最大，是设计曲线型实用堰剖面形状的关键。理想的曲线型实用堰剖面形状与薄壁堰水舌下缘形状吻合，不产生真空，过流能力最大。实际采用的剖面形状是按薄壁堰下游水舌下缘曲线稍加修改而成。

薄壁堰水舌下缘曲线特性，见图 7-6。

采用拉格朗日法，追踪一个质点的运动轨迹。建立如图 7-6 所示坐标系，当质点从 B 点
$$u_y = u\sin\theta, \; u_x = u\cos\theta$$
运动至顶点 O 时：$u_x = u\cos\theta$，$u_y = 0$，质点在重力作用，做平抛运动，经过时间 t 后

$$\begin{cases} x = ut\cos\theta \\ y = \dfrac{1}{2}gt^2 \end{cases} \qquad (7-7)$$

整理后 $$\frac{y}{H_d} = k\left(\frac{x}{H_d}\right)^n \qquad (7-8)$$

确定 k、n、H_d、即得 y。工程上，常通过试验研究，或适当修正矩形薄壁堰自由溢流水舌下缘曲线，得出堰顶曲线的坐标值。

常见的有以下三种剖面：

（1）克里格（Creager）—奥菲采洛夫（Официеров）剖面。我国以前常用，该剖面略嫌肥大，坐标点少，施工不便控制。

（2）Ogee 剖面。美国内务部垦务局在系统研究基础上推荐的剖面。该剖面参数均与行进流速水头、设计全水头有关，并考虑坝高对堰顶剖面曲线影响，适应不同坝高的堰剖面

设计。

（3）WES 剖面。美国陆军工程兵团水道试验站研究的。该剖面用曲线方程表示，便于控制，堰剖面较瘦可节省工程量，堰面压强较理想，负压不大，对安全有利。

下面介绍一下 WES 剖面设计方法，见图 7-7。

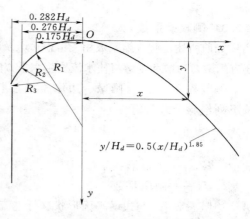

图 7-7　WES 剖面形状

堰顶 O 点下游曲线，按公式计算：$\left(\dfrac{y}{H_d}\right)=k\left(\dfrac{x}{H_d}\right)^n$ 式中，k、n 取决于堰上游面坡度；当上游面为垂直时 $k=0.5$，$n=1.85$；H_d 为不包括行近流速水头的设计水头。

堰顶 O 点上游曲线采用三段复合圆弧相接，堰顶曲线上游与上游面平滑连接，改善堰面压强分布，减小负压。以下是三圆弧半径及其坐标表达式

$$R_1=0.50H_d，\quad x_1=0.175H_d$$
$$R_2=0.20H_d，\quad x_2=0.276H_d$$
$$R_3=0.04H_d，\quad x_1=0.282H_d$$

从上述公式可以看出：堰剖面曲线的坐标值取决于设计水头 H_d。堰顶水头在 $H_{min}\sim H_{max}$ 范围变化，如何选定设计水头 H_d，使 $H=(H_{min}\sim H_{max})$ 时，堰面流量系数较大，又不产生过大负压。两种极端情况：

（1）$H_d=H_{max}$ 可保证堰面不出现负压，但实际运行中 $H<H_d$ 时，堰面压强为正，流量系数减小；堰剖面偏厚，不经济。

（2）如果 $H_d=H_{min}$，可得到较经济剖面。但实际运行中 $H>H_d$，堰面产生较大负压，严重时危及坝体安全。

工程中经常采用：$H_d=(0.75\sim0.95)H_{max}$，当 $H>H_d$ 时，为真空剖面堰；当 $H<H_d$ 时，堰剖面堰稍偏肥大，为非真空剖面堰。

7.3.2　WES 剖面型实用堰的流量系数

对于不同堰型，流量系数不同。水力设计时，可参考有关文献。对于重要工程需要通过模型试验确定。

对于堰上游面垂直 WES 剖面，当 $P_1/H_d\geqslant1.33$ 时，为高堰，流量系数是 H_0/H_d 的函数，即 $m=f(H_0/H_d)$。当 $H_0=H_d$ 时，$m=m_d=0.502$；当 $H_0<H_d$ 时，$m<m_d$；当 $H_0>H_d$ 时，$m>m_d$。

$P_1/H_d<1.33$ 称低堰，其流量系数如图 7-8 所示。

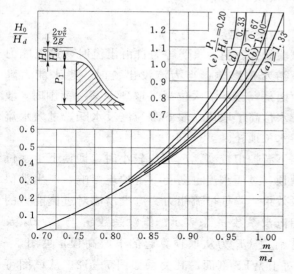

图 7-8　流量系数曲线

7.3.3 侧收缩系数

如前所述，侧收缩系数用于考虑边墩及闸墩对过水能力影响。溢流坝都有边墩，多孔溢流坝还有闸墩。边墩和闸墩将使水流发生水平方向上的收缩，增大了局部水头损失，降低过流能力。

侧收缩系数 ε_1 与闸墩、边墩平面形状、溢流孔数、堰上水头及溢流宽度等因素有关。按下列经验公式计算

$$\varepsilon_1 = 1 - 2[K_a + (n-1)K_p]\frac{H_0}{nb'} \qquad (7-9)$$

式中 K_a ——边墩形状系数；

$\quad\quad\ K_p$ ——闸墩系数。

边墩系数 K_a 与边墩平面形状、行进流速有关，其值越大，ε_1 越小，过流能力降低。

圆弧形边墩，当行进水流正向进入溢流堰时，$K_a=0.1$（与混凝土非溢流坝段邻接的高溢流堰），$K_a=0.2$（与土坝邻接的高溢流堰）；当行进水流非正向进入溢流堰时，K_a 适当加大。闸墩系数 K_p 与闸墩头部形状（见图 7-9），H_0/H_d，闸墩头部与堰上游面的相对位置等因素有关，见图 7-10。

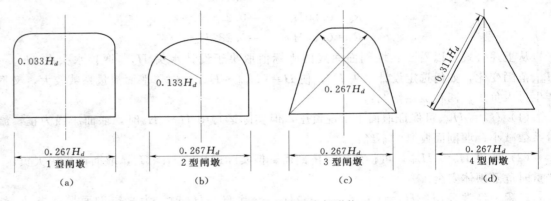

图 7-9 常见的闸墩头部形状

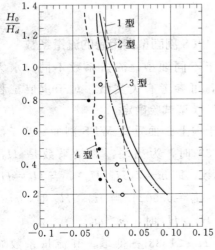

图 7-10 闸墩形状系数 K_p 大小

7.3.4 淹没系数

试验研究表明，堰下游为自由出流时，过流能力不受下游水位影响；当为淹没出流时，过水能力降低。原因是，当下游水位高过堰顶至某一范围时，堰顶下游水位高于堰顶，堰下游为淹没水跃，过堰水流受下游水位顶托。

当下游护坦较高，P_2/H_0 较小时，即使下游水位低于堰顶，过堰水流也会受下游护坦影响，产生类似的淹没效果，降低过流能力。淹没出流对过流能力的影响用淹没系数 σ_s 来表示。淹没系数 σ_s 与 h_s/H_0 及 P_2/H_0 有关（h_s 为从堰顶算起的下游高程，见图 7-11）。对于 WES 剖面，其关系如图 7-12。从该图可知，当 $h_s/H_0<0.15$ 及 $P_2/H_0\geqslant2$ 时，为自由出流。

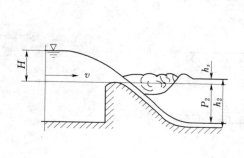

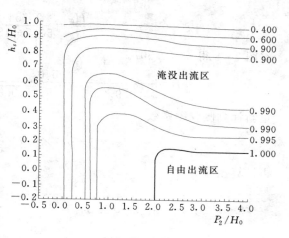

图 7-11 淹没出流

图 7-12 淹没系数 σ_s

【例 7-1】 为了灌溉需要，在河道上修建拦河坝一座，如图 7-13 所示。溢流坝采用堰顶上游为三圆弧段的 WES 型实用堰剖面，坝顶无闸门和闸墩，边墩为圆弧形。坝的设计洪水流量为 540m³/s，相应的上、下游设计水位分别为 50.7m 和 48.1m，坝趾处河床高程为 38.5m，坝前河道过水断面面积为 524m²。根据灌溉水位要求，已确定坝顶高程为 48.0m，求坝的溢流宽度。

【解】 根据式（7-6）计算流速：

$$Q = \varepsilon_1 \sigma_s mnb' \sqrt{2g}\, H_0^{\frac{3}{2}}$$

图 7-13 例 7.1 图（单位：m）

堰前行近流速 $v_0 = \dfrac{Q}{A} = \dfrac{540}{524} = 1.03$ （m/s）

堰顶全水头 $H_0 = H + \dfrac{v^2}{2g} = 50.7 - 48 + \dfrac{1.03^2}{2 \times 9.8} = 2.754$ （m）

$$\frac{P_1}{H_0} = \frac{48 - 38.5}{2.754} = 3.54$$

$$\frac{h_s}{H_0} = \frac{48.1 - 48}{2.754} = 0.036$$

所以 $\sigma_s = 1$ 为自由出流。

坝顶无闸墩，边墩为圆弧形，可知 $K_a = 0.1$，$K_p = 0$。

根据式（7-9）侧收缩系数

$$\varepsilon_1 = 1 - 2[K_a + (n-1)K_p]\frac{H_0}{nb'}$$

因为侧收缩系数和溢流宽度有关，所以采用试算法。设

$$\varepsilon_1 = 0.9 \quad B = \frac{Q}{\sigma_s \varepsilon_1 m \sqrt{2g}\, H_0^{\frac{3}{2}}}$$

$$\frac{P}{H_d} = \frac{48 - 38.5}{50.7 - 48} = 3.52$$

$$\frac{H_0}{H_d}=\frac{2.754}{50.7-48}=1.02$$

查图 7-8 得 $m=0.507$。

$$B=\frac{540}{1\times0.9\times0.507\times\sqrt{2\times9.8}\times2.754^{\frac{3}{2}}}=59.66\ (\text{m})$$

重新计算侧收缩系数

$$\varepsilon_1=1-0.2\times0.7\times\frac{2.754}{59.66}=0.984$$

再计算溢流宽度

$$B_1=\frac{Q}{\sigma_s\varepsilon m\ \sqrt{2g}\ H_0^{\frac{3}{2}}}$$

$$=\frac{540}{1\times0.991\times0.507\times\sqrt{2\times9.8}\times2.754^{\frac{3}{2}}}=53.64\ (\text{m})$$

$$\varepsilon_2=1-0.2\times0.7\times\frac{2.754}{53.64}=0.9998$$

$$B_2=\frac{Q}{\sigma_s\varepsilon m\ \sqrt{2g}\ H_0^{\frac{3}{2}}}$$

$$=\frac{540}{1\times0.9998\times0.507\times\sqrt{2\times9.8}\times2.754^{\frac{3}{2}}}=53.64\ (\text{m})$$

B_2 和 B_1 相差无几，取 $\varepsilon_1=0.9998$，$B=53.55\text{m}$。

【例 7-2】 某电站溢洪道拟采用 WES 曲线型实用堰。已知：

（1）溢流坝上游设计水位高程为 267.85m。

（2）设计流量 Q_d 为 6840m³/s。

（3）相应的下游水位高程为 210.5m。

（4）筑坝处河底高程为 180m。

（5）上游河道近似三角形断面，水面宽度 B 为 200m。

已确定溢流坝作成三孔，每孔净宽 b' 为 16m；闸墩头部为半圆形；边墩头部为圆弧形。

要求：

（1）确定堰顶高程。

（2）自由出流时，当上游水位高程分别是 267.0m 及 269.0m 时，所设计的堰剖面通过的流量各为多少（下游水位低于堰顶）？

（3）当通过流量 Q 为 6000m³/s 时，计算所需的上游水位高程。

【解】 （1）确定堰顶高程。

根据式（7-6） $Q=m\varepsilon_1\sigma_s nb'\sqrt{2g}\ H_{0d}^{\frac{3}{2}}$

设：1）堰顶自由出流 则 $\sigma_s=1.0$。

2）$\frac{P_1}{H_d}>1.33$ 故 $m_d=0.502$，设计情况 $m=m_d$。

根据式（7-9） $\varepsilon_1=1-2[K_a+(n-1)K_p]\frac{H_{0d}}{nb'}$

其中 $n=3$；$b'=16$；取 $K_a=0.1$。

设 $\dfrac{H_{0d}}{H_d}=1$（略流速水头）查图 7-10 得，闸墩系数 $K_p=0.015$。

则 $\quad \varepsilon_1=1-2[0.1+(3-1)\times0.015]\dfrac{H_{0d}}{3\times16}$

$\qquad\ =1-0.0054H_{0d}$

所以 $\quad Q=m\varepsilon_1\,\sigma_s\,nb'\sqrt{2g}\,H_{0d}^{\frac{3}{2}}$

$\qquad\qquad =0.502(1-0.0054H_{0d})\times1\times3\times16\,\sqrt{2g}\,H_{0d}^{\frac{3}{2}}$

$\qquad\qquad =106.68(1-0.0054H_{0d})H_{0d}^{\frac{3}{2}}$

故 $\qquad H_{0d}=\left[\dfrac{Q}{106.68(1-0.0054H_{0d})}\right]^{\frac{2}{3}}=\left[\dfrac{6840}{106.68(1-0.0054H_{0d})}\right]^{\frac{2}{3}}$

试算 $H_{0d}=17.1\text{m}$，则 $H_d=17.1\text{m}$。

堰顶高程为 $267.85-H_d=267.85-17.1=250.75$（m）。

验算复核：

1) $\qquad\qquad A_0=(267.85-180)B\times\dfrac{1}{2}$

$\qquad\qquad\qquad =(267.85-180)\times200\times\dfrac{1}{2}=8785\text{m}^2$

$\qquad\qquad v_0=\dfrac{Q}{A_0}=\dfrac{6840}{8785}=0.78\text{m/s}$

$\qquad\qquad \dfrac{v_0^{\ 2}}{2g}=\dfrac{0.78^2}{2\times9.8}=0.03\ll H_d$

可以忽略不计。

故设 $\dfrac{H_{0d}}{H_d}=1$，取 $K_p=0.015$，合理，即 $H_d=H_{0d}$。

2) 上游堰高

$\qquad\qquad P_1=250.75-180=70.75\text{m}$

$\qquad\qquad \dfrac{P_1}{H_d}=\dfrac{70.75}{17.1}=4.14>1.33$

与假设相符，所以 $m_d=0.502$。

3) 下游堰高

$\qquad\qquad P_2=P_1=70.75\text{m}$

$\qquad\qquad \dfrac{P_2}{H_{0d}}=\dfrac{P_2}{H_d}=\dfrac{70.75}{17.1}=4.14>2$

且堰顶高程为 250.75m，下游水位为 210.5m。

所以 $h_s<0$ 故为自由出流，$\sigma_s=1$ 与假设相符。

结论：堰顶高程为 250.75m。

（2）计算当上游水位分别为 267m 及 269m 时之流量。

当上游水位 267m 时，根据式（7-6），即

$$Q=\sigma_s\varepsilon_1\,mnb'\sqrt{2g}\,H_0^{\frac{3}{2}}$$

其中

$$H_0 = H = 267.0 - 250.75 = 16.25 \text{ (m) (不计行近流速水头)}$$

m $\begin{cases} \text{因为} \dfrac{H_0}{H_d} = \dfrac{H}{H_d} = \dfrac{16.25}{17.1} = 0.95, \text{且} \dfrac{P_1}{H_d} > 1.33 \\[2mm] \text{查图 } 7-8 \text{ 得} \dfrac{m}{m_d} = 0.99 \text{ 所以 } m = 0.99 \times m_d = 0.99 \times 0.502 = 0.497 \end{cases}$

ε_1 $\begin{cases} \varepsilon_1 = 1 - 2[K_a + (n-1)K_p] \dfrac{H_0}{nb'} \\[2mm] \text{其中} \quad \text{取 } K_a = 0.1, \dfrac{H_0}{H_d} = \dfrac{16.25}{17.1} = 0.95, \text{查得 } K_p = 0.02 \\[2mm] \text{所以 } \varepsilon_1 = 1 - 2 \times [0.1 + (3-1) \times 0.02] \times \dfrac{16.26}{3 \times 16} = 0.905 \end{cases}$

$\sigma_s = 1.0$

故 $\quad Q = \sigma_s \, m \varepsilon_1 \, nb' \sqrt{2g} \, H_0^{\frac{3}{2}}$

$\qquad = 1.0 \times 0.497 \times 0.905 \times 3 \times 16 \sqrt{2 \times 9.8} \times 16.25^{\frac{3}{2}}$

$\qquad = 6261 \text{ (m}^3/\text{s)}$

同理，当上游水位高程为 269m 时：$Q = 7635 \text{m}^3/\text{s}$。

(3) 求当 $Q = 6000 \text{m}^3/\text{s}$ 时，所需上游水位高程。

此时 Q 接近于上游水位高程 267m 时的泄流量，故设

$$m = 0.497; \quad K_p = 0.022 \quad \text{取 } K_a = 0.1$$

则 $\quad \varepsilon_1 = 1 - 2[K_a + (n-1)K_p] \dfrac{H_0}{nb'}$

$\qquad = 1 - 2[0.1 + (3-1) \times 0.022] \dfrac{H_0}{3 \times 16}$

$\qquad = 1 - 0.006 H_0$

因为 $\quad Q = m \varepsilon_1 \, nb' \sqrt{2g} \, H_0^{\frac{3}{2}}$

$\qquad = 0.497(1 - 0.006 H_0) \times 3 \times 16 \sqrt{2 \times 9.8} \, H_0^{\frac{3}{2}}$

$\qquad = 105.62(1 - 0.006 H_0) H_0^{\frac{3}{2}}$

所以 $\quad H_0 = \left[\dfrac{Q}{105.62(1 - 0.006 H_0)} \right]^{\frac{2}{3}}$

$\qquad = \left[\dfrac{6000}{105.62(1 - 0.006 H_0)} \right]^{\frac{2}{3}}$

试算 $H_0 = 15.8 \text{m}$

验算 $\begin{cases} \dfrac{H_0}{H_d} = \dfrac{15.8}{17.1} = 0.924 \\[2mm] \text{得} \dfrac{m}{m_d} = 0.99 \end{cases}$

所以 $m = 0.99 \times m_d = 0.99 \times 0.502 = 0.497$

$\dfrac{H_0}{H_d} = 0.924$，查图 $7-10$ 得，$K_p = 0.022$，同假设。

故 $H = H_0 = 15.8 \text{m}$（不计行近流速水头）。

所需上游水位
$$\nabla_{上}=H+P_1+180=15.8+70.75+180=266.55\ (\mathrm{m})$$
结论：$Q=6000\mathrm{m}^3/\mathrm{s}$ 时，所需上游水位高程为 266.55m。

习　　题

7.1　有一无侧收缩的矩形薄壁堰，上游堰高 P_1 为 0.5m，堰宽 b 为 0.8m，堰顶水头 H 为 0.6m，下游水位不影响堰顶出流。求通过堰的流量。

7.2　某河中筑有单孔溢流坝如图所示。剖面按 WES 曲线设计。已知：筑坝处河底高程为 12.20m，坝顶高程为 20.00m，上游设计水位高程为 21.31m，下游水位高程为 16.35m，坝前河道近似矩形，河宽 B 为 100m，边墩头部呈圆弧形。试求上游为设计水位时，通过流量 Q 为 100m³/s 所需的堰顶宽度 b?

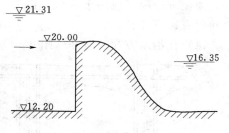

题 7.2 图

7.3　某电站溢洪道拟采用曲线型实用堰。今已知：溢流坝上游设计水位高程为 267.85m；设计流量 Q_d 为 6840m³/s；相应的下游水位高程为 210.50m；筑坝处河底高程为 180.00m；上游河道近似三角形断面，水面宽 B 为 200m。已确定溢流坝作成三孔，每孔净宽 b' 为 16m；闸墩头部为半圆形；边墩头部为圆弧形。要求：

（1）设计堰的剖面形状，确定堰顶高程。

（2）当上游水位高程分别是 267.00m 及 269.00m 时，所设计的堰剖面通过的流量各为多少（下游水位低于堰顶）?

（3）当通过流量 Q 为 6000m³/s 时，计算所需的上游水位高程。

7.4　某灌溉进水闸为三孔，每孔宽 b' 为 10m；闸墩头部为半圆形，闸墩厚 d 为 3m；边墩头部为圆弧形，边墩计算厚度 Δ 为 2m；闸前行近流速 v_0 为 0.5m/s；其他数据如图所示。试确定相应于不同下游水位时的过闸流量：

（1）下游水位高程为 17.75m。

（2）下游水位高程为 16.70m。

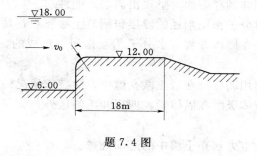

题 7.4 图

第8章 渗 流

　　液体在孔隙介质中的流动称为渗流。地下水运动是常见的渗流实例。

　　渗流理论除了应用于水利、化工、地质、采掘等生产建设部门外，在土建方面常见的渗流问题有以下几种：

　　(1) 在给水方面，有井（图8-1）和集水廊道等集水建筑物的设计计算问题。

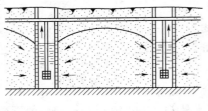

图8-1　普通井

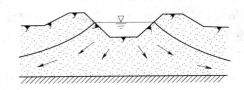

图8-2　渠道

　　(2) 在排灌工程方面，有地下水位的变动、渠道的渗漏损失（图8-2）以及坝体和渠道边坡的稳定等方面的问题。

　　(3) 在水工建筑物，特别是高坝的修建方面，有坝身的稳定、坝身及坝下的渗透损失等方面的问题。

　　(4) 在建筑施工方面，需确定围堰或基坑的排水量和水位降落等方面的问题。

8.1　渗流的基本概念

8.1.1　水在土中的状态

　　根据水在岩土孔隙中的状态，可分为气态水、附着水、薄膜水、毛细水和重力水。

　　气态水以水蒸气的状态混合在空气中而存在于岩土孔隙内，数量很少，一般都不考虑。附着水以分子层吸附在固体颗粒表面，呈现出固态水的性质。

　　薄膜水以厚度不超过分子作用半径的膜层包围着土壤颗粒，其性质和液态水近似。

　　附着水和薄膜水都是在固体颗粒与水分子相互作用下形成的，其数量很少，很难移动，在渗流中一般也不考虑。

　　毛细水由于毛细管作用而保持在岩土微孔隙中，除特殊情况外，一般也可忽略。当岩土含水量很大时，除少量液体吸附在固体颗粒四周和毛细区外，大部分液体将在重力作用下运动，称为重力水。

　　本章研究的对象仅为重力水在土壤中的运动规律。

8.1.2　岩土的渗透特性

　　(1) 均质岩土。渗透性质与空间位置无关，分成：①各向同性岩土，其渗透性质与渗流的方向无关，例如沙土。②各向异性岩土，渗流性质与渗流方向有关，例如黄土、沉积岩等。

（2）非均质岩土。渗透性质与空间位置有关。与一般水流一样，渗流可分为：恒定渗流与非恒定渗流；均匀渗流与非均匀渗流；渐变渗流与急变渗流；有压渗流与无压渗流。以下仅讨论一种最简单的渗流——在均质各向同性岩土中的重力水的恒定渗流。

8.1.3　渗流模型

水流在土中沿孔隙而流动，其流动路程相当复杂，其原因在于自然土壤的颗粒，在形状和大小上相差悬殊，颗粒间孔隙形成的通道，在形状、大小和分布上也很不规则，具有随机性质，从而导致无论是理论分析还是实验手段都很难确定在某一具体位置的真实运动速度，从工程应用的角度看也没有必要。对于实际工程而言，常用统计的方法，采用某种平均值来描述渗流，即以理想的、简化了的渗流来代替实际的、复杂的渗流。

图 8-3 为一渗流试验装置。竖直圆筒内充填沙粒，圆筒横断面面积为 A，沙层厚度为 l。沙层由金属细网支托。水由稳压箱经水管 A 流入圆筒中，再经沙层从出水管 B 流出，其流量采用体积法（量筒 C）量测。在沙层的上下两端装有测压管以量测渗流的水头损失，由于渗流的动能很小，可以忽略不计，因此测压管水头差 $H_1 - H_2$ 即为渗流在两断面间的水头损失。

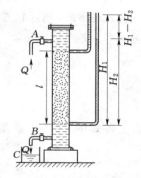

图 8-3　达西渗流装置

由此实验看出，流经土壤空隙间的液体质点，虽各有其极不规则的运动形式，但就其总体而言，其主流方向却是向下的。

在土壤中取一与主流方向正交的微小面积 ΔA，但其中包含了足够多的孔隙，重力水流量 ΔQ 流过的空隙面积为 $m\Delta A$，m 为表示土壤空隙大小的孔隙率，其大小等于孔隙体积 Δw 与微小总体积 $\Delta \overline{W}$ 之比 $m = \dfrac{\Delta w}{\Delta \overline{W}}$。则渗流在足够多空隙中的统计平均速度定义为

$$u' = \frac{\Delta Q}{m\,\Delta Q} \tag{8-1}$$

该式表征了渗流在孔隙中的运动情况。再假设渗流在连续充满圆筒全部的、包括土壤空隙和骨架在内的空间，以便引用研究管渠连续水流的方法，即把渗流看成是许多连续的元流所组成的总流，且可引入与空隙大小和形状无直接关系的参数表示渗流，如定义渗流流速为

$$u = \frac{\Delta Q}{\Delta A} \tag{8-2}$$

其中 ΔA 为包括了空隙和骨架在内的过水断面面积，真正的过水断面面积要比 ΔA 小，因此真正的流速要比渗流流速大。这是一个虚拟的流速，它与空隙中的真实平均流速 u' 间的关系是

$$u = mu' \tag{8-3}$$

这种忽略土壤骨架存在，仅考虑渗流主流方向的连续水流，称为渗流模型，如图 8-3 所示的圆筒渗流，作为渗流模型的特例，可认为该渗流模型是由无数铅直直线式的元流所组成的。

所谓渗流模型，是指充满了整个孔隙介质区域的连续水流，包括土粒骨架所占据的空间在内，均由水所充满，似乎无土粒存在一样。

以渗流模型取代真实的渗流的原则：①渗流模型的流量与实际渗流的流量相等；②对某一作用面，渗流模型的动水压力与真实渗流的动水压力相等；③渗流模型的阻力与实际渗流的阻力相等（即水头损失应相等）。

8.2 渗流的基本规律——达西定律

8.2.1 达西定律

渗流的基本规律早在 1852～1855 年，由法国工程师达西（Henri Darcy）通过在均匀沙质土壤中进行的大量实验总结出来的。

在图 8-3 所示的渗流试验装置中，实测圆筒面积 A，渗流流量 Q 和相距为 l 的两断面间的水头损失 h_w。

$$Q=kA\frac{h_w}{l} \quad 或 \quad v=k\frac{h_w}{l}=kJ \tag{8-4}$$

$$v=\frac{Q}{A}$$

以上各式中　v——渗流模型的断面平均流速；

　　　　　　k——渗流系数，它是土壤性质和液体性质综合影响渗流的一个系数，具有流速的量纲；

　　　　　　J——流程范围内的平均测压管水头线坡度，即水力坡度。

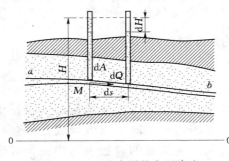

图 8-4　不透水层的有压渗流

式（8-4）是以断面平均流速 v 表达的达西定律，为了分析的需要，将它推广至用渗流流速 u 来表达。图 8-4 表示处在两个不透水层中的有压渗流，ab 表示任一元流，在 M 点的测压管坡度为

$$J=-\frac{dH}{ds}$$

元流的渗流流速为 u，则与式（8-4）相应有

$$u=kJ \tag{8-5}$$

从上述达西定律式（8-4）或式（8-5）表明：在某一均质孔隙介质中，渗流的水力坡度与渗流流速的一次方成比例，因此也称为线性渗流定律。这一定律是达西的试验结果，下面介绍基于一些假设和概念上的理论分析，来理解这一实验结果。

8.2.2 渗透系数

可以把地下水在土壤孔隙通道中的运动看成是充满于一系列弯曲细管中的流动，水流流动的距离不是两点间的直线距离 s，而是弯曲的长度 αs，α 是大于 1 的弯曲系数，与孔隙率 m 的经验关系为 $\alpha=m^{-0.25}$。

假设细管中的水流为层流，与圆管层流公式对照有

$$u' = \frac{g}{32} \frac{d^2}{v\alpha} J \qquad (8-6)$$

当细管横断面为圆形时，直径 d 与水力半径 R 的关系为 $d = 4R$；横断面不为圆形时，公式中的 d 以 αR 替换。在土壤中的水力半径 R 定义为单位体积土壤中的孔隙体积，即孔隙率 m 与单位体积土壤中的颗粒表面积 P 之比，即

$$R = \frac{m}{P}$$

则

$$u' = \frac{u}{m} = \frac{g}{32} \frac{a^2 R^2}{v\alpha} J = \frac{g}{32} \frac{a^2 m^2}{v\alpha P^2} J$$

即

$$u = \frac{1}{32} \frac{a^2 m^3}{v P^2} \frac{g}{v} J = \frac{Cg}{v} J \qquad (8-7)$$

其中：$C = \frac{a^2 m^3}{32\alpha P^2}$，称为多孔介质的渗透性系数，只与多孔介质本身粒径大小、形状及分布情况有关，其量纲为 $[L^2]$。将式（8-7）与式（8-5）比较，可见渗流系数

$$k = \frac{Cg}{v} \qquad (8-8)$$

即渗流系数 k 是多孔介质的渗透性系数 C 与液体运动黏性系数 v 两者的综合影响系数。

渗流系数 k 的大小对渗流计算的结果影响很大。以下简述其确定方法和常见土壤的概值。

（1）经验公式法。这一方法是根据土壤粒径形状、结构、孔隙率和影响水运动黏度的温度等参数所组成的经验公式来估算渗流系数 k。

（2）实验室方法。这一方法是在实验室利用类似如图 8-3 所示的渗流实验装置，并通过式（8-4）来计算 k。此法施测简易，但不易取得未经扰动的土样。

（3）现场方法。在现场利用钻井或原有井作抽水或灌水试验，根据井的公式计算 k。

作近似计算时，可查用表 8-1 中的 k 值。

表 8-1　水在土壤中的渗流系数概值

土壤种类	渗流系数 k（cm/s）
黏土	6×10^{-6}
亚黏土	$6 \times 10^{-6} \sim 1 \times 10^{-4}$
黄土	$3 \times 10^{-4} \sim 6 \times 10^{-4}$
细砂	$1 \times 10^{-3} \sim 6 \times 10^{-6}$
粗砂	$2 \times 10^{-2} \sim 6 \times 10^{-2}$
卵石	$1 \times 10^{-1} \sim 6 \times 10^{-1}$

8.2.3　非线性渗流定律

渗流与管（渠）流相比较，也可定义雷诺数

$$Re = \frac{vd}{v}$$

式中　v——渗流断面平均流速；

v——运动黏性系数；

d——土壤的某种特征长度，有人取用土壤骨架的平均粒径，或 d_{10}（通过重量 10% 土壤的筛孔直径），或 d_{50}，或 $d = \left(\frac{c}{m}\right)^{\frac{1}{2}}$，或 $d = \sqrt{c}$ 等。

许多试验结果表明当 $Re \leqslant 1 \sim 10$ 时，达西线性渗流定律是适用的。相反，当 $Re > 1 \sim 10$

时，J 与 v（或 u）为非线性关系。

由此可见，达西定律仅适用于层流渗流（因为层流时水头损失与流速的一次方成正比）。水利工程中的渗流除堆石坝、堆石排水体等大空隙介质的渗流为紊流外，大多为属于层流渗流。

对非层流渗流，$V=kJ^{1/m}$，当 $m=2$ 时为紊流渗流，$m=1\sim2$ 时为层流到紊流的过渡区。

8.3 恒定均匀渗流和非均匀渐变渗流

8.3.1 杜比公式

在均匀渗流中，测压管坡度（或水力坡度）为常数，由于断面上的压强为静压分布，则任一流线的测压管坡度也是相同的，即均匀渗流区域中的任一点的测压管坡度都是相同的。

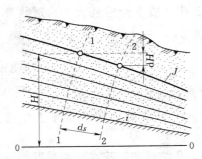

图 8-5 非均匀渐变渗流测压管水头

根据达西定律，则均匀渗流区域中任一点的渗流流速 u 都是相等的。换句话说，均匀渗流为均匀渗流流速场。u 沿断面当然也是均匀分布的。

至于非均匀渐变渗流，如图 8-5 所示，任取两断面 1—1 和断面 2—2。因渐变渗流的断面压强也符合静压分布规律，所以断面 1—1 上各点的测压管水头皆为 H；相距 ds 的断面 2—2 上各点的测压管水头皆为 $H+dH$。由于渐变流是一种近似的均匀流，可以认为断面 1—1 与断面 2—2 之间，沿一切流线的距离均近似为 ds。当 ds 趋于零，则为断面 1—1。从而任一流线的测压管坡度为常数根据达西定律，即渐变渗流过水断面上的各点渗流流速 u 都相等，此时断面平均流速 v 也就与断面各点的渗流流速 u 相等。

$$v=u=kJ \qquad (8-9)$$

式（8-9）称为 A. J. 杜比（A. J. Dupuit）公式。

8.3.2 渐变渗流的基本微分方程与浸润曲线

在无压渗流中，重力水的自由表面称为浸润面。在平面问题中，浸润面为浸润曲线。在工程中需要解决浸润曲线问题，从杜比公式出发，即可建立非均匀渐变渗流的微分方程，积分可得浸润曲线。

如图 8-6 所示，取断面 $x-x$，距起始断面 0—0 沿底坡的距离为 s，其水深为 h。由杜比公式得

$$v=kJ=-k\frac{\mathrm{d}H}{\mathrm{d}s}=k\left(i-\frac{\mathrm{d}h}{\mathrm{d}s}\right) \qquad (8-10)$$

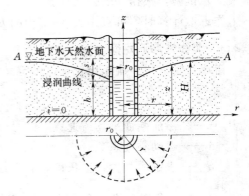

图 8-6 非均匀渐变渗流浸润线

$$Q = Av = Ak\left(i - \frac{\mathrm{d}h}{\mathrm{d}s}\right)$$

这就是渐变渗流基本微分方程。

在分析明渠水面曲线时，正常水深和临界水深起着很重要作用。现讨论达西渗流定律适用的渗流问题，由于 $Re = \frac{vd}{\nu} < 1 \sim 10$，即 v 是很小的，流速水头和水深相比可以忽略不计，由于断面单位能量 $E_s = h + \frac{\alpha v^2}{2g}$，所以断面单位能量实际上就等于水深 h，临界水深失去了意义，或者可以假想临界水深为零。对于均匀渗流，可得平面问题正常水深 h_0

$$Q = kibh_0$$

即

$$h_0 = \frac{Q}{kib} \tag{8-11}$$

式中　b——渠宽。

由于达西渗流的临界水深为零，则浸润曲线及其分区比明渠水面曲线少，在三种坡度情况下总共只有四条浸润曲线。

现分析顺波 $i > 0$ 的情况，由

$$Q = bh_0 ki = bhk\left(i - \frac{\mathrm{d}h}{\mathrm{d}s}\right)$$

得

$$\frac{\mathrm{d}h}{\mathrm{d}s} = i\left(1 - \frac{h_0}{h}\right) = i\left(1 - \frac{1}{\eta}\right) \tag{8-12}$$

式中　$\eta = \frac{h}{h_0}$。

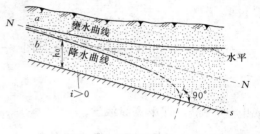

图 8-7　顺坡渗流分区

在顺坡渗流中分为 a，b 两区，见图 8-7。

在正常水深 $N-N$ 之上 I 区的浸润曲线，$h > h_0$。即 $\eta > 1$。由式（8-12）可见，$\frac{\mathrm{d}h}{\mathrm{d}s} > 0$，水深是沿流向增加的，为壅水曲线。

上游：当 $h \to h_0$ 时，$\eta \to 1$，则 $\frac{\mathrm{d}h}{\mathrm{d}s} \to 0$。可见浸润曲线上游与正常水深线 $N-N$ 渐近相切。

下游：当 $h \to \infty$ 时，$\eta \to \infty$。则 $\frac{\mathrm{d}h}{\mathrm{d}s} \to i$。可见浸润曲线下游与水平直线渐近相切。

在正常水深 $N-N$ 以下 II 区的浸润曲线，$h < h_0$，即 $\eta < 1$，由式（8-12）可见 $\frac{\mathrm{d}h}{\mathrm{d}s} < 0$，水深是沿流程减小的，为降水曲线。

上游：当 $h \to h_0$ 时，$\eta \to 1$，则 $\frac{\mathrm{d}h}{\mathrm{d}s} \to 0$，可见浸润曲线上游与正常水深线 $N-N$ 渐近相切。

下游：当 $h \to 0$ 时，$\eta \to 0$，则 $\frac{\mathrm{d}h}{\mathrm{d}s} \to -\infty$。浸润曲线下游的切线趋向与底坡线正交。

正坡上的壅水曲线及降水曲线如图 8-7 所示。

再讨论浸润曲线的计算，即式（8-12）的积分。

如图 8-8 所示，任取两过水断面 1—1 和断面 2—2，水深为 h_1 及 h_2，距起始断面的距离为 s_1 及 s_2，两断面相距 $l=s_2-s_1$。

由式（8-12）得

$$\frac{i\mathrm{d}s}{h_0}=\mathrm{d}\eta+\frac{\mathrm{d}\eta}{\eta-1}$$

在断面 1—1 及 2—2 间积分，得

$$\frac{il}{h_0}=\eta_2-\eta_1+\ln\frac{\eta_2-1}{\eta_1-1} \tag{8-13}$$

即顺坡平面渗流浸润曲线方程。

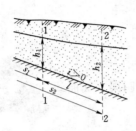

图 8-8　顺坡浸润线

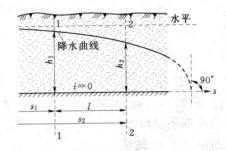

图 8-9　平坡浸润线

至于平坡 $i=0$ 的浸润曲线形式见图 8-9。浸润曲线方程为

$$\frac{2q}{k}l=h_1^2-h_2^2 \tag{8-14}$$

式中　$q=\dfrac{Q}{b}$，即单宽渗流量。

逆坡 $i<0$ 的浸润曲线形式见图 8-10。浸润曲线方程为

$$\frac{i'l}{h_0'}=\zeta_1-\zeta_2+\ln\frac{1+\zeta_2}{1+\zeta_1} \tag{8-15}$$

其中　$i'=-i$；h_0' 为 i' 坡度上的正常水深；$\zeta=\dfrac{h}{h_0'}$。

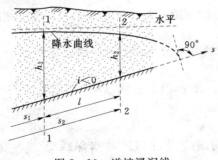

图 8-10　逆坡浸润线

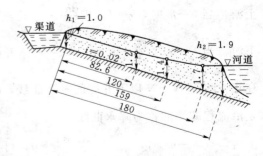

图 8-11

【例 8-1】　一渠道位于河道上方，渠水沿渠岸的一侧下渗入河流（图 8-11）。假设为平面问题，求单位渠长的渗流量并作出浸润曲线。已知：不透水层坡度 $i=0.02$，土壤渗流系数 $k=0.005\mathrm{cm/s}$，渠道与河道相距 $l=180\mathrm{m}$，渠水在渠岸处的深度 $h_1=1.0\mathrm{m}$，渗流在河岸渗出处的深度 $h_2=1.9\mathrm{m}$。

【解】 因 $h_1 < h_2$，故渗流的浸润曲线为壅水曲线，具体计算分以下两大步进行。

（1）由式（8-13）求出 h_0，从而算出单位渠长的渠岸渗流量 q。

由式（8-13）得

$$il - h_2 + h_1 = \ln \frac{h_2 - h_0}{h_1 - h_0}$$

试算得 $h_0 = 0.945$m，从而

$$q = h_0 v_0 = k i h_0 = 0.005 \times 0.02 \times 0.945 \times 100 = 0.00945 \ (\text{cm}^2/\text{s})$$

（2）计算浸润曲线。从渠岸往下游算至河岸为止，上游水深 $h_1 = 1.0$m，依次给出 h_2 大于 1.0m 但小于 1.9m 的几种渐增值，分别算出各个 h_2 处距上游的距离 l。

由式（8-13）得

$$l = \frac{h_0}{i}\left(\eta_2 - \eta_1 + \ln \frac{\eta_2 - 1}{\eta_1 - 1} \right)$$

其中

$$\frac{h_0}{i} = \frac{0.945}{0.02} = 47.25$$

$$\eta_1 = \frac{h_0}{i} = \frac{1}{0.945} = 1.058$$

则

$$l = 47.25\left(\eta_2 - 1.058 + \ln \frac{\eta_2 - 1}{1.058 - 1} \right)$$

注意到 $\eta_2 = \dfrac{h_2}{h_0} = \dfrac{h_2}{0.945}$，并分别给 h_2 以 1.2m、1.4m、1.7m、1.9m 各值，便可求得相应的 l 为 82.6m、120m、159m、180m。其结果绘于图 8-11 上。

8.4 普通井及井群的计算

井和集水廊道是常见的给水工程吸取地下水源的建筑物。从中抽水，会使附近的天然地下水位降落，可起排水作用。

8.4.1 集水廊道

设一集水廊道，如图 8-12 所示，断面为矩形，廊道底位于水平不透水层上。底坡 $i = 0$，由式（8-10）得

$$Q = bhk\left(0 - \frac{\mathrm{d}h}{\mathrm{d}s} \right)$$

设 q 为集水廊道单位长度上自一侧渗入的单宽流量，上式可写成

$$\frac{q}{k}\mathrm{d}s = -h\mathrm{d}h$$

从集水廊道侧壁（0，h）至（x，z）积分，得浸润曲线方程

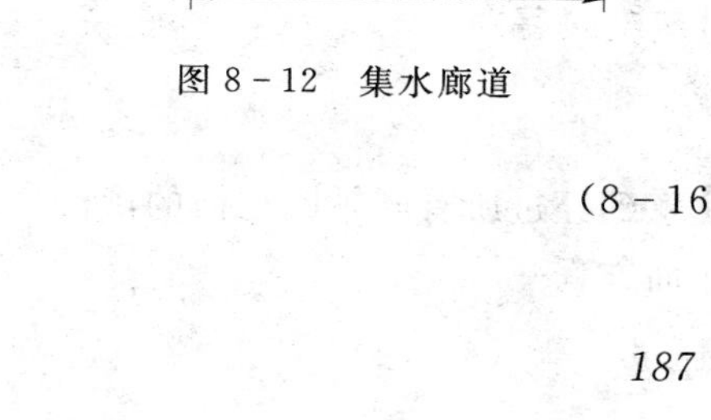

图 8-12 集水廊道

$$z^2 - h^2 = \frac{2q}{k}x \tag{8-16}$$

此式即式 （8-14）。如图 8-12 所示，随着 x 的增加，浸润曲线与地下水天然水面 $A-A$（即未建集水廊道或集水廊道不工作时的水面）的降落 $H-z$ 也随之减小，设在 $x=L$ 处，降落 $H-z \approx 0$。$x \geqslant L$ 的地区天然地下水位不受影响，则称 L 是集水廊道的影响范围。将 $x=L$，$z=H$ 代入式 （8-14），得集水廊道自一侧单位长度的渗流量（或称产水量）为

$$q=\frac{k(H^2-h^2)}{2L} \tag{8-17}$$

引入浸润曲线的平均坡度

$$\overline{J}=\frac{H-h}{L}$$

则上式可改写成

$$q=\frac{k}{2}(H-h)\overline{J} \tag{8-18}$$

可根据式 （8-18）来初步估算 q。

式 （8-18）中的 $\overline{J}$ 可根据以下数值选取：对于粗砂及卵石，$\overline{J}$ 为 $0.003 \sim 0.005$，砂土为 $0.005 \sim 0.015$，亚砂土为 0.03，亚黏土为 $0.05 \sim 0.10$，黏土为 0.15。

8.4.2 潜水井

具有自由水面的地下水称为无压地下水或潜水。汲取潜水层之水的井称为潜水井或普通井。井的断面通常为圆形，水由透水的井壁渗入井中。

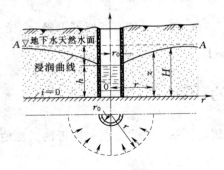

图 8-13 潜水井

依潜水井与底部不透水层的关系可分为完全井和不完全井两大类。凡井底达不透水层的井称为完全井，如图 8-13 所示；井底未达到不透水层的称为不完全井。

1. 完全潜水井

设完全井底位于水平不透层上，其含水层厚度为 H，井的半径为 r_0。若从井内抽水，则井中和井周围地下水面下降，形成对于井中心垂直轴线对称的浸润漏斗面。当连续抽水量不变，假定含水层体积很大，可以无限制的供给一定流量，不致使含水层厚度 H 有所改变，即流向水井的地下渗流为恒定渗流时，浸润漏斗的形状、位置随时间变动，井中水深 h，也保持不变。

取半径为 r 并与井同轴的圆柱面为过水断面，其面积 $A=2\pi rz$。设地下水为渐变流，则此圆柱面上各点的水力坡度皆为 $J=\dfrac{\mathrm{d}z}{\mathrm{d}r}$，应用杜比公式可求通过圆柱面的渗流量

$$Q=Av=2\pi rzk\frac{\mathrm{d}z}{\mathrm{d}r}$$

分离变量得

$$2\pi z\mathrm{d}z=\frac{Q}{k}\frac{\mathrm{d}r}{r}$$

注意到经过所有同轴圆柱面的渗流量 Q 均相等，从 (r, z) 积分到井边 (r_0, h)，得浸润漏斗面方程

$$z^2 - h^2 = \frac{Q}{\pi k} \ln \frac{r}{r_0} \tag{8-19}$$

利用式 (8-19) 可计算沿井的径向剖面的浸润曲线。

在浸润漏斗上，有半径 $r=R$ 的圆柱面，在 R 范围以外，浸润漏斗的下降 $H-Z$ 趋于零，即天然地下水位不受影响，$z=H$。R 即称为井的影响半径。将 $Z=H$ 及 $r=R$ 代入式 (8-19) 得

$$Q = \pi k \frac{(H^2 - h^2)}{\ln \frac{R}{r_0}} \tag{8-20}$$

式 (8-20) 为完全潜水井产水量公式。

在一定产水量 Q 时，地下水面的最大降落 $S=H-h$ 称为水位降深。则式 (8-20) 可改写为

$$Q = \pi k \frac{2HS}{\ln \frac{R}{r_0}} \left(1 - \frac{S}{2H}\right) \tag{8-21}$$

当 $\frac{S}{2H} \ll 1$ 时，式 (8-21) 可简化为

$$Q = 2\pi k \frac{HS}{\ln \frac{R}{r_0}} \tag{8-22}$$

由此可见，井的产水量 Q 与渗流系数 k，含水层厚度 H 和水位降深 S 成正比；而影响半径 R 和井的半径 r_0 在对数符号内，对产水量 Q 的影响微弱。

实际应用中，水位降深 S 比井中水深 h 更容易获取。

常用抽水试验测定影响半径。在初步计算时候，常根据经验数据来选取。对于中砂 $R=250\sim500$m；粗砂 $R=700\sim1000$m。也可用经验公式计算：

$$R = 3000S\sqrt{k} \tag{8-23}$$

其中，水位降深 S 以 m 计，渗流系数 k 以 m/s 计，R 以 m 计。

2. 不完全潜水井

不完全潜水井的产水量不仅来自井壁，还来自井底，其流动较为复杂，常用下面经验公式计算

$$Q = \pi k \frac{H'^2 - h'^2}{\ln \frac{R}{r_0}} \left[1 + 7\sqrt{\frac{r_0}{2H'}} \cos\left(\frac{\pi H'}{2H}\right) \right] \tag{8-24}$$

式中　h'——井中水深；

　　　　H'——由井底计算的浸润面高程。

8.4.3　自流井

位于二不透水层之间，其中渗流所受的压强大于大气压的含水层称为自流层或承压层。由自流层供水的井称为自流井或承压井，如图 8-14 所示。自流井最简单的情况是二不透水层均为水平，两层间的距离 t 一定，且井为完全井。当穿透上层的不透水层时，

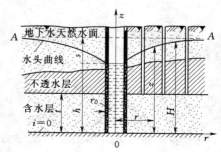

图 8-14　潜水井剖面

在压力作用下，地下水位将升到高度 H（图 8 - 14 中的 $A—A$ 平面）。若从井中抽水，井中水深由 H 降至 h，井外的测压管水头线将下降形成轴对称的漏斗形降落曲面。

半径为 r 的圆柱形过水断面平坡渗流微分方程

$$Q = Av = 2\pi rtk\frac{\mathrm{d}z}{\mathrm{d}r}$$

式中　z——相应于 r 点的测压管水头。

从（r，z）断面到井壁积分，得

$$z - h = \frac{Q}{2\pi kt}\ln\frac{r}{r_0} \tag{8-25}$$

式（8 - 25）即自流井的测压管水头线方程。

自流井产水量 Q 的公式，可在式（8 - 25）中以 $z = H$，$r = R$ 得出

$$Q = 2\pi kt\frac{H - h}{\ln\dfrac{R}{r_0}} = \frac{2\pi kts}{\ln\dfrac{R}{r_0}} \tag{8-26}$$

水位降深为

$$S = \frac{Q\ln\dfrac{R}{r_0}}{2\pi kt} \tag{8-27}$$

式中　R——影响半径。

8.4.4 井群

在给水和排水的许多实际问题中，常须建筑井群，它们彼此间的相互位置，一般依工程需要而定，如图 8 - 15 所示的平面图。井群的计算远较单井复杂，因为井群中的任一口井工作，对其余的井都会有一定的影响。所以井群区地下水流比较复杂，其浸润面也非常复杂。如果井的渗流场存在某一函数 φ，满足某一线性方程，则函数 φ 可以叠加。

1. 完全潜水井井群

将坐标轴 xyz 的 xoy 面取在潜水层的水平不透水层上，如图 8 - 16 所示。设浸润面方程为 $z = f(x, y)$，从含水层中取一微小柱体，其底面的边长为 $\mathrm{d}x$ 及 $\mathrm{d}y$，柱体高为 z，其浸润面为 $cdgh$。

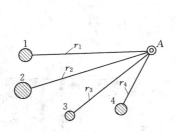

图 8 - 15　完全潜水井井群

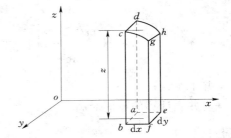

图 8 - 16　浸润面坐标

根据渗流的达西定律，考虑渗流流经此微小柱体的质量守恒。

从 $abcd$ 面流入柱体的质量流量为

$$\rho Q_x = \rho A_x v_x = \rho z \mathrm{d}yk\frac{\partial z}{\partial x} = \frac{\rho k}{2}\frac{\partial(z^2)}{\partial x}\mathrm{d}y$$

由 $efgh$ 面流出柱体的质量流量为

$$\rho Q_x + \frac{\partial(\rho Q_x)}{\partial x}dx = \frac{\rho k}{2}\frac{\partial(z^2)}{\partial x}dy + \frac{\rho k}{2}\frac{\partial^2(z^2)}{\partial x^2}dxdy$$

从 $bcgf$ 面流入的质量流量为

$$\rho Q_y = \rho A_y v_y = \rho z dx k \frac{\partial z}{\partial y} = \frac{\rho k}{2}\frac{\partial(z^2)}{\partial y}dx$$

从 $adhe$ 面流出的质量流量为

$$\rho Q_y + \frac{\partial(\rho Q_y)}{\partial y}dy = \frac{\rho k}{2}\frac{\partial(z^2)}{\partial y}dx + \frac{\rho k}{2}\frac{\partial^2(z^2)}{\partial y^2}dxdy$$

对于恒定流，根据质量守恒原理得

$$\left[\rho Q_x + \frac{\partial(\rho Q_x)}{\partial x}dx - \rho Q_x\right] + \left[\rho Q_y + \frac{\partial(\rho Q_y)}{\partial y}dy - \rho Q_y\right] = 0$$

对不可压缩液体（$\rho =$ 常数）有

$$\frac{\partial^2(z^2)}{\partial x^2} + \frac{\partial^2(z^2)}{\partial y^2} = 0 \qquad (8-28)$$

由式（8-28）可见，潜水井的 z^2 是满足线性方程（即拉普拉斯方程）的函数，因此，根据叠加原理，z^2 可以叠加。如井群的某一井 i，抽水量 Q_i，井中水深为 h_i，井的半径为 r_{0i}，由式（8-19）有

$$z_i^2 = \frac{Q_i}{\pi k}\ln\frac{r_i}{r_{0i}} + h_i^2 \qquad (8-29)$$

式中 z_i 及 r_i 为图 8-15 任一给定点 A 的水深和距第 i 井的距离。

当各井同时作用时，则形成一公共浸润面，任一给定点 A 的 z^2 为各井单独作用的 z_i^2 的叠加，即

$$z^2 = \sum_{i=1}^{n} z_i^2 = \sum_{i=1}^{n}\left(\frac{Q_i}{\pi k}\ln\frac{r_i}{r_{0i}} + h_i^2\right) \qquad (8-30)$$

现考虑各井产水量相同的情况，即 $Q_1 = Q_2 = \cdots = Q_n = \frac{Q_0}{n}$，即

$$\sum_{i=1}^{n} Q_i = nQ = Q_0 \text{，且 } h_i = h$$

式中 Q_0——n 个井的总产水量。

则式（8-30）为

$$z^2 = \frac{Q}{\pi k}\left[\ln(r_1 r_2 \cdots r_n) - \ln(r_{01} r_{02} \cdots r_{0n})\right] + nh^2 \qquad (8-31)$$

设井群也具有影响半径，在影响半径上取一点 A，A 点距各井很远，即 $r_1 \approx r_2 \approx \cdots \approx r_n = R$，而 $z = H$，代入式（8-31）得

$$H^2 = \frac{Q}{\pi k}\left[n\ln R - \ln(r_{01} r_{02} \cdots r_{0n})\right] + nh^2 \qquad (8-32)$$

式（8-31）与式（8-32）相减，得

$$z^2 = H^2 - \frac{Q_0}{\pi k}\left[\ln R - \frac{1}{n}\ln(r_{01} r_{02} \cdots r_{0n})\right] \qquad (8-33)$$

式（8-33）即为完全潜水井井群的浸润曲面方程。式中的井群影响半径 R，可采用

$$R = 575S \sqrt{Hk}$$

式中　S——井群中心或井群分布面积形心的水位降深，m；

　　　H——含水层厚度，m；

　　　k——渗流系数，m/s。

2. 完全自流井井群

对于承压含水层厚度为常数 t 的自流井井群，用上述潜水井井群的分析方法，与式（8-28）相对应的是

$$\frac{\partial^2 z}{\partial x^2} + \frac{\partial^2 z}{\partial y^2} = 0 \tag{8-34}$$

相应于式（8-33）的测压管水头方程是

$$z = H - \frac{Q}{2\pi kt}\left[\ln R - \frac{1}{n}\ln(r_1 r_2 \cdots r_n)\right] \tag{8-35}$$

再注意到单自流井的式（8-25）可化为

$$z = H - \frac{Q}{2\pi kt}\ln\frac{r}{R}$$

因

$$S_i = \frac{Q}{2\pi kt}\ln\frac{r_i}{R} \tag{8-36}$$

最后

$$S = H - z = \sum_{i=1}^{n} S_i \tag{8-37}$$

式（8-37）称为自流井井群水位降深叠加原理，该式表明自流井井群同时均匀抽水时，A 点的水位降深等于各井单独抽水时 A 点的水位降深之和。

8.4.5　渗水井与河边井

1. 渗水井

渗水井的主要作用是用于人工补给地下水，可防止抽取地下水过多所引起的地面沉降，是从地面灌水到含水层中去的井。渗水井中水深 h 将大于含水层厚度或天然地下水测管水面，其浸润曲面或测压管水头线，形状如倒置漏斗，如图 8-17 所示。

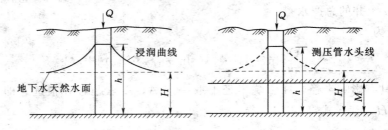

图 8-17　渗水井

潜水渗水井的注水流量公式

$$Q = \pi k \frac{h^2 - H^2}{\ln\frac{R}{r_0}} \tag{8-38}$$

自流渗水井的注水量

$$Q = 2\pi k t \frac{h - H}{\ln \dfrac{R}{r_0}} \qquad (8-39)$$

2. 河边井

紧靠河流岸边的井称为河边井。如图 8-18 所示，距河岸 A 点右边距离为 d 的地方，有一潜水井①，井的半径为 r_0，潜水层厚度为 H。如果河流不存在，当从井中抽水时，距井 d 的地方（即现河岸 A 处）的浸润曲线的水深比 H 小。但是，由于河流的存在，河岸的水面限制了河边井的浸润曲线在该处的降低，即河流水面限制了浸润曲线形状，使之不同于普通的潜水井。

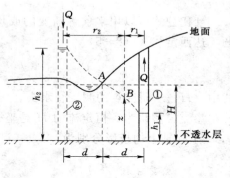

图 8-18 河边井

设想对河岸 A 而言，与抽水井①对称有一渗水井②，两者的井径皆为 r_0，抽、注的流量皆为 Q。当井①抽水时，在 A 处地下水位下降；当井②灌水时，在 A 处地下水位上升。两井同时工作时，可使 A 处的水位保持为 H。这样，河边井受河流的影响，等同于抽水井和注水井组成的井群。

对距井① r_1，距井② r_2 的一点 B 而言，当井①单独抽水在 B 点形成水深 z_1

$$z_1^2 = \frac{Q}{\pi k} \ln \frac{r_1}{r_0} + h_1^2 \qquad (8-40)$$

当井②单独工作时，在 B 点形成水深 z_2

$$z_2^2 = h_2^2 - \frac{Q}{\pi k} \ln \frac{r_2}{r_0} \qquad (8-41)$$

由叠加原理得两井共同作用时在 B 点形成水深 z

$$z^2 = z_1^2 + z_2^2 = h_1^2 + h_2^2 + \frac{Q}{\pi k} \ln \frac{r_1}{r_2}$$

为了消去 $h_1^2 + h_2^2$，再考虑 A 点的情况，$z = H$，$r_1 = r_2 = d$，即

$$H^2 = h_1^2 + h_2^2 + \frac{Q}{\pi k} \ln \frac{d}{d} = h_1^2 + h_2^2$$

则

$$z^2 = H^2 + \frac{Q}{\pi k} \ln \frac{r_1}{r_2} \qquad (8-42)$$

式（8-42）为河边井的浸润曲线方程。

当 $r_1 = r_0$，$r_2 = 2d$，$z = h_1$ 时，上式为

$$h_1^2 = H^2 + \frac{Q}{\pi k} \ln \frac{r_0}{2d}$$

即

$$Q = \frac{\pi k (H^2 - h_1^2)}{\ln \dfrac{2d}{r_0}} \qquad (8-43)$$

式（8-43）为河边井的流水量公式，与式（8-20）比较，式（8-43）中的 $2d$ 相当于

普通井的影响半径 R。

8.5　用流网法求解平面渗流

杜比公式可以用来求解渐变的或均匀的渗流。三元分析方法可以用来解决非渐变流问题。达西定律式（8-5）

$$u=kJ=-k\frac{\mathrm{d}H}{\mathrm{d}s}$$

式中　H——研究点的测压管水头。

渗流模型认为，恒定流的 H 是坐标的连续可微函数 $H(x,y,z)$。设渗流流速 u 在 x，y，z 坐标轴上的投影分别为

$$u_x=-k\frac{\partial H}{\partial x}$$

$$u_y=-k\frac{\partial H}{\partial y}$$

$$u_z=-k\frac{\partial H}{\partial z}$$

在均质各向同性土壤中，k 是常数，令 $\varphi=-kH$，则

$$\left.\begin{array}{l}u_x=\dfrac{\partial(-kH)}{\partial x}=\dfrac{\partial\varphi}{\partial x}\\[2mm]u_y=\dfrac{\partial(-kH)}{\partial y}=\dfrac{\partial\varphi}{\partial y}\\[2mm]u_z=\dfrac{\partial(-kH)}{\partial z}=\dfrac{\partial\varphi}{\partial z}\end{array}\right\}\qquad(8-44)$$

满足式（8-44）的流动称为无旋流或势流，而函数 φ 称为流速势。因此，服从达西定律的渗流是具有流速势 $\varphi=-kH$ 的势流。

设渗流是不可压缩的液体，则渗流流速的连续性方程仍为

$$\frac{\partial u_x}{\partial x}+\frac{\partial u_y}{\partial y}+\frac{\partial u_z}{\partial z}=0\qquad(8-45)$$

将式（8-44）代入式（8-45）得

$$\frac{\partial^2\varphi}{\partial x^2}+\frac{\partial^2\varphi}{\partial y^2}+\frac{\partial^2\varphi}{\partial z^2}=0\qquad(8-46)$$

或

$$\frac{\partial^2 H}{\partial x^2}+\frac{\partial^2 H}{\partial y^2}+\frac{\partial^2 H}{\partial z^2}=0\qquad(8-47)$$

即渗流流速势 φ 或水头函数 H 均满足拉普拉斯方程。

在平面势流 (x,z) 中，有

$$\frac{\partial^2\varphi}{\partial x^2}+\frac{\partial^2\varphi}{\partial z^2}=0\qquad(8-48)$$

或

$$\frac{\partial^2 H}{\partial x^2}+\frac{\partial^2 H}{\partial z^2}=0\qquad(8-49)$$

可以根据一定的边界条件解出 φ 或 H，则可以求得 u 及 q。

为求解式（8-48）的平面拉普拉斯方程，在简单的边界条件时，可用解析法求解；在复杂的边界条件时，可用近似解法和试验方法，近似解法之一就是流网法。

在平面势流中流速势 φ 与流函数 ψ 正交，形成流网。

现以水工建筑物地基中的渗流为例，阐明应用流网来解平面势流问题。

图 8-19 示为实用堰纵剖面，其下为渗流层，再下为不透水层。在堰基上、下游两端，各打一排桩，以增加建筑物的稳定性，且减少渗流流量和作用在建筑物基底上的浮托力。从图看出，经桩的渗流已不能再看成为渐变渗流。

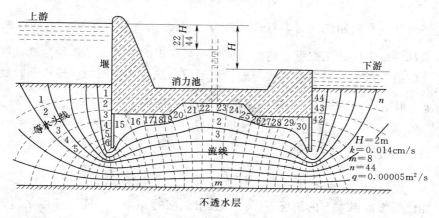

图 8-19 实用堰纵剖面

这类渗流计算包括三方面的内容：

（1）经透水层渗入下游的流量。

（2）作用在基底上的渗流压强分布和扬压力。

（3）自基底下游河床处上渗的渗流流速。

绘制流网的步骤：

（1）堰基底轮廓线和不透水层为边界流线，中间等距离内插 $(n-1)$ 条流线（见图 8-19），形成 n 条流槽。

（2）把步骤（1）描绘的流槽用等势线划分成许多尽可能近于曲线正方形的网眼。

（3）检验步骤（2）中划分的网眼是否都接近于曲线正方形的网眼。如果这些小网眼本身都很接近于曲线正方形，则步骤（2）中的划分是可用的，否则应重新划分。

用流网法解决这类问题，首先要在渗流区绘出流网，即由流线和等流速势（或等势线）组成。堰基底和不透水层是渗流区的上、下边界，各为一条流线。设将渗流区分成 m 个流槽，即绘出 $m+1$ 条流线，使各流槽的流量 dq 彼此相等，则总渗流流量 $q=mdq$。堰上、下游渠底为等水头线的上、下边界，其水头差为 H，设将渗流区分成 $n+1$ 条等势线，形成 n 个流段，每段的水头差 $dH=\dfrac{H}{n}$，即 $H=ndH$。流线族和等势线族，在渗流区中组成流网，由于流网的正交性质，可以证明，这样形成相互正交的网眼，其相邻两边的比值是固定的。

要证明每个网眼纵横两边的比值相同，可任取一网眼如图 8-20 所示，设两流线间的距离为 b，两等势线的距离为 a。将渗流流量关系应用到网眼所在的流槽，得

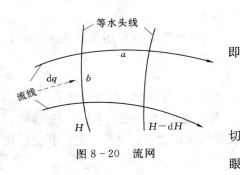

图 8-20 流网

$$dq = u\,dA = kJ\,dA = k\frac{dH}{a}b$$

即

$$\frac{b}{a} = \frac{1}{k}\frac{dq}{dH} \qquad (8-50)$$

在均质等向土壤中，k 为常数；根据作图条件，一切大小网眼的 dq 和 dH 均相同，因此比值 $\frac{b}{a}$ 对所有网眼均相同。

利用这一特性，在绘制流网时，对式（8-50）右边的各项，选取适当的比例使 $\frac{b}{a}=1$，则所有的网眼都将成为曲线正方形，这就是流网的最后形式。这也是指导绘制流网的原则。

根据渗流的边界条件，勾绘出流线与等势线形成曲线正方形网眼，即流网；数出流槽数 m 和流段数 n。根据 $\frac{b}{a}=1$ 的原则勾绘的流网，式（8-50）简化为

$$dq = k\,dH$$

以 $q=m\,dq$，$H=n\,dH$，代入上式得

$$q = k\frac{m}{n}H \qquad (8-51)$$

这样，在已知渗流系数 k 的情况下，只要数出流网的 m 和 n，便可求得 q 和 H 的关系，进而解决渗流速度和浮托力的问题。一般说来，流网愈密，计算精度愈高。以一个具有熟练技巧者所绘制的流网计算，其误差可不超过百分之一，完全满足实际问题的要求。

【例 8-2】 以图 8-19 为例，渗流层由粗沙组成，渗流系数 $k=0.014\text{cm/s}$，堰上、下游水位差 $H=2\text{m}$。根据给定边界条件，绘出流网，得流槽数 $m=8$，流段数 $n=44$。

【解】 （1）求单宽渗流流量 q

$$q = k\frac{m}{n}H = \frac{0.014}{100}\times\frac{8}{44}\times 2 = 0.000051\ (\text{m}^2/\text{s})$$

（2）求堰基底面所受渗流浮托力的分布、大小和作用点。解决这一问题的关键，在于求出沿基底的压强分布。由图 8-19 的流网看出，相邻等势线间的水头差 $dH=\dfrac{H}{44}$。例如在第 22 条等势线的基底处安置测压管，则测压管水面低于上游水面 $22\times\dfrac{H}{44}$。因此，应用等势线在基底上的位置，即可绘出基底上的测压管水头，即基底浮托力水头，介于基底与测压管水头线间的面积则代表基底所受总浮托力的大小，合力作用点通过该面积的形心。

（3）自基底下游河底处上渗的渗流流速。如图 8-19 所示，下游河底线是第 45 条等势线。在该流段范围内沿各流线的平均渗流流速，可以认为是该流线与下游河底交点处的渗流流速 u，即

$$u = kJ = k\frac{dH}{ds}$$

其中：k 已知；$dH=\dfrac{H}{n}=\dfrac{2}{44}=0.0455\text{m}$；$ds$ 是本流段内各流线的长度，可以在绘出的流网中量取。

在下游河底上，算出几个点的 u 值，便可绘出 u 沿河底的分布曲线。至于空隙中的平均流速 $u'=\dfrac{u}{m}$，m 为孔隙率。如果 u' 超过了下游河底土壤颗粒的稳定值，就必须采用加固措施。

习　　题

8.1　在实验中用达西实验装置（图 8-3）测定土样的渗流系数 k。已知圆筒直径 $D=20\text{cm}$，两测压管间距 $l=40\text{cm}$，两测管的水头差 $H_1-H_2=20\text{cm}$，测得渗流流量 $Q=100\text{m}^3/\text{min}$。

8.2　已知渐变渗流浸润曲线在某一过水断面上的坡度为 0.005，渗流系数为 0.004cm/s，求过水断面上的点渗流流速及断面平均渗流流速。

8.3　一水平、不透水层上的渗流层，宽 800m，渗流系数为 0.0003m/s，在沿渗流方向相距 1000m 的两个观测井中，分别测得水深为 8m 及 6m，求渗流流量 Q。

8.4　某铁路路堑为了降低地下水位，在路堑侧边埋置集水廊道（称为渗沟），排泄地下水。已知含水层厚度 $H=3\text{m}$，渗沟中水深 $H=0.3\text{m}$，含水层渗流系数 $k=0.0025\text{cm/s}$，平均水力坡度 $J=0.02$，试计算流入长度 100m 渗沟的单侧流量。

8.5　某工地以潜水为给水水源，钻探测知含水层为沙夹卵石层，含水层厚度 $H=6\text{m}$，渗流系数 $k=0.0012\text{m/s}$，现打一完全井，井的半径 $r_0=0.15\text{m}$，影响半径 $R=300\text{m}$，求井中水位降深 $s=3\text{m}$ 时的产水量。

8.6　为降低基坑中的地下水位，在长方形基坑长 60m，宽 40m 的周线上布置 8 眼完全潜水井，各井抽水量相同，总抽水量为 $Q_0=100\text{L/s}$，潜水层厚度 $H=10\text{m}$，渗流系数 $k=0.001\text{m/s}$，井群的影响半径为 300m，求基坑中心点 O 的地下水位降深。

8.7　试推导河边集水廊道的流量公式。

第9章 泄水建筑物下游的水流衔接与消能

9.1 概 述

9.1.1 泄水建筑物下游的水流特性

由于修建水工建筑物，使其上游水位抬高，水流具有较大的势能。当水流通过泄水建筑物（如溢流坝、溢洪道、隧洞及水闸等）宣泄到下游时，所具有的势能大部分转化为动能，因而在泄水建筑物下游的水流必然是水深小、流速大（如图9-1，断面1—1处）。在水利枢纽布置时，泄水建筑物的宽度总比河道窄，使宣泄水流的单宽流量较河道天然水流的单宽流量要大得多，动能大是宣泄水流的一个基本特点。而下游河道单宽流量较小、流速小、水深较大（如图9-1所示，断面2—2处），于是就存在着一个以动能为主的宣泄水流如何与以势能为主的下游天然水流相衔接的问题。

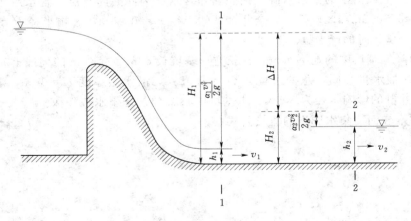

图 9-1 泄水建筑物的水流衔接

设在溢流坝坝趾收缩断面1—1处水流单位能量为 H_1，在下游河道水流断面2—2处水流单位能量为 H_2，$\Delta H = H_1 - H_2$ 称为余能。例如余能 $\Delta H = 50\text{m}$，下泄流量 $Q = 1000\text{m}^3/\text{s}$，则余能功率为

$$N = \gamma Q \Delta H = 9.8 \times 1000 \times 50 = 4.9 \times 10^5 \ (\text{kW})$$

如此巨大的余能功率，若听任水流自然衔接，宣泄水流就将在相当长的下游河段上对河床进行冲刷，也将威胁建筑物本身的安全。所以采取工程措施，控制泄水建筑物下游的水流衔接与消能，以确保主体建筑物的安全，就成为泄水建筑物水力设计中的一个重要内容。

9.1.2 泄水建筑物下游水流衔接与消能的主要类型

衔接消能的工程措施类型很多，常见的有以下四种情况。

1. 底流式消能

在紧接泄水建筑物的下游修建消能池，使水跃在池内形成，借水跃实现急流向下游河道中缓流的衔接过渡，并利用水跃消除余能。由于衔接段的主流在底部，故称为底流式消能，见图 9-2。

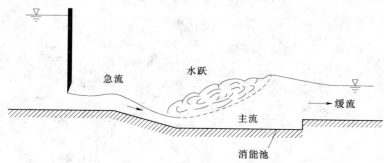

图 9-2　底流式消能

2. 面流式消能

在泄水建筑物尾端修建低于下游水位的跌坎，将宣泄的高速急流导入下游水流的表层，并受其顶托而扩散。坎后形成的底部旋滚，既可隔开主流以免其直接冲刷河床，又可消除余能。由于衔接段高流速主流在表层，故称为面流式消能，见图 9-3。

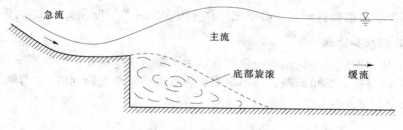

图 9-3　面流式消能

3. 戽流式消能

在泄水建筑物尾端处设置、具有一定反弧半径和较大挑角的挑坎，称为消能戽斗，见图 9-4。

低于下游水位的消能戽斗，将宣泄的急流挑向下游水面形成涌浪，在涌浪上游形成戽旋滚，下游形成表面旋滚，主流之下形成底部旋滚。

戽流式消能兼有底流式和面流式相结合的消能特点。从鼻坎的形式看，其主要区别是：面流挑坎高，挑角小；戽流挑坎低，挑角大。

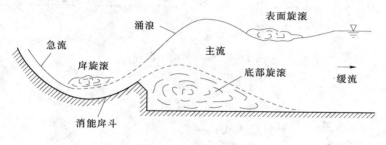

图 9-4　戽流式消能

4. 挑流式消能

在泄水建筑物尾端修建高于下游水位的挑流鼻坎，将宣泄水流向空中抛射再跌落到远离建筑物的下游。形成的冲刷坑不致影响建筑物的安全。挑流水舌潜入冲刷坑水垫中所形成的两个旋滚可消除大部分余能。这种方式称为挑流式消能，见图 9-5。

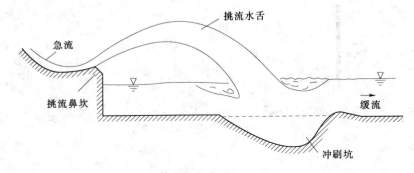

图 9-5　挑流式消能

本章主要阐述底流式消能和挑流式消能水力计算的原理和方法。

9.2　下泄水流的衔接形式

要判别下泄水流的衔接形式，必须先计算下泄水流在收缩断面处的水深。

9.2.1　收缩断面水深计算

如图 9-6 所示的溢流坝，水流沿坝面宣泄至下游，在坝趾处形成收缩断面 $C-C$，其水深以 h_c 表示。以通过收缩断面最低点的水平面为基准面，建立断面 0—0 与断面 $C-C$ 的能量方程，可求出收缩水深 h_c。

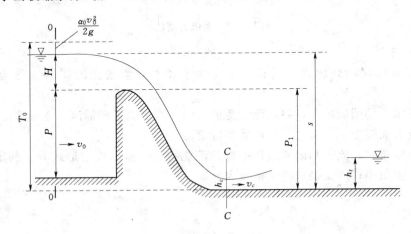

图 9-6　收缩断面水深计算

$$T_0 = h_c + \frac{\alpha_c v_c^2}{2g} + h_w \qquad\qquad (9-1)$$

式中　　$T_0 = P_1 + H + \frac{\alpha_0 v_0^2}{2g}$——上游总水头；

h_c、V_c——收缩断面水深与流速；

α_c——收缩断面水流的动能修正系数；

h_w——$h_w = \zeta \dfrac{V_c^2}{2g}$ 下泄水流在 $0-0$ 与 $C-C$ 断面之间的水头损失。

则式（9-1）可写成为

$$T_0 = h_c + (\alpha_c + \zeta)\frac{V_c^2}{2g}$$

式中　ζ——溢流坝进口段的局部水头损失系数。

令 $\varphi = \dfrac{1}{\sqrt{\alpha_c + \zeta}}$，称为溢流坝的流速系数，则

$$T_0 = h_c + \frac{V_c^2}{2g\varphi^2} \tag{9-2}$$

当收缩断面为矩形断面时，断面平均流速可用单宽流量 q 计算出：$V_c = q/h_c$，则式（9-2）可改写为

$$T_0 = h_c + \frac{q^2}{2g\varphi^2 h_c^2} \tag{9-3}$$

式（9-3）就是溢流坝收缩断面水深的计算式。它也适用于其他类型的泄水建筑物，只是收缩断面的位置和流速系数 φ 要视具体情况来确定，可参考表 9-1。

表 9-1　　　　　　　　　　**泄水建筑物的流速系数 φ 值**

建筑物泄流方式	图　　　示	φ
堰顶有闸门的曲线型实用堰	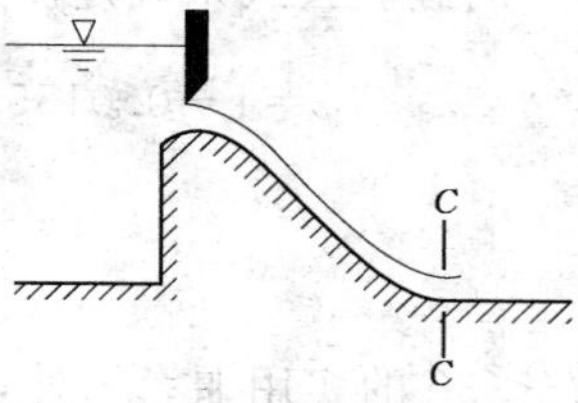	0.95
无闸门的曲线型实用堰 溢流面长度较短 溢流面长度中等 溢流面长度较长	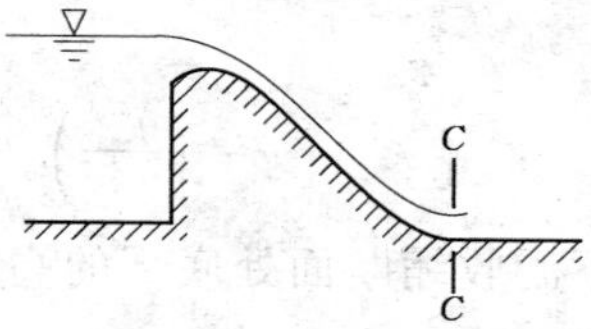	1.00 0.95 0.90
平板闸门底孔出流	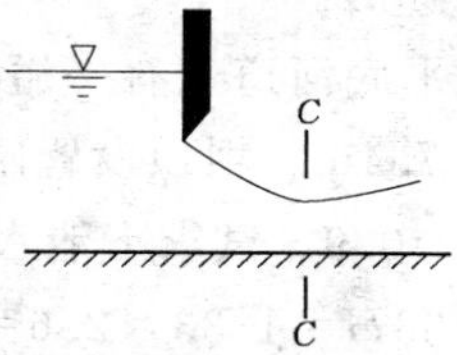	0.95~0.97
折线型实用堰自由出流	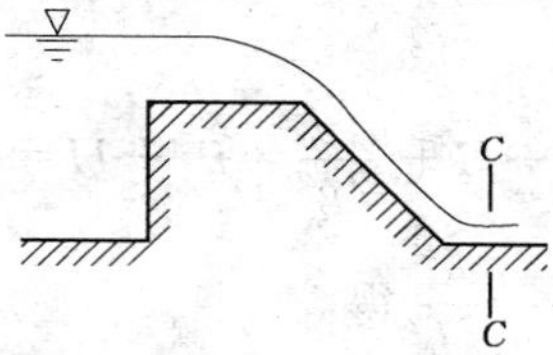	0.80~0.90

建筑物泄流方式	图　　示	φ
宽顶堰自由出流	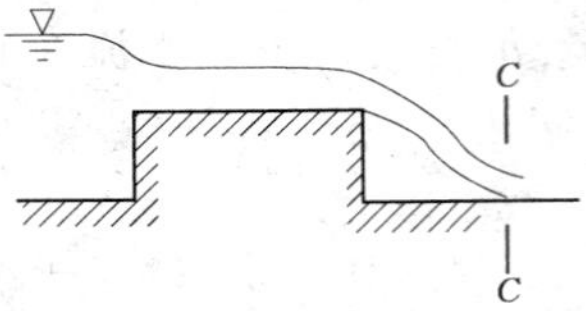	$0.85 \sim 0.95$
跌水	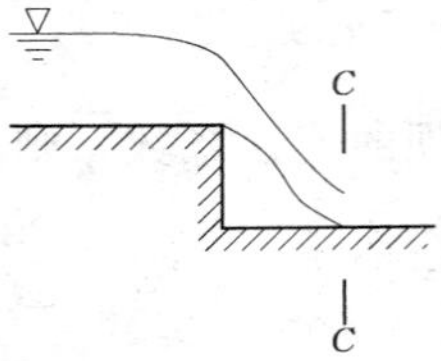	1.00
末端设置闸门的跌水	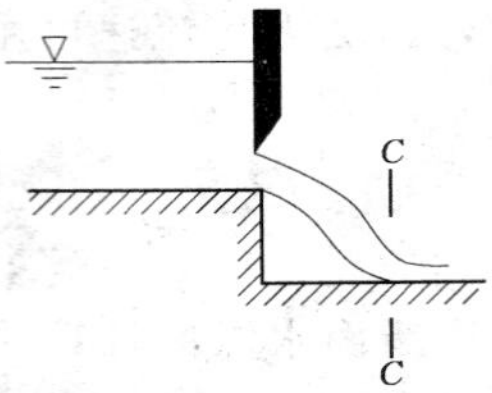	0.97

流速系数 φ 的影响因素比较复杂，它与坝顶的形状、尺寸、坝面糙率、坝高、坝上水头、单宽流量等有关。目前尚无理论分析计算公式，仍以统计试验和原型观测资料得出的经验数据（如表 9-1）或用以下的经验公式来确定流速系数 φ。

$$\varphi = 1 - 0.0155 \frac{P_1}{H} \qquad (9-4)$$

式中　P_1——下游堰高；

　　　H——堰上水头。

式（9-4）适用于 $P_1/H < 30$ 的实用堰。另外，我国水利科学院陈椿庭根据国内外一些实测资料给出的经验公式为

$$\varphi = \left(\frac{q^{2/3}}{s} \right)^{0.2} \qquad (9-5)$$

式中　s——坝前库水位与下游收缩断面处底部的高程差（见图 9-6），m；

　　　q——单宽流量，$\text{m}^3/(\text{s} \cdot \text{m})$。

【例 9-1】　在矩形断面的平底河道上有一溢流坝，如图 9-6 所示。已知堰顶水头 $H = 2.6\text{m}$，上、下游堰高 $P = P_1 = 7.4\text{m}$。坝顶设置闸门控制下泄流量，使单宽流量 $q = 3.0\text{m}^3/(\text{s} \cdot \text{m})$。溢流坝的流速系数 $\varphi = 0.9$。试求下泄水流在收缩断面处的水深 h_c。

【解】　坝高 $P = 7.4\text{m} > 1.33H = 1.33 \times 2.6 = 3.16\text{m}$，属于高坝，因此可忽略行近流速水头 V_0，则

$$T_0 = P_1 + H + \frac{\alpha_0 v_0^2}{2g} = P_1 + H = 7.4 + 2.6 = 10.0 \, (\text{m})$$

由式（9-3）$T_0 = h_c + \dfrac{q^2}{2g\varphi^2 h_c^2}$ 得

$$10.0 = h_c + \frac{3.0^2}{2 \times 9.8 \times 0.9^2 h_c^2}$$

上式是关于 h_c 的一个高次方程，不便直接求解，可用试算法或图解法求解 h_c。关于该方程，还可采用更为高效的迭代法求解

式（9-3）的迭代格式为 $h_c = \dfrac{q}{\varphi \sqrt{2g\,(T_0 - h_c)}}$，代入数据得

$$h_c = \frac{3}{0.9 \sqrt{2 \times 9.8(10 - h_c)}}$$

假设 $h_c = 0.1$ m，代入上式右侧，得 $h_c = 0.239$ m；将 $h_c = 0.239$ m 再次代入上式右侧，得 $h_c = 0.241$ m。此时，相邻两次迭代结果已十分接近，迭代结束，最后取 $h_c = 0.241$ m。

9.2.2 下泄水流衔接形式

由式（9-3）求得收缩水深 h_c 后，再由共轭水深方程 $J(h_c) = J(h_c'')$ 求出相应的跃后水深 h_c''。特别地，对平底矩形明渠，$J(h_c) = J(h_c'')$ 简化为

$$h_c'' = \frac{h_c}{2}\left(\sqrt{1 + \frac{8q^2}{gh_c^3}} - 1\right) \tag{9-6}$$

下游河道天然水深以 h_t 表示，根据 h_c'' 与 h_t 相对大小关系，有三种水跃衔接形式，如图 9-7 所示。

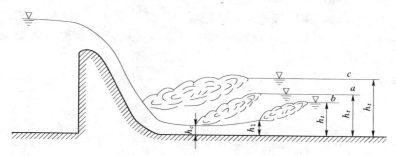

图 9-7 下游水流衔接形式

（1）$h_c'' = h_t$ 时，为临界水跃。如图 9-7 所示中 a。此时收缩断面就是跃前断面，跃后水深等于下游河道天然水深。

（2）$h_c'' > h_t$ 时，为远离水跃。如图 9-7 所示中 b。此时跃前断面在收缩断面之后，因跃前水深 h_1 大于收缩断面水深 h_c，故 h_1 相应的跃后水深（等于下游河道天然水深 h_t）小于 h_c 相应的跃后水深 h_c''，即 $h_t < h_c''$。可见，当下游河道水深较小时，易出现远离水跃。

（3）$h_c'' < h_t$ 时，为淹没水跃。如图 9-7 所示中 c。分析可知，当下游河道水深较大时，易出现淹没水跃。

这三种底流式衔接都能通过水跃消能，但它们的消能效率和工程保护的范围却不相同。远离水跃衔接因急流段需要保护而不经济；淹没水跃衔接，若淹没程度大则消能效率降低，水跃段长度也比较大；临界水跃衔接消能效率较高，需要保护的范围也最短，但要避免水跃位置不够稳定的缺点。因此，工程中采用稍有淹没的水跃衔接和消能。

【例 9-2】 条件同例 9-1。当单宽流量 $q = 3.0$ m³/(s·m) 时，相应的下游河道水深为 $h_t = 2.0$ m。试判别此时下泄水流与下游河道水流的衔接形式。

【解】　在例 9-1 中，已计算出收缩断面水深 $h_c \approx 0.241\text{m}$。

计算收缩水深 h_c 相应的跃后水深 h_c''：

对平底矩形明渠，由式（9-6）

$$h_c'' = \frac{h_c}{2}\left(\sqrt{1 + \frac{8q^2}{gh_c^3}} - 1\right)$$

得

$$h_c'' = \frac{0.241}{2}\left(\sqrt{1 + \frac{8 \times 3^3}{9.8 \times 0.241^3}} - 1\right) = 2.64 \text{（m）}$$

因 $h_c'' > h_t = 2.0\text{m}$，说明发生远离水跃。

9.3　底流式消能与衔接

如果得知泄水建筑物下游发生远离水跃或临界水跃，则应采取工程措施，以保证建筑物下游能发生淹没程度较小的淹没水跃。

使远离水跃或临界水跃转变为淹没水跃的关键是增加下游水深 h_t。对于一定的河床，当通过的流量一定时，下游水深 h_t 也就确定了。因此，增加下游水深只能是增加靠近建筑物下游的局部水深，对此，可采取下列措施：

（1）降低紧邻泄水建筑物后的一段下游护坦的高程，形成一个水池，使池中水深增大，并保证在池中发生淹没水跃。这种降低下游护坦高程形成的水池称为消能池，见图 9-8（a）。

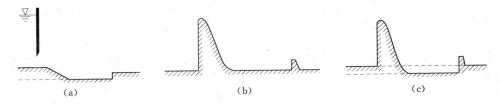

图 9-8　消能工
（a）消能池；（b）消能墙；（c）综合式消能池

（2）在泄水建筑物下游附近的河床中筑一道低堰（或称低坎），使低堰前的水位壅高，增大泄水建筑物到低堰之间的水深，并在其间发生淹没水跃。这种低堰称为消能墙，见图 9-8（b）。如在墙后还发生远离水跃，可考虑建第二道、第三道消能墙，或采用以下第三种办法，以保证在池中发生淹没水跃。

（3）若单独采用消力池或消能墙在技术经济上均不适宜时，可两者兼用，这种消能设施称为综合式消能池，见图 9-8（c）。

上述各种消能设施统称为消能工。消能工水力计算的主要内容是计算消能池的深度或消能墙的高度以及消能池的长度。

9.3.1　消能池的水力计算

消能池的水力计算的任务是确定池深 d 和池长 L，如图 9-9 所示。图中 0-0 虚线为原下游河床底面线，$0'-0'$ 虚线为降低护坦高程后新的底面线。

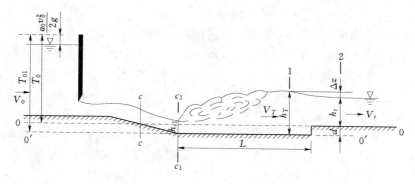

图 9-9 消能池的水力计算

(1) 池深 d 的计算。为了使消能池内发生稍有淹没的水跃，就要求池末水深 h_T 稍大于与收缩断面 c_1 的水深 h_{c1} 相应的临界水跃的跃后水深 h''_{c1}，即

$$h_T = \sigma h''_{c1} \qquad (9-7)$$

式中 σ——水跃淹没系数，或称安全系数，一般取 $\sigma = 1.05 \sim 1.10$。

又 $h_T = h_t + d + \Delta z$，代入式（9-7），可求得池深 d

$$d = \sigma h''_{c1} - h_t - \Delta z \qquad (9-8)$$

式中 Δz——出池水流由于受到消能池末端升坎的阻挡而形成的一个水面降落值；

h''_{c1}——降低护坦高程后，收缩断面的水深；

h''_{c1}——与 h_{c1} 相应的跃后水深。

h_{c1} 可由闸门前渐变流断面与收缩断面 $c_1 - c_1$ 的能量方程求出。仿照式（9-3）有

$$T_{01} = h_{c1} + \frac{q^2}{2g\varphi^2 h_{c1}^2} \qquad (9-9)$$

式中 q——单宽流量；

T_{01}——降低护坦高程后上游总水头；

φ——流速系数，可根据表 9-1 选取。

再列写消能池出口断面 1—1 与下游河道断面 2—2 的能量方程

$$\Delta z + \frac{\alpha_1 V_T^2}{2g} = \frac{\alpha_2 V_t^2}{2g} + \zeta \frac{V_t^2}{2g}$$

取 $\alpha_1 \approx \alpha_2 = 1$，令 $\varphi' = \frac{1}{\sqrt{1+\zeta}}$，称为消能池出口流速系数（一般取 $\varphi' = 0.95$），并用单宽流量 q 表示 V_T 与 V_t，则上式可改写成

$$\Delta z = \frac{q^2}{2g\varphi'^2 h_t^2} - \frac{q^2}{2g h_T^2} \qquad (9-10)$$

由式（9-7）、式（9-8）、式（9-9）和式（9-10）可算出池深 d。

(2) 池长 L 的计算。合理的池长应从平底完全水跃的长度角度来考虑。消能池中的水跃因受升坎阻挡形成强制水跃，实验表明它的长度比无坎阻挡的完全水跃缩短 20%～30%，故从收缩断面 $c_1 - c_1$ 起算的消能池长为

$$L = (0.7 \sim 0.8)L_j \qquad (9-11)$$

式中 L_j——平底完全水跃的长度，可用以下经验公式计算

$$L_j = 6.9(h''_{c1} - h_{c1}) \qquad (9-12)$$

【例 9 - 3】　条件同例 9 - 2。计算消能池的池深 d 和池长 L。

【解】　（1）计算池深 d。在式（9 - 8）$d = \sigma h''_{c1} - h_t - \Delta z$ 中，h''_{c1} 根据共轭水深方程由 h_{c1} 求出。而 h_{c1} 由式（9 - 9）求解，但 $T_{01} = T_0 + d$。此外，由式（9 - 7）和式（9 - 8）分析可知，要求解 Δz 也必须先知道 d。可见，依据式（9 - 7）、式（9 - 8）、式（9 - 9）和式（9 - 10）难以直接求解 d。通常采用试算法求解 d。

为减少试算的次数，假设池深 d 的初始值是一个关键。根据例 9 - 2 计算结果，先不考虑 Δz，初始值 $d = \sigma h''_c - h_t = 1.05 \times 2.64 - 2.0 = 0.772\text{m}$，则上游总水头为

$$T_{01} = T_0 + d = 10.0 + 0.772 = 10.772 \ (\text{m})$$

由式（9 - 9）$T_{01} = h_{c1} + \dfrac{q^2}{2g\varphi^2 h_{c1}^2}$ 得

$$10.772 = h_{c1} + \frac{3.0^2}{2 \times 9.8 \times 0.9^2 h_{c1}^2}$$

采用迭代法，求得 $h_{c1} = 0.232\text{m}$。

再由平底明渠水跃方程 $h''_{c1} = \dfrac{h_{c1}}{2}\left(\sqrt{1 + \dfrac{8q^2}{gh_{c1}^3}} - 1\right)$ 得

$$h''_c = \frac{0.232}{2}\left(\sqrt{1 + \frac{8 \times 3.0^2}{9.8 \times 0.232^3}} - 1\right) = 2.70 \ (\text{m})$$

由式（9 - 10）$\Delta z = \dfrac{q^2}{2g\varphi'^2 h_t^2} - \dfrac{q^2}{2gh_T^2}$ 及式（9 - 7）$h_T = \sigma h''_{c1}$ 得

$$\Delta z = \frac{q^2}{2g\varphi'^2 h_t^2} - \frac{q^2}{2g(\sigma h''_{c1})^2}$$

代入数据得

$$\Delta z = \frac{3.0^2}{2 \times 9.8 \times 0.95^2 \times 2.0^2} - \frac{3.0^2}{2 \times 9.8 \times (1.05 \times 2.70)^2} = 0.07 \ (\text{m})$$

由式（9 - 8）得

$$d = \sigma h''_{c1} - h_t - \Delta z = 1.05 \times 2.7 - 2.0 - 0.07 = 0.765 \ (\text{m})$$

与先前假设 $d = 0.772\text{m}$ 较接近，故 $d = 0.77\text{m}$。

（2）求池长 L。由式（9 - 12）$L_j = 6.9(h''_{c1} - h_{c1})$ 得

$$L_j = 6.9 \times (2.70 - 0.232) = 17.03 \ (\text{m})$$

取 $L = 0.75L_j = 0.75 \times 17.03 = 12.77 \ (\text{m})$。

9.3.2　消能墙的水力计算

当判明建筑物下游水流自然衔接为远离水跃或临界水跃时，也可采用消能墙（或称消能坎）使坎前水位壅高以期在池内能发生稍有淹没的水跃。其水流现象与降低护坦的消能池相比，主要区别在于不是淹没宽顶堰流而是折线型实用堰流。消能墙的水力计算任务是确定墙高（或称坎高）c 及池长 L，如图 9 - 10 所示。

为保证消能坎前发生稍有淹没的水跃，池中的水深 h_T 应满足

$$h_T = \sigma h''_c \qquad (9-13)$$

又

$$c = h_T - H_1 \qquad (9-14)$$

式（9 - 14）中，H_1 计算如下

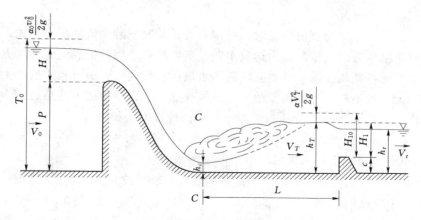

图 9 - 10 消能墙的水力计算

$$H_1 = H_{10} - \frac{\alpha V_T^2}{2g}$$

对于矩形渠道，$V_T = \dfrac{q}{h_T}$，则上式改写为

$$H_1 = H_{10} - \frac{\alpha q^2}{2g h_T} \tag{9-15}$$

将式（9-13）、式（9-15）代入到（9-14）中，有

$$c = \sigma h_c'' + \frac{\alpha q^2}{2g(\sigma h_c'')^2} - H_{10} \tag{9-16}$$

再以堰流公式 $H_{10} = \left(\dfrac{q}{\sigma_s m \sqrt{2g}}\right)^{2/3}$ 代入式（9-16），得

$$c = \sigma h_c'' + \frac{\alpha q^2}{2g(\sigma h_c'')^2} - \left(\frac{q}{\sigma_s m \sqrt{2g}}\right)^{2/3} \tag{9-17}$$

式中，水跃的淹没系数 $\sigma = 1.05 \sim 1.10$；消能坎的流量系数 $m = 0.42 \sim 0.44$；σ_s 为消能坎的淹没系数，可查表 9-2 取用。从表中可见，消能坎淹没的条件是 $h_s / H_{10} > 0.45$；若 $h_s / H_{10} < 0.45$，则为自由出流，$\sigma_s = 1$。（$h_s = h_t - c$，为下游河道水面高出消能坎坎顶的高度）

表 9 - 2   消能墙淹没系数 σ_s 值

h_s / H_{10}	<0.45	0.50	0.55	0.60	0.65	0.70	0.72
σ_s	1.00	0.990	0.985	0.975	0.960	0.940	0.930
h_s / H_{10}	0.74	0.76	0.78	0.80	0.82	0.84	0.86
σ_s	0.915	0.900	0.885	0.865	0.845	0.815	0.785
h_s / H_{10}	0.88	0.90	0.92	0.95	1.00		
σ_s	0.750	0.710	0.651	0.535	0.000		

分析式（9-17）可知，要计算坎高 c，必须先知道消能坎的淹没系数 σ_s，而 σ_s 与 h_s（$= h_t - c$）有关，并由表 9-2 查出，可见，不能由式（9-17）直接计算出坎高 c。

坎高 c 的计算方法：先假设坎顶为自由出流，即 $\sigma_s = 1$，由式（9-17）求得坎高 c，然后再验算流态。如果为自由出流，此 c 值即为所求。如果属淹没出流，再考虑淹没系数 σ_s

的影响，重新计算 c 值大小。

必须指出，当消能坎为自由出流时，一定要校核此时下游水流的衔接形式。若为淹没水跃，则无须修建第二级消能池。若为远离水跃，又不准备改用其他底流型消能方式，则必须修建第二级消能池，并校核第二道消能坎后的水流衔接形式，……直到坎后产生淹没水跃衔接为止。实际上一般不超过三级消能池。在校核计算中，消能坎的流速系数 $\varphi'=0.90$。

对消能坎，池长 L 的计算方法与消能池池长的计算方法相同。

【例 9-4】　条件同例 9-2。当 $q=3\mathrm{m^3/(s \cdot m)}$ 时，$h_t=2\mathrm{m}$；当 $q=12\mathrm{m^3/(s \cdot m)}$ 时，$h_t=4.58\mathrm{m}$。试分别进行上述两种情况下消能墙的水力计算。

【解】　(1) $q=3\mathrm{m^3/(s \cdot m)}$ 时，消能墙的墙高 c 及池长 L。

在例 9-2 中，已经算出 $h_c=0.241\mathrm{m}$，$h_c''=2.64\mathrm{m}$。

因不明确消能墙的出流状态，先假设为自由出流（$\sigma_s=1$），取消能坎的流量系数 $m=0.42$，水跃的淹没系数 $\sigma=1.05$，由式（9-17）

$$c=\sigma h_c''+\frac{\alpha q^2}{2g(\sigma h_c'')^2}-\left(\frac{q}{\sigma_s m \sqrt{2g}}\right)^{2/3}$$

得

$$c=1.05\times2.64+\frac{1\times3.0^2}{2\times9.8\times(1.05\times2.64)^2}-\left(\frac{3.0}{1\times0.42\times\sqrt{2\times9.8}}\right)^{2/3}$$

$$=2.772+0.060-1.376=1.456\ (\mathrm{m})$$

验算出流状态：$\dfrac{h_s}{H_{10}}=\dfrac{h_t-c}{H_{10}}=\dfrac{2-1.456}{1.376}=0.395<0.45$，确为自由出流，最后取墙高 $c=1.46\mathrm{m}$。

因为消能坎上为自由出流，故还需要进行消能坎下游水流的衔接计算。

先计算消能坎后收缩断面水深 h_{c1}。

列写消能坎前渐变流断面与坎后收缩断面的能量方程为

$$H_{10}+c=h_{c1}+\frac{q^2}{2g\varphi'^2 h_{c1}^2}$$

代入数据得，$1.736+1.46=h_{c1}+\dfrac{3.0^2}{2\times9.8\times0.9^2\times h_{c1}^2}$，用迭代法求解该式得 $h_{c1}=0.595\mathrm{m}$。

再由 $h_{c1}''=\dfrac{h_{c1}}{2}\left(\sqrt{1+\dfrac{8q^2}{gh_{c1}^3}}-1\right)$ 计算 h_{c1} 相应的跃后水深 h_{c1}'' 为

$$h_{c1}''=\frac{0.595}{2}\left(\sqrt{1+\frac{8\times3.0^2}{9.8\times0.595^3}}-1\right)=1.484\ (\mathrm{m})$$

因 $h_{c1}''<h_t=2.0\mathrm{m}$，消能坎后出现淹没水跃，故不需要修建二级消能池。

由式（9-12）得 $L_j=6.9\times(h_c''-h_c)$，即

$$L_j=6.9\times(2.64-0.241)=16.55\ (\mathrm{m})$$

取 $L=0.75L_j=0.75\times16.55=12.41\ (\mathrm{m})$。

(2) $q=12.0\mathrm{m^3/(s \cdot m)}$ 时，计算消能墙的墙高 c 及池长 L。

同例 9-2 的计算方法，此时，$h_c=1.00\mathrm{m}$，$h_c''=4.94\mathrm{m}$。

同上述（1）计算方法，由式（9-17）得

$$c = 1.05 \times 4.94 + \frac{1 \times 12.0^2}{2 \times 9.8 \times (1.05 \times 4.94)^2} - \left(\frac{12.0}{1 \times 0.42 \times \sqrt{2 \times 9.8}}\right)^{2/3}$$

$$= 5.198 + 0.272 - 3.466 = 2.00 \text{ (m)}$$

验算出流状态：$\frac{h_s}{H_{10}} = \frac{h_t - c}{H_{10}} = \frac{4.58 - 2.00}{3.466} = 0.744 > 0.45$，表明消能坎上水流为淹没出流。由 $\frac{h_s}{H_{10}} = 0.744$ 查表 9-2，得淹没系数 $\sigma_s = 0.915$。重新由式（9-17）计算墙高 c

$$c = 1.05 \times 4.95 + \frac{1 \times 12.0^2}{2 \times 9.8 \times (1.05 \times 4.95)^2} - \left(\frac{12.0}{0.915 \times 0.42 \times \sqrt{2 \times 9.8}}\right)^{2/3}$$

$$= 5.198 + 0.272 - 3.678 = 1.792 \text{ (m)}$$

$\frac{h_s}{H_{10}} = \frac{h_t - c}{H_{10}} = \frac{4.58 - 1.792}{3.678} = 0.758$。由 $\frac{h_s}{H_{10}} = 0.758$ 查表 9-2，得淹没系数 $\sigma_s = 0.900$。重新由式（9-17）计算墙高 c

$$c = 1.05 \times 4.95 + \frac{1 \times 12.0^2}{2 \times 9.8 \times (1.05 \times 4.95)^2} - \left(\frac{12.0}{0.900 \times 0.42 \times \sqrt{2 \times 9.8}}\right)^{2/3}$$

$$= 5.198 + 0.272 - 3.719 = 1.751 \text{ (m)}$$

经过上述三次重复计算，后两次的墙高 c 已经十分接近，故最后墙高 $c = 1.75$m。

因为已经明确消能坎上水流为淹没出流，故不需要再进行消能坎下游水流的衔接计算。由式（9-12）得

$$L_j = 6.9(h_c'' - h_c)$$

即 $L_j = 6.9(4.95 - 1.00) = 27.26$（m），取 $L = 0.75L_j = 0.75 \times 27.26 = 20.44$（m）。

9.3.3 消能池的设计流量

前面讨论消能池尺寸（包括池深和池长）的水力计算，是在某个给定流量及其相应的下游水深条件下进行的。但建成的消能池却要在不同的流量下工作，而它们所要求的消能池尺寸又是各不相同的。因此，为了保证消能池在不同流量时都能起到控制水跃的作用，必须选定消能池尺寸的设计流量。

所谓消能池池深的设计流量，是指要求池深为最大值的那个流量。用这个流量计算出的消能池的池深，可以满足一定范围内的流量时，池中都出现淹没水跃。由式（9-6），当忽略 Δz 时，$s = \sigma h_c'' - h_t$ 时，可以看出，d 随着 $h_c'' - h_t$ 的增大而加深。所以，当 $h_c'' - h_t$ 为最大值时所对应的流量就是池深的设计流量。计算表明，最大流量不一定是消能池池深的设计流量。

下面以作图法说明如何确定池深的设计流量。先将所取得的下游水深与流量关系的资料点绘 $h_t \sim q$ 曲线，再对各级流量计算相应的临界水跃跃后水深 h_c''，将 $h_c'' \sim q$ 曲线点绘在同一张图纸上，如图 9-11 所示。从图上即可找到 $h_c'' - h_t$ 为最大时所对应的池深设计流量 q_d。

所谓消能池池长的设计流量，是指要求池

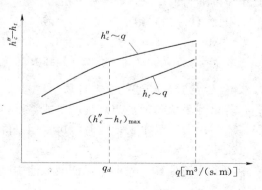

图 9-11 池深设计流量

长为最大值的那个流量。根据式 (9-11)，池长与完全水跃长度 L_j 成正比，又根据式 (9-12)，L_j 与临界水跃的跃前水深 h_c、跃后水深 h_c'' 有关，又因为跃前水深 h_c 越小时，跃后水深 h_c'' 越大，综上所述，满足跃后水深 h_c'' 为最大值的那个流量，就是消能池池长的设计流量。一般说来，流量越大，h_c'' 也越大，所以应以最大流量作为消能池池长的设计流量。

消能池的池深与池长的设计流量一般不可能是同一个值，这是消能池水力设计中需要注意的问题。

【例 9-5】　条件同例 9-1。控制闸门开度，当单宽流量 $q=3.0$，6.0，9.0，$12.0\text{m}^3/(\text{s}\cdot\text{m})$ 时，下游相应水深分别为 2.00m、3.05m、3.88m、4.58m。试求：

(1) 在给定的流量变化范围内，确定下游水流的衔接形式。

(2) 设计消能池的池深和池长。

【解】　(1) 先判别下游水流衔接形式。在例 9-1 中，已算出 $q=3.0\text{m}^3/(\text{s}\cdot\text{m})$ 时，收缩断面水深 $h_c=0.241\text{m}$，与 h_c 相应的跃后水深 $h_c''=2.64\text{m}$。例 9-4 中，已算出 $q=12.0\text{m}^3/(\text{s}\cdot\text{m})$ 时，收缩断面水深 $h_c=1.00\text{m}$，与 h_c 相应的跃后水深 $h_c''=4.94\text{m}$。

同理，可计算出单宽流量 $q=6.0$，$9.0\text{m}^3/(\text{s}\cdot\text{m})$ 时的收缩断面水深 h_c、与 h_c 相应的跃后水深 h_c''，其结果一并列入表 9-3 中。

表 9-3　　　　　　　　　各种单宽流量下计算结果

q [$\text{m}^3/(\text{s}\cdot\text{m})$]	h_c (m)	h_c'' (m)	h_t (m)	$h_c''-h_t$ (m)
3.0	0.241	2.64	2.00	0.64
6.0	0.488	3.64	3.05	0.59
9.0	0.741	4.37	3.88	0.49
12.0	1.000	4.94	4.58	0.36

从表 9-3 看出，在给定的流量范围内，$h_c''>h_t$，说明发生远离式水跃，需要修建消能池。当单宽流量 $q=3.0\text{m}^3/(\text{s}\cdot\text{m})$ 时，$h_c''-h_t$ 最大，因此，按此流量作为消能池池深的设计流量。

(2) 计算消能池池深 d。在例 9-3 中，已计算出 $d=0.77\text{m}$。

(3) 求消能池池长 L。消能池池长的设计流量应为最大流量，即 $q=12.0\text{m}^3/(\text{s}\cdot\text{m})$，其相应的 $h_c=1.00\text{m}$，$h_c''=4.94\text{m}$。

由式 (9-12) 得 $L_j=6.9(h_c''-h_c)$ 得

$$L_j=6.9(4.94-1.00)=27.19\text{（m）}$$

取 $L=0.75L_j=0.75\times27.19=20.39\text{（m）}$。

9.3.4　综合式消能池的水力计算

若单纯采取降低护坦高程的方式，开挖量太大；单纯采取消能坎方式，坎又太高，难以保证墙后出现淹没水跃，此时，可采用既降低护坦高程又加筑消能坎的综合式消能池，如图 9-12 所示。

为了便于计算，先求出保证消能池中及墙后均产生临界水跃时的墙高 c 和池深 d。计算步骤如下：

(1) 计算墙高 c。墙后产生临界水跃意味着墙后收缩断面 C_2-C_2 即为水跃的跃前断面，

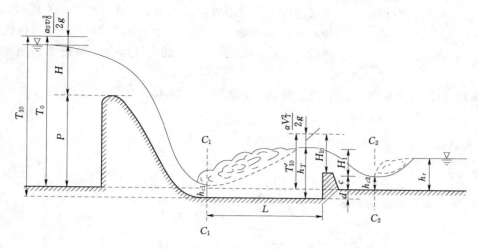

图 9-12 综合式消能池水力计算

而相应的跃后水深 h''_{c2} 等于下游河道水深，即 $h''_{c2} = h_t$。用水跃方程计算出与 h''_{c2} 相应的跃前水深 h_{c2}，则墙前总水头 $T'_{10} = h_{c2} + \dfrac{q^2}{2g\varphi'^2 h_{c2}^2}$。

根据折线型实用堰自由出流流量公式计算 H_{10}：

$$H_{10} = \left(\frac{q}{m\sqrt{2g}}\right)^{2/3}$$

则墙高 c 为

$$c = T'_{10} - H_{10} \tag{9-18}$$

（2）计算池深 d。消能池中发生临界水跃时，有

$$h''_{c1} = d + c + H_1 \tag{9-19}$$

又墙顶水头为

$$H_1 = H_{10} - \frac{\alpha V_T^2}{2g} = H_{10} - \frac{\alpha q^2}{2g h_{c1}^{\prime\prime 2}} \tag{9-20}$$

由式（9-19）和式（9-20）得

$$d = h''_{c1} - c - \left(H_{10} - \frac{\alpha q^2}{2g h_{c1}^{\prime\prime 2}}\right) \tag{9-21}$$

式（9-21）中，因 h''_{c1} 与池深 d 有关，因此，不能由该式直接计算 d。一般用试算法求解式（9-21）得池深 d。具体计算方法如下

假设一个池深 d，则 $T_{10} = P + H + d$；再由 $T_{10} = h_{c1} + \dfrac{q^2}{2g\varphi^2 h_{c1}^2}$ 计算出 h''_{c1}；由水跃方程 $h''_{c1} = \dfrac{h_{c1}}{2}\left(\sqrt{1 + \dfrac{8q^2}{g h_{c1}^3}} - 1\right)$ 计算出 h''_{c1}；将 h''_{c1} 代入到式（9-21），若等式成立，则先前假设的池深 d 计为所求，否则，重新设定一个池深 d，按上述方法再完整计算一次，直到式（9-21）等式成立。

以上计算出的 d 及 c 是池内及墙下游都发生临界水跃时的池深及墙高。实际采用的池深 d 比按上面方法计算出的略加大，而实际采用的墙高 d 比按上面方法计算出的略减小，这样在池内及墙后就能保证发生淹没水跃。

【例 9 - 6】 在矩形断面的平底河道上有一溢流坝，如图 9 - 12，上游堰高 $P=7.4$m，单宽流量 $q=8.0$m³/(s·m)，溢流坝的流速系数 $\varphi=0.95$，堰顶水头 $H=2.0$m。折线型消能墙的流速系数 $\varphi'=0.9$。当下游河道水深 $h_t=2.5$m 时，试设计综合式消能池的池深、墙高和池长。

【解】 (1) 计算临界状态下的墙高 c。忽略行近流速水头 V_0，则上游总水头 $T_0=P+H=7.4+2.0=9.4$ (m)。

由式 (9 - 3) $T_0=h_c+\dfrac{q^2}{2g\varphi^2 h_c^2}$ 得 $9.4=h_c+\dfrac{8.0^2}{2\times9.8\times0.95^2 h_c^2}$，用迭代法求得 $h_c=0.641$m。

再由平底明渠水跃方程 $h_c''=\dfrac{h_c}{2}\left(\sqrt{1+\dfrac{8q^2}{gh_c^3}}-1\right)$ 得

$$h_c''=\frac{0.641}{2}\left(\sqrt{1+\frac{8\times8.0^2}{9.8\times0.641^3}}-1\right)=4.2 \text{ (m)}$$

可见，$h_c''>h_t$，说明自然衔接情况下，下游河道将发生远离式水跃。按要求修建综合消能池。计算顺序是从下游往上游推算。

视下游河道水深为墙后发生临界水跃的跃后水深，即 $h_{c1}''=h_t$，其相应的跃前水深 h_{c1}' 为 $h_{c1}'=\dfrac{h_t}{2}\left(\sqrt{1+\dfrac{8q^2}{gh_t^3}}-1\right)$，即

$$h_{c1}'=\frac{2.5}{2}\left(\sqrt{1+\frac{8\times8.0^2}{9.8\times2.5^3}}-1\right)=1.335 \text{ (m)}$$

则墙前总水头为

$$T_{10}=h_{c1}'+\frac{q^2}{2g\varphi''^2 h_{c1}'^2}=1.335+\frac{8.0^2}{2\times9.8\times0.9^2\times1.335^2}=3.597 \text{ (m)}$$

取堰的流量系数 $m=0.42$，由实用堰流量公式 $H_{10}=\left(\dfrac{q}{m\sqrt{2g}}\right)^{2/3}$ 得

$$H_{10}=\left(\frac{8.0}{0.42\sqrt{2\times9.8}}\right)^{2/3}=2.645 \text{ (m)}$$

则 $$c=T_{10}-H_{10}=3.597-2.645=0.592 \text{ (m)}$$

(2) 计算临界状态下的池深 d。由式 (9 - 21) $d=h_{c1}''-c-\left(H_{10}-\dfrac{\alpha q^2}{2gh_{c1}''^2}\right)$ 得

$$d=h_{c1}''-0.592-\left(2.645-\frac{1\times8.0^2}{2\times9.8 h_{c1}''^2}\right)$$

采用前述的试算法，可求得 $d=0.92$m。

上述求得的墙高和池深均是在临界流条件下得出的，为保证池中和墙后均发生稍有淹没水跃，应对这两个计算值进行修正：适当加大墙高，减小池深，取 $c=0.9$m，$d=1.0$m。

9.4 挑流式衔接与消能

利用宣泄水流的巨大动能，借助挑流鼻坎将水股向空中抛射再跌落到远离建筑物的下游与河道中水流相衔接，这就是挑流型衔接与消能。水流余能主要通过空中消能和冲刷坑内水

垫消能两个过程所耗散。由于空气和挑射水舌的相互作用，使水舌扩散、掺气和碎裂，增强了水舌与空气界面上以及水舌内的摩擦力，从而使射流在空中消耗了部分余能（约 $10\%\sim 20\%$）。水舌跌落到下游水流后作淹没扩散，并在冲刷坑水垫中形成两个大漩滚，产生十分强烈的紊动混掺作用，从而消耗大部分余能。

挑流型衔接与消能的水力计算，主要是确定挑流射程和冲刷坑深度，以检验主体建筑物是否安全。

9.4.1 挑流射程计算

所谓挑流射程，是指挑坎顶端至冲刷坑最深点的水平距离，简称挑距。试验表明，冲刷坑最深点的位置大体上在水舌外缘入水点的延长线上。以图 9-13 的连续式挑流鼻坎为例，则挑流射程 L 为空中射程 L_1 与水射程 L_2 之和，即

$$L=L_1+L_2$$

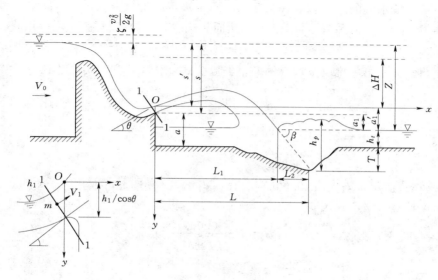

图 9-13　挑流射程计算

1. 空中射程 L_1

假设挑坎出射断面 1—1 上的流速分布是均匀的，流速方向角与挑角相等，忽略水舌的扩散、掺气、碎裂和空气阻力的影响。取坎顶铅垂水深的水面一点 O 为坐标原点，并认为通过 O 点与 m 点（见图 9-13）的流速近似相等。则可按自由抛射体理论得到水舌外缘的运动方程式

$$x=\frac{V_1^2\sin\theta\cos\theta}{g}\left(1+\sqrt{1+\frac{2gy}{V_1^2\sin^2\theta}}\right) \tag{9-22}$$

式中　θ——坎挑角；

V_1——出射断面平均流速。

将水舌外缘入水点的纵坐标 $y=a_1'$ 代入上式，则

$$L_1=\frac{V_1^2\sin\theta\cos\theta}{g}\left(1+\sqrt{1+\frac{2ga_1'}{V_1^2\sin^2\theta}}\right) \tag{9-23}$$

式中　a_1'——坐标原点 O 与下游水面的高差，即 $a_1'=a-h_t+h_1/\cos\theta$；

　　a——坎高；

　　h_1——出射断面水深。

　　由于认为 m 点和 O 点的流速近似相等，则

$$V_1 = \varphi\sqrt{2gs'} \tag{9-24}$$

式中　　　　φ——坝段水流的流速系数；

$s' = s - h_1/\cos\theta$——上游水面到 O 点的高差；

　　　　　　s——上游水面到挑坎顶端的高差。

　　仅从以上分析，似乎只要从式（9-24）求得 V_1，代入式（9-23）即可得到空中射程 L_1 了。但是，式（9-23）是计算的理想射程，没有考虑挑流水舌的空气阻力及自身的扩散、掺气和碎裂等因素的影响，往往与实际射程有明显的偏差。为了解决这个问题，目前采取的办法是，根据原型观测射程的资料，再用理论公式反求流速系数，这样得到的流速系数，既反映了坝段水流的阻力影响，又反映了空中水舌的阻力影响，已不同于一般的流速系数，故特称为"第一挑流系数"，记作 φ_1。从而将式（9-24）改写为实际应用式

$$V_1 = \varphi_1\sqrt{2gs'} \tag{9-25}$$

　　下面介绍估算"第一挑流系数"的两个经验公式，长江水利委员会建议

$$\varphi_1 = \sqrt[3]{1 - \frac{0.055}{K_E^{0.5}}} \tag{9-26}$$

式中　$K_E = \dfrac{q}{\sqrt{g}\cdot z^{1.5}}$——流能比；

　　　　z——上下游水位差。

　　式（9-26）适用于当 $K_E = 0.004 \sim 0.15$；当 $K_E > 0.15$，可取用 $\varphi_1 = 0.95$。水利电力部东北勘测设计院科研所建议

$$\varphi_1 = 1 - \frac{0.0077}{\left(\dfrac{q^{2/3}}{s_0}\right)^{1.15}} \tag{9-27}$$

式中　s_0——坝面流程，近似按 $s_0 = \sqrt{P^2 + B_0^2}$ 计算；

　　　　P——挑坎顶端以上的坝高；

　　　　B_0——溢流面的水平投影长度。

　　式（9-27）适用于 $\dfrac{q^{2/3}}{s_0} = 0.025 \sim 0.25$，当时 $\dfrac{q^{2/3}}{s_0} > 0.25$，可取 $\varphi_1 = 0.96$。

　　以上式中的单位均以 s、m 计。

　　将式（9-25）代入式（9-22）可得

$$x = \varphi_1^2 s'\sin 2\theta\left(1 + \sqrt{1 + \frac{y}{\varphi_1^2 s'\sin^2\theta}}\right) \tag{9-28}$$

　　将式（9-25）代入式（9-23）可得

$$L_1 = \varphi_1^2 s'\sin 2\theta\left(1 + \sqrt{1 + \frac{a_1'}{\varphi_1^2 s'\sin^2\theta}}\right) \tag{9-29}$$

　　式（9-29）即挑坎顶端到水舌外缘入水点的射程计算公式。

　　2. 水下射程 L_2

　　目前对水舌外缘入水后的运动轨迹有两种处理方法。

　　一种意见认为水股射入下游水面后属于淹没射流性质。其运动不符合自由抛射的规律，水股外缘将沿着入水角 β 的方向直指冲刷坑的最深点。即

$$L_2 = \frac{h_P}{\tan\beta} \qquad (9-30)$$

式中　h_P——冲刷坑中水深。

　　入水角 β 可以这样求得，对式（9-28）取一阶导数，可得

$$\frac{\mathrm{d}y}{\mathrm{d}x} = \frac{x}{2\varphi_1^2 s' \cos^2\theta} - \tan\theta$$

因水舌外缘入水点的 $x = L_1$，其 $\frac{\mathrm{d}y}{\mathrm{d}x} = \cot\beta$，故将式（9-29）代入上式可得 β 的表达式为

$$\tan\beta = \sqrt{\tan^2\theta + \frac{a_1'}{2\varphi_1^2 s' \cos^2\theta}} \qquad (9-31)$$

将式（9-31）代入式（9-30）可得水下射程计算公式

$$L_2 = \frac{h_P}{\sqrt{\tan^2\theta + \dfrac{a_1'}{2\varphi_1^2 s' \cos^2\theta}}} \qquad (9-32)$$

于是得总射程计算公式为

$$L = \varphi_1^2 s' \sin2\theta \left(1 + \sqrt{1 + \frac{a_1'}{\varphi_1^2 s' \sin^2\theta}}\right) + \frac{h_P}{\sqrt{\tan^2\theta + \dfrac{a_1'}{2\varphi_1^2 s' \cos^2\theta}}} \qquad (9-33)$$

　　对于高坝，可忽略坎顶铅垂水深 $h_1/\cos\theta$，则上式中 $s' = s$，$a_1' = a_1$，a_1 为挑坎顶端到下游水面的高差。

　　另一种意见认为水股入水后仍按抛射体轨迹运动，考虑到又增加了水下射流的阻力影响，引入"第二挑流系数"以替换"第一挑流系数"，这样就不必单独去计算水下射程 L_2。忽略冲刷坑水位与下游水位的高差，将冲坑最深点的纵坐标 $y = h_P + a_1'$ 代入式（9-28）即可得到总射程计算公式为

$$L = \varphi_2^2 s' \sin2\theta \left(1 + \sqrt{1 + \frac{h_P + a_1'}{\varphi_2^2 s' \sin^2\theta}}\right) \qquad (9-34)$$

式中，φ_2 是由实测反算得出的"第二挑流系数"，它综合反映了坝段水流及空中、水下射流阻力的影响。我国根据实测资料进一步得到了两个挑流系数的关系

$$\varphi_2 = 0.966\varphi_1 \qquad (9-35)$$

　　对于高坝，式（9-34）中的 $s' \approx s$，$a_1' \approx a_1$。

　　对于冲刷坑水深 $h_P < 30\text{m}$ 的挑流，用式（9-34）计算总射程 L 比较符合实际，可以满足实用上的精度要求。

9.4.2　冲刷坑的估算

　　不仅在挑流射程计算中需要先求冲刷坑水深 h_P，而且，冲刷坑深度 T 及其相对于挑坎的距离 L，是检验挑流冲刷是否影响主体建筑物稳定安全的重要数据。如图 9-14 所示，忽略冲坑水位与下游水位的高差，定义冲刷坑后坡 $i = T/L \approx (h_P - h_t)/L$。根据我国实践经验的规定，按不同的地质条件，允许的最大后坡 $i < i_k$。当 $i_k = 1/2.5 \sim 1/5$ 时，则可认为冲刷坑深度不会危及主体建筑物的安全。

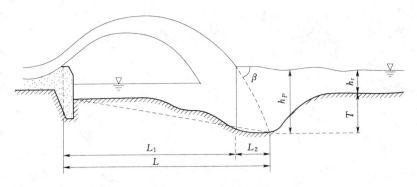

图 9-14　冲刷坑计算

关于挑流冲刷的机理，观点也比较多，倾向性的见解是：破坏岩基节理块稳定的主要因素是射流水股对河床的巨大脉动冲击力以及由此而产生作用于岩块的瞬时上举力。概略地说，冲刷坑的深度取决于挑流水舌淹没射流的冲刷能力与河床基岩抗冲能力之间的对比关系。在挑流的初期，水流的冲刷能力大于基岩的抗冲能力，于是开始形成并加深冲刷坑。随着冲坑深度的发展，使淹没射流水股沿程扩散和流速沿程降低，冲刷能力也逐渐衰减，直到冲刷能力与抗冲能力相平衡以致冲刷坑不再加深为止。

由于冲刷坑比较深，故挑流消能一般用于岩基上的中、高水头泄水建筑物。

对于岩基冲刷坑的估算，我国普遍采用下述公式

$$h_P = K q^{0.5} \times z^{0.25} \tag{9-36}$$

式中　q——挑流水舌入水处的单宽流量，对于直线式多孔溢流坝的连续式鼻坎，当多孔全开或同一开度泄流时，可以取用挑坎处的单宽流量；

　　　z——上下游水位差；

　　　h_P——冲刷坑水深；

　　　K——主要反映岩基抗冲特性及其他水力因素的"挑流冲刷系数"，根据我国经验列出表 9-4 以供选用。

在具体选用 K 值时，对差动式挑坎或水舌入水角较小者取用较小值；对连续式挑坎或水舌入水角较大者取用较大值。

表 9-4　　　　　　　　　　　　　　　　挑 流 冲 刷 系 数 K

基岩分类	冲刷坑部位岩基构造特征	范围	平均值	备　注
Ⅰ（难冲）	巨块状、节理不发育，密闭	0.8~0.9	0.85	
Ⅱ（较易冲）	大块状，节理较发育，多密闭部分微张，稍有充填	0.9~1.2	1.10	K 值适用范围：$30° < \beta < 70°$ β 为水舌入水角度
Ⅲ（易冲）	碎块状，节理发育，大部分微张，部分充填	1.2~1.5	1.35	
Ⅳ（很易冲）	碎块状，节理很发育，裂隙微张或张开，部分为黏土充填	1.5~2.0	1.80	

试验研究表明，挑流射程 L 和冲刷坑深度试随着泄水建筑物下泄单宽流量 q 的增大而增大。一般按泄水建筑物的上游设计水位进行挑流计算来检验主体建筑物是否安全，再以上

游校核水位的挑流情况进行校核。

9.4.3 挑流鼻坎的型式与尺寸

挑坎的型式很多，常见的有连续式和差动式两种基本型式（见图9-15）。在相同的水力条件下，连续式挑坎的射程比较远，但水舌的扩散较差以致冲刷坑较深。差动式的齿坎和齿槽将出射水流"撕开"，使水舌在垂直方向有较大的扩散，从而减轻了对河床的冲刷，但是齿坎的侧面易受空蚀破坏。

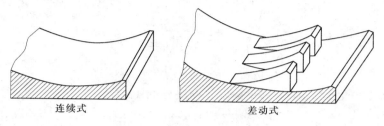

连续式　　　　　　　　差动式

图9-15　挑坎的形式

至于差动式挑坎射程 L 的计算，取齿坎和齿槽的平均挑角 $\theta=(\theta_1+\theta_2)/2$，应用式（9-33）或式（9-34）即可。

常用的连续式挑坎，主要尺寸有挑角 θ、反弧半径 R 及挑坎高程。合理的尺寸，可以增大射程与减小冲深。

挑角 θ：实践表明，当泄流条件确定后，挑角 θ 的大小对射程的影响比较大。按自由抛射体理论，当 $\theta=45°$ 时的射程为最大。但挑角增大会使入水角 β 也增大，从而导致冲刷坑的深度增加。我国工程常取用 $\theta=15°\sim35°$；高挑坎取较小值，低挑坎或单宽流量大、落差较小时取较大值。

反弧半径 R：试验研究指出，当其他条件相同时，射程随着 R 的增大而加长。不难理解，在反弧段上作曲线运动的水流，必须有部分动能要转化为惯性离心水头，从而使出射水流的动能有所降低。当 R/h 较大时，惯性离心水头较小，动能降低较少，故射程较远；反之，则射程较近，起挑流量也比较大。因此，R/h 值不能太小，但过大又会增加挑坎的工程量。一般按反弧流速的大小采用 $R/h=8\sim12$ 为宜，（h 为校核洪水泄流时反弧最低点处的水深）。

挑坎高程：显然，挑坎高程愈低则出射水流的流速也愈大，这对增加射程是有利的。但过低也会引起新的问题，或因挑坎淹没以致水流不能形成挑射；或因水舌下面被带走的空气得不到充分补充造成局部负压而使射程缩短。考虑到水舌跌落后对尾水的推移作用，坎后的水位会低于水舌落水点下游的水位，故一般取挑坎最低高程等于或略低于最高的下游水位。

【例9-7】　某5孔溢流坝，每孔净宽 $b=7m$，闸墩厚度 $d=2m$。坝顶高程245m，连续式挑坎坎顶高程185m，挑角 $\theta=30°$，下游河床岩基属Ⅱ类，高程175m。溢流面投影长度 $B_0=70m$。设计水位251m时下泄流量 $Q=1583m^3/s$ 对应的下游水位183m。试估算挑流射程和冲刷坑深度并检验冲刷坑是否危及大坝安全。

【解】　（1）冲刷坑估算

$$q=\frac{Q}{nb+(n-1)d}=\frac{1583}{5\times7+(5-1)\times2}=36.81\ [m^3/(s\cdot m)]$$

$$z=251-183=68\text{（m）}$$

Ⅱ类岩基、连续式挑坎，查表 9-3，取 $K=1.2$，由式（9-36）得冲刷坑深度

$$h_P=Kq^{0.5}\cdot z^{0.25}=1.2\times36.81^{0.5}\times68^{0.25}=20.91\text{（m）}$$

故冲刷坑深度 $T=h_P-h_t=20.91-(183-175)=12.91\text{（m）}$

（2）射程估算

$$P=245-185=60\text{（m）}$$

$$s_0=\sqrt{P^2+B_0^2}=\sqrt{60^2+70^2}=92.2\text{（m）}$$

由式（9-27）

$$\varphi_1=1-\frac{0.0077}{\left(\dfrac{q^{2/3}}{s_0}\right)^{1.15}}=1-\frac{0.0077}{\left(\dfrac{36.81^{2/3}}{92.2}\right)^{1.15}}=0.912$$

$$\varphi_2=0.966\varphi_1=0.966\times0.962=0.881$$

由于是高坝

$$s'\approx s=251-185=66\text{（m）}$$

$$a_1'\approx a_1=185-183=2\text{（m）}$$

按式（9-34）得射程

$$L=\varphi_2^2 s'\sin2\theta\left(1+\sqrt{1+\frac{h_P+a_1'}{\varphi_1^2 s'\sin^2\theta}}\right)$$

$$=0.881^2\times66\times\sin60°\times\left(1+\sqrt{1+\frac{20.91+2}{0.881^2\times66\times\sin^2 30°}}\right)=118.5\text{（m）}$$

（3）检验冲刷坑后坡

$$i=\frac{T}{L}=\frac{12.91}{118.5}=\frac{1}{9.18}$$

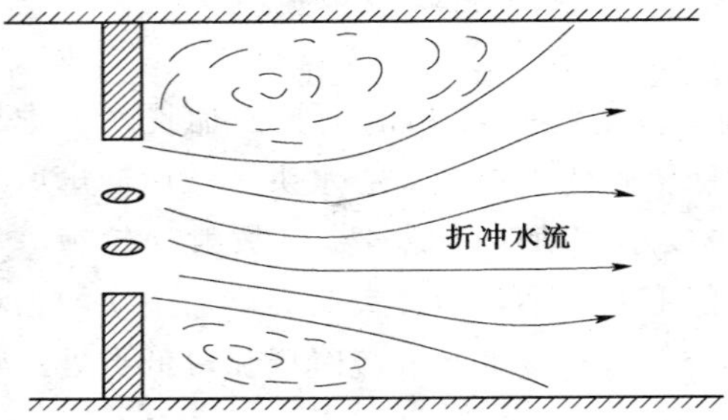

图 9-16　折冲水流

由于 $i<i_k$（$=1/2.5\sim1/5$），故认为冲刷坑不致危及大坝的安全。

前面各节所讨论的都是二维流动的衔接与消能，但由于泄水前沿多小于下游河道的宽度，或部分溢流段开启泄流，故工程上常见的是水流衔接的空间问题。例如，在底流衔接中，开启部分闸孔泄流会造成带有回流区的空间水跃，或者在下游形成加剧冲刷的折冲水流，如图 9-16 所示。在面流或戽流的衔接中，水流横向扩散所形成的回流可能会把河床上的砂砾卷入挑坎或戽斗中造成磨损。在挑流中，水舌入水后造成的回流可能因流速较大冲刷岸边和坎脚的基础。归纳起来讲，水流横向扩散所形成的回流和折冲水流，是两个重要的水流衔接的空间问题，目前需借助模型试验来分析解决。

习　题

9.1　无闸门控制的溢流堰，下游坎高 $P_1=6.0\text{m}$，单宽流量 $q=8.0\text{m}^3/(\text{s}\cdot\text{m})$ 时的流量系数 $m=0.45$。求收缩断面水深 h_c 及临界水跃的跃后水深 h_c''。

9.2　无闸门控制的溢流坝，上游堰高 $P=13$m，单宽流 $q=9.0$m³/(s·m) 时的流量系数 $m=0.45$。若下游水深分别为 $h_{t1}=7.0$m、$h_{t2}=4.5$m、$h_{t3}=3.0$m、$h_{t4}=1.5$m。试判别这 4 个下游水深时的底流衔接形式。

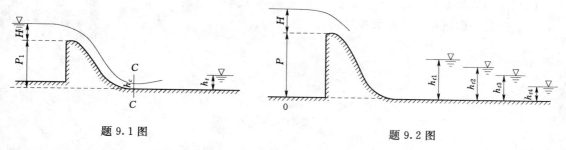

题 9.1 图　　　　　　　　　　题 9.2 图

9.3　单孔进水闸，单宽流量 $q=9.0$m³/(s·m)，收缩断面的流速系数 $\varphi=0.95$，其他数据见图示。(1) 判别下游水流衔接形式；(2) 若需要采取消能措施，设计降低护坦消能池的轮廓尺寸。

9.4　无闸门控制的克—奥型曲线溢流坝，上游堰高 $P=11$m，下游堰高 $P_1=10$m，过流宽度 $b=40$m，在设计水头下流量 $Q=120$m³/s（$m=0.45$），下游水深 $h_t=2.5$m。

（1）判别下游水流衔接形式；

（2）若需要来取消能措施，就上述水流条件，提出降低护坦高程和加筑消能坎两种消能池的轮廓尺寸。

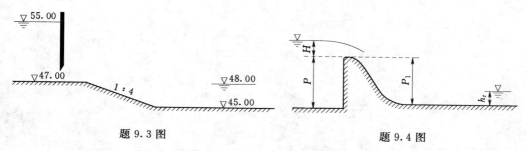

题 9.3 图　　　　　　　　　　题 9.4 图

9.5　单孔水闸已建成消能池如图所示，池长 $L_B=16.0$m，池深 $s=1.5$m。在图示的上、下游水位时开闸放水，闸门开度 $e=1.0$m，流速系数 $\varphi=0.9$。验算此时消能池中能否发生稍有淹没的水跃衔接。

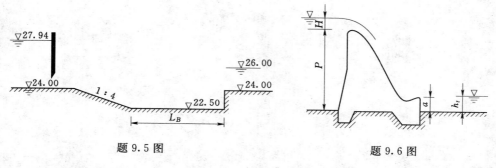

题 9.5 图　　　　　　　　　　题 9.6 图

9.6　某 WES 型溢流坝，坝高 $P=50$m，连续式挑流鼻坝高 $a=8.5$m，挑角 $\theta=30°$，下

游河床为第Ⅲ类岩基，坝的设计水头 $H_d = 6\mathrm{m}$。下泄设计洪水时的下游水深 $h_t = 6.5\mathrm{m}$，估算：

　　（1）挑流射程；

　　（2）冲刷坑深度；

　　（3）检验冲刷坑是否危及大坝安全。

第 10 章　量纲分析和相似原理

前面几章阐述了流体力学的基础理论，建立了控制流体运动的三大基本方程。应用基本方程求解，是解决流体力学问题的基本途径。但是，对于许多复杂的工程问题，由于理论上的障碍，用求解基本方程的方法存在较大的困难，此时就需要应用定性的理论分析和实验相结合的方法进行研究。

量纲分析和相似原理，为科学地组织实验及整理实验成果提供理论指导。对于复杂的流动问题，还可借助量纲分析和相似原理来建立物理量之间的联系。因此，量纲分析与相似原理是发展流体力学理论，解决实际工程问题的有力工具。

10.1　量纲和量纲和谐原理

10.1.1　量纲和单位

在流体力学中，经常遇到的物理量有长度、时间、速度、质量、密度、力和黏滞系数等。这些物理量按其性质不同而分为各种类别，这种类别就称为量纲（dimension）。例如长度、时间和质量就是三种类别不同的物理量，具有不同的量纲。

量度各种物理量数值大小的标准，称为单位（unit）。同一个物理量，其单位可以有多种。如长度的单位可用米、分米、厘米、毫米等不同的单位来度量。

常采用 $[q]$ 代表任意一个物理量 q 的量纲。

10.1.2　基本量纲与导出量纲

物理量的量纲可分为基本量纲（fundamental dimension）和导出量纲（derived dimension）两大类。同时具有以下两个特点的一组物理量的量纲构成基本量纲：它们之间是相互独立的，即组内的任何一个物理量的量纲不能由组内的其他物理量的量纲导出；这样一组物理量的量纲，可以用来表示除该组以外的任何一个物理量的量纲。除基本量纲外，其余的那些可由基本量纲导出的物理量的量纲，称为导出量纲。

在流体力学中，通常遇到物理量有以下三类：

几何学量，如长度、面积、体积等。

运动学量，如速度，加速度，流量，运动黏滞系数等。

动力学量，如质量、力、密度、动力黏滞系数、切应力、压强等。

为了应用方便，并同国际单位制相一致，普遍采用 $M—L—T—\theta$ 基本量纲系，即选取质量 M、长度 L，时间 T，温度 θ 的量纲为基本量纲，则其余物理量的量纲均为导出量纲。

值得注意的是，组成基本量纲的物理量不是唯一的，是可以做其他选择的，除了温度 θ 外，只要在几何学量、运动学量和动力学量中任意各选一个都可以组成基本量纲，被选作基本量纲的物理量称为基本量。

10.1.3　量纲公式

对于不可压缩的流体运动，只需要 M、L、T 三个基本量纲，其余物理量的量纲均可由这三个基本量纲导出。例如：

速度的量纲 $[V] = LT^{-1}$；

加速度的量纲 $[a] = LT^{-2}$；

力的量纲 $[F] = MLT^{-2}$；

动力黏滞系数的量纲 $[\mu] = ML^{-1}T^{-1}$。

综合以上分析可以看出，任何一个物理量 q 的量纲 $[q]$ 都可用三个基本量纲的指数积的形式表示，即

$$[q] = M^\alpha L^\beta T^\gamma \tag{10-1}$$

式（10-1）称为量纲公式。物理量 q 的性质由基本量纲的指数 α、β、γ 决定：当 $\alpha = 0$、$\beta \neq 0$、$\gamma = 0$，q 为几何量；当 $\alpha = 0$、$\beta \neq 0$、$\gamma = 0$，q 为运动学量；当 $\alpha \neq 0$、$\beta \neq 0$、$\gamma \neq 0$，q 为动力学量。表 10-1 给出了流体力学中常见物理量的量纲。

表 10-1　　　　　　　　　流体力学中常见物理量的量纲

	物　理　量	量纲		物　理　量	量纲
几何学量	长度 L	L		质量 m	M
	面积 A	L^2		力 F	MLT^{-2}
	体积 V	L^3		密度 ρ	ML^{-3}
	水力坡度 J	L^0		动力黏滞系数 μ	$ML^{-1}T^{-1}$
	惯性矩 I	L^4		压强 p	$ML^{-1}T^{-2}$
运动学量	时间 T	T	动力学量	切应力 τ	$ML^{-1}T^{-2}$
	速度 V	LT^{-1}		体积弹性系数 E	$ML^{-1}T^{-2}$
	加速度 a	LT^{-2}		表面张力系数 σ	MT^{-2}
	运动黏滞系数 ν	L^2T^{-1}		功、能 W	ML^2T^{-2}
	单宽流量 q	L^2T^{-1}		功率 N	ML^2T^{-3}
	流函数 φ	L^2T^{-1}		动量 K	MLT^{-1}
	势函数 φ	L^2T^{-1}			
	角速度 ω	T^{-1}			

10.1.4　无量纲量

在量纲公式（10-1）中，若各基本量纲的指数均为零，即 $\alpha = \beta = \gamma = 0$，则 $[q] = 1$，该物理量 q 称为无量纲量，或称为 π 数。

无量纲量可由两个具有相同量纲的物理量相除得到，例如线应变 $\varepsilon = \Delta l / L$、水力坡度 $J = \Delta h / L$ 和相对粗糙度 Δ / d 等；也可由几个具有不同量纲的物理量的乘除组合得到，例如雷诺数 $Re = Vd / \nu$、弗劳德数 $Fr = V / \sqrt{gh}$ 等。

10.1.5　量纲和谐原理

量纲和谐原理（theory of dimensional homogeneity）是量纲分析的基础。量纲和谐原理

的表述：凡正确反映客观规律的物理方程，其各项的量纲一定是一致。例如实际液体总流的能量方程

$$z_1 + \frac{p_1}{\gamma} + \frac{\alpha_1 v_1^2}{2g} = z_2 + \frac{p_1}{\gamma} + \frac{\alpha_2 v_2^2}{2g} + h_w$$

式中各项的量纲均为 L。其他凡正确反映客观规律的物理方程，量纲之间的关系均是如此。量纲和谐原理可以用来检验理论或经验公式的合理性。

值得注意的是，在工程界，至今还有一些单纯依据实验、观测资料建立的经验公式，它们不满足量纲和谐原理。例如曼宁（Manning）公式为

$$v = \frac{1}{n} R^{2/3} J^{1/2}$$

经量纲分析，边界壁的粗糙度 n 具有时间的量纲，这显然是错误的。这种情况表明，人们对这部分流动问题的认识还不够全面、不够充分，可以预见，这样的公式将逐渐被修正或被正确完整的公式所代替。

由量纲和谐原理，可引申出以下两点。

（1）凡正确反映客观规律的物理方程，一定能表示成由无量纲项组成的无量纲方程。

（2）量纲和谐原理规定了一个物理过程中有关物理量之间的关系。因为一个正确完整的物理方程中，各物理量的量纲之间的关系是确定的，按物理量的量纲之间的这一确定性，就可建立该物理过程各物理量的关系式。量纲分析法就是根据这一原理发展起来的，它是上世纪初在力学上的重要发现之一。

10.2　量 纲 分 析 法

在量纲和谐原理基础上发展起来的量纲分析法有两种：一种称瑞利（L. Rayleigh）法，适用于比较简单的问题；另一种称 π 定理，是一种更具普遍性的原理，适用于比较复杂的问题。

10.2.1　瑞利法

瑞利法的基本原理是，某一物理过程同 n 个物理量有关，这些物理量之间满足关系式

$$f(q_1, q_2, \cdots, q_n) = 0 \tag{10-2}$$

其中的任意一个物理量 q_i 都可以表示为其余物理量的指数乘积，即 $q_i = K q_1^a q_2^b \cdots q_{n-1}^p$，由此写出其量纲式为

$$[q_i] = [q_1^a q_2^b \cdots q_{n-1}^p]$$

将量纲式中各物理量的量纲按式（10-1）表示为基本量纲的指数积的形式，并根据量纲和谐原理确定各物理量的指数 a、b、$\cdots$、p，就可得出表达该物理过程的关系式，这就是瑞利法。

下面通过例题说明瑞利法的应用步骤。

【例 10-1】　求水泵输出功率的表达式。

【解】　（1）找出同水泵输出功率 N 有关的物理量。这些物理量包括：水的容量 γ、管路中的流量 Q、水泵的扬程 H。由式（10-2）得

$$f(N, \gamma, Q, H) = 0$$

（2）写出指数乘积关系式

$$N = K\gamma^a Q^b H^c$$

（3）写出量纲式

$$[N] = [\gamma^a Q^b H^c]$$

（4）按式（10-1），以基本量纲（M、L、T）表示各物理量的量纲

$$ML^2 T^{-3} = (ML^2 T^{-2})^a (L^3 T^{-1})^b (L)^c$$

（5）根据量纲和谐原理求出各物理量的指数

$$M: a = 1$$
$$L: -2a + 3b + c = 2$$
$$T: -2a - b = -3$$

由此解得 $a = 1$，$b = 1$，$c = 1$

（6）整理关系式

$$N = K\gamma QH$$

其中，K 为系数，由实验确定。

【例 10-2】 求圆管层流的流量关系式。

【解】 （1）找出影响圆管层流流量的物理量。这些物理量包括：管段两端的压强差 Δp，管段长 l，圆管半径 r_0，流体的动力黏滞系数 μ。

根据经验和对已有实验资料的分析，得知流量 Q 与压强差 Δp 成正比，与管段长 l 成反比。因此，可将 Δp、l 合并为一项 $\Delta p/l$，得到关系式

$$f(Q, \Delta p/l, r_0, \mu) = 0$$

（2）写出指数积关系式

$$Q = K\left(\frac{\Delta p}{l}\right)^a r_0^b \mu^c$$

（3）写出量纲式

$$[Q] = \left[\left(\frac{\Delta p}{l}\right)^a r_0^b \mu^c\right]$$

（4）按式（10-1），以基本量纲表示各物理量的量纲

$$L^3 T^{-1} = (ML^{-2} T^{-2})^a L^b (ML^{-1} T^{-1})^c$$

（5）根据量纲和谐原理求各物理量的指数

$$M: a + c = 0$$
$$L: -2a + b - c = 3$$
$$T: -2a - c = -1$$

由此解得 $a = 1$，$b = 4$，$c = -1$。

（6）整理关系式

$$Q = K\left(\frac{\Delta p}{l}\right) r_0^4 \mu^{-1}$$

K 为系数，由实验确定 $K = \dfrac{\pi}{8}$。

则

$$Q = \frac{\pi}{8} \frac{\Delta p}{l\mu} r_0^4$$

由以上例题可以看出，用瑞利法求力学方程，当有关物理量不超过四个，待求的量纲指数不超过三个时，可直接根据量纲和谐原理求出各物理量的指数，建立关系式，如例 10 - 1。当有关物理量超过四个时，则需要合并有关物理量，以求得各物理量的指数，如例 10 - 2。

当研究的物理过程比较复杂，有关物理量的个数比较多时，宜用 π 定理求解。

10.2.2 π 定理

π 定理是量纲分析更为普遍的原理，是在 1915 年由美国物理学家布金汉（E. Buckingham）提出，又称为布金汉定理。π 定理指出：某一物理过程同 n 个物理量有关，它们之间满足关系式

$$f(q_1, q_2, \cdots, q_n) = 0$$

选取其中 m 个物理量作为基本量，则该物理过程可由 $(n-m)$ 个无量纲项所表达的关系式来描述，即

$$f(\pi_1, \pi_2, \cdots, \pi_{n-m}) = 0 \tag{10-3}$$

π 定理可用数学方法证明，这里从略。

π 定理的应用步骤如下：

（1）找出与研究的物理过程有关的 n 个物理量。

（2）从 n 个物理量中选取 m 个基本量。选择基本量的方法如 10.1.2 中所述。

对于不可压缩流体的运动，$m=3$。通常选取速度 V、密度 ρ、特征长度 L 为基本量，即 q_1、q_2、q_3。

（3）用基本量与其余 $(n-m)$ 个物理量组成 $(n-m)$ 个无量纲的 π 项

$$\pi_1 = \frac{q_4}{q_1^{a_1} q_2^{b_1} q_3^{c_1}}$$

$$\pi_2 = \frac{q_5}{q_1^{a_2} q_2^{b_2} q_3^{c_2}}$$

$$\vdots$$

$$\pi_{n-3} = \frac{q_n}{q_1^{a_{n-3}} q_2^{b_{n-3}} q_3^{c_{n-3}}}$$

（4）根据 π 为无量纲项，定出各 π_i 项基本量的指数 a_i、b_i、c_i，$(i=1, 2, \cdots, n-3)$。

（5）整理关系式。

【例 10 - 3】 求有压管流两断面间压强差 Δp（或称压强损失）的表达式。

【解】 （1）找出与研究的过程有关的物理量。由经验和对已有资料的分析可知，有压管流两断面间压强差 Δp 与流体的密度 ρ、运动黏滞系数 ν、管长 l、管径 d、管壁绝对粗糙度 Δ 以及流速 V 有关，故有关量个数 $n=7$。

（2）选取基本量。在有关量中选 V、d、ρ 为基本量，基本量个数 $m=3$。

（3）组成 π 项，π 项个数为 $n-m=7-3=4$，即

$$\pi_1 = \frac{\Delta p}{V^{a_1} d^{b_1} \rho^{c_1}}$$

$$\pi_2 = \frac{\nu}{V^{a_2} d^{b_2} \rho^{c_2}}$$

$$\pi_3 = \frac{l}{V^{a_3} d^{b_3} \rho^{c_3}}$$

$$\pi_4 = \frac{\Delta}{V^{a_4} d^{b_4} \rho^{c_4}}$$

（4）计算各 π_i 项中基本量的指数。即

π_1：$[\Delta p] = [V^{a_1} d^{b_1} \rho^{c_1}]$

$$ML^{-1}T^{-2} = (LT^{-1})^{a_1} L^{b_1} (ML^{-3})^{c_1}$$

M：$c_1 = 1$

L：$a_1 + b_1 - 3c_1 = -1$

T：$-a_2 = -2$

由此解得 $a_1 = 2$，$b_1 = 0$，$c_1 = 1$

$$\pi_1 = \frac{\Delta p}{V^2 \rho}$$

$$\pi_2：[\nu] = [V^{a_2} d^{b_2} \rho^{c_2}]$$

$$L^2 T^{-1} = (LT^{-1})^{a_2} L^{b_2} (ML^{-3})^{c_2}$$

$$M：c_2 = 0$$

$$L：a_2 + b_2 - 3c_2 = 2$$

$$T：-a_2 = -1$$

由此解得 $a_2 = 1$，$b_2 = 1$，$c_2 = 0$

$$\pi_2 = \frac{\nu}{Vd}$$

$$\pi_3：[l] = [V^{a_3} d^{b_3} \rho^{c_3}]$$

$$L = (LT^{-1})^{a_3} L^{b_3} (ML^{-3})^{c_3}$$

M：$c_3 = 0$

L：$a_3 + b_3 - 3c_3 = 1$

T：$-a_3 = 0$

由此解得 $a_3 = 0$，$b_3 = 1$，$c_3 = 0$

$$\pi_3 = \frac{l}{d}$$

$$\pi_4：[k_s] = [V^{a_4} d^{b_4} \rho^{c_4}]$$

$$L = (LT^{-1})^{a_4} L^{b_4} (ML^{-3})^{c_4}$$

M：$c_4 = 0$

L：$a_4 + b_4 - 3c_4 = 1$

T：$-a_4 = 0$

由此解得 $a_4 = 0$，$b_4 = 1$，$c_4 = 0$

$$\pi_4 = \frac{\Delta}{d}$$

（5）整理方程式

$$f\left(\frac{\Delta p}{V^2 \rho}, \frac{\nu}{Vd}, \frac{l}{d}, \frac{\Delta}{d}\right) = 0$$

由此求解$\dfrac{\Delta p}{V^2 \rho}$

$$\frac{\Delta p}{V^2 \rho} = f_1 \left(\frac{\nu}{Vd}, \frac{l}{d}, \frac{\Delta}{d} \right)$$

因 $\Delta p \propto l$ ，则

$$\frac{\Delta p}{V^2 \rho} = f_2 \left(\frac{\nu}{Vd}, \frac{\Delta}{d} \right) \frac{l}{d} = f_2 \left(\text{Re}, \frac{\Delta}{d} \right) \frac{l}{d}$$

$$\frac{\Delta p}{\rho g} = f_2 \left(\text{Re}, \frac{\Delta}{d} \right) \frac{l}{d} \frac{V^2}{2g} = \lambda \frac{l}{d} \frac{V^2}{2g}$$

上式就是管道压强损失的计算公式。

10.3 相 似 理 论 基 础

现代许多工程问题，由于流动情况十分复杂，无法直接应用基本方程式求解，而有赖于实验研究。大多数工程实验是在模型基础上进行的。所谓模型（model）是指与原型（prototype）有同样的运动规律，各运动参数存在固定比例关系的缩小物。通过模型实验，把研究结果换算为原型流动，进而预测在原型流动中将要发生的现象。怎样才能保持模型和原型有同样的流动规律呢？关键要使模型和原型是相似的流动，只有这样的模型才是有效的模型，实验研究才有意义。相似理论就是研究相似现象之间联系的理论，是模型试验的理论基础。

10.3.1 流动相似的涵义

许多水力学问题单纯依靠理论分析是很难得到解答的，即使是在计算机和计算技术高度发展的今天，对于复杂多变的液流问题，如果没有实验成果的验证，完全依靠大容量、高速度的计算机进行数值计算来求解，毕竟没有十分把握。因此，往往需要依靠实验研究来解决一些复杂的流动问题。但是，如何进行实验以及如何把实验成果应用到实际问题中去？液流相似原理的理论可以回答这一问题。液流相似原理不仅是实际研究的理论根据，同时也是对液流现象进行理论分析的另一个重要手段，其应用非常广泛，小到局部流动现象，大到大气环流，海洋流动等，都可借助液流相似原理的理论来探求其运动规律。在水力学的研究中，从水流的内部机理直至与水流接触的各种复杂边界，包括水力机械、水工建筑物等多方面的设计、施工、与运行管理等有关的水流问题，都可应用水力学模型实验来进行研究。即在一个和原形水流相似而缩小几何尺寸的模型中进行实验。如果在这种缩小了几何尺寸的模型中，所有物理量都与原形中相应点上对应物理量保持各自一定的比例关系，则这两种流动现象就是相似的，这就是流动相似的基本涵义。

两个互为相似的水流系统，每一种物理量的比例常数都有各自的数值，例如，长度 l、速度 V、力 F 的比例常数可分别写为

$$\lambda_l = \frac{l_p}{l_m} \qquad\qquad [10-4（a）]$$

$$\lambda_V = \frac{l_p}{l_m} \qquad\qquad [10-4（b）]$$

$$\lambda_F = \frac{l_p}{l_m} \qquad\qquad [10-4（c）]$$

其中，脚标 p 表示原型，m 表示模型。λ_l、λ_V、λ_F 分别表示各种物理量的相似比例常数，简称为各种物理量的比尺。λ_l 称为长度比尺，λ_V 称为速度比尺，λ_F 称为力的比尺。

10.3.2　流动相似的特征

通过前面学习，已经知道表征液流现象的基本物理量有三类，分别是几何学量、运动学量、动力学量，因此，两个液流系统的相似特征，可用几何相似、运动相似和动力相似来描述。

1. 几何相似

几何相似（geometric similarity）指在原型和模型两个流动中，所有相应线段的长度成比例，且相应线段间的夹角相等。

$$\frac{l_{p1}}{l_{m1}} = \frac{l_{p2}}{l_{m2}} = \cdots = \lambda_l \tag{10-5}$$

其中，l_{mi} 表示模型流场中具有特征意义的长度；l_{pi} 表示原型流场中的对应长度；λ_l 表示原型和模型的长度比尺。

例如，对于明渠横断面，几何长度有底宽 b、水深 h、湿周 χ、水力半径 R 等等。当原型和模型存在几何相似时，应有

$$\frac{b_p}{b_m} = \frac{h_p}{h_m} = \frac{\chi_p}{\chi_m} = \frac{R_p}{R_m} = \lambda_l$$

2. 运动相似

运动相似（kinematic similarity）指在原型和模型两个流动中，相应点的运动要素（如速度、加速度等）方向相同、大小成比例。对速度

$$\frac{V_{p1}}{V_{m1}} = \frac{V_{p2}}{V_{m2}} = \cdots = \lambda_V \tag{10-6}$$

对加速度

$$\frac{a_{p1}}{a_{m1}} = \frac{a_{p2}}{a_{m2}} = \cdots = \lambda_a \tag{10-7}$$

式（10-6）中，λ_V 表示两流场相应点的速度比尺，式（10-7）中，λ_a 表示两流场相应点的加速度比尺。

3. 动力相似

动力相似（dynamic similarity）指在原型和模型两个流动中，对应点上各种作用力 F（如惯性力、黏性力、质量力及压力等）方向相同，大小各成同一比例。用 λ_F 表示某种作用力的比尺，则

$$\frac{F_{p1}}{F_{m1}} = \frac{F_{p2}}{F_{m2}} = \cdots = \lambda_F \tag{10-8}$$

两个流场具有几何相似并不能保证它们一定具有动力相似。例如，如果用同一翼型模型在不同黏度的流体中测量升力和阻力，由于升力与流体黏滞系数无关，阻力与黏滞系数有关，所以在两个流场中测出的升力可能相等而阻力却不一定相等。由此可见，尽管两个流场具有几何相似，然而却不一定具有动力相似。不过，只有在满足了几何相似的前提下，运动相似和动力相似才有可能。所以，几何相似是运动相似和动力相似的必要条件，但并不是充分条件。

相对来说，几何相似比较容易做到，只要将原型严格按照比例缩小或者放大制作成模型

就可以了。动力相似是流动相似的主导因素，只有满足动力相似才能保证运动相似，从而达到流动相似。

10.3.3 牛顿相似定律

模型与原型的流动都必须服从同一运动规律，并为同一物理方程所描述，这样才能做到几何相似、运动相似和动力相似。由于与液体不同的物理性质有关的重力、黏滞力、弹性力、表面张力等都是企图改变运动状态的力，而由液体惯性所引起的惯性力是企图维持液体原有运动状态的力，因此各种力之间的对比关系应以惯性力和其他各力之间的比值来表示。

为了正确地进行模型设计，需对液流的动力相似作进一步探讨，找出动力相似的具体表达式。

任何液体运动，不论是原型还是模型，都必须遵循牛顿第二定律 $F=ma$，按习惯，选取流速 V、密度 ρ 特征长度 l 为基本量，则 $F=ma=\rho l^3 \dfrac{l}{t^2}=\rho l^2 V^2$。

动力相似要求

$$\lambda_F=\frac{F_p}{F_m}=\frac{\rho_p l_p^2 V_p^2}{\rho_m l_m^2 V_m^2}=\lambda_\rho \lambda_l^2 \lambda_V^2 \tag{10-9}$$

上式可以写成

$$\frac{F_p}{\rho_p l_p^2 V_p^2}=\frac{F_m}{\rho_m l_m^2 V_m^2} \tag{10-10}$$

$\dfrac{F}{\rho l^2 V^2}$ 是无量纲数，称为牛顿数（Newton number），以 Ne 表示。牛顿数的物理意义是作用于水流的外力与惯性力之比。则式（10-10）可写为

$$Ne_p=Ne_m \tag{10-11}$$

式（10-11）表明，两个动力相似的水流，它们的牛顿数必相等，称为牛顿相似定律。

10.3.4 液体流动的动力相似准则

在自然界，作用于水流的力是多种多样的，例如重力、黏滞力、压力、表面张力、弹性力等，这些力互不相同，各自遵循自己的规律，并用不同形式的物理公式来表达。因此，要使模型和原型水流运动相似，这些力除了满足牛顿数 Ne 相等的条件外，还必须满足由其自身性质决定的规律。然而要考虑所有不同性质的力的相似，就要同时满足许多特殊规律，这是非常困难的，往往也无法做到，对于某种具体水流来说，虽然它同时受到不同性质的力作用，但是这些力对水流运动状态的影响并不相同，即总有一种或两种力处于主导地位，决定了水流运动状态。在水力模型试验中，往往使其中起主导作用的力满足相似条件，这样，就能基本上反映水流运动状态的相似。实践证明，这样处理能满足实际问题所要求的精度，这种只满足某一种力作用下的动力相似条件称为动力相似准则。

1. 重力相似准则

重力是液流现象中常遇到的一种作用力，如明渠水流、堰流及闸孔出流等都是重力起主导作用的流动。

重力可表示 $G=\rho g V$。重力比尺为

$$\lambda_G=\frac{G_p}{G_m}=\frac{\rho_p g_p V_p}{\rho_m g_m V_m}=\lambda_\rho \lambda_g \lambda_l^3$$

当重力起主导作用时，可以认为 $F=G$，$\lambda_F=\lambda_G$，结合式（10-9），有

$$\frac{\rho_p g_p l_p^3}{\rho_p l_p^2 V_p^2}=\frac{\rho_m g_m l_m^3}{\rho_m l_m^2 V_m^2}$$

整理得

$$\frac{V_p}{\sqrt{g_p l_p}}=\frac{V_m}{\sqrt{g_m l_m}} \tag{10-12}$$

$\dfrac{V}{\sqrt{gl}}$ 是无量纲数，称为弗劳德数（Froude number），以 Fr 表示，则式（10-12）可表示为

$$Fr_p=Fr_m \tag{10-13}$$

式（10-13）表明，两个液流在重力作用下的动力相似条件是它们的弗劳德数相等，称为重力相似准则或弗劳德数相似准则。

2. 阻力相似准则

阻力可表示为 $\qquad T=\tau \chi l$

式中　τ——边界切应力；

$\quad\quad \chi$——湿周；

$\quad\quad l$——流程长。

对于均匀流，$\tau=\rho g RJ$，又水力坡度 $J=h_f/l=\dfrac{\lambda}{4R}\dfrac{V^2}{2g}$，则

$$T=\rho g R\frac{\lambda}{4R}\frac{V^2}{2g}\chi l=\frac{1}{8}\rho\lambda l\chi V^2$$

式中　λ——沿程水头损失系数。

阻力比尺为

$$\lambda_T=\frac{T_p}{T_m}=\frac{\rho_p\lambda_p l_p^2 V_p^2}{\rho_m\lambda_m l_m^2 V_m^2}=\lambda_\rho\lambda_\lambda\lambda_l^2\lambda_V^2$$

当阻力起主要作用时，可以认为 $F=T$，结合式（10-9），有

$$\lambda_p=\lambda_m \tag{10-14}$$

或

$$\lambda_\lambda=1 \tag{10-15}$$

式（10-14）或式（10-15）为阻力相似的一般准则。

考虑到 λ 与谢才系数 C 的关系：$\lambda=\dfrac{8g}{C^2}$，则沿程水头损失系数的比尺为

$$\lambda_\lambda=\frac{\lambda_g}{\lambda_C^2}=\frac{1}{\lambda_C^2}$$

结合式（10-15），有

$$\lambda_C=1 \tag{10-16}$$

即

$$C_p=C_m \tag{10-17}$$

式（10-16）或式（10-17）为阻力相似一般准则的另一表达式。式（10-16）及式（10-17）表明：两个液流在阻力作用下的动力相似条件是它们的沿程水头损失系数或谢才

系数相等。这一准则对层流和紊流均适用。

下面分别导出适用于层流和紊流粗糙区的阻力相似准则和相似条件。

（1）层流。对于层流，沿程水头损失系数 $\lambda = \dfrac{64}{Re}$，则

$$\lambda_\lambda = \frac{1}{\lambda_{Re}}$$

结合式（10-15），有

$$\lambda_{Re} = 1$$

即

$$Re_p = Re_m \qquad (10-18)$$

式（10-18）表明两个液流在黏滞力（层流时的阻力）作用下的动力相似条件是它们的雷诺数（Reynolds number）相等，称为黏滞力相似准则或雷诺相似准则。

（2）紊流粗糙区。对于紊流粗糙仪，由曼宁公式 $C = \dfrac{1}{n}R^{1/6}$ 得

$$\lambda_C = \frac{\lambda_l^{1/6}}{\lambda_n}$$

结合式（10-16），有

$$\lambda_n = \lambda_l^{1/6} \qquad (10-19)$$

上式为紊流粗糙区的阻力相似条件，它表明：只要模型的糙率比尺 λ_n 满足式（10-19）的关系，就能满足阻力作用下的动力相似。因此，紊流粗糙区又称自动模型区。

（3）表面张力相似准则。表面张力用 σl 表征，σ 为表面张力系数，结合式（10-9），有

$$\frac{\sigma_p l_p}{\rho_p l_p^2 V_p^2} = \frac{\sigma_m l_m}{\rho_m l_m^2 V_m^2}$$

整理得

$$\frac{\sigma_p / \rho_p}{V_p^2 l_p} = \frac{\sigma_m / \rho_m}{V_m^2 l_m} \qquad (10-20)$$

$\dfrac{V^2 l}{\sigma / \rho}$ 是一个无量纲数，称为韦伯数（Weber number），以 We 表示，韦伯数表示水流中表面张力与惯性力之比，则式（10-20）可写成

$$We_p = We_m \qquad (10-21)$$

式（10-21）为表面张力相似准则，或称为韦伯相似准则。它表明：两个液流在表面张力作用下的力学相似条件是它们的韦伯数相等。这个准则只有在流动规模甚小，表面张力的作用相对显著时才需应用。

3. 弹性力相似准则

弹性力用 El^2 表示，式中 E 为体积弹性系数，结合式（10-9），有

$$\frac{E_p l_p^2}{\rho_p l_p^2 V_p^2} = \frac{E_m l_m^2}{\rho_m l_m^2 V_m^2}$$

简化后整理得

$$\frac{E_p / \rho_p}{V_p^2} = \frac{E_m / \rho_m}{V_m^2} \qquad (10-22)$$

$\dfrac{V^2}{E / \rho}$ 是一个无量纲数，称为柯西数（Cauchy number），以 Ca 表示，柯西数表示水流中

弹性力与惯性力之比，则式（10-22）可写成

$$Ca_p = Ca_m \qquad (10-23)$$

上式为弹性力相似准则，或称柯西相似准则。它表明：两个液流在弹性力作用下的力学相似条件是它们的柯西数相等。它适用于管路中发生水击时的流动。

4. 惯性力相似准则

在非恒定一元流动中，加速度 a 可表示为

$$a = \frac{dV}{dt} = \frac{\partial V}{\partial t} V + \frac{\partial V}{\partial s} \frac{\partial s}{\partial t} = \frac{\partial V}{\partial t} + V \frac{\partial V}{\partial s}$$

式中，加速度由定位加速度 $\frac{\partial V}{\partial t}$ 和变位加速度 $V\frac{\partial V}{\partial s}$ 两部分组成，定位加速度的惯性作用与定位加速度的惯性作用之比可写成

$$\frac{V\dfrac{V}{l}}{\dfrac{V}{t}} = \frac{Vt}{l}$$

$\frac{l}{Vt}$ 是一个无量纲数，称为斯特劳哈尔数（Strouhal number），以 Sr 表示。如果要求原型、模型的非恒定流动相似，则要求斯特劳哈尔数相等，即

$$Sr_p = Sr_m \qquad (10-24)$$

式（10-24）是惯性力相似准则，它是变位加速度的惯性作用与定位加速度的惯性作用之比。因为它是控制非恒定流时间的准数，故又称为时间相似准则。

5. 压力相似准则

一般水流运动中所要了解的是压差 Δp，结合式（10-9），有

$$\frac{\Delta p_p A_p}{\rho_p l_p^2 V_p^2} = \frac{\Delta p_m A_m}{\rho_m l_m^2 V_m^2}$$

整理得

$$\frac{\Delta p_p}{\rho_p V_p^2} = \frac{\Delta p_m}{\rho_m V_m^2} \qquad (10-25)$$

令 $Eu = \dfrac{\Delta p}{\rho V^2}$，它是一个无量纲数，称为欧拉数（Euler number），它表示水流中压差与惯性力的对比关系，当要求原型与模型中压差相似，则必须

$$Eu_p = Eu_m \qquad (10-26)$$

上式为压力相似准则。

10.4　模　型　实　验

模型实验是根据相似原理，制成和原型相似的小尺度模型进行实验研究，并以实验的结果预测出原型将会发生的流动现象。进行模型实验需要解决下面两个问题。

10.4.1　模型律的选择

为了使模型和原型流动完全相似，除要几何相似外，各独立的相似准则应同时满足。但实际上要同时满足各准则很困难，甚至是不可能的，例如按雷诺准则

$$Re_m = Re_p$$

原型与模型的速度比

$$\frac{V_p}{V_m} = \frac{\nu_p}{\nu_m}\frac{l_m}{l_p} \tag{10-27}$$

按弗劳德准则

$$Fr_m = Fr_p$$

若 $g_m = g_p$，则原型与模型的速度比

$$\frac{V_p}{V_m} = \sqrt{\frac{l_p}{l_m}} \tag{10-28}$$

要同时满足雷诺准则和弗劳德准则，由式（10-27）和式（10-28）得

$$\frac{\nu_p}{\nu_m}\frac{l_m}{l_p} = \sqrt{\frac{l_p}{l_m}} \tag{10-29}$$

当原型和模型为同种流体时，$\nu_m = \nu_p$，则

$$\frac{l_m}{l_p} = \sqrt{\frac{l_p}{l_m}}$$

只有 $l_m = l_p$，即 $\lambda_l = 1$ 时，上式才能成立。这在大多数情况下，已失去模型实验的价值。

当原型和模型为不同种流体时，$\nu_m \neq \nu_p$，由式（10-29）得

$$\frac{\nu_p}{\nu_m} = \left(\frac{l_p}{l_m}\right)^{3/2} = \lambda_l^{3/2}$$

$$\nu_m = \frac{\nu_p}{\lambda_l^{3/2}}$$

上式中，若长度比尺 $\lambda_l = 10$，则 $\nu_m = \dfrac{\nu_p}{31.62}$。若原型中流体为水，模型就需选用运动黏滞系数是水 1/31.62 的流体，而这样的流体是很难找到的。

由以上分析可见，模型实验做到流动完全相似是比较困难的，一般只能达到近似相似，就是保证对流动起主要作用的力相似，这就是模型律的选择问题。如有压管流、潜体绕流，黏滞力起主要作用，应按雷诺准则设计模型；堰顶溢流、闸孔出流、明渠流动等，重力起主要作用，应按弗劳德准则设计模型。

在沿程阻力系数实验中已经知道，当雷诺数 Re 超过一定数值，流动进入紊流的粗糙区后，沿程阻力系数不随 Re 变化，即流动阻力的大小与 Re 无关，这个流动范围称为自动模型区。若原型和模型流动都处于自动模型区，只需几何相似，不需 Re 相等，就自动实现阻力相似。工程上许多明渠水流处于自动模型区，按弗劳德准则设计的模型，只要模型中的流动进入自动模型区，便同时满足阻力相似。

10.4.2　模型设计

进行模型设计，通常是先根据实验场地，模型制作和量测条件，定出长度比尺 λ_l；再以选定的长度比尺 λ_l 缩小原型的几何尺寸，得出模型区的几何边界；根据对流动受力情况的分析，满足对流动起主要作用的力相似，选择模型律；最后按所选用的相似准则，确定流速比尺及模型的流量。例如，按雷诺准则

$$\frac{V_p l_p}{\nu_p} = \frac{V_m l_m}{\nu_m}$$

若 $\nu_m = \nu_p$，则

$$\frac{V_p}{V_m} = \frac{l_m}{l_p} = \frac{1}{\lambda_l} \tag{10-30}$$

按弗劳德准则

$$\frac{V_p}{\sqrt{g_p l_p}} = \frac{V_m}{\sqrt{g_m l_m}}$$

如 $g_m = g_p$，则

$$\frac{V_p}{V_m} = \sqrt{\frac{l_p}{l_m}} = \sqrt{\lambda_l} \tag{10-31}$$

流量比

$$\frac{Q_p}{Q_m} = \frac{V_p A_p}{V_m A_m} = \lambda_V \lambda_l^2$$

$$Q_m = \frac{Q_p}{\lambda_V \lambda_l^2}$$

结合式（10-31）有

$$Q_m = \frac{Q_p}{\lambda_l^{2.5}} \tag{10-32}$$

表 10-2 给出了按雷诺准则和弗劳德准则导出各物理量比尺。

表 10-2　　　　　　　　　　模　型　比　尺

名　称	比　尺			名　称	比　尺		
	雷诺准则		弗劳德准则		雷诺准则		弗劳德准则
	$\lambda_\nu = 1$	$\lambda_\nu \neq 1$			$\lambda_\nu = 1$	$\lambda_\nu \neq 1$	
长度比尺 λ_l	λ_l	λ_l	λ_l	力的比尺 λ_F	λ_ρ	$\lambda_\nu^2 \lambda_\rho$	$\lambda_l^3 \lambda_\rho$
流速比尺 λ_V	λ_l^{-1}	$\lambda_\nu \lambda_l^{-1}$	$\sqrt{\lambda_l}$	压强比尺 λ_P	$\lambda_l^{-2} \lambda_\rho$	$\lambda_\nu^2 \lambda_l^{-1} \lambda_\rho$	$\lambda_l \lambda_\rho$
加速度比尺 λ_a	λ_l^{-3}	$\lambda_\nu^2 \lambda_l^{-3}$	1	功、能比尺	$\lambda_l \lambda_\rho$	$\lambda_\nu^2 \lambda_l \lambda_\rho$	$\lambda_l^4 \lambda_\rho$
流量比尺 λ_Q	λ_l	$\lambda_\nu \lambda_l$	$\lambda_l^{2.5}$	功率比尺	$\lambda_l^{-1} \lambda_\rho$	$\lambda_\nu^3 \lambda_l^{-1} \lambda_\rho$	$\lambda_l^{3.5} \lambda_\rho$
时间比尺 λ_t	λ_l^2	$\lambda_\nu^{-1} \lambda_l^2$	$\sqrt{\lambda_l}$				

【例 10-4】　桥孔过流模型实验。如图 10-1 所示，已知桥墩长 $l_P = 24\text{m}$，墩宽 $b_P = 4.3\text{m}$，水深 $h_p = 8.2\text{m}$，平均流速为 $V_p = 2.3\text{m/s}$，两桥台的距离为 $B_P = 90\text{m}$。现以长度比尺为 $\lambda_l = 50$ 的模型实验，要求设计模型。

【解】　（1）由给定的比尺 $\lambda_l = 50$，设计模型各几何尺寸，即

桥墩长　　　　　　　　$l_m = l_p / \lambda_l = 24/50 = 0.48$（m）

桥墩宽　　　　　　　　$b_m = b_p / \lambda_l = 4.3/50 = 0.086$（m）

墩台距　　　　　　　　$B_m = B_p / \lambda_l = 90/50 = 1.8$（m）

水深　　　　　　　　　$h_m = h_p / \lambda_l = 8.2/50 = 0.164$（m）

（2）对流动起主要作用的力是重力，按弗劳德准则确定模型流速及流量

由表 10-2，$\lambda_V = \dfrac{V_p}{V_m} = \sqrt{\lambda_l}$，则模型流速

$$V_m = \frac{V_p}{\sqrt{\lambda_l}} = \frac{2.3}{\sqrt{50}} = 0.325 \ (\text{m/s})$$

由表 10-2，$\lambda_Q = \dfrac{Q_p}{Q_m} = \lambda_l^{2.5}$，则模型流量

$$Q_m = \frac{Q_p}{\lambda_l^{2.5}} = \frac{V_p(B_p - b_p)h_p}{\lambda_l^{2.5}} = \frac{2.3 \times (90 - 4.3) \times 8.2}{50^{2.5}} = 0.0914 \ (\text{m}^3/\text{s})$$

【例 10-5】　直径为 15cm 的输油管，管长 10m，通过流量为 0.04m³/s。现用水来做实验，选模型管径和原型相等，原型中油的运动黏滞系数 $\nu = 0.13 \text{cm}^2/\text{s}$。模型中的实验水温为 $t = 10℃$。(1) 求模型中的流量为多少才能达到与原型相似？(2) 若在模型中测得 10m 长管段的压差为 0.35cm，反算原型输油管 1000m 长管段上的压强差为多少？（用油柱高表示）

【解】　(1) 输油管路中的主要作用力为黏滞力，故按雷诺准则确定模型流速及流量。

$t = 10℃$ 时，水的运动黏滞系数 $\nu = 0.0131 \text{cm}^2/\text{s}$，则 $\lambda_\nu = \dfrac{\nu_p}{\nu_m} = \dfrac{0.13}{0.0131} = 9.924$，由题意知 $\lambda_l = \dfrac{l_p}{l_m} = 1$。

由表 10-2，$\lambda_Q = \dfrac{Q_p}{Q_m} = \lambda_\nu \lambda_l$，则模型流量

$$Q_m = \frac{Q_p}{\lambda_\nu \lambda_l} = \frac{0.04}{9.924 \times 1} = 0.004 \ (\text{m}^3/\text{s})$$

(2) 要使黏滞力为主的原型与模型的压强高度相似，除了满足两种液流的雷诺数相同外，还应保证欧拉数也相同，由式（10-25）$\dfrac{\Delta p_p}{\rho_p V_p^2} = \dfrac{\Delta p_m}{\rho_m V_m^2}$ 得

$$\frac{\Delta p_p}{\Delta p_m} = \left(\frac{V_p}{V_m}\right)^2 \frac{\rho_p}{\rho_m}$$

由 $\Delta p = \rho g h$ 得

$$\frac{h_p}{h_m} = \frac{\Delta p_p \rho_m g_m}{\Delta p_m \rho_p g_p} = \frac{\Delta p_p \rho_m}{\Delta p_m \rho_p} = \left(\frac{V_p}{V_m}\right)^2$$

用原型中的油柱高表示为

$$h_p = h_h \left(\frac{V_p}{V_m}\right)^2 = 0.35 \times 9.924^2 = 34.5 \ (\text{cm})$$

（注：工程上往往根据每 1000m 长管路中的水头损失作为设计管路加压泵站扬程选择的依据。）

习　题

10.1　两个力学相似的水流必须满足哪些条件？

10.2　水力模型试验中常见的相似准则有哪些？其意义如何，怎样表示？

10.3　何谓量纲？何谓单位？

10.4　基本量纲如何选取？怎样检查其独立性？

10.5　何谓有量纲量和无量纲量？无量纲量有哪些优点？

10.6　由实验观测得知，量水堰的过堰流量 Q 与堰上水头 H_0、堰宽 b、重力加速度 g

之间存在一定的函数关系。试用瑞利法导出流量公式。

10.7　试用瑞利法推导管道中液流的切应力 τ 的表达式。设切应力 τ 是管径 d、相对粗糙率 $\dfrac{\Delta}{d}$、液体密度 ρ、动力黏滞系数 μ 和流速 V 的函数。

10.8　用 π 定理推导文丘里管流量公式。影响喉道处流速 V_2 的因素有：文丘里管进口断面直径 d_1、喉道断面直径 d_2、水的密度 ρ、动力黏滞系数 μ 及两断面间压强差 Δp。设该管水平放置。

10.9　运动黏滞系数 $\mu = 4.645 \times 10^{-5} \, \mathrm{m^2/s}$ 的油，在黏滞力和重力均占优势的原型中流动，模型的长度比尺 $\lambda_l = 5$。为同时满足重力和黏滞力相似条件，问模型液体的运动黏滞系数为多少？

10.10　用水作如图所示管嘴的模型实验，模型管嘴的直径 $d_m = 30\,\mathrm{mm}$。实验测得，当测压管中液柱高度 $h_m = 50\,\mathrm{m}$ 时，流量 $Q_m = 18 \times 10^{-3}\,\mathrm{m^3/s}$，出口射流的平均速度 $V_m = 30\,\mathrm{m/s}$。如果要求原型管嘴的流量 $Q_p = 0.1\,\mathrm{m^3/s}$ 以及出口射流平均速度 $V_p = 60\,\mathrm{m/s}$，并且已知流动处于平方阻力区，试确定原型管嘴的直径 d_p 及水头 h_p。

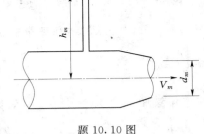

题 10.10 图

10.11　有一单孔 WES 剖面混凝土溢流坝。已知坝高 $a_p = 10\,\mathrm{m}$，坝上设计水头 $H_p = 5\,\mathrm{m}$，流量系数 $m = 0.502$，溢流孔净宽 $b_p = 8.0\,\mathrm{m}$，在长度比尺 $\lambda_l = 20$ 的模型上进行试验。要求：（1）计算模型的流量；（2）如在模型坝趾处测得收缩断面表面流速 $V_{cm} = 3.46\,\mathrm{m/s}$，计算原型的相应流速 V_{cp}。（3）求原型的流速系数 φ_p。

10.12　某溢流坝按长度比尺 $\lambda_l = 25$ 设计一断面模型。模型坝宽 $b_m = 0.61\,\mathrm{m}$，原型坝高 $a_p = 11.4\,\mathrm{m}$，原型最大水头 $H_p = 1.52\,\mathrm{m}$。问：（1）模型坝高和最大水头应为多少？（2）如果模型通过流量为 $Q_m = 0.02\,\mathrm{m^3/s}$，问原型中单宽流量 q_p 为多少？（3）如果模型中水跃的跃高 $a_m = 26\,\mathrm{m}$，问原型中水跃高度为多少？

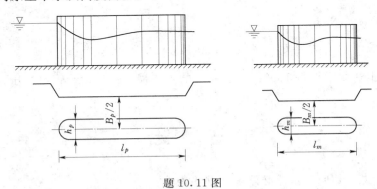

题 10.11 图

第11章 流 体 测 量

流体测量，狭义上是指定量测量流体和流场的力学参数，广义上还包括流动图像的定量和定性显示。随着计算机技术的发展，对于无黏流动等情况，数值计算结果与实验结果已非常吻合，甚至可以用数值计算代替物理实验。但是，对于黏性流动、非恒定流动和复杂边界条件的实际工程等情况，计算结果必须由实验验证。还有一些流动问题，至今缺乏完善的数学模型加以描述，只能依靠模型和实物的反复实验，不断修正才能得到满意结果。因此，在涉及流体力学的工程实际问题的研究和应用中，实验研究是必不可少的，而其中的关键就在于流体要素的测量。可以说，流体测量是流体力学研究、发展与应用中的重要环节，也是工程实践中常常遇到的实际工作。

流体测量的内容和方法很多，可以从不同的角度将其分类。①直接测量和间接测量：压强、温度等流体参数可直接测量；速度和流量等流体参数不易直接测量，但可通过测量压强来推算，称为间接测量；②接触式测量和非接触式测量：按测量部件是否与流体接触来区分，接触式测量通常要干扰流场，给测量结果造成一定误差；非接触式测量通过光波、声波、射线等提取流场信息，一般不干扰流场，但设备复杂、价格昂贵；③静态测量和动态测量：按测量的时间效应可分为静态和动态测量，前者测量一段时间内的平均值，后者还要测量瞬时值和脉动值等。此外，按流体测量的范围可分为点、面和体测量，按是否借助计算机分为常规测量和计算机辅助测量（CAM），对矢量场可分为一维、二维和三维测量，按流体测量的手段可分为纯力学方法及把电磁学、光学、化学方法与力学方法相结合的综合方法，等等。

事实上，流体测量的方法越来越多，技术越来越先进，设备越来越复杂，但不等于说采用了先进的技术和昂贵的设备就一定能取得最好的效果。流体测量遵循的原则是：采用最简便的方法获得最能反映流动特征的数据。为此，需要在掌握流体力学理论知识的基础上，熟悉各种测量方法的原理和功能，以及测量设备的使用方法和特点等。

本章主要介绍流体压强、流速、流量和黏度等流动参数的测量方法及流场显示技术，以介绍测量方法的原理和功能为主。

11.1 黏 度 测 量

11.1.1 毛细管黏度计

泊肃叶定律表明，流体在水平圆管中作层流运动时，其体积流量 Q 与管子两端的压强差 Δp，管的半径 r，长度 l，以及流体的黏度 μ 有以下关系

$$Q = \pi r^4 \Delta p / (8 \mu l) \tag{11-1}$$

毛细管黏度计是根据圆管层流的泊肃叶定律设计的。图 11-1 是一种毛细管黏度计的结

构示意图。当被测流体定常地流过毛细管时，在确定的毛细管上测量一定压差作用下的流量，即可计算流体黏度 μ

$$\mu = \frac{\pi R^4}{8l}\frac{\Delta P}{Q} \qquad (11-2)$$

毛细管黏度计结构简单、价格低，常用于测定较高切变率（$\gamma > 10^2 s^{-1}$）下的黏度。缺点是测试费时间，不易清洗，管截面上切变率分布不均匀，试样液面表面张力及管径突然变化等因素将会对结果造成误差，主要适用于牛顿流体。

11.1.2　落球黏度计

刚性圆球在黏性流体中作低雷诺数运动时的阻力可用斯托克斯阻力公式计算，相应的黏度为

$$\mu = \frac{M}{3\pi du} \qquad (11-3)$$

式中　d——圆球的直径；

　　　M——圆球的重量；

　　　u——圆球的运动速度。

落球黏度计就是根据此原理设计的，结构如图 11-2 所示。用秒表记录圆球下落一定距离所用的时间，计算运动速度，再计算黏度。方法简单易行，但精度较低，一般用于黏度较大的流体。

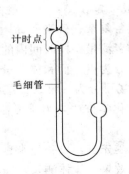

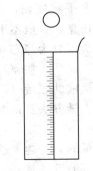

图 11-1　毛细管黏度计　　　　　　图 11-2　落球黏度计

11.1.3　同轴圆筒黏度计

同轴圆筒黏度计属于旋转式黏度计，结构如图 11-3 所示，主要由两个同轴的圆柱筒组成，筒间隙内充满被测液体。当外圆筒以一定角速度旋转时，间隙内液体作纯剪切的库埃特流动，黏性剪切力带动内圆柱偏转一定角度，因此同轴圆筒黏度计又称库埃特黏度计。测量外圆筒的旋转角速度 ω 及内圆筒的偏转力矩 M 可计算液体的黏度（或表观黏度）及其他流变参数。

对牛顿流体，ω—M 曲线是通过原点的斜直线，由其斜率 M/ω 计算黏度为

$$\mu = \frac{1}{2\pi r_1^3 [h/(r_2 - r_1) + r_1/4\delta]\omega} \qquad (11-4)$$

式中　r_1，r_2——内外圆筒半径；

　　　h——液柱高；

δ——底部间隙。

圆筒黏度计的主要缺点是圆筒间隙内的切变率分布不均匀，为减少测量非牛顿流体表观黏度的误差，间隙应尽量小。圆筒黏度计适用于各种黏度、各种切变率的牛顿黏度测量，容易校准，使用方便，得到广泛应用。

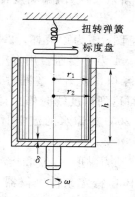

图 11-3　同轴圆筒黏度计

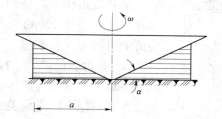

图 11-4　圆锥平板黏度计

11.1.4　圆锥平板黏度计

圆锥平板黏度计的构造如图 11-4 所示，锥角很大的圆锥顶点与水平平板接触，圆锥轴与平板保持垂直，圆锥与平板间的小楔角内充满被测液体。当平板以恒定角速度旋转时，测量圆锥受到的偏转力矩 M，可计算被测液体的黏度为

$$\mu=\frac{3\alpha}{2\pi a^3\omega}\qquad(11-5)$$

式中　α——楔角；
　　　a——液体接触部分平板半径。

圆锥平板黏度计除具有测量范围大、试样用量少，容易清洗等优点外，最大的优点是楔角内被测液体中切变率处处相等，因此最适宜测量非牛顿流体的流变性质、触变性流体的滞后环和应力衰减曲线等。它的缺点是调整比圆筒黏度计困难，转速较高时惯性力、二次流和温度等因素可能引起误差。

11.1.5　动态流变仪

基本原理与圆筒黏度计和圆锥平板黏度计相似，图 11-5 为结构示意图。测量部件除了做旋转运动外还可以作往复振荡运动，振荡频率由机械或电磁装置控制。被测液体在谐振力作用下发生滞后的谐振应变，通过应变传感器测定谐振振幅，通过压力传感器测定谐振应力和相位差，可计算黏性流体随振荡频率变化的动态弹性模量、弹性模量损失或动态黏度、黏度损失及正应力等。

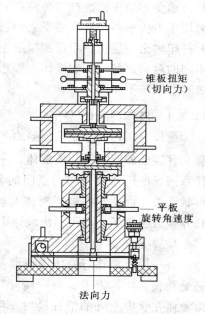

图 11-5　动态流变仪

11.1.6 流动杯黏度计

流动杯黏度计是根据液体从底部带孔的杯中的流空时间来确定液体黏度的工业黏度计，通常用于现场对石油、油漆、涂料等黏度较大的工业液体作黏度测量。不同国家和行业有自己的标准，如恩格勒黏度计（中国、德国、东欧地区、俄罗斯）、雷德伍德黏度计（英国）、赛波特黏度计（美国）等。

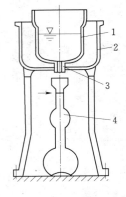

图 11-6 恩格勒黏度计

图 11-6 为恩格勒黏度计结构示意图。1 为贮液杯；2 为保温桶；3 为出流小管（长度与直径比小于 10）；4 为接受瓶。用专用木棒塞住贮液杯流出管口，将测试液注入一定容积，拔出木塞同时开始计时。在接受瓶上有 200ml 的刻度线，当液面达到刻度线时停止计时，测得流空时间为 T。事先用同样方法测定 20℃蒸馏水的流空时间 T'，将 T/T' 称为恩氏度（°E）。

恩氏度并不是液体的真正黏度，与动力黏度（μ）和运动黏度（ν）也没有理论上的直接关系，仅代表液体在特定条件（仪器、温度等）下的流动行为，因此常将恩氏度称为条件黏度。不同的条件黏度与运动黏度之间有经验换算关系，如°E＝1.2～4.1 时，$\nu = 0.0794°E \sim 0.0822/°E$（cm²/s）。

11.2 压 强 测 量

压强的测量是流体要素测量的基础。压强通常不能直接显示，必须将它变换为位移、角位移、力或各种电量参数进行测量。测量压强的仪器称为测压计或压力计。压强的测量有压强感受、传输和指示三部分组成。在常规测量中，压强感受常用测压孔和各种形状的压强探针，感受到的压强通过各种液体测压管或金属压力表指示被测的压强。在测量动态压强时常采用压力传感器，将所感受到的动态压强转换为电信号输入相应的仪表指示或输入计算机实时打印输出。显然，测量的精度主要取决于压强感受和压强指示两个环节的误差大小。针对不同的对象，如气体和液体、静止流体和运动流体、定常流动和非定常流动，测量压强的方法和要求各不相同。

11.2.1 液体测压计

液体测压计是根据流体静力学原理利用液柱高来测量压强的仪表，即连通器原理：对于静止且连通的同一种均质液体，在重力场中等压面是水平面，任意两点的压强差只与两点间的垂直高度有关，而与容器的形状无关。因此，在被测液体的容器壁上所要测量压强处开孔并接透明管子，即可测出液体中的压强。

1. 单管测压计

将一根玻璃管与液体中所要测量压强处容器壁上的压力感受孔相连接，管子的另一端开口与大气相通，利用量测被测液体在管中上升的液柱高度来测定容器中液体的压强（图 11-7）。为减小因毛细现象所带来的测量误差，管子内径不

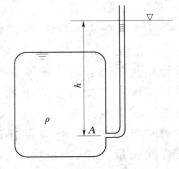

图 11-7 单管测压计

能小于 3mm，通常取 5～10mm。

在容器内压强的作用下，液体在测压管中上升高度为 h，若液体的密度为 ρ，则由液体静压强基本公式得出容器液体中 A 点的计示压强为

$$p_A = \rho g h \qquad (11-6)$$

因此，由液体上升的高度可以直接得到 A 点的压强。若在有液体流动的管道边壁上开孔，将测压管接在该孔上，测量在测压管中液体上升的高度 h，即可得到流体在管内流动时的静压强。这种测压计的优点是结构简单，测量精度较高，但因测压管中的流体就是被测流体本身，受测压管高度限制，被测的压强不能太高，仅在少数情况下使用。这是一种最简单的测压计。

2. U 形管测压计

U 形管内装有液体，一端与大气相通；另一端连接到所要测量压强的 A 点处，根据 U 形管内量得的液柱高度差计算出 A 点压强（图 11-8）。

通常根据被测点的压强大小和被测流体的性质，选用 U 形管中的工作介质。当被测压强较大时，可以采用密度较大的水银等作为工作介质。当测量气体压强且被测点压强不大时，可以采用酒精、水、四氯化碳等液体作工作介质。在容器中被测液体静止不动时，读数误差在 0.5mm 左右，若被测液体处于流动状态

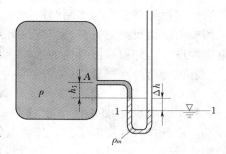

图 11-8 U 形管测压计

时，因 U 形测压管内工作介质液面波动将使读数误差增大至 1～3mm。

U 形管测压计是一个连通器，所以 A 点的压强为

$$p_A + \rho g h_1 = \rho_m g \Delta h$$
$$p_A = g(\rho_m \Delta h_2 - \rho h_1) \qquad (11-7)$$

3. 微压计

当被测压强或压强差很微小时，为提高测量精度应使用微压计。微压计通常有两种形式：

(1) 倾斜式微压计。实际上是将 U 形管测压计的一支加粗成一容器；另一支倾斜放置，容器截面积比管截面积大得多。当容器液面高度有变化时，引起管中液面高度较大变化（图 11-9）。即

$$p_2 - p_1 = \rho g (h_1 + h_2) = \rho g \Delta l \left(\sin\alpha + \frac{A_1}{A_2} \right) \qquad (11-8)$$

式中　A_1——测压管的截面积；

　　　A_2——容器的横截面积；

　　　α——测压管倾角；

　　　Δl——倾斜管上升的液柱读数。

一般情况下，A_1 远小于 A_2，故 A_1/A_2 可忽略不计，于是

$$\Delta p = p_2 - p_1 = \rho g \Delta l \sin\alpha \qquad (11-9)$$

减小测压管的倾角，可以提高测压精度，但 α 太小时，会使 Δl 的读数不易准确，一般 α 不应小于 6°～7°。

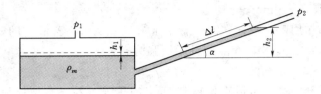

图 11 - 9　倾斜式微压计

（2）补偿式微压计。原理如图 11 - 10 所示：安装在螺杆 1 上的水匣 2 通过软管与固定的观测筒 3 连通，测压前调节螺杆使水匣调到最低位置（虚线），观测筒液面恰好与水准头 4 的尖顶接触，水匣内液面与观察筒内液面位于同一水平线上，测压时将被测压强 p 通入观测筒内，由于观测筒与水匣间的压差作用，观测筒内液面将下降，调节螺杆使水匣上升，则观测筒内液面也随之升高，当观测筒内液面上升至与水准头尖端刚好接触时说明观测筒和水匣间的压差恰好被水匣升高的水柱所补偿。若水柱高为 Δh，则被测压力 $p = \rho g \Delta h$。

若观测筒与水匣分别通入压强 p_1、p_2，则可测其压差为

$$\Delta p = p_1 - p_2 = \rho g \Delta h \tag{11 - 10}$$

利用分度盘精确地读出水柱高的细微变化，补偿式微压计的测量精度可达 0.01mm H_2O，而且在各种压差下总是使观测筒内液面在一位置上进行读数，可减少观察误差。因此补偿式微压计是一种较精确的微压测压计，常用来校准其他测压计，它的缺点是读数过程较慢，不适宜测量不稳定的压强。

以上介绍的液体测压计，虽然结构简单，却是最精确的测量流体静压强的方法。由于液柱的运动惯性大，这类测压计不适用于测量动态压强。

11.2.2　压敏元件测压计

压敏元件测压计包括机械式压力计和压力传感器。

1. 弹簧管压力表

属于机械式压力计。它的压敏元件是一根弯曲的薄壁扁形金属弹簧管（图 11 - 11）。当有压强的被测流体通入时，弹簧管向外张开，端部发生位移，带动传动机构使指针偏转。弹簧管的张开角与管内压强有关，由指针在表盘上指示压强读数。这种压力计的缺点是精度不高，对过小的压强不敏感，过大的压强可能将其击坏。由于弹簧管和传动机构易老化，使用一定时间后需校正。但这种压力计安装结构紧凑、易于携带、安装简便，读数清晰，品种规格多，在工业上有广泛应用。

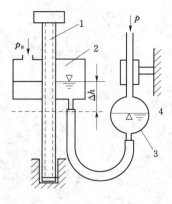

图 11 - 10　补偿式微压计

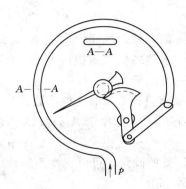

图 11 - 11　弹簧管压力表

2. 压力传感器

对流动过程的实验研究和对工业生产中的流体系统进行动态监测，以及对流体机械的流动特性进行数据采集时，经常会遇到动态压强的测量和压强的远距离传送、显示、记录以及控制等问题。由于液柱式和机械式测压计的动作惯性太大，不能准确反映随时间变换的压强，动态压强通常用压力传感器测量。

为了测量快速变化的脉动压强，必须采用灵敏度高且惯性小的传感器，压力传感器将瞬间变化的动态压强变换成电学量或光学量等信号，然后通过信号的放大转换，输入计算机作信号处理。根据压力信号转化成电信号还是光学信号，可分成电学压力传感器和光学压力传感器两类。目前广泛应用于动态压强测量的传感器主要有电阻式、应变式、电容式、电感式、压电式、压阻式等电学压力传感器。

电学压力传感器通过压敏元件发生电容、电阻、电势、电感等电学量改变测量流体压强变化。光学压力传感器的工作原理是在膜片上装有镜面，膜片在压力作用下发生弯曲，从镜面上反射出的光线产生偏转，测量光线偏转量即可得到压力变化值。

11.2.3 测压探头

测量静止流体中的压强时，只要在壁面上开一个小孔，将孔内的压强引入测压计即可，一般无特殊要求。测量运动流体中的压强则需要测压探头，对探头的要求比较严格。当在流动流体的壁面上开测压孔时，测压孔内的压强就代表壁面上的流动静压强（图 11 - 12）。为了尽可能减小开孔对流场的扰动，通常取小孔直径 $d = 0.5 \sim 1.0\text{mm}$，孔深度 $h \geqslant 3d$，孔轴与壁面垂直度好，孔内壁面光滑，孔口无毛刺。壁面测压孔属于测压探头的一种。

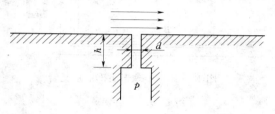

图 11 - 12　测压孔

对于流场内部的测压探头（如皮托测速管），一般要求静压孔前端为封闭的流线型，在离端部适当距离（一般为 6~8 倍管外径）的圆周壁面上开数个对称的静压孔（6~11 个）。静压管头部的形状与来流马赫数有关，标准的低速测压管一般做成椭圆形。静压管在流场中的方位也很重要，轴线与来流的夹角应小于 5°，否则造成较大误差。对于总压管，其头部形状不限，方位角也可放宽到 6°~10°。还有一种用于测量边界层内压强的探头，称为普雷斯顿（Preston）管，外径只有 1~3mm，紧贴在壁面上放置，可测量并换算成表面摩擦应力。

11.3　流 速 测 量

速度场是最重要的流场，因此流速测量也是最常见的测量工作。随着计算流体力学的发展，以及对流场结构研究的深入，新的流速测量方法和技术不断出现。流速测量包括测量一点的速度大小和方向、局部和整个流场的速度分布。

最普通的测量流体速度的方法是示踪法，如根据水面上漂浮物的移动速度判断水的流速，在水文测量中就根据浮标速度确定水流分布图。用水中释放氢气泡或染料指示流体微团运动规律的方法早已在流场中广泛使用，但只有在示踪物与流体微团同步的条件下才能做定量测量，否则只能作定性观察。

11.3.1 皮托测速管

皮托测速管是最经典的测速仪器，由总压管和静压管组合而成。图 11-13 为一种半球形头部的皮托管结构示意图。前端是皮托管的迎流总压孔，总压孔直径与测速管外径之比约为 0.1～0.35，沿圆周对称均布的静压孔数不少于 6 个，静压孔径不大于 1mm，深度不小于 0.5mm。若将总压孔和静压孔连接到一个 U 形管压力计上，总压和静压之差，就是用于计算流速的动压，即

$$u=\sqrt{\frac{2}{\rho}(p_o-p)}=\sqrt{\frac{\rho_1}{\rho}2g\Delta h} \tag{11-11}$$

式中　ρ——被测流速的流体密度；

ρ_1——U 形管压力计中工作介质的密度。

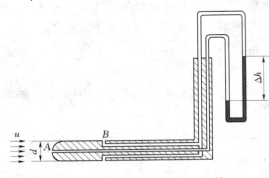

图 11-13　半球形头部的皮托管

探针头部的半球形会使流经该处的流速加大，静压减小，因此静压孔的位置过于紧靠头部时会影响测量精度。为减小头部对流场干扰所引起的静压测量误差，静压孔一般开在距头端 $3d$ 处。皮托管的尾部垂直引出管会阻碍它前面的流动，使之流速减慢压强增高，因此垂直引出管距离静压孔应大于 $8d$。为减小头部、尾部和加工等因素的影响对测量结果造成的误差，通常用皮托管的流速因数 C_v 进行修正，即

$$u=C_v\sqrt{\frac{\rho_1}{\rho}2g\Delta h} \tag{11-12}$$

C_v 值由率定实验确定，通常为 1～1.04。

探针头部的形状对探针的性能影响很大。半球形头部的探针，来流对探针偏斜的不敏感角度约为 ±10°。锥形头部的探针，总压对来流偏斜角不敏感，静压对来流的偏斜角非常敏感，所以探针头部通常选用半球形。

皮托测速管可以测量管端中心线附近的定常流速，读数稳定，使用方便，适用于气体、液体、两相流及各种复杂流动，是流体力学中最基本的测速工具。皮托管使用前必须用标准皮托管作校正，按校正曲线对读数作修正。缺点是对流场有一定干扰作用，不适用于非定常流场。

11.3.2 三孔圆柱形探针

为测定空间流动中某点处的总压、静压、速度值和流动的方向，可以采用三孔圆柱形探针，测量原理如图 11-14 所示。探针为圆柱形，头部呈半球形。距头部大于 $2d$ 处的同一截面上开 3 个测压孔，1，3 孔对称于 2 孔，与 2 孔间隔 45°。3 个小孔在流场中感受的压强 p_1，p_2，p_3 分别接到 3 根 U 形管测压计中。在三孔探针尾端引出孔处装有指示探针转动角度的分度盘。将三孔探针垂直放入平面流场中，缓慢转动探针，当连接 1，3 孔的差压计中液面相等时，2 孔就是绕流圆柱体时的前驻点，孔 2 的轴心线与来流方向重合，这时从刻度盘就可以读得来流方向与基准线 x 轴夹角 α，这就是来流方向角。同时，由另两个 U 形管压

强计测得 p_2 和 $p_2 - p_1$ 值，利用这两个压强值和三孔探针的校正系数，可以计算流动的总压、静压和速度值。

　　五孔球形探针与三孔圆柱形探针的测量原理类似，具有特殊形状的探头，称为方向探头。最常用的方向探头为如图 11-15 所示五孔球形探头，在一个侧半球面上按十字形分布 5 个孔，每个孔均连有导管将压强引出，球可绕轴旋转改变方向。测量时先把球转到 $p_b = p_c$ 的位置，读出 Δp_{ab} 和 p_{de}，由校正曲线查出来流与轴线之夹角和来流动压强（$\rho u^2/2$），由另一校正曲线查出静压强。除了五孔球形探头外，七孔锥形探头也应用较多。

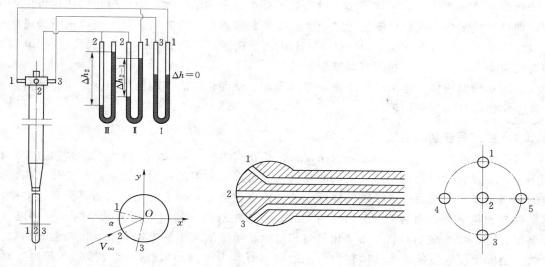

图 11-14　三孔圆柱形探针　　　　　　　　　　图 11-15　五孔球形探头

11.3.3　热线测速仪

　　热线测速仪（hot wire anemometer，简称 HWA）是为测量流体脉动速度而发展起来的一种流速量测仪器，其基本原理将装有金属丝的金属热敏探头置于待测流速的流场中，将金属丝加热（因此将金属丝称为"热线"），流体与金属丝发生热交换带走部分热量，流动速度的变化将改变金属丝冷却的速率，利用在不同流速下散热率不同的原理，根据热线材料的电阻温度特性，通过测量热线两端的电压就可确定流场的流速。

　　热线探头通常由两根支架张紧一根短而细的金属丝组成（图 11-16），金属丝通常用抗氧化性能好且有足够机械强度的很细的金属镀铂钨丝制成。常用金属丝直径 $5\mu m$，长度 2mm；最小的探头直径仅 $1\mu m$，长为 0.2mm。根据不同的用途，热线探头还做成双丝、三丝、斜丝及 V 形、X 形等。为了增加强度，有时用金属膜代替金属丝，通常在一热绝缘的基体上喷镀一层薄金属膜，称为热膜探头（图 11-17）。加热电路有恒温式和恒流式两种：

图 11-16　热线探头　　　　　　　　　图 11-17　热膜探头

恒温式电路保证热线在工作过程中保持恒定的温度和电阻；恒流式电路保证流过热线的电流恒定。由于恒温式热线的工作频率带宽，热线没有过载烧毁的危险，是目前主要的电路形式。

因热线探头尺寸各不相同，在使用前必须进行校准。静态校准在专门的标准风洞里进行，测量流速与输出电压之间的关系并绘制成标准曲线；动态校准在已知的脉动流场中进行，或在测速仪加热电路中加上一脉冲电信号，校准热线测速仪的频率响应，若频率响应不佳可用相应的补偿线路加以改善。

热线测速仪的优点有：体积小，对流场干扰小；适用范围大，即可用于气体也可用于液体，即可测量平均流速也可测量脉动值和湍流量，即测量一个方向的流速也可同时测量多个方向的速度分量；频率响应高，可达 1MHz；测量精度高，重复性好。热线测速仪的缺点是探头对流场有一定干扰，热线容易断裂。

利用热线测速仪，还可以用来测量流体温度、壁面切应力、湍流中的雷诺应力及两点的速度相关性与时间相关性等。

11.3.4 激光多普勒测速仪

激光多普勒测速仪（laser Doppler anemometer 或 velocimeter，简称 LDA 或 LDV）是利用激光多普勒效应，即物体辐射的波长因为光源和观测者的相对运动而产生变化来确定流速的。当激光的光线照射到跟随流体运动的固体微粒上时，固定的光接收器接受到运动微粒的散射光的频率是变化的，当散射光与光接收器的相对运动使两者距离减小时，频率增高，距离增大时，频率减小，频率的变化量与相对运动速度的大小和方向有关，也与激光的波长有关。当固定接收器接收运动微粒散射光的频率时，由于运动微粒与接收器间有相对运动，接收到的频率已不是运动物体散射光的频率，两者间产生了频移，应用电测法测定频移大小，由此就可确定流场中某点的流速。

图 11-18 为激光多普勒测速仪的原理框图。分光器将激光器发出的激光束一分为二，发射透镜将两束光聚焦到运动的颗粒 P 上，两束光分别形成两组散射光。通过光阑和接收透镜将散射光汇聚到检测器上，光检测器将带有多普勒频移的原始信号输给信号处理器。信号处理器对干扰和噪声信号加以抑制，提取反映微粒运动的有用信号加以处理，并将处理后的电信号转换成数字信号，直接显示与微粒速度有关的各种信息。

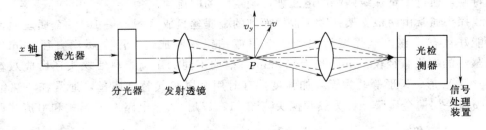

图 11-18　激光多普勒测速仪的原理框图

常用的激光测速仪的光路系统分为前向散射接收式和后向散射接收式两种。激光源与光检测器分别位于工作段的两侧时称为前向接收式，位于同一侧时称为后向接收式。两种方式的工作原理相同，差别在于接收器的位置不同。后向接收式结构紧凑、调节方便，但散射光的强度远小于前向接收式，一般要采用大功率气体激光器作激光源。

氦氖气体激光器是用得较多的激光光源。激光照射在流体中的固体微粒上时才能产生多普勒频移的散射光，因此被测流场中必须有固体微粒。在液体中天然含有微粒，可满足一般测速要求，但当测量边界附近的流速或脉动流流速时仍需要加入一定浓度的微粒；测量气体流速时一般均需要加入微粒。根据被测流体的性质、流场特性及精度要求，可选择不同种类的微粒。

目前的激光多普勒测速仪均具有二维或三维测速功能，即可同时测量聚焦点上二个或三个坐标方向的速度分量。还有一种光导纤维激光测速仪，小型的光学探头（直径可达 $30\mu m$ 以下）接收的散射光信号通过光导纤维传入光检测器，因此测量不受光束直线传播的限制，可测量血管内的流速。

激光多普勒测速仪具有的优点有：与各种测速探针不同，是一种非接触测量，对流场无干扰；空间分辨率很高（测点体积小至 $10^{-6}\,mm^3$，满足点测量的要求）；测速范围宽，从 $0.05\mu m/s$ 到 $10^6\,m/s$ 均可测量；测量精度高，可达 $0.1\% \sim 1\%$，且不需定期校正，可用于校正其他测速仪器；动态响应好，可进行实时测量。激光测速仪主要缺点是价格昂贵，仪器及其辅助设备比较笨重。

11.3.5　粒子图像测速技术

粒子图像测速技术（particle image velocimetry，简称 PIV）是光学测速技术的一种，其基本原理是用脉冲激光片光源穿透流体照射到散布于流场平面中的示踪粒子上，用垂直放置的照相机记录流面上粒子的图像，对比两张照片，识别出同一粒子在两张照片上的位置，通过测量某时间间隔内示踪粒子移动的距离来测量粒子的平均速度，经数据处理后可获得该时刻的平面速度矢量分布图。对流面上所有粒子进行识别、测量和计算，得到整个流面上的速度分布。

图 11-19 为用 PIV 测速技术测到射流卷吸流场的速度分布图，每个箭头代表该点瞬时速度矢量，箭头大小表示速度大小，箭头方向表示速度方向。从图中可清楚看到流场中形成一个涡旋。

图 11-19　PIV 测速技术测到射流卷吸流场的速度分布图

PIV 测速包括 3 个过程，即图像的拍摄、图像的分析并从中获得速度信息、速度场的显示。因此典型的 PIV 系统由 3 个子系统组成：成像系统、分析显示系统和同步控制系统（图 11-20）。

PIV 测速技术对流场中的微粒浓度有一定要求，一般应保持在最小分辨率容积内有 4～10 个粒子，测量的是这些粒子的统计平均速度。

PIV 测速技术的优点是：非接触式测量，对流场无干扰；实现对非定常流场的瞬态测量，是研究瞬态流场的主要工具；空间分辨率高，可用于研究流场的空间结构；测量精度高。

随着计算机技术和数字化技术的发展，粒子图像测速技术在三维流场测量、分子标记测速和粒子跟踪测速等方面正在取得进展。

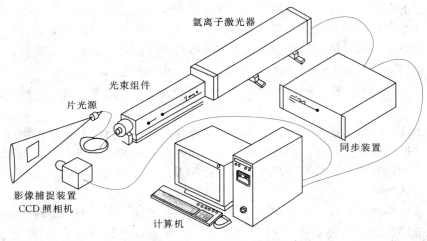

氩离子激光器

光束组件

片光源

同步装置

影像捕捉装置
CCD 照相机

计算机

图 11-20 PIV 测速系统的组成

11.4 流 量 测 量

流量分体积流量和质量（重量）流量两种，分别指单位时间内流过一面积域的流体体积和质量（重量），习惯上将体积流量称为流量。流量测量有直接测量法和间接测量法两种。直接测量法是用标准容积和标准时间，测量出某一时间间隔内流过的流体体积，求出单位时间内的平均流量，这种测量方法常用于校验流量计。间接测量法是先通过测量与流量有对应关系的物理量，按对应关系推算出流量。

最简单的直接测量法是用经过标定的容器（量筒或磅秤）测定某一时间段内流出某一过流断面的流体体积或质量，这种流量测定设备称为体积（质量）流量计。这种方法看似原始，对定常流动却是可靠和精确的，常被用作节流式流量计和容积式流量计的率定装置。

间接测量法的测量原理与流速有关，且测量的是瞬时流量，是真正意义上的流量测量法。间接测量法包含的内容较广，主要有速度面积法、压差式测量法，及根据各种物理原理设计的线性效应流量换算法等。

11.4.1 速度面积法

速度面积法是直接按流量的数学定义进行测量的方法，即测量某截面上各点在某瞬时的速度分布，求其在该截面上的积分值，即为该瞬时流过截面的流量。速度面积法只限定于定常流，并主要用于测量大口径（如直径 0.3m 以上）管道和明渠内的流动。具体方法是将被测截面划分为网格，逐点测量每一网格中心点的速度，计算每一网格的局部流量，所有网格流量的累加值即为截面总流量。

譬如在明渠流中，特别是按动力相似缩小的明渠实验模型中，通常采用速度面积法测量渠道横截面上的流量。将渠道截面用水平和垂直线划分成网格，用如图 11-21 所示的方法逐点测量每一网格中心的速度。在被测截面的两岸架起可转动的坐标架，测速小

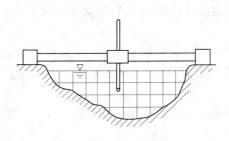

图 11-21 速度面积法

车可在横梁上移动；小车的竖轴可上下移动，末端装有测速探头（如皮托管或压力传感器），通过皮管或电缆将测速信号传到控制台。控制台通过遥控装置移动小车，实现逐点测量，计算每一网格的局部流量，然后累加为整个截面上的流量。

11.4.2 压差式流量计

压差式流量计是根据总流机械能守恒，利用流体流过节流元件时产生压强差来测定流量，常用于中小管道中。这类流量计在使用前需进行校正测量，然后根据校正曲线由压差读数直接确定管道流量值。测压孔开在管壁上，对管内流动没有干扰，使用方便，性能可靠，结构简单，在工业管道和实验室中得到广泛应用。

1. 文丘里流量计

文丘里流量计是根据文丘里管原理设计的管道流量计，图 11-22 为水平放置的标准文丘里管结构示意图，它由收缩段、喉管和扩散段（扩张角为 15°～30°）三部分构成。收缩段前的进口断面 1-1 和喉管断面 2-2 为缓变断面，在该处开设测压孔，并与测压管连接。由于收缩段处的喉管直径较小，流体流经该处时将一部分压强能转化为动能，通过测量两个断面间的测压管水头差，由一维平均流动连续性方程和伯努利方程式，可得流量理论公式，计算出流经管道的流量。即

$$Q = C_v A_2 \sqrt{\frac{2(p_1 - p_2)}{\rho(1 - \beta^4)}} = K A_2 \sqrt{\frac{2}{\rho}(p_1 - p_2)} \tag{11-13}$$

式中　$\beta = d_2/d_1$——喉部截面与入口截面直径的比值，称为管直径收缩比；

　　　　C_v——流出系数；

　　　　K——流量系数，当文丘里管几何形状确定后，流量由入口截面和喉部截面的压强差决定。

从流量系数 K 与以喉部直径为特征长度的流动雷诺数 $Re = 4Q/\pi d_2 \nu$（ν 为流体运动黏度）的实验关系曲线（图 11-24）可看出，当 Re 给定时，K 随 β 增加而增大；对给定的 β 值，K 随 Re 的数增加而单调缓慢增大。

2. 孔板流量计

孔板流量计是文丘里流量计的工程简化形式。用一块有中心孔的板代替流线形收缩—扩张通道，如图 11-23 所示。孔径与管径之比的范围为 $0.2 \leqslant \beta \leqslant 0.8$，且孔径一般不小于 12.5mm。在孔板上下游管壁上分别开测压孔，测压孔离板的距离在上游通常取一个直径长，在下游取半个直径长。这种布置比较接近文丘里管的形式，能测到最大的压强差值。

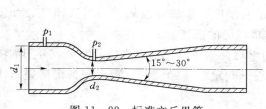

图 11-22　标准文丘里管

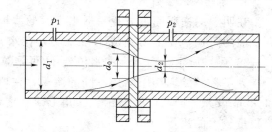

图 11-23　孔板流量计

孔板流量计流量计算公式与文丘里流量计相似，但由于孔板的损失较大，流量修正系数与文丘里流量计有显著差别。由于孔口收缩效应，孔口流束的最小截面在孔板的下游，相当于文丘里管中的喉口（图 11-23）。

由实验测定流量修正系数 K 与 Re 和 β 的关系曲线（图 11-24）可看出，当 Re 给定时，K 随 β 增加而增大。对给定的 β 值，Re 足够大时 K 趋于常数；当 Re 较小时 K 小增加到最大值，然后减小。K 的最大值一般发生在 $Re=100\sim1000$ 之间。

流量孔板因其结构简单、价格低廉、安装方便，在工程管道中得到广泛应用。流量孔板的规格已标准化、商业化，适用于各种管道和流量要求。

3. 喷管流量计

将孔板流量计中的孔板用一收缩喷管代替，成为一个喷管流量计（图 11-25）。上下游的测压孔位置与孔板流量计相同。由于喷管形状按流线形设计，管口（直径为 d_0）的流动几乎没有缩颈现象，其流量系数 K 可按文丘里管计算，且 K 与 Re 和 β 的实验关系曲线也与文丘里流量计相似（图 11-24）。由于喷管后部没有扩张段，喷管流量计的总水头损失比文丘里管大。

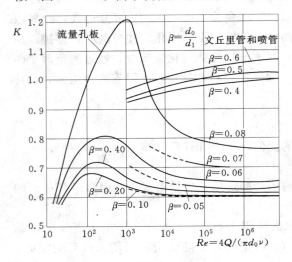

图 11-24　实验测定流量修正系数 K
与 Re 和 β 的关系曲线

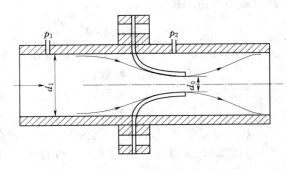

图 11-25　喷管流量计

喷管流量计的节流性能介于文丘里流量计和孔板流量计之间。但是由于流线形收缩段的存在，管口的流动分离没有孔板严重，对管壁的侵蚀作用比较小，因此使用寿命比孔板更长；另一方面由于结构简单、加工制造方便，比文丘里流量计价格便宜。

4. 薄壁堰流量计

在明渠的横截面上放置一适当高度的薄板（通常把上缘迎水面做成切口），称为薄壁堰。由于堰的阻挡，在上游造成水位雍高，在水头差的作用下水流漫溢堰板，形成泄流，如图 11-26（a）所示。由雍高的水位差 H 可推算出横截面的泄流量。

为了将薄壁堰用于测量不同的流量，在堰的上端开三角形、矩形或梯形堰口，分别如图 11-26（b）、（c）、（d）所示。三角形薄壁堰多用于测量较小的流量，矩形和梯形薄壁堰用于测量较大的流量。

常用的直角形三角堰（$\theta=90°$）的流量公式为

$$Q=mH^{2.5} \tag{11-14}$$

矩形、梯形量水堰的流量公式为

$$Q=m\sqrt{2gb}H^{1.5} \tag{11-15}$$

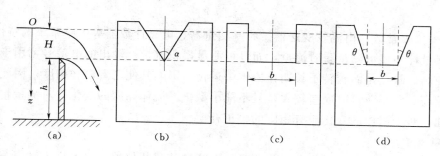

图 11-26　薄壁堰流量计

式中　Q——过堰流量；

　　　H——堰上水头；

　　　b——堰宽；

　　　m——流量系数，由实验测定，也可由经验公式计算。

11.4.3　线性效应流量计

线性效应流量计不需要测量压强差，而是利用电、磁、超声波或流体力学原理，根据流动产生的某种效应来测量流量，其共同特点是输出的信号与流量成比例关系。

1. 转子流量计

转子流量计（rotameter）又称为浮子流量计（float meters），是一种垂直安装在管道中用转子（或称浮子）的高度直接指示流量的流量计，主要有一个锥形管和可以上下自由移动的浮子组成（图 11-27）。当流体自下向上流动时，由于节流作用在转子上下产生压差，对转子产生向上的作用力，再加上转子本身的浮力。当两个力之和等于转子重量时，转子平衡在锥形管的一定位置上。根据转子高度可直接读出通过的流量。

为了使转子不与管壁相碰，在转子上端的圆盘边缘开一些斜槽。当流体绕转子流动时在斜槽中产生切向分力，使转子绕中心线旋转，位置稳定在玻璃管的轴线附近，故名转子流量计。其结构简单，读数方便，压力损失小，适用于管道内小流量定常流动的流量测量。

2. 涡轮流量计

涡轮流量计由带叶片的定轴涡轮和装在管壁上的检测线圈组成（图 11-28）。当流体通过时，带动涡轮叶片转动。在一定的流量范围内，涡轮的转速与流量成正比。涡轮转动时，靠近管壁的涡轮叶片周期性地切割线圈通电后产生的磁力线，在线圈内产生电脉冲信号，经放大后输出到显示仪表上。脉冲信号的频率 f 与流量 Q 存在比例关系为

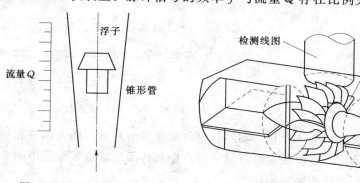

图 11-27　转子流量计　　　　　　图 11-28　涡轮流量计

$$Q=kf \qquad (11-16)$$

式中　k——仪表常数，由涡轮变送器、频率测量器、电磁计数器等电路系统的特性决定。

涡轮流量计不仅可测量瞬时流量，而且可测量累积流量。输出的电信号可用于自动检测和计算机控制。缺点是涡轮转子长期在流体中运转，影响其使用寿命和精度，因此对流体的品质要求较高；在小流量时误差较大，且不能小型化。流体黏度的变化将对测量精度有较大影响，因此，对于温度的变化应有相应的校正补偿。

3. 电磁流量计

电磁流量计是利用电磁感应原理来测量导电流体流量的仪器，当运用于管道测量时结构原理如图 11-29 所示。套在管壁上的线圈在管内产生均匀磁场，当具有导电性能的液体在管壁为绝缘材料的管道中流过时，相当于一股电流穿过磁场。根据法拉第定律，导电流体产生的感应电动势与轴向平均流速成线性比例关系，只要测出感生电压，就可由公式得到平均流速，进而得到流量。

电磁流量计即可进行非接触式测量，线圈和探头（测量电极）均在流场外面，不干扰管内的流动；也可进行接触式测量，将圆形探头伸入流场中，磁场在探头外部，可测量探头周围环形区域内的速度平均值。电磁流量计除测量定常流动外，可测量脉动流量，并具有足够的精度和稳定性。已应用于医学，如测量血管内的流量；也应用于原子反应堆中液态金属的流动等。其缺点是不能测量气体流动，价格昂贵，测量精度受被测流体导电性能的影响，因此对流体的温度变化和杂质含量比较敏感。

4. 超声波流量计

超声波流量计是利用声波在流动流体中的传输特性来测量管道或渠道截面上的平均流速或流量的。一种工作模式是直接测量超声波在运动流体中的传播时间，然后推算出流体速度（图 11-30）。在斜贯流道的上下游两个位置上，分别设置既有发射器又有接收器的探头 1 和 2，分别记录从探头 1 发射脉冲信号到探头 2 接收信号的时间间隔，及从探头 2 反射脉冲信号到探头 1 接收信号的时间间隔。由于从 1 到 2 是顺流，从 2 到 1 是逆流，两个时间间隔之差应与流体平均速度成比例关系。通过测量时间间隔的差值，可推算出通过断面的平均流量。

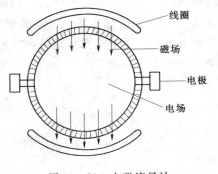

图 11-29　电磁流量计

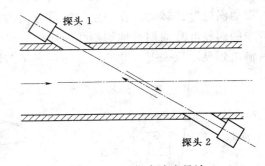

图 11-30　超声波流量计

另一种工作模式是在流体中加入微粒，利用固定声源发出的声波与随流体一起运动的微粒的散射波形成的多普勒效应，接收装置通过测量多普勒频移确定管道或渠道中的平均流速或流量。这与激光多普勒测速仪的原理相同。

超声波流量计的优点在于非接触式测量及便于遥控。可用于管道和明渠流测量流量，也可做成插入流场内部的探头形式。缺点是当流速较低时不易从声速中分辨出来，且声波容易受到其他传声通道的干扰。

5. 涡街流量计

在流体中放入一个非流线型对称形状的物体，在其下游会出现很有规律的漩涡列，称为卡门涡街（见图 11-31）。涡街流量计是根据圆柱绕流释放卡门涡街，在一定的雷诺数范围内释放涡的无量纲频率保持常数的原理设计的。实验结果表明，在 $Re=300\sim3\times10^5$ 范围内，圆柱绕流释放涡街的无量纲频率基本保持常数，$Sr=fd/u=0.2$，式中 u 为绕流平均速度，d 为圆柱直径，f 为释放频率。流量 Q 与涡街的释放频率 f 成比例关系，测出漩涡的释放频率就可求得流量。

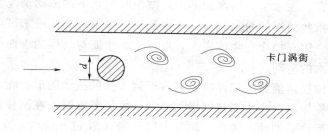

卡门涡街

图 11-31 卡门涡街与涡街流量计

释放频率与卡门涡街在流场中诱发的压力脉动频率相同，可由设置在圆柱附近的压力传感器、超声传感器或热敏传感器检测，经信号处理器输出频率信号后再转换成流量。

涡街流量计的优点是没有活动部件，结构坚固，对流体种类和性质没有限制，测量范围宽，可用于测量输油管中原油的流量等。

11.5 流 动 显 示 技 术

流动显示技术是随着流体力学一起发展起来的，流体力学发展中的重大突破，几乎都是从流动现象的观察开始。雷诺实验被追溯为流动显示技术的开端。流动显示技术主要有外加示踪物质法、光学法、全息干涉法和高速摄影法等。

11.5.1 外加示踪物质法

1. 注入示踪物质

外加示踪物质法有着色法、悬浮物法、漂浮物法、空气泡法、氢气泡法和烟流法等。

（1）着色法。在无色透明的水中注入有颜色的液体，标记流体微团的运动，是最常用和简易的显示手段。有色液体可以是墨水、高锰酸钾、龙胆紫、苯胺颜料等。牛奶也是一种理想的水中示踪剂，因为牛奶含有脂肪，在水中不易扩散，稳定性较好。将有色液体注入水中，应使有色液体的速度大小和方向和当地水流一致。如果注入的速度过大，则出口有色液体就像一股射流，在这股射流和主流的界面上会出现漩涡。有色液体可以用放在流场中所要求位置的小管施放，也可在所研究的模型壁上开许多小孔，再由这些小孔注入。

当着色液体在流动中沿着某一条线传播时，它将与周围的液体混合，染色线的清晰度减小，尤其在湍流流动中。因此，着色法主要用于低速流动中，不适宜显示非定常的或有漩涡的流动。

（2）悬浮物法。用一些看得见的固体材料微粒或油滴混在水流中，从它们的运动情况推断水流的流动情况。悬浮物的材料主要有以下几种：聚乙苯烯粒子（直径 0.1mm）、铝粒子（直径 0.03～0.1mm）等可在水内部悬浮，用于显示水中的流动，如分层流特性等；蜡与松脂的混合物颗粒，相对密度与水基本一致，可真实地反映水流的流动情况；将动植物油或橄榄油等液体用喷雾器喷入水中也可作为悬浮示踪粒子，用灯光照射可观察到悬浮在水流中的亮点，特别适宜于观察水流中某一平面内的流动情况；放射性同位素粒子示踪法可通过探测仪器显示不透明管道内的流动，可应用于生物医学的活体研究。

（3）漂浮物法。若将一个柱体垂直放在水中，当水面不出现波浪时，水下的流动情况和水面的流动情况相同，这时在水面上撒些漂浮的粉末就可以观察到流动图形。这些粉末可以是铝粉、石松子粉、纸花或锯木屑等。用石蜡涂在物体表面，可以消除水面对物体的表面张力作用，更好地显示物体表面附近的水的流动。

例如将一圆柱体放入水槽中，在圆柱体前撒上漂浮物，可以看到水流的流动图形。在水流速度较慢时，产生圆柱体后面的对称漩涡。当水流速度增大至某一数值范围时，在圆柱体后面形成两列交错排列、转动方向相反、周期性的漩涡，称为卡门涡街（图 11-32）。

（4）空气泡法。空气泡法是利用含气水流所形成的空气泡作为示踪介质的一种流动显示方法。这一方法可用做流动的定性观察和某些定量测量。空气泡法采用窄缝过水流道产生负压，吸入适量的空气，微小空气泡随水流运动形成一条条流线，在灯光的照射下清晰可见，从而稳定地显示流动状态。

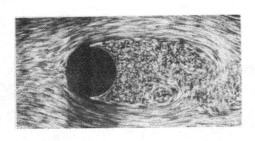

图 11-32 圆柱体后的卡门涡街

图 11-33 壁挂式自循环流动演示

图 11-33 是壁挂式自循环流动演示仪，基本原理是用平面过流道作为显示面，利用水

泵吸入含气水流所形成的空气泡为示踪介质，演示各种边界条件下的流动图谱。

（5）氢（氦）气泡法。氢气泡法是在水洞、水槽中利用细小的氢气泡作为示踪粒子显示流动的一种方法。在水中产生氢气泡的最简单方法是在水槽中放入合适的电极直接电解水溶液，在阴极处产生氢气泡，在阳极处形成氧气。由于生成的氢气泡的尺寸比氧气泡小得多，所以只利用氢气泡作为示踪粒子来显示流动。

用细导线作为阴极放在需要观察水流的地方，从氢气泡的运动观察水流的运动情况，阳极则可以为任意形状放在远处水中。用氢气泡技术显示流场不污染流体，图像直观，控制方便。

彩色氦气泡技术主要用于气体流场显示。在专门研制的氦气泡发生器、照明光源和高分辨率拍摄装置的配合下产生彩色氦气泡效果，可用于显示复杂的不定常三维流场，是风洞中流动显示的重要手段之一。

（6）烟流法。烟流法是显示气体流场的方法之一。在气体中引入煤烟或有色气体，可观察到气流的流动图形，引入烟流的速度在大小和方向上均应和当地气流一致。

烟流法可显示物体绕流、尾迹流、卡门涡街、自由射流等。在风洞中对汽车模型喷射烟柱是观察汽车尾部分离区流动的常用方法。如图 11-34 所示是在风烟洞中所拍摄的翼型绕流的流谱。

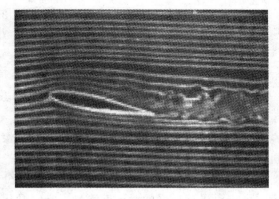

图 11-34　烟线显示的翼型流谱

2. 壁面流动显示

在物体表面涂刷某些对流速、应力、温度等流动参数敏感的物质，当流体流过时，在涂层上显示出相应的图案。通过判断图案，分析流动参数的分布、分离区的位置和大小、层流和湍流边界层转捩等。常用的涂层材料有油膜、药膜、升华膜（萘、樟脑）、感温膜（热敏漆、液晶等）及电解腐蚀膜等。这种技术主要用于气体对物面的绕流，如在风洞实验中在模型表面上涂层后吹风，可在吹风过程中拍摄表面流迹，也可在停风后再拍摄表面图案。

油膜涂层的材料主要由油剂（煤油、柴油、机油、润滑油、硅油等）与示踪染料（钛白粉、红丹、烟黑及广告颜料等）调配而成；有时用荧光颜料作为示踪染料，可减小涂层厚度，增强拍摄效果。升华膜利用层流边界层和湍流边界层引起的涂层升华作用不同的原理，显示颜色分界线，常用于研究边界层转捩。

液晶流动显示是近年来发展的技术。其基本原理是利用液晶分子的排列结构随温度变化发生改变，显现色彩变化的特征，对物体表面的温度场实现无接触式的面测量。

丝线法也是一种壁面流动显示方法，是在模型的观察表面区域贴一簇适当长度的丝线，根据丝线指示所在位置点的流动方向，大量的丝线构成表面流动图谱。按丝线的材质可分为常规丝线法和荧光微丝法。前者用较粗的缝纫线，对流场有一定干扰作用；后者可用肉眼难以辨认的荧光细丝（直径可达 0.02mm），在被激发荧光后明显变粗（可增大至 1mm），便于观察和拍摄。丝线法主要用于显示壁面附近的流动和分离流。

11.5.2　光学法

　　光学法主要用于可压缩流体。由于可压缩流体的微团对光线的折射率是密度的函数，当光线穿透流场时，受到流体密度均匀分布的干扰引起光学扰动，在接受屏幕上显示明暗不均的图像。由于可压缩流体的密度分布与其他参数存在函数关系，因此光学图像可反映流场中各种参数的分布与变化。光学法的最大优点是非接触式显示，对流场没有干扰；而且对流场的变化反应迅速，适用于对不定常流动与高速流动的测量。光学法主要分为阴影法、纹影法和干涉法。前两种利用光的折射显示流场，称为几何光学法；后者利用光的相位移动显示流场，称为物理光学法。

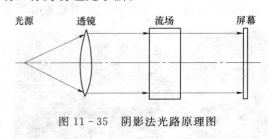

图 11 - 35　阴影法光路原理图

　　阴影法是光学法中最简单的一种。图 11 - 35 为典型的光路原理图。单光源发出的光线经双凸透镜（也可以是凹面反射镜）后形成平行光束，沿与流动垂直的方向穿过流场后投射到屏幕上。当流场密度均匀分布时，屏幕上的亮度也是均匀分布的；当流场受到扰动密度分布不再均匀时，不同密度点的光线折射率不同，在屏幕上形成明暗分布不均匀的图像，该图像称为阴影图。可用照相机、摄像机或高速摄影机对图像作记录和分析。

　　阴影法显示的是流场中密度二阶导数的分布，只有密度变化剧烈的流场才能用阴影法显示。由于对屏幕亮度的对比度测量很难定量化，阴影法一般只能定性显示。

　　纹影法是在阴影法基础上的改进方法，可反映流场中密度的空间一阶导数分布，显示低密度梯度流场的光学图像，是空气动力学实验室中使用最多的光学方法之一。纹影法可用于研究湍流的脉动性质，其优点是对湍流结构无任何扰动作用，还可用于研究燃烧、喷射噪声、对热传热和密度分层流动等。

　　干涉法是通过扰动光线与未扰动光线的互相干涉，比较它们的相位来进行测量的，这是唯一可以进行严格地定量测量的光学方法，也是光学法中灵敏度最高的方法。从光波干涉图可计算流场中各点的光线折射率分布，并推算出密度、温度、压强和速度等流动参数分布。

　　干涉仪是一种高精度、高灵敏度的干涉计量仪器，对仪器的光学元件和机械装置的质量要求极高，仪器价格昂贵，而且对工作环境、恒温防振的要求高，调整过程复杂，一般仅用于科学研究。

11.5.3　全息干涉法

　　全息干涉法是全息照相技术在流场显示和测量中的重要应用。其基本原理是分别对同一流场的未扰动状态和扰动状态记录全息图，将两张图的再现光波叠加，产生全息干涉条纹，通过对干涉条纹的判读，确定流场的有关物理参数。根据在全息底片上形成全息图的曝光次数不同，全息干涉法分为双曝光法和单曝光法。

　　全息干涉法的优点是：记录的流场信息是三维的，除了普通干涉法记录的振幅和波长信息外，还包括相位信息；记录的流场信息在时间域上具有瞬时性。用脉冲激光器几乎可以记录瞬时全息图，然后用连续激光束对全息图作再现分析，用以测量非定常流场的瞬态特性；与经典的干涉仪相比，对光学元件、光源和工作环境的要求大大降低。

11.5.4　高速摄影技术

为了观察非定常流场和高速流场中瞬时的流动图像及变化过程，高速摄影技术是不可或缺的手段。高速摄影采用了"快摄慢放"技术将快速变化的流动过程放慢到人眼的视觉暂留时间（约为 0.1s）可分辨的程度。高速摄影的拍摄频率（帧/s）必须与流动变化速率同步，变化越快的流动要求的拍摄频率越高。普通摄影机的拍摄频率最多达 100 帧/s，高速摄影机的拍摄频率达每秒数万甚至数亿帧。

1. 高速单次拍摄

为了解高速流动过程中某一瞬时的流动图像，只要拍摄该时刻的单张照片就可以了。对于定常流动，拍摄任一时刻的照片就能反映该流动的特点。通常流场本身并不发光，利用历程时间极短的一次闪光，用普通摄影机就可完成对高速流动的单词拍摄。电火花照明是适用于这种拍摄的常用光源，放电时间一般为微秒级，甚至可短至毫微秒级（10^{-9} s）。另一种闪光光源是脉冲式激光光源，可获得强度高、持续时间短的单色瞬时闪光。

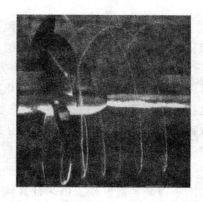

图 11 - 36　用高速摄影技术拍摄到的高速旋转螺旋桨的空化现象

用某种装置（如闸流管等）控制光源按一定频率间歇性闪光，称为频闪光源。将闪光频率调整到与作周期性运动的流场的频率一致，可拍摄流场在一个周期内某一时刻的重复图像。图 11 - 36 为在空化实验水洞中用频闪光源拍摄到的高速旋转螺旋桨的空化现象照片，从照片中可看到在螺旋桨叶梢上产生的空泡形成的螺旋线。

2. 高速连续拍摄

普通电影画面的播放频率是 24 幅/s，而高速摄影机采用胶片连续移动和频闪曝光相结合的方式，拍摄频率可达每秒数千至数十万帧。为了得到清晰的照片，采用像移光学补偿技术，解决了物像与胶片同步移动的问题，使物像与胶片以相同的速度运动。

高速摄影技术也可运用到纹影仪中，拍摄高速流动的纹影照片。在高速全息照相技术中采用高重复频率窄脉冲激光技术，拍摄频率取决于激光重复频率，可达到每秒数十万帧；利用空间延时线方法，拍摄频率更可高达每秒 3 亿～4 亿帧。高速摄影技术将使高速流动和非定常流动的显示技术发展到一个更新的阶段。

随着光学技术、传感技术和计算机技术的进步，诸如激光诱发荧光法、激光分子测速技术，发光压力传感技术等新的流动显示技术不断出现，促进了对复杂流动的研究。

习　题

11.1　流体测量的分类方法有哪些？

11.2　流体测量的主要参数是什么？

11.3　粒子图像测速技术（PIV）的基本原理是什么？

11.4　不同测压仪的工作原理分别是什么？

11.5　给出几个使用高速摄影技术进行流体测量的例子。

第12章 计算流体力学基础

流体流动一般都遵循质量守恒、动量守恒和能量守恒3大基本定律。这些基本定律可用积分或者微分形式的数学方程（组）来描述。在流体力学中，Navier-Stokes 方程（简称 N-S 方程）是描述流体流动的基本方程组，该方程组是非线性偏微分方程组，无法得到解析解。早期，人们通过各种假设简化 N-S 方程，从而求得简化后方程组的解析解。随着计算机技术的发展，人们开始将 N-S 方程在一定的条件下进行数值离散求解，甚至进行 N-S 方程的直接数值求解（DNS），由此诞生了计算流体力学（Computational Fluid Dynamics，简称 CFD）这门学科。

计算流体力学方法已成为已经成为流体力学科学研究和工程分析设计的重要手段，并且在不断得到丰富发展。因为计算流体力学（CFD）已经被人们普遍接受，本章后续将使用其首字母 CFD 来统一表述，并从应用角度对 CFD 的基础知识予以简要介绍。目的是希望相关专业的学生在本科阶段对 CFD 有一个初步认识。

12.1 CFD 概 述

12.1.1 CFD 的定义

CFD 是计算流体动力学的简称，是指通过计算机数值计算和图像显示，对包含有流体流动和热传导等物理现象的系统所做的分析。这种分析的基本思想是：将在时间和空间域上连续的物理量（如速度、压力）的场，用一系列有限个离散点上的变量值的集合来代替，以一定的方式建立起这些离散点上变量间关系的代数方程组，通过求解这些代数方程组获得场变量的近似值。

CFD 方法与传统的理论分析方法、实验测量方法构成了流体流动问题的完整研究体系。理论分析方法的优点是可以给出具有一定适用范围的解析解，各种影响因素清晰可见，是指导实验研究和验证新的数值计算方法的理论基础。但是，它通常需要对计算对象进行抽象，对所研究问题的数学模型进行简化，才能得到理论解，计算结果适用范围非常有限。对于非线性情况，只有少数流动才能给出解析解。实验测量方法的优点是可以借助各种先进仪器设备，给出多种复杂流动准确、可靠的观测结果。这些结果是理论分析和数值方法的基础。但是，实验测量经常受模型尺寸、流场扰动、人为因素和测量精度的限制，且通常需要的费用高、周期长，而且有些流动条件难以通过实验模拟。

而 CFD 方法克服了理论分析和实验测量的缺点，使得研究流体运动的范围和能力都有了本质的扩大和提高。在计算机上进行一个特定的计算，就好像在计算机上做一次物理实验，有人把用 CFD 研究流动的过程也称为"数值试验"。人们可利用计算机进行各种数值试验，例如，可以选择不同流动参数进行物理方程中各项有效性和敏感性试验，从而进行方案比较。

12.1.2 CFD分析的主要步骤

CFD方法可以应用于所有与流体运动相关的领域。采用CFD方法进行流体流动数值模拟的主要步骤有如下几点：

（1）明确问题本质。首先应明确拟解决问题中流场的几何形状、流动条件和对数值模拟的要求。几何形状一般通过对已知流动区域的测量来确定。如果处于设计阶段，流场的几何形状开始可能不是完全确定的，此时需要知道流场几何形状的限制条件，根据这些限制条件或其他手段确定流场的假定形状，然后根据模拟结果对几何形状进行不断调整，逐步确定最终几何形状。流动条件包括雷诺数、马赫数、边界处的速度和压力等。对数值模拟的要求包括模拟的精度和所消耗的时间等。

（2）建立数学模型。就是建立反映问题各个物理量之间关系的微分方程组及相应的定解条件。这是数值模拟的基础和出发点，如果不能建立正确完善的数学模型，数值模拟就变得毫无意义。流体的控制方程（governing equations）就是物理守恒定律的数学描述，通常包括质量守恒方程、动量守恒方程、能量守恒方程。如果流动包含有不同成分的混合或相互作用，还包括组分守恒方程。如果流动处于湍流状态，还包括湍流输运方程。

（3）确定计算方法。即建立针对控制方程准确、高效的数值离散化方法，如有限差分法、有限元法和有限体积法等，以及贴体坐标的建立和边界条件的处理等。这一环节的工作内容是CFD的核心。目前商用CFD软件大多采用有限体积法。

（4）编制程序计算。工作内容包括计算网格划分、初始条件和边界条件的输入、控制参数的设定等。在CFD中，网格划分有不同的策略，如结构网格、非结构网格、组合网格、重叠网格等。网格可以是静止的，也可以是运动的（动网格），还可能根据数值解动态调整（自适应网格）。相关的程序，可以是针对某一问题自行编制的，也可以应用已有的程序和商业软件。该环节工作量大，是整个CFD数值模拟过程中花费时间最多的部分。

（5）显示计算结果。一般通过图表等方式显示计算结果，这对检查和判断分析质量和结果有重要的参考意义。

12.1.3 CFD的特点

CFD架起了从数理模型到流动现象之间的桥梁，可以研究流体在任何条件下的运动，已经成为流体力学研究的重要工具。流动问题的控制方程一般是非线性的，自变量多，且计算域的几何形状和边界条件复杂，一般很难得到解析解，而用CFD则有可能得出满足工程需要的数值解。且CFD分析过程不受物理模型和实验模型的限制，经济省时，能得出详细完整的资料，能够模拟特殊尺寸、高温、有毒、易燃等真实条件和试验中只能接近而无法达到的理想条件。

当然，CFD方法不是完美无缺的，有一定的局限性。①它采用的数值解法是一种离散近似的计算方法，只能得到有限个离散点上的数值解，并且有一定的计算误差；② CFD计算需要物理模型试验或原体观测提供一些流动参数才能完成，并需要对建立的数学模型进行验证，而不像物理模型试验从开始就能给出流动现象并定性地描述；③程序的编制与资料的处理等在很大程度上依靠研究者的经验和技巧。另外，由于一些涉及非线性的关键理论问题还没有解决，人们对于 CFD 计算结果的可靠性还有所怀疑，在一定程度上也妨碍了 CFD 的广泛应用。

CFD 的发展及应用与计算机技术的发展直接相关。CFD 发展的一个基本条件是高速、大容量的电子计算机。最近 10 年以来，计算流体运动的商业 CFD 软件不断涌现，极大地促进了 CFD 在工业领域的应用。但是，还有很多问题，如高雷诺数条件下湍流的直接数值模拟，由于对于计算机速度和容量的要求极高，目前还无法用 CFD 方法解决。所以，计算机技术的发展，已经为 CFD 的广泛应用提供了一定可能，而 CFD 的发展还不断对计算机技术的进一步提高提出新的要求。

CFD 与应用数学有密切的联系。要把流体力学基本方程中积分和微分的运算化为离散的代数运算，就会产生一系列的数学问题。包括精度和误差估计问题、收敛性问题、稳定性问题等。

CFD 方法与理论分析、实验观测相互联系，互为补充，但不能相互完全替代，三者各有各的使用场合。实际工作中，可以将三者有机结合，取长补短。

12.2　CFD 的分析过程

在进行 CFD 数值模拟时，无论是用户自己编写计算程序或是采用商用软件，两种方法的基本过程和计算思路都是相同的，其求解过程如下。

12.2.1　建立控制方程

对于一般的流动，可以根据质量守恒方程、动量守恒方程、能量守恒方程等直接写出其控制方程。例如，对于水泵内的流动分析问题，如不考虑热交换，可直接将表示质量守恒的连续方程和动量守恒的动量方程作为控制方程使用。

12.2.2　确定初始与边界条件

控制方程与相应初始条件和边界条件的组合才能构成对一个物理过程完整的数学描述。初始条件与边界条件是控制方程有确定解的前提。

初始条件是所研究对象在过程开始时刻各求解变量的空间分布情况，顾名思义，就是计算初始时刻给定的参数。对于稳态问题，不需要初始条件。对于瞬态问题，必须给定初始条件。

边界条件是在求解区域的边界上所求解的场变量或其导数随位置和时间的变化规律。对于任何问题，都需要给定边界条件。例如，在自由液面上，大气压强认为是常数。

对于初始和边界条件的处理，直接影响数值计算结果的精度。

12.2.3　划分计算网格

对控制方程进行数值求解时，必须使用网格才能把控制方程在空间域上进行离散。对区域进行离散生成网格的方法，称为网格生成技术。不同问题采用不同的数值解法时，所需要的网格形式也有一定区别，但生成网格的方法基本是一致的。网格主要分为结构网格和非结构网格两类。结构网格在空间上比较规范，行线和列线比较明显。而非结构网格在空间分布上没有明显的行线和列线。在整个计算域内，网格通过节点联系在一起。

目前，各种 CFD 商用软件都配有专用的网格生成工具。当然，如果用户有一定的编程基础,也可自己编写程序生成网格。

12.2.4 建立离散方程

对于偏微分形式的流动控制方程,需要通过数值方法把计算域内有限数量位置上的变量值作为基本未知量来处理,从而建立一组关于这些未知量的代数方程组,求解代数方程组来得到这些节点上的值,其他位置上的值根据节点位置上的值来确定。对于瞬态问题,除了在空间域上的离散外,还涉及在时间域上的离散。目前有限差分法、有限元法和有限体积法等不同类型的离散化方法。

12.2.5 离散初始条件和边界条件

在建立离散方程后,需要针对所生成的网格,将连续性的初始条件和边界条件转化为特点节点上的值。例如:在静止壁面上速度为 0,如生成的网格在壁面上共有 100 个节点,则这些节点上的速度均应设为 0。这样,连同在各节点处建立的离散的控制方程,才能对方程组求解。

12.2.6 给定求解控制参数

在建立离散化的代数方程组,并确定离散化的初始条件和边界条件后,需要给定流体的物理参数和湍流模型的经验系数等,以及迭代计算的控制精度、瞬态问题的时间步长等。这些参数虽然不影响 CFD 方法的理论正确性,但在实际计算中,对计算精度和效率有着重要的影响。

12.2.7 求解离散方程

在完成了前述的工作后,就生成了具有定解条件的代数方程组。数学上对这些方程组已有相应的解法。数值分析(numerical analysis)这门课程就是研究分析用计算机求解数学计算问题的数值计算方法及其理论的。为适应不同类型的问题,商用 CFD 软件一般会提供多种不同的解法。

12.2.8 判断解的收敛性

求解代数方程方程组时,往往要通过迭代计算才能得到定解。有时,因网格形式、网格大小、时间步长等原因,可能导致解的发散。因此,在迭代过程中,需要随时监控解的收敛性,并在达到指定其精度后,结束迭代计算。

12.2.9 显示和输出计算结果

在迭代计算结束,得到各计算节点上的解后,需要通过适当的手段将整个计算域上的结果表示出来。目前,对计算结果的表示方式主要有曲线图、矢量图、等值线图、流线图和云图等,可以根据不同情况和目的选择使用。现在的商用 CFD 软件都提供了这些表示方式,用户可以编写程序进行结果显示。

12.3 CFD 软件结构

随着工程实际的需要和计算流体力学的发展,越来越多的 CFD 软件走进人们的视线。这些 CFD 软件具有很好的实用性,就可以使用,无论对工程应用和科学研究都起到了促进作用。为了便于操作和发挥 CFD 技术解决不同类型问题的功能,商用 CFD 软件通常将上一节复杂的 CFD 过程集成，包含图形用户界面用以输入各种计算参数和边界条件，以及对计算结果进行分析检查的。

所有的商用 CFD 软件均包括三个主要模块：前处理模块、求解模块和后处理模块。下面分别介绍这三个模块的主要功能。

12.3.1　前处理模块（Preprocessor）

前处理模块用于完成前处理的工作，它包含一个友好界面，在这个界面上用户可以输入与求解问题相关的各种参数，前处理模块将这些参数处理成求解所需的合适形式，为求解模块的顺利求解做准备。前处理模块需要进行的主要工作有如下几点：

（1）区域定义：定义所求解问题的几何计算域。

（2）网格生成：根据计算区域的特点进行区域划分，不同区域采用不同网格划分策略，以满足求解的要求。

（3）模型选择：根据所研究的物理现象或化学现象选择相应的控制方程（求解模型）。

（4）属性定义：定义流体的属性参数。

（5）条件确定：确定网格的边界条件和初始条件。

解决流动问题（速度、压力、温度等）首先要定义子区域节点值。CFD 的计算精度取决于网格中子区域的数量多少。在一定的硬件条件和计算时间下，计算精度和误差取决于网格划分的正确性。最佳的网格通常并不是唯一的。在相邻点的物理量变化较大的地方，网格应更精细一些；而在物理量相对变化较小的地方网格可稀疏一些。人们已经发展了一种称为自适应网格的计算方法，会自动地在求解变量变化剧烈的地方将节点加密。这种强有力的方法已经被引入商业化的 CFD 软件。目前，网格生成的水平仍要依赖于 CFD 软件使用者的技巧。

工业 CFD 应用中，所耗费时间中超过一半被用于几何区域的定义和网格的生成。为了最大限度地发挥 CFD 软件使用者的工作效率，所有 CFD 软件现在都有自身携带的计算机图形用户界面或工具，以便于和专用的网格生成软件相连接。在给出主要流动方程的同时，前处理也给使用者提供了常见流体的物性参数库、特殊的物理和化学过程模型，如湍流模型、热辐射模型、燃烧模型，以供使用者选用。

12.3.2　求解模块（Solver）

该模块的核心是数值求解算法。数值求解的方法可分为三个分支：有限差分法、有限元法、谱分析法和后来已发展成为比较独立的有限体积法。这些方法的求解过程大致相同，求解的基本步骤为：

（1）用简单的函数描述未知的流动参数变量之间的关系。

（2）适当离散流体运动控制方程并进行数学处理。

（3）求解代数方程。

这几个分支的主要区别在于流动参数变量被近似的方法和离散的过程。

12.3.3　后处理模块（Postprocessor）

该模块的目的是帮助用户对流动计算结果进行观察和分析。如同在前处理过程中一样，近年来，人们在后处理方面也做了大量的工作。由于图形工作平台的直观性，先进的 CFD 软件包目前都具有多种数据可视化工具，这包括如下几点：

（1）计算模型和网格显示。

（2）矢量图绘制。

（3）曲线图和阴影图的绘制。

（4）2D 和 3D 表面图绘制。

（5）视图处理（转换、旋转、缩放等）。

（6）色彩填充输出。

这些工具还包括计算结果的动态显示。除了图形处理外，所有的软件都有可靠的数据输出功能，并且有数据接口以便在外部对这些数据作进一步处理。

12.3.4 常用 CFD 软件

CFD 软件最早于 20 世纪 70 年代诞生于美国，但近 10 年才真正得到较广泛的应用。为了完成 CFD 计算，过去多是用户自己编写程序计算。但由于 CFD 的复杂性及计算机软硬件条件的多样性，使得用户各自编写的应用程序缺乏通用性。而 CFD 自身又具有鲜明的系统性和规律性，适于被编制成通用的商用软件。

自 1981 年以来，出现了诸如 PHOENICS、CFX、STAR－CD、FLUENT 等商用 CFD 软件。这些软件功能全面、适用性强、稳定性高、开放性较好，几乎可以计算工程领域中各种复杂的问题。随着计算机技术的进一步快速发展，这些商用软件在工程领域正发挥着越来越大的作用。

PHOENICS（Parabolic Hyperbolic Or Elliptic Numerical Code Series）是世界上第一个投放市场的 CFD 商用软件。它是流体力学、气体动力学、传热传质、化学反应及相关学科的通用计算软件。可以计算二维、三维、稳态、瞬态、黏性、非黏性、可压、不可压、层流、湍流、单相及多相流等各种流动与传热现象。CHAM（Concentration Heat and Momentum Limited）公司已经使 PHOENICS 从 80 年代的 1.6 版本发展到最近的 3.6 版本。不断补充了新的实用湍流模型以及其他改进。该软件曾经广泛应用于航空航天、船舶、水利、汽车、环保、电站、冶金、核工业、生物医学和农业等行业。近年来，PHOENICS 程序在前后处理、复杂形状物体网格生成的适用性等方面，受到了新发展的大型通用程序的挑战。

CFX 是第一个通过 ISO9001 质量认证的商用 CFD 软件，由 AEA－T（Atomic Engineering Authority）公司开发。现在，CFX 软件已被美国 ANSYS 公司纳入其大型通用有限元软件 ANSYS 中。作为世界上唯一采用全隐式耦合算法的大型商业软件。算法上的先进性、丰富的物理模型和前后处理的完善性使 ANSYS CFX 在结果精确性、计算稳定性、计算速度和灵活性上都有优异的表现。除了一般工业流动以外，ANSYS CFX 还可以模拟诸如燃烧、多相流、化学反应等复杂流场。ANSYS CFX 还可以和 ANSYS Structure 及 ANSYS Emag 等软件配合，实现流体分析和结构分析，电磁分析等的耦合。ANSYS CFX 也被集成在 ANSYS Workbench 环境下，方便用户在单一操作界面上实现对整个工程问题的模拟。

FLUENT 是由美国 FLUENT 公司于 1983 年推出的商用 CFD 软件，可用来模拟从不可压缩到高度可压缩范围内的复杂流动。由于采用了多种求解方法和多重网格加速收敛技术，因而 FLUENT 能达到最佳的收敛速度和求解精度。灵活的非结构化网格和基于解的自适应网格技术及成熟的物理模型，使 FLUENT 在转捩与湍流、传热与相变、化学反应与燃烧、多相流、旋转机械、动/变形网格、噪声、材料加工、燃料电池等方面有广泛应用。它是目前国内使用最广泛的商用 CFD 软件之一。

由 CD（Computational Dynamics）公司发行的软件 STAR - CD 经历了十多年的不断完善。它具有更为广泛的功能，在内燃机燃烧，以及瞬态动网格生成方面有自己的特点，在 CFD 计算的不同方面都显示出先进性。该软件在其他机械的 CAD 设计和基础设计方面，也同样具有相当好的能力。在 STAR - CD 可以完成瞬态流高阶变化的混合网格，可以适用于任意一侧边界变化造成的动力响应的模拟等。在完成高精度自动产生网格方面，其开发的 MARS 网格生成软件与过去的 Gamma 网格生成软件相比，具有二阶精度，并可以传输变量和变化密度，有更稳定的特性和更快的收敛能力。

由于计算机软件拥有巨大的市场和商业利益，竞争十分激烈。各软件发行公司每年在世界上不同的国家都会召开几十次培训和学术研讨会，以使软件使用者有学术交流和交换意见的机会，也是为了普及和扩展自己软件的市场。随着上述软件在工程设计和实验中的大量成功应用，对我国在这一领域的科研和教育产生了深刻的影响。

值得注意的是，通用商业 CFD 软件虽然越来越普及和易用化，但它们不能代替和阻碍对 CFD 理论的学习和研究。会使用 CFD 软件并不能说明已掌握了相关的理论知识，应该通过使用 CFD 软件来促进相关理论知识的学习，这才是正确使用 CFD 软件的态度和方法。

12.4　CFD 应用实例

在 1950 年，还没有今天所谓的 CFD。到 1970 年，有了 CFD，但那时计算机和算法的发展水平将所有的求解限制在了二维流动的范围。而流体动力机械（压缩机、涡轮、流管、飞机等）所处的真实世界都是三维的。在 1970 年，数字计算机的存储量和速度还不足以让 CFD 在这个三维世界中以任何现实的方式工作起来。到了 1990 年，这种情况有了实质性的改变。今天的 CFD，已经得到了大量的三维流场结果。事实上，一些计算三维流动的计算机程序已经成为了工业标准，CFD 已成为一种工业设计的重要手段，对流体力学工作者的工作方式已经产生了巨大影响。

CFD 早期的发展源于航空航天领域的需求。现在，利用 CFD 技术进行飞机的多学科多目标优化设计已经成为研究的热点问题。CFD 作为研究工具和设计工具已经进入到流体流动有重要作用的所有领域，在水利工程、土木工程、环境工程、食品工程、能源动力工程、海洋结构工程、工业制造等领域得到了广泛应用。譬如：水泵和风机等流体机械内部的流体流动、洪水波及河口潮流计算、风载荷对高层建筑物稳定性及结构型能的影响、温室及建筑物内空气流动及环境分析、河流中污染物的扩散、食品中细菌的运移等。对这些问题的处理，过去主要采用理论分析和物理模型实验的方法，而现在多采用 CFD 方法予以分析和解决。

可以说，所有涉及流体流动、热交换和分子输运等现象的问题，几乎都可以通过 CFD 的方法进行分析和模拟。CFD 技术已发展到完全可以分析三维黏性湍流及漩涡运动等复杂问题的程度。

为了使读者对 CFD 的功用有个粗略认识，以下给出几个 CFD 在水泵、风力机、汽车、温室等方面的应用实例。这些例子都是实际的工程项目，从中可以初步看出 CFD 是如何作为研究工具和设计工具发挥作用的。

12.4.1 轴流泵叶片改进

1. 问题描述

随着南水北调东线工程的开工建设，轴流泵在我国的应用越来越广泛。然而，与国外相比，国内轴流泵在水力性能方面仍然有差距。考虑到叶片弯掠三维造型技术在提高螺旋桨及压气机叶片气动性能的成功运用，本例将其应用于轴流泵的叶片设计，旨在通过利用轴流泵叶片的前缘弯掠，抑制轴流泵叶片端部低能流体的聚集，提高轴流泵的水力性能。

轴流泵相关参数：叶轮直径为 0.07m，叶片数为 4，转速 7800rpm。针对该问题生成的几何模型及叶片网格如图 12-1 所示。

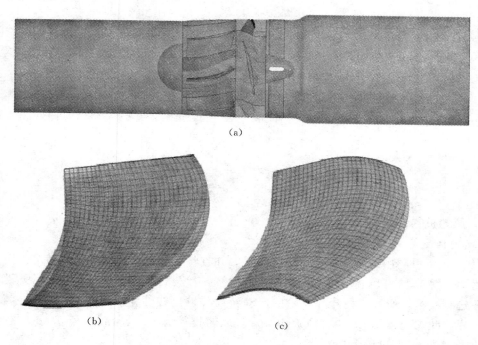

(a)

(b)　　　　　　　　　(c)

图 12-1　轴流泵模型及叶片网格生成
(a) 轴流泵几何模型；(b) 常规叶片网格；(c) 弯掠叶片网格

2. 计算结果

采用 CFD 软件对轴流泵叶轮内流动进行模拟分析，可以得到叶片各流面的流线图以及压力分布图，如图 12-2 所示为失速点工况叶片 S1 流面的流线图。

从图 12-2（a）可以看到，叶片前缘存在明显的分离涡，而图 12-2（b）中弯掠叶片前缘没有出现分离涡的现象，流线平滑有序。

将流量进一步减小时，弯掠叶片靠近轮缘处也出现分离涡，但相比常规叶片，涡的强度较小。弯掠叶片并非使分离涡消失，而是可以改善叶顶失速涡，减弱常规轴流泵吸力面叶根前缘存在的回流，减弱端部低能流体的聚集和回流，从而减弱了流动损失和流动阻塞，提高泵段水力效率。

3. 结果应用

前缘弯掠叶片对于轴流泵水力性能的提高是有利的，在轴流泵的生产制造时，可以将叶片制成弯掠叶片，以达到进一步提高泵的水力性能的目的。

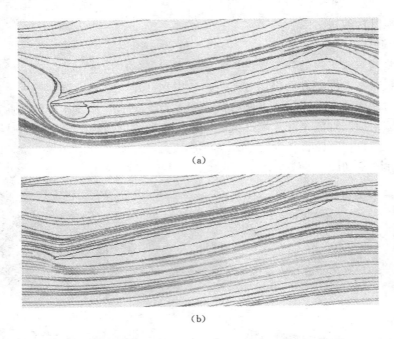

图 12-2 失速点工况叶片 S1 流面流线图
(a) 常规叶片；(b) 弯掠叶片

12.4.2 风力机的设计

1. 问题描述

风力致热机所利用的风能清洁、取之不尽，并且将风能供热后能极大地满足人们的日常采暖等生活需求，具有广阔的市场应用前景和经济、社会效益。本例分别对叶片数为 3、6、9 的风轮进行模拟，研究三种叶片风轮的启动特性和输出特性。风力致热机各项参数如下：功率 500W，叶尖速比 1.3，设计风速 10m/s，风轮直径 2.1m，轮毂直径 0.4m。三种风轮的内流场网格划分见图 12-3。

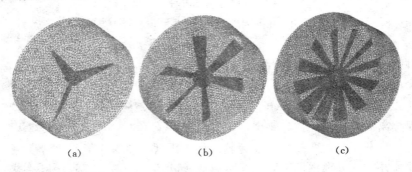

图 12-3 三种风轮内流场网格划分
(a) 3 叶片；(b) 6 叶片；(c) 12 叶片

2. 计算结果

对风轮在 0~6m/s 的低风速段进行了风轮启动特性的分析，模拟得出不同来流风速对风轮产生的力矩，绘制出风轮的启动特性曲线，如图 12-4 所示。

可以看到，同一来流风速下 12 叶片
的启动力矩最大，而 3 叶片的启动力矩最
小，因此，三种致热用风力机叶片中，12
叶片的风轮启动性能最好。

模拟三种风轮在不同风速下的输出特
性，可以得到不同风速下的功率值，绘制
出输出特性曲线，如图 12-5 所示。可以
看到 12 叶片与 3 叶片的输出功率要比 6
叶片的大，且输出效率高，输出特性
优良。

3. 结果应用

综合以上结论，可以得出：12 叶片
启动性能和输出特性为三者中最优，在设
计致热型风力机时应当考虑采用 12 叶片的风轮形式。

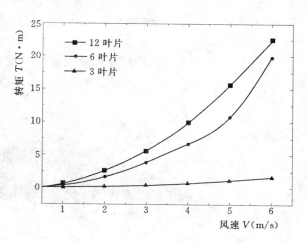

图 12-4　风轮启动特性曲线

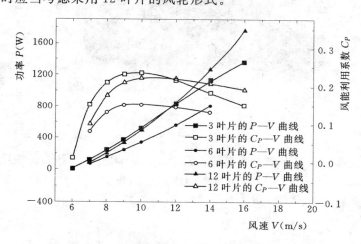

图 12-5　三种致热用风轮运行时的输出特性曲线

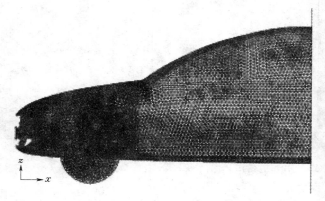

图 12-6　含发动机舱的车身网格图

12.4.3　汽车的外流场模拟

1. 问题描述

发动机舱的内流是汽车空气动力学
中最复杂的一个部分，在风洞试验中观
测舱内流场流动分布情况比较困难，因
此借助于 CFD 方法来解决是一个很好
的方法。本例选择了某三厢轿车作为研
究对象，通过对有无发动机舱内流两个
模型的流场仿真，对发动机舱内流对该
轿车空气动力性能和流场分布的影响
作比较分析，如图 12-6 所示为含发

动机舱的车身网格划分。

2. 计算结果

从图12-7(b)可以看到有部分气体流入发动机舱,然后经过车底从后部流出,由于流经车尾部的高压区域,使气流减速,导致尾流明显下沉。

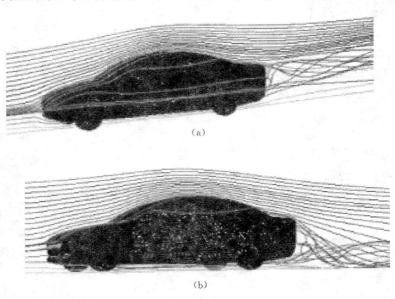

(a)

(b)

图12-7 汽车流场迹线比较

(a) 不考虑内流;(b) 考虑内流

根据模拟结果可以求解出汽车所受的力及力矩,据此绘制力和力矩的比较图,如图12-8所示,从中可以看出,在考虑内流时力和力矩都有明显的增大。由此可见:发动机舱内流对空气动力性能影响很大,不能忽略。

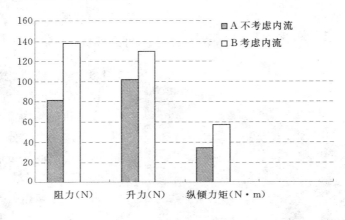

图12-8 力和力矩比较图

3. 结果应用

发动机舱内流对车辆流场和阻力系数影响较大,是研究车辆空气动力学不可忽略的因素。

12.4.4 温室气流分布模拟

1. 问题描述

自然通风过程室内气流流动模式十分复杂，国内外学者借助 CFD 技术就设施园艺内微环境分布展开了广泛的研究，本例采用 CFD 方法对不同室外风速下的 Venlo 型玻璃温室内气流分布模式进行模拟研究，图 12-9 为温室的网格划分。

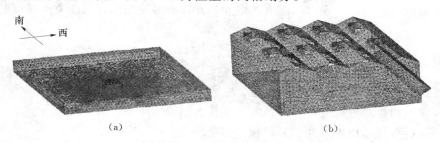

(a)　　　　　　　　　　　(b)

图 12-9　计算域及温室示意图

(a) 室外计算域；(b) 温室内部

2. 计算结果

从图 12-10 可以看出，不同风速作用下室内气流分布模式不同。室外风速为 0.9m/s 时，对室内空气流动影响较小，室内气流流速较低（低于 0.1m/s）。随着室外风速的增大，

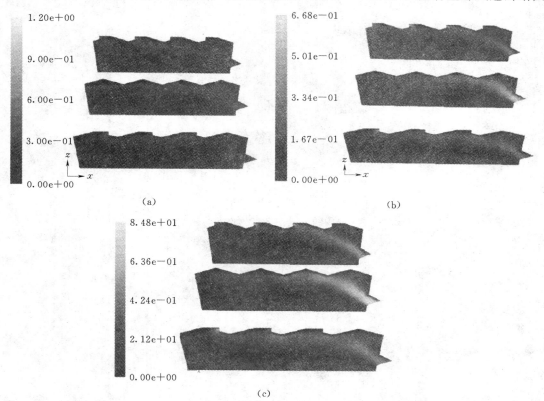

图 12-10　不同室外风速下室内气流分布云图

(a) $U_0 = 0.9$m/s；(b) $U_0 = 1.5$m/s；(c) $U_0 = 2$m/s

室内空气流速沿温室高度方向的梯度比较明显。当室外风速为 1.5m/s 时,室内出现涡流。室外风速增大到 2m/s 时,射流速度进一步加强,整个温室内受侧窗进入的气流影响大,除有涡流出现外温室东部区域气流速度也明显上升。

3. 结果应用

室外风速较低时,室内气流分布模式受室外环境影响轻微,作物区气流分布比较均匀一致。随着室外风速的增高,室内气流流速增大,并伴有涡流出现,高度方向梯度明显。

习　题

12.1　计算流体力学的主要任务是什么?

12.2　常用的控制方程有哪几个? 各用在什么场合?

12.3　初始条件和边界条件的涵义和作用是什么?

12.4　常用的商用 CFD 软件有哪些? 各自的特点是什么?

习 题 答 案

第 2 章

2.12 2kg，19.6N

2.13 $5.88 \times 10^{-6} m^2/s$

2.14 0.1047Pa・s

2.15 1.0N

2.16 $\mu = 0.952$Pa・s

2.17 39.5N・m

2.18 $1.98 \times 10^9 N/m$

2.19 ≈12 圈

2.20 200L

2.21 435.44kPa

2.22 13328~15993.6Pa；7996.8~11995.2Pa

2.23 14994N/m²

2.24 P＝352800N，N＝274400N

2.25 29597.4N

2.26 363kPa（P_a＝98kPa）

2.27 22.736N/m²

2.30 117600N/m²

2.31 65.39kN

2.32 30.98kN

2.33 （1）$P_{水静压力}$＝1.19(kN) 方向竖直向上；（2）18.41(kN)

2.34 0.44m

2.35 1.414m；2.586m

2.36 23.45kN；19.92°

2.37 26.61kN

2.38 P_x＝29.23kN，P_z＝2.56kN

第 3 章

3.2 6.25m/s，12.5m/s

3.3 （1）0.0049m³/s 及 4.9kg/s；（2）0.625m/s 及 2.5m/s

3.5 450mm，17.5m/s

3.6 2.64kg/m³

3.7 4.5m/s，10.89m/s

3.8 0.625m/s 及 2.5m/s，490kg/s

3.9 0.12m

3.10 (1) 3.85m/s；(2) 4.31m/s

3.11 $A \rightarrow B$ 2.834m

3.12 0.174m³/s，68.1kPa，−481Pa，−20.11Pa，0

3.14 33.14l/s，20.53kpa

3.15 $p_0 \geqslant \gamma_{\text{水}} \left[\left(\dfrac{d_2}{d_1} \right)^4 - 1 \right]$

3.16 44.7mm

3.17 (1) 8.4m 及 4.8mH₂O；(2) 6.16m

3.18 3.14mH₂O

3.19 6.03m/s 流出，2.58m/s 流入

3.20 178.5Pa

3.21 0.173m³/s

3.22 (1) 3.269kN；(2) 5.24kN

3.23 12kN

3.24 $F_{\text{上}}=8.3\text{kN}$，$F_{\text{下}}=159.3\text{kN}$

3.25 1.23mH₂O

3.26 1405J/s

3.27 6.037m

3.28 8.69kN，14.98kN

3.29 $t=0, xy=1; t=1, (x+1)(y-1)=0$

第 4 章

4.2 $Re=84000$ 紊流，$Re=1314$ 层流

4.3 保持层流的最大流量 32kg/h，流量为 200kg/h 为紊流。

4.4 2

4.6 $Q_v=40\text{m/s}$ 时，$h_f=16.5\text{m}$

4.7 19.4mm

4.8 $h=30\text{cm}$ 时，$\nu=8.6\times10^{-6}\text{m}^2/\text{s}$，$\mu=7.75\times10^{-3}\text{Pa}\cdot\text{s}$

4.9 (1) 层流；(2) $\nu=7.9\times10^5\text{m}^2/\text{s}$；(3) 反向流读数无变化

4.10 (1) 不会；(2) 会

4.11 0.2mm

4.12 $\tau_0=14.7$，$\tau=9.8$

4.13 0.233m

4.14 2.21m/s

4.15 0.2mm

4.16 0.014

4.17 73.7m

4.18 紊流，阻力平房区，过渡区

4.19 26.7m

4.20　0.33

4.21　0.763

4.22　$0.5(v_1+v_2),0.5(v_1-v_2)^2/2g$

4.23　$H=5.44\text{m}$

4.24　（原来的 4.25）右侧水银液面较左侧高 0.219m

4.25　（原来的 4.26）0.54 或 8.64

4.26　（原来的 4.27）圆管为方管流量的 1.08 倍

第 5 章

5.1　$\mu=0.62$

5.2　$\Delta H=0.2\text{m}$

5.3　$Q_H=1.22\text{L/s}$；$Q_P=1.61\text{L/s}$；$\dfrac{p_V}{\gamma}=1.51\text{m}$

5.4　$\mu=0.94$

5.5　$d=1.199\text{m}$

5.6　$\Delta H=1.07\text{m}$；$Q=3.57\text{L/s}$

5.7　$n=0.012$，$Q=6.51\text{m}^3/\text{s}$

5.8　$n=0.012$，$Q=0.738\text{m}^3/\text{s}$

5.9　$Q=0.0269\text{m}^3$，$Z=0.83\text{m}$

5.10　$H_t=31.68\text{m}$

5.11　$n=0.012$，$Q=0.5\text{m}^3/\text{s}$，$h_{v\max}=5.1\text{m}$

5.12　$H_A=21.53\text{mH}_2\text{O}$

5.13　$Q_2=29.3\text{l/s}$，$Q_3=20.7\text{l/s}$，$H=35.2\text{m}$

5.14　$H=0.9\text{m}$

5.15　$Q_1=0.7\text{m}^3/\text{s}$，$Q_2=0.4\text{m}^3/\text{s}$，$Q_3=0.3\text{m}^3/\text{s}$

5.16　$H_1=2.8\text{m}$

5.17　$\dfrac{Q_1}{Q_2}=0.157$

第 6 章

6.1　$V=1.32\text{m/s}$，$Q=6.66\text{m}^3/\text{s}$

6.2　$Q=20.28\text{m}^3/\text{s}$

6.3　$Q=241.3\text{m}^3/\text{s}$

6.4　$h=2.34\text{m}$

6.5　$h=1.25\text{m}$

6.6　$b=3.2\text{m}$

6.7　$b=71.5\text{m}$，$V=1.49\text{m/s}>V'=1.414\text{m/s}$，所以不满足不冲流速的要求

6.8　$n=0.011$，$i=0.0026$，$\bigtriangledown=51.76\text{m}$

6.9　$h_m=2.18\text{m}$，$b_m=1.32\text{m}$，$i=0.00036$

6.10　$V_w = 4.2\text{m/s}$，$Fr = 0.2$，缓流

6.11　$h_{c1} = 0.46\text{m}$；$h_{c2} = 0.73\text{m}$；$h_{01} = 0.56\text{m} > h_{c1}$，缓流；$h_{02} = 0.82\text{m} > h_{c2}$，缓流

6.12　$i_c = 0.0035 > i$，缓坡

6.15　$\sum \Delta S = 3497.9$

6.16　进口断面 $b = 8\text{m}$，$h = 1.37\text{m}$；中间断面 $b = 6\text{m}$，$h = 0.82\text{m}$，$\Delta S_1 = 49.71\text{m}$；出口断面 $b = 4\text{m}$，$h = 1.07\text{m}$，$\Delta S_1 = 50.18\text{m}$

6.17　$h' = 0.301\text{m}$

6.18　$Fr_1 = 9.04 > 9.0$，强水跃 $h'' = 6.15\text{m}$

第 7 章

7.1　$0.77\text{m}^3/\text{s}$

7.2　30.27m

7.3　（1）250.67m；　（2）当上游水位为 267.00m 时，$Q = 6309\text{m}^3/\text{s}$；当水位为 269.00m 时，$Q = 7556\text{m}^3/\text{s}$；（3）$266.30\text{m}$。

7.4　（1）$481.8\text{m}^3/\text{s}$；（2）$702.3\text{m}^3/\text{s}$

第 8 章

8.1　1.06×10^{-7}（m/s）

8.2　2×10^{-5}（cm/s）

8.3　$4.8 \times 10^{-4}\text{m}^2/\text{s}$

8.4　$8.25 \times 10^{-5}\text{m}^3/\text{s}$

8.5　$1.34 \times 10^{-2}\text{m}^3/\text{s}$

8-6　4.85m

第 9 章

9.1　$h_c = 0.67\text{m}$；$h_c'' = 4.09\text{m}$。

9.2　$h_{t1} = 7.0\text{m}$ 时，为淹没水跃；$h_{t2} = 4.5\text{m}$、$h_{t3} = 3.0\text{m}$ 时，均为远离水跃；$h_{t4} = 1.5\text{m}$ 时，无水跃发生。

9.3　（1）$h_c = 0.91\text{m}$；相应的跃后水深 $h_c'' = 5.24\text{m}$，远离水跃，需建消能池；（2）消能池的池深 2.2m，池长 24.5m。

9.4　（1）$h_c = 0.25\text{m}$，$h_c'' = 2.58\text{m}$，远离水跃，需建消能池；（2）消能池的池深 0.34m，池长 12.5m；消能坎坎高 1.4m，池长 12.3m。

9.5　$h_c = 0.582\text{m}$，$h_c'' = 2.58\text{m}$，$h_T = 3.79\text{m}$，$\sigma = 1.46\text{m}$，稍有淹没水跃。

9.6　（1）挑流射程 88.3m；（2）冲刷坑深度 16.24m；（3）$i = 0.184$，冲刷坑不会危及大坝安全。

第 10 章

10.6　$Q = mb\sqrt{2g}H_0^{3/2}$

10.7　$\tau = Re^{-d}V^2\rho K$

10.8 $Q=\mu A_2 \sqrt{2\dfrac{\Delta p}{\rho}}$，其中 $\mu=f\left(\dfrac{d_2}{d_1},\ Re\right)$，$A_2=\dfrac{\pi}{4}d_2^2$

10.9 $\nu_m=4.15\times10^{-6}\,\mathrm{m^2/s}$

10.10 50mm，200m。

10.11 (1) $Q_m=111.1\,\mathrm{m^3/s}$；(2) $V_{cp}=19.92\,\mathrm{m/s}$；(3) $\varphi_p=0.9$。

10.12 (1) $a_m=0.456\mathrm{m}$，$H_m=0.061\mathrm{m}$；(2) $q_p=4.1\,\mathrm{m^3/s}$；(3) $a_p=0.65\mathrm{m}$。

参 考 文 献

[1] 吴持恭. 水力学 [M]. 北京：高等教育出版社，1982.

[2] 张耀先，丁秋新. 水力学 [M]. 郑州：黄河水利出版社，2008.

[3] 王福军. 计算流体动力学分析－CFD 软件原理与应用 [M]. 北京：清华大学出版社，2004.

[4] 李大美，杨小亭. 水力学 [M]. 武汉：武汉大学出版社，2004.

[5] 龙天渝，蔡增基. 流体力学 [M]. 北京：中国建筑工业出版社，2004.

[6] 哈尔滨工业大学水力学教研室. 工程流体力学 [M]. 哈尔滨：哈尔滨工业大学出版社，2000.

[7] 张亚红. 流体力学 [M]. 安徽. 安徽科学技术出版社，2005.

[8] 肖明蔡. 水力学 [M]. 重庆：重庆大学出版社，2001.

[9] 胡敏凉. 流体力学 [M]. 2 版. 武汉：武汉理工大学出版社，2003.

[10] 王惠民，赵振兴. 工程流体力学 [M]. 南京：河海大学出版社，2006.

[11] 刘建军，章宝华. 流体力学 [M]. 北京：北京大学出版社，2006.

[12] 蔡增基. 流体力学学习辅导与习题精解 [M]. 北京：中国建筑工业出版社，2007.

[13] 夏泰淳. 工程流体力学习题解析 [M]. 上海：上海交通大学出版社，2006.

[14] 禹华谦. 工程流体力学新型习题集 [M]. 天津：天津大学出版社，2006.

[15] 莫乃榕，槐文信. 流体力学水力学题解 [M]. 2 版. 武昌：华中科技大学出版社，2006.

[16] 吴望一. 流体力学（上册）[M]. 北京：北京大学出版社，1982.

[17] 吴望一. 流体力学（下册）[M]. 北京：北京大学出版社，1982.

[18] 周光垌，严宗毅，许世雄，章克本. 流体力学（上册）[M]. 2 版. 北京：高等教育出版社，2000.

[19] 周光垌，严宗毅，许世雄，章克本. 流体力学（下册）[M]. 2 版. 北京：高等教育出版社，2000.

[20] 孔珑. 工程流体力学 [M]. 北京：水利电力出版社，1992.

[21] 陈卓如. 工程流体力学 [M]. 北京：高等教育出版社，1992.

[22] 清华大学工程力学系. 流体力学基础（上册）[M]. 北京：机械工业出版社，1980.

[23] 清华大学工程力学系. 流体力学基础（下册）[M]. 北京：机械工业出版社，1980.

[24] 莫乃榕. 工程流体力学 [M]. 武汉：华中理工大学出版社，2000.

[25] 孙祥海. 流体力学 [M]. 上海：上海交通大学出版社，2000.

[26] 彭乐生，茅春浦. 工程流体力学 [M]. 上海：上海交通大学出版社，1979.

[27] 王蓉孙，严震. 流体力学和气体动力学 [M]. 北京：国防工业出版社，1979.

[28] 屠大燕. 流体力学和流体机械 [M]. 北京：中国建筑工业出版社，1994.

[29] 刘鹤年. 水力学 [M]. 北京：中国建筑工业出版社，1999.

[30] 周光炯. 流体力学 [M]. 2 版. 北京：高等教育出版社，2000.

[31] 哈尔滨工业大学水力学教研室. 工程流体力学 [M]. 哈尔滨：哈尔滨工业大学出版社，2000.

[32] 茅春浦. 流体力学 [M]. 上海：上海交通大学出版社，1995.

[33] 李玉柱，苑明顺. 流体力学 [M]. 北京：高等教育出版社，1998.

[34] 汪兴华. 工程流体力学习题集 [M]. 北京：机械工业出版社，1983.

[35] 潘文全. 工程流体力学 [M]. 北京：清华大学出版社，1988.

[36] 山东工学院东北电力学院. 工程流体力学 [M]. 北京：电力工业出版社，1980.

[37] 赵汉中. 工程流体力学 [M]. 武汉：华中科技大学出版社，2005.

[38] 刘鹤年. 流体力学 [M]. 北京：中国建筑工业出版社，2001.

[39] 陈卓如，金朝铭，王成敏，等. 工程流体力学 [M]. 北京：高等教育出版社，1992.

[40] 吴持恭．水力学（上、下册）[M]．北京：高等教育出版社，2007.

[41] 李炜，徐孝平．水力学 [M]．武汉：武汉水利电力大学出版社，2000.

[42] 李家星，赵振兴．水力学（上、下册）[M]．北京：高等教育出版社，2001.

[43] 于布，尹小玲，吴学伟，等．水力学 [M]．广州：华南理工大学出版社出版，2009.